现场总线与PLC网络通信图解项目化教程

郑长山 主 编

電子工業出版社
Publishing House of Electronics Industry
北京 • BEIJING

内 容 简 介

本书以 SIMATIC S7-300PLC 与 S7-200PLC 为样机，从工程应用角度出发，以项目为载体，突出实践性，主要从以下方面重点讲解现场总线与 PLC 网络通信的应用：（1）认识现场总线与 PLC 网络通信；（2）现场总线 PROFIBUS 应用，特别是 PROFIBUS-DP 应用；（3）工业以太网技术应用；（4）MPI 与 PPI 网络通信应用；（5）PLC 与变频器通信应用

全书共 25 个项目，很多项目按照通信硬件与软件配置→通信的硬件连接→……→输入/输出地址分配→接线图→建立符号表→编写程序→中断处理（部分项目有）→联机调试的工程步骤编写本教材。

本书项目典型、步骤详细、图文并茂、标注清晰、深入浅出，注重工程思维和技能培养，适合有 S7-300PLC 与 S7-200PLC 基础的学习者学习。

本书可作为高等职业技术学院和各类职业技术学校电气自动化、过程自动化、机电一体化、工业机器人、应用电子及机电维修等专业的教材，也可作为成人教育、社会技能培训及企业培训教材，还可用于相关技能大赛参考教材和作为从事西门子现场总线与 PLC 网络通信技术工作的工程技术人员自学用书。

图书在版编目（CIP）数据

现场总线与 PLC 网络通信图解项目化教程 / 郑长山主编. —北京：电子工业出版社，2016.4

ISBN 978-7-121-28555-4

Ⅰ. ①现… Ⅱ. ①郑… Ⅲ. ①总线—高等学校—教材②plc 技术—应用—通信网—高等学校—教材 Ⅳ.①TP336②TM571.6③TN915

中国版本图书馆 CIP 数据核字（2016）第 073104 号

策划编辑：郭乃明
责任编辑：郭乃明　特约编辑：范　丽
印　　刷：北京虎彩文化传播有限公司
装　　订：北京虎彩文化传播有限公司
出版发行：电子工业出版社
　　　　　北京市海淀区万寿路 173 信箱　邮编　100036
开　　本：787×1 092　1/16　印张：19.25　字数：564 千字
版　　次：2016 年 4 月第 1 版
印　　次：2019 年 12 月第 5 次印刷
印　　数：1500 册　定价：43.00 元

凡所购买电子工业出版社图书有缺损问题，请向购买书店调换。若书店售缺，请与本社发行部联系，联系及邮购电话：（010）88254888，88258888。

质量投诉请发邮件至 zlts@phei.com.cn，盗版侵权举报请发邮件至 dbqq@phei.com.cn。

本书咨询联系方式：34825072@qq.com。

前　言

在我国现代工业应用中，现场总线与PLC网络通信已经深入到工业自动化的各个层次，应用无处不在，成为当今自动化应用中的重要内容。

因西门子S7-300与S7-200PLC被广泛使用，所以本书选择以它们为样机。如何高效轻松地学习现场总线与PLC网络通信技术成为很多学习者面临的迫切问题。

编者作为高校教师，经过多年教学实践发现，以项目化方式讲解西门子现场总线与PLC网络通信技术，课堂学习达成度高，技术掌握有针对性，随学随用，效果甚佳。编者还发现，有关现场总线与PLC网络通信的学习用书中，以项目化统领知识、按步骤化讲解、图解上加标注形式的教材很少，这给实际教学和自学带来很大不便。鉴于此，编者决定选取典型项目，按步骤操作，以图解加标注的方式，进行本书的编写。

本书从技术应用能力要求和实际工作的需求出发，在结构和组织方面大胆突破，根据项目提取学习目标，通过设计不同的项目，巧妙地将知识点和技能训练融于各个项目中。每一篇中的项目按照知识点与技能要求循序渐进，由简单到复杂进行编排，基本每个项目均通过“项目要求”、“学习目标”、“相关知识”、“项目解决步骤”、“巩固练习”等环节详解项目知识点和操作步骤。相关知识学习与技能提高贯穿于整个项目之中，真正实现了“知能合一”的学习效果。

与同类学习用书相比具有以下创新点：

1. 选取典型项目，项目化讲解，强调技术应用

本书内容全部根据工程实际应用情况和学习目标、精选典型项目进行讲解，具有可操作性，强调应用能力训练。

2. 项目解决步骤采用图片讲解，标注详细，直观易学

本书强调动手实践，学习者首先理解项目要求，学习相关知识，然后按照项目解决步骤操作，步骤详细，操作性强，从而达成学习目标。步骤讲解以图片解说形式呈现，编者在图片上还进行了详细文字标注与箭头指示，使学习者一目了然，学习变得容易，这一方式可以变枯燥地学为有兴趣地学。学生一边看书一边用STEP7编程软件、STEP7-Micro/WIN软件、S7-300 PLC、S7-200 PLC等进行实践操作，能轻松快速掌握现场总线与PLC网络通信基本应用技术。

3. 从简单到复杂，符合认知规律

本书在每一篇中进行编排项目时，注重循序渐进，从易到难，符合认知规律。

4. 知识与技能有机结合

本书遵循“学中做，做中学”的讲解思路，按照项目解决步骤详解整个实践操作过程，还将相关知识、注意事项等穿插整本书中，使知识与技能有机结合。

如果作为教材使用，教师可以根据实验条件，学时多少，学生能力等因素，在下面表格备

注栏标有选学的项目中，可以选择性的讲解。学生可以把标有选学的项目，作为知识拓展进行自学。

项 目 名 称	所用学时	备 注
项目 1 认识现场总线	1～2	
项目 2 认识 PLC 网络通信	1～2	
项目 3 认识 PROFIBUS	1～3	
项目 4 两台 S7-300PLC 之间 PROFIBUS-DP 不打包通信	3～4	
项目 5 多台 S7-300PLC 之间 PROFIBUS-DP 不打包通信	3～4	
项目 6 一主二从 S7-300PLC 之间 PROFIBUS-DP DX 通信	3～4	
项目 7 两台 S7-300PLC 之间 PROFIBUS-DP 打包通信	3～4	
项目 8 S7-300 与 S7-200PLC 之间 PROFIBUS-DP 通信	3～4	
项目 9 S7-300PLC 与 ET200M 之间的 PROFIBUS-DP 通信	2～3	选学
项目 10 CP342-5 作为从站的 PROFIBUS-DP 通信	3～4	选学
项目 11 CP342-5 作为主站的 PROFIBUS-DP 通信	3～4	选学
项目 12 S7-300PLC 与变频器 MM420 之间 PROFIBUS-DP 通信	3～4	选学
项目 13 认识工业以太网	1～2	
项目 14 两台 S7-200PLC 之间的工业以太网通信	2～4	选学
项目 15 S7-300 与 S7-200 PLC 之间的工业以太网通信	2～4	选学
项目 16 两台 S7-300PLC 之间的 TCP 连接工业以太网通信	2～4	选学
项目 17 两台 S7-300PLC 之间的 S7 连接工业以太网通信	2～4	
项目 18 多台 S7-300PLC 之间的 S7 连接工业以太网通信	2～4	
项目 19 S7-300PLC 与 ET200S 的 PROFINET 通信	2～3	选学
项目 20 两台 S7-300PLC 之间的全局数据 MPI 通信	2～4	
项目 21 两台 S7-300PLC 之间的无组态双边 MPI 通信	2～4	
项目 22 S7-300 与 S7-200PLC 之间的无组态单边 MPI 通信	2～4	
项目 23 两台 S7-200PLC 之间的 PPI 通信	2～4	
项目 24 多台 S7-200PLC 之间的 PPI 通信	2～4	
项目 25 S7-200PLC 与变频器 MM420 之间的 USS 通信	2～5	选学
总学时	54～92	

本书可作为高等职业技术学院和各类职业技术学校电气自动化、过程自动化、机电一体化、工业机器人、应用电子及机电维修等专业的教材，也可作为成人教育、社会技能培训及企业培训教材，还可用于相关技能大赛参考教材和作为从事西门子现场总线与 PLC 网络通信技术工作的工程技术人员自学用书。

由于编者水平有限，书中难免有错漏之处，恳请广大读者批评指正。对本书的意见和建议请发本人电子邮箱 zhengchangs@126.com。

编者：郑长山

2016 年 1 月

目　　录

第一篇　认识现场总线与 PLC 网络通信

第二篇　PROFIBUS

第三篇 工业以太网技术

第五篇　PPI 通信

第六篇 USS 通信

第一篇　认识现场总线与PLC网络通信

项目1　认识现场总线

1.1　项目要求及学习目标

（1）掌握现场总线定义。
（2）理解现场总线本质。
（3）理解现场总线网络实现。
（4）熟悉现场总线的结构与技术特点。
（5）理解现场总线的优点、现状及发展方向。
（6）了解几种流行的现场总线。

1.2　相关知识

1.2.1　现场总线定义

国际电工委员会在 IEC61158 中给现场总线下的定义是：安装在制造或过程区域的现场装置与控制室内的自动控制装置之间的数字式、串行、多点通信的数据总线称为现场总线（Fieldbus）。

现场总线是当今自动化发展的热点之一，被誉为自动化领域的计算机局域网。它作为工业网络的底层网络，实现了生产过程现场级控制设备之间及其与更高控制管理层之间的联系。

很多人把现场总线的全数字式控制系统称为现场总线控制系统（Fieldbus Control System，FCS）。不管是说现场总线，还是说现场总线控制系统，宏观上它们都指这种应用于工业网络通信中的新技术。

1.2.2　现场总线的本质

现在总线的本质主要包括以下几个方面。

1．现场设备互联

现场设备互联是指在生产现场安装的自动化仪器、仪表（传感器、变送器等）通过双绞线、同轴电缆、光缆、红外线和无线电等传输介质相互连接、相互交换信息。

2．现场通信网络

作为一种数字式通信网络，现场总线一直延伸到生产现场设备，使得现场设备互连、现场设备与外界网络互联，从而构成企业信息网络，完成生产现场到控制层和管理层之间的信息传递。

3．互操作性

互操作性是指来自不同厂家的设备可以相互通信，并且可以在多厂家的环境中完成功能的能力。

现场设备种类繁多，一个制造商不可能提供一个工业生产过程所需的全部设备。另外，用户不希望受制于某一个制造商，这就要求不同厂家的产品能够实现交互操作与信息互换，用户把不同制造商的各种智能设备集成在一起，进行统一组态和管理，构成需要的控制回路。只有实现设备的互操作性，才能使得用户能够根据需求自由集成现场总线控制系统。

4．分散功能块

现场总线控制系统把功能块分散到现场仪表中执行，因此取消了传统的 DCS 中的过程控制站。例如，现场总线变送器除了具有一般变送器的功能之外，还可以运行 PID 功能块。

5．现场总线供电

现场总线除了传输信息之外，还可以实现现场设备供电功能。总线供电不仅简化了系统的安装布线，而且还可以通过配套的安全栅实现本质安全系统，为现场总线控制系统在易燃易爆环境中的应用奠定了基础。

本质安全技术是在爆炸环境中使用电气设备时确保安全的一种方法。通常许多生产现场都有易燃易爆物质，为了确保设备及人身安全，必须采取安全措施，严格遵守安全防爆标准，以保证这些可燃性物质不被点燃。

6．开放式互联网络

现场总线为开放式互联网络，它既可与同层网络互联，又可与不同层网络互联。其采用公开化、标准化、规范化的通信协议，只要符合现场总线协议，就可以把不同制造商的现场设备互联，形成系统，用户不需要在硬件或软件上花费太多力气，就可以实现网络数据库的共享。

1.2.3 现场总线网络的实现

现场总线实现的基础是数字通信，要通信就必须有协议。从这个意义上讲，现场总线就是一个定义了硬件接口和通信协议的标准。国际标准化组织（ISO）的开放系统互联（OSI）协议，是为计算机互联网制定的七层参考模型，它对任何网络都是适用的。目前，各个公司生产的现场总线产品没有一个统一的协议标准，但是各公司在制定自己的通信协议时，都参考 OSI 七层协议标准，且大多采用了其中的第一层物理层、第二层数据链路层和第七层应用层，并增设了第八层用户层。

用户层是现场总线标准在OSI模型之外新增加的，是实现总线控制系统开放与互操作性的关键。

用户层定义了从现场装置中读、写信息和向网络中其他装置分派信息的方法，即规定了供用户组态的标准“功能模块”。事实上，各厂家生产的产品实现功能块的程序可能完全不同，但对功能块特性描述、参数设定及相互连接的方法是公开的、统一的，信息在功能块内经过处理后输出，用户对功能块的操作就是选择“设定特征”及“设定参数”，并将其连接起来。功能块除了输入、输出信号外，还输出表征该信号状态的信号。

1.2.4 现场总线结构特点

在传统的控制系统中，一般采用如图 1-1 所示的连接方式，控制器与现场的输入/输出器件之间采用一对一的 I/O 接线方法，每一个现场设备需要一条回路与控制器连接。这样接线的结果就是使现场产生大量的信号线，在恶劣的工业环境里（电磁、粉尘、光和振动等），信号传输容易出现误差，使系统工作不稳定。另外，施工与维护也都十分不便。

现场总线打破了传统控制系统的结构形式。如图 1-2 所示，所有集成了现场总线接口的设备都被挂接到现场总线上，控制器与现场设备之间仅通过一根总线电缆相连，结构非常简单，节省安装费用和维护开销。控制器与现场设备可以实现双向数字通信，克服了模拟信号精度不高、抗干扰能力差的缺点，提高了系统的可靠性。现场设备具有通信能力，由现场的测量变送仪表与阀门等执行机构直接传送信号，因而现场总线控制系统功能能够不依赖控制室的计算机或控制仪表，直接在现场完成，实现了彻底的分散控制。

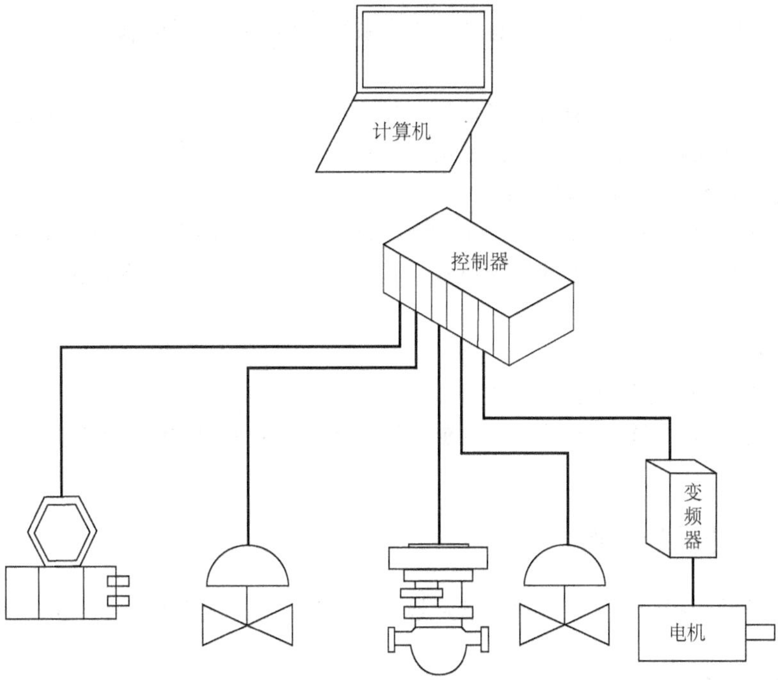

图 1-1　传统控制系统示意图

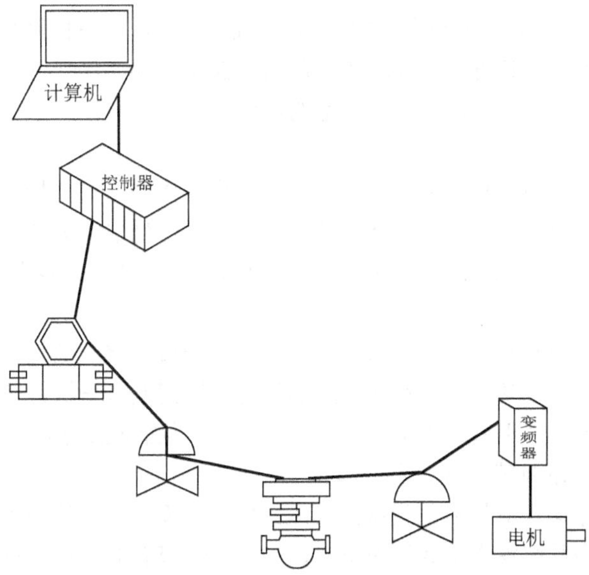

图 1-2　现场总线控制系统示意图

1.2.5　现场总线的技术特点

1. 开放性

现场总线的开放性主要包含两方面含义：一方面其通信规约开放，也就是开发的开放性；另一方面能与不同的控制系统相连接，也就是应用的开放性。由于开放性，用户可按自己的需求，把来自不同的供应商产品组成大小随意、功能不同的系统。只有具备了开放性，才能使得现场总线技术适合先进控制的低成本、网络化和系统化的要求。

2. 系统结构的高度分散性

现场设备的智能化与功能自治性，使得现场总线构成了一种新的全分布式控制系统的体系结构，各控制单元高度分散、自成体系，有效简化了系统结构，提高了可靠性。

3. 互可操作性与互用性

互操作性可实现生产现场设备与设备之间、设备与系统之间的信息传送与沟通；互用性则意味着不同生产厂家的同类设备可以进行相互替换，从而实现设备的互用。

4. 现场设备的智能化与功能自治性

现场总线将传感器测量、补偿计算、工程量处理与控制等功能下放到现场设备中完成，现场设备具备了智能化，因此，采用单独的现场设备，就可实现自动控制的基本功能，随时自我诊断运行状态。

5. 对环境的适应性

现场总线专为工业现场而设计，它支持双绞线、同轴电缆、光缆、无线和红外线等传输方式，具有较强的抗干扰能力，可根据现场环境要求进行选择；能采用两线制实现通信与送电，可满足本质安全防爆要求。

1.2.6 现场总线的优点

现场总线系统结构的简化，使控制系统从设计、安装、投入运行到正常生产运行及检修维护，都体现出优越性。

1. 节省硬件数量与投资

由于现场总线系统中分散在设备前端的智能设备能直接执行多种传感、控制、报警和计算功能，因而可减少变送器的数量，不再需要单独的控制器、计算单元等，也不再需要 DCS 系统的信号调理、转换、隔离技术等功能单元及其复杂接线。还可以用工控 PC 作为操作站，从而节省了一大笔硬件投资。由于控制设备的减少，还可以减少控制室的占地面积。

2. 节省安装费用

现场总线系统的接线十分简单。由于一对双绞线或电缆上通常可挂接多个设备，因而电缆、端子、槽盒、桥架的用量大大减少，连线设计与接头校对的工作量也大大减少。当需要增加现场控制设备时，不用增设新电缆，可就近连在原有电缆上，既减少了投资，也减少了设计、安装的工作量。

3. 节省维护费用

由于现场控制设备具有自诊断与简单故障处理能力，通过数字通信可将相关的诊断维护信息送控制室，用户可以查询所有设备的运行和诊断维护信息，以便及时分析故障原因并快速排除故障，缩短了维护停工时间。同时由于系统的结构化、连线简单，从而减少了维护工作量。

4. 用户具有高度的系统集成主动权

用户可以自由选择不同厂商提供的设备来集成系统，从而避免因选择了某一品牌的产品后，限制了选择范围，也不会为系统集成了其他的协议、接口而一筹莫展，使系统集成过程的主动权完全掌握在用户手中。

5. 提高了系统的准确性和可靠性

由于现场总线设备的智能化、数字化，与模拟信号相比，它从根本上提高了测量与控制的准确度，减少了传送误差。同时，由于系统的结构简化，设备与连线减少，现场仪表内部功能增强，减少了信号的往返传输，提高了系统的工作可靠性。

1.2.7 现场总线的现状

国际电工技术委员会国际标准化协会于 1984 年起着手现场总线标准的制定工作，但统一的标准至今仍未完成。同时，世界许多公司也推出自己的现场总线标准和协议，但它们之间存在太多差异，给实际工作带来了不便，影响了开放性和可互操作性。因而在最近几年里开始标准统一工作，减少现场总线协议数量，以实现国际上统一的总线标准为目标，满足各品牌产品的互操作性要求。

IEC61158 第 4 版标准包括的现场总线类型如表 1-1 所示。

表 1-1　IEC61158 第 4 版标准包括的现场总线类型

类型	现场总线名称	类型	现场总线名称
Type 1	TS61158 现场总线	Type 11	TC –net 实时以太网
Type 2	CIP 现场总线	Type 12	EtherCAT 实时以太网
Type 3	PROFIBUS 现场总线	Type 13	Ethernet PowerLink 实时以太网
Type 4	P-NET 现场总线	Type 14	EPA 实时以太网
Type 5	FF-HSE 高速以太网	Type 15	Modbus RTPS 实时以太网
Type 6	SwiftNet（被撤销）	Type 16	SERCOSI，II 现场总线
Type 7	WorldFIP 现场总线	Type 17	VNE/TIP 实时以太网
Type 8	INTERBUS 现场总线	Type 18	CC-Link 现场总线
Type 9	FF H1 实时以太网	Type 19	SERCOSIII 实时以太网
Type 10	PROFINET 实时以太网	Type 20	HART 现场总线

表 1-1 中的 PROFIBUS 现场总线和 PROFINET 实时以太网获得了德国 SIEMENS 公司的支持，它们是目前工业自动化领域应用十分广泛的现场总线。

每种总线都有其产生的背景和应用领域。总线是为了满足自动化发展的需求而产生的，由于不同领域的自动化需求各有其特点，因此在某个领域中产生的总线技术一般对这一特定领域的满足度高一些，应用多一些，适用性好一些。工业以太网的引入成为新的热点。工业以太网在工业自动化和过程控制市场上的份额迅速增长，几乎所有远程 I/O 接口技术的供应商均提供一个支持 TCP/IP 协议的以太网口，如西门子、罗克韦尔等，这些企业销售各种 PLC 产品的同时也提供与远程 I/O 和基于 PC 的控制系统相连接的接口。

1.2.8　现场总线的发展方向

国际上现场总线的研究、开发，使测控系统冲破了长期封闭系统的禁锢，走上开放发展的征程。现场总线技术是控制、计算机、通信技术的交叉与集成，涉及的内容十分广泛。

自动化系统的网络化是发展的大趋势，现场总线技术受计算机网络技术的影响是十分深刻的。现在网络技术日新月异，一些影响重大的网络新技术必将进一步融合到现场总线技术之中。

1．现场总线标准化工作

众多行业需求各异，加上要考虑已有各种总线产品的投资效益和各公司的商业利益，预计在今后一段时期内，会出现几种现场总线标准共存、同一生产现场存在几种异构网络互联通信局面。但发展共同遵从的统一标准规范，真正形成开放互联系统，是大势所趋。

2．实时工业以太网的开发与应用

随着网络技术的发展，以太网基本上解决了在工业中应用的问题。不少厂商正在努力使以太网技术进入工业自动化领域。

3．多种现场总线既竞争，又共存

在今后一段时间内，多种现场总线既竞争，又共存，同时多种现场总线也可以共存于同一个控制系统，如西门子控制系统中，不仅有 PROFIBUS，而且有 DeviceNet、AS-i、工业以太网等。

1.2.9　几种流行的现场总线简介

1．PROFIBUS 总线

PROFIBUS 是 Process Field Bus 的简称。它是一种国际化、开放式、不依赖于设备生产商的现场总线标准，广泛适用于制造业自动化、流程工业自动化和楼宇、交通电力等其他领域自动化。PROFIBUS 现场总线系列由 PROFIBUS-DP（Decentralized Periphery，分布式外围设备）、PROFIBUS-FMS（Fieldbus Message Specification，现场总线报文规范）、PROFIBUS-PA（Process

Automation，过程自动化）组成的。

PROFIBUS 支持主从系统、纯主站系统、多主多从混合系统等几种模式。主站与主站之间采用的是令牌传输方式，主站在获得令牌后通过轮询的方式与从站通信。

PROFIBUS 目前已成为现场总线领域内采用非常多的总线标准之一。在 PROFIBUS 三种协议中，PROFIBUS-DP 应用最为广泛。

2. FF 基金会总线

基金会现场总线（Foundation Fieldbus，FF）分低速 H1 和高速 H2 两种通信速率。可支持总线供电，支持本质安全防爆。物理传输介质可采用双绞线、光缆或无线发射。

基金会现场总线物理媒介的传输信号采用曼彻斯特编码，每位发送数据中心位置或是正跳变，或是负跳变。正跳变代表“0”，负跳变代表“1”，从而使串行数据位流中具有足够的定位信息，以保持发送双方的时间同步。接收方既可根据跳变的极性来判断数据的“1”、“0”状态，也可根据数据的中心位置精确定位。

目前，FF 基金会总线应用领域以过程自动化为主，如化工、石油、污水处理等。

3. CAN 总线

CAN 是控制器局域网（Controller Area Network）的简称，最早由德国 BOSCH 公司提出，用于汽车内部测量与执行部件之间的数据通信。其总线规范已被 ISO 国际标准组织选定为国际标准，得到了摩托罗拉、英特尔、飞利浦、西门子、NET 等公司支持，已广泛应用在离散控制领域。

4. CC-Link 总线

CC-Link 是 Control & Communication Link（控制与通信链路系统）的简称。一般情况下，CC-Link 整个一层网络可由 1 个主站和 64 个子站组成，它采用总线方式通过屏蔽双绞线进行连接。网络中的主站由三菱电动机 FX 系列以上的 PLC 或计算机担当，子站可以是远程 I/O 模块、特殊功能模块、带有 CPU 的 PLC 本地站、人机界面、变频器、伺服系统、机器人，以及各种测量仪表、阀门、数控系统等现场仪表设备。

5. LonWorks 总线

它由美国 Echelon 公司推出，并由 Motorola、Toshiba 公司共同倡导。它采用 ISO/OSI 模型的全部 7 层通信协议，采用面向对象的设计方法，通过网络变量把网络通信设计简化为参数设置。支持双绞线、同轴电缆、光纤和红外线等多种通信介质，通信速率为 300bit/s~1.5Mbit/s，直接通信距离可达 2700m，被称为通用控制网络。采用 LonWorks 技术和神经元芯片的产品，被广泛应用于楼宇自动化、家庭自动化、保安系统、办公设备、交通运输、工业过程控制等领域。

6. DeviceNet 总线

DeviceNet 既是一种低成本的通信连接，也是一种简单的网络解决方案，有着开放的网络标准（规范和协议都是开放的）。

DeviceNet 在满足多供货商同类部件间的可互换性的同时，减少了配线和安装工业自动化设备的成本和时间，其直接互联性不仅改善了设备间的通信，而且同时提供了相当重要的设备级诊断功能。

7. 工业以太网

所谓工业以太网，一般来讲是指技术上与商用以太网（即 IEEE 802.3 标准）兼容，但在产品设计时，在材质的选用及产品的强度、适用性、实时性、可互操作性、可靠性、抗干扰性和本质安全等方面能满足工业现场需要的一种以太网。工业以太网的发展得益于以太网多方面的技术进步。

以太网进入工业自动化领域已经成为不争的事实。面对巨大的压力和发展空间，各个现场总线厂家都在保护已有技术和投资的条件下纷纷整合自己的产品，这些产品不断投入市场，大大促进了工业以太网技术的应用和推广。

PROFINET 是应用十分广泛的工业以太网之一。

1.3 项目解决步骤

步骤 1．讲述现场总线定义。
步骤 2．讲述现场总线本质。
步骤 3．讲述现场总线网络实现。
步骤 4．讲述现场总线的结构与技术特点。
步骤 5．讲述现场总线的优点、现状及发展方向。
步骤 6．举例说明几种流行的现场总线。

1.4 巩固练习

（1）网上搜索体现现场总线优点的应用案例的图片并附上简短说明文字，用于课堂交流。
（2）网上搜索流行的现场总线应用案例并附上图片及简短说明文字，用于课堂交流。

项目 2　认识 PLC 网络通信

2.1　项目要求及学习目标

（1）掌握 PLC 网络通信的基本知识。
（2）掌握工业控制网络结构与控制方法。
（3）了解 OSI 参考模型。
（4）了解通信协议。
（5）掌握 PLC 网络专业术语的含义。

2.2　相关知识

2.2.1　PLC 网络通信基本知识

PLC 网络通信包括 PLC 之间的网络通信，PLC 与上位计算机之间的网络通信，以及 PLC 与其他智能设备之间的网络通信。它们可以组成网络，构成集中管理的分布式控制系统。

1．并行通信与串行通信

并行通信是指所传送数据的各位同时传送。特点是数据传送速度快。有多少个数据位就有多少条数据传输线，每位单独使用一条线，通常是 8 位、16 位和 32 位同时传输（如图 2-1 所示为 8 位传输），因此并行通信适用于近距离、高数据传输速率的通信，传输速度快，但成本高，维修不方便，容易受到外界干扰。

串行通信是指数据以一位一位的方式按顺序传送，数据有多少位就传送多少次。在 PLC 与计算机之间以及在 PLC 之间经常采用这种方式。特点是通信线路简单，成本低，但传输速度比并行慢，特别适合远距离传送。近年来，传输速度发展很快，可达到 Mbps 数量级。串行通信时，仅需一条或两条传输线。数据的不同位分时使用同一条传输线。如图 2-2 所示。

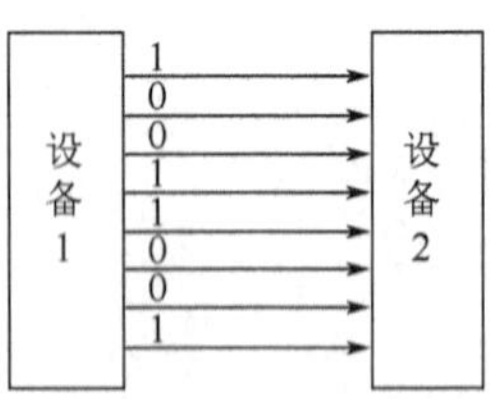

图 2-1　并行通信

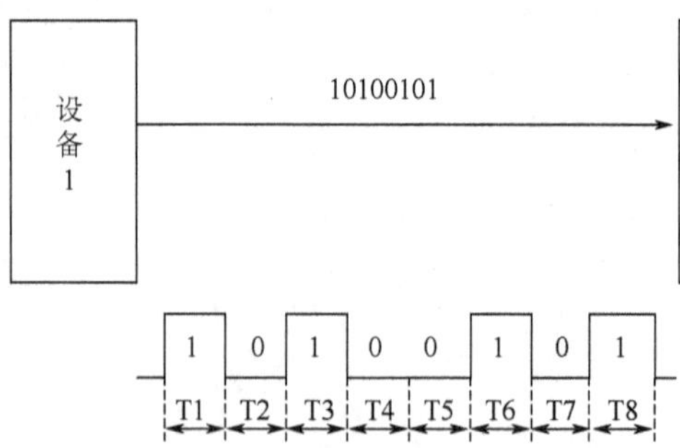

图 2-2　串行通信

2．异步传输与同步传输

串行通信按时钟可分为异步传输与同步传输。

（1）异步传输

在发送字符时，先发送起始位，然后是数据位，然后发送奇偶校验位，最后是停止位。相邻两个字符传送数据之间的停顿时间长短是不确定的，它是靠发送信息时同时发出字符的开始和结束标志信号来实现的，如图 2-3 所示。异步传输具有硬件简单、成本低、传输效率低的特点。主要用于中、低速通信。

（2）同步传输

以数据块为单位，字符与字符之间、字符内部的位与位之间都同步，每次传送 1~2 个同步字符、若干个数据字节和校验字符，同步字符起联络作用，用它来通知接收方开始接收数据。在同步通信中，发送方与接收方要保持完全的同步，也就是发送和接收方应使用同一时钟频率。由于同步通信不需要在每个字符中加起始位、校验位和停止位，只需要在数据块之前加一两个同步字符，所以传输效率高，但对硬件要求也提高了，主要用于高速通信。

3．单工、半双工及全双工通信

按照信号传输方向与时间的关系，可将通信方式分为单工通信（单向通信）、半双工通信（双向交替通信）和全双工通信（双向同时通信）。

（1）单工通信

信道是单向信道，信号只能向一个方向传输，不能进行数据交换。如图 2-4 所示。发送端和接收端是固定的。例如音箱和无线电广播。

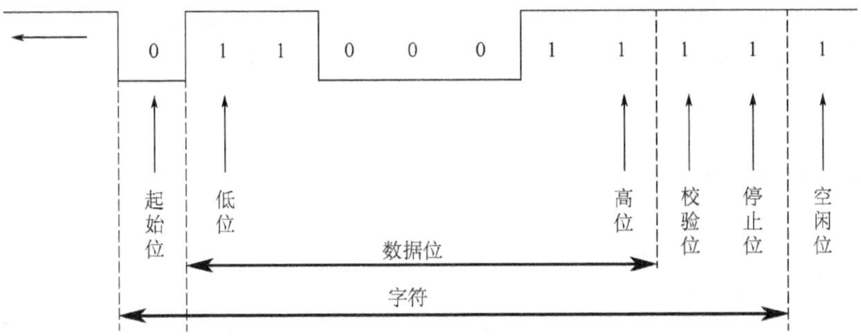

图 2-3　异步传输数据格式

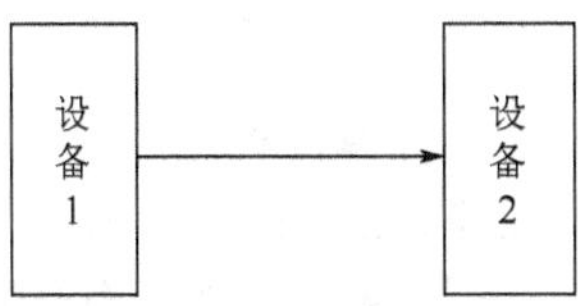

图 2-4　单工通信

（2）半双工通信

信道的信号可以双向传输，但两个方向只能交替进行，而不能同时进行，在同一时刻，一方只能发送数据或者接收数据，如图 2-5 所示。通常需要一对双绞线作为连接，与全双工相比，半双工通信线路成本低。例如 RS-485 只用一对双绞线时就是半双工通信，对讲机也是半双工通信。

（3）全双工通信

通信信道可以同时进行双向数据传输，同一时刻既能发送数据也能接收数据，如图 2-6 所示。通常需要两对双绞线构成连接，全双工通信线路成本高。RS-422 采用的就是全双工通信方式。

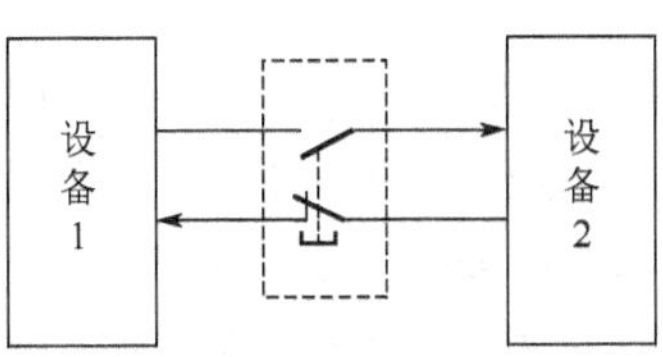

图 2-5　半双工通信

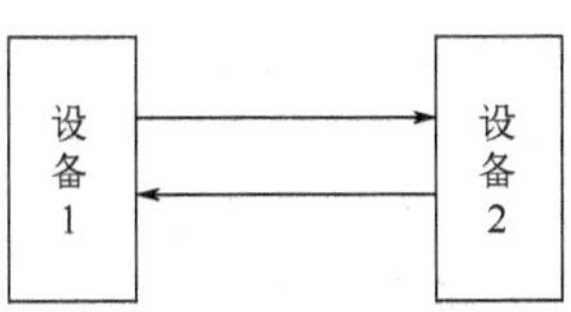

图 2-6　全双工通信

4．数据传输介质

数据传输介质是指通信双方彼此传输信息的物理通道。通道常分为有线传输介质和无线传输介质两大类。有线传输介质采用物理导体提供从一个设备到另一个设备的通信通道。无线传输介质通过空间来传输信息。常用的有线传输介质为双绞线、同轴电缆和光缆等。

（1）双绞线

双绞线是目前最常用的一种传输介质，用金属导体来传输信号，每一对双绞线由绞合在一起的相互绝缘的两根铜线组成。两根绝缘的铜线按一定密度互相绞合在一起，可降低干扰。把一对或多对双绞线放在一个绝缘套管中就形成了双绞线电缆。如果加上屏蔽层，就是屏蔽双绞线，其抗干扰能力更好。双绞线成本低、安装简单，RS-485 多用双绞线电缆实现通信。

（2）同轴电缆

同轴电缆结构分为 4 层，内导体是一根铜线，铜线外面包裹着泡沫绝缘层，再外面是由金属或者金属箔制成的导体层，最外面由一个塑料外套将电缆包裹起来。其中铜线用来传输电磁信号；网状金属屏蔽层一方面可以屏蔽噪声，另一方面可以作为信号地；绝缘层通常由陶制品或塑料制品组成，它将铜线与金属屏蔽层隔开；塑料外套可使电缆免遭物理性破坏，通常由柔韧性较好的防火塑料制品制成。这样的电缆结构可以防止自身产生电干扰，又可以防止外部干扰。

同轴电缆的传输速度、传输距离、可支持的节点数、抗干扰性能都优于双绞线，成本也高于双绞线，但低于光缆。

（3）光缆

光导传输是目前最先进的通信技术之一，用于以极快的速度传输巨量信息的场合。光导纤维电缆由多束纤维组成，简称光缆。光缆的主要组成材料是光导纤维，它是一种可传输光束的细微而具有柔性的媒质，简称为光纤；在它的中心部分包括了一根或多根玻璃纤维，通过从激光器或发光二极管发出的光波穿过中心纤维来进行数据传输。它有几个特点：抗干扰性好；具有更宽的带宽和更高的传输速率，且传输能力强；衰减少，无中继时传输距离远；光缆本身费用昂贵，对芯材纯度要求高。

2.2.2 工业控制网络拓扑结构与控制方法

在计算机网络中，每个计算机或交换信息的智能设备称为网络的站或节点，计算机网络根据站间距离可分为：全局网、广域网与局域网。

局域网：地理范围有限，站间距离一般在几十米到几千米，数据通信传输速率高。PLC 网络采用局域网进行数据通信。

1. 网络拓扑结构

网络拓扑结构是指用传输介质将各种设备互联的物理布局。将局域网中工作的各种设备互连在一起的方法有多种，目前应用较多的拓扑结构有以下 4 种。

（1）星形网络拓扑结构

星形网络拓扑结构见图 2-7。用户之间的通信必须经过中心站，这样的连接便于系统集中控制、易于维护且网络扩展方便，但这种结构要求中心系统必须具有极高的可靠性，否则中心系统一旦损坏，整个网络就会瘫痪，为此中心系统通常采用双机热备份，以提高系统的可靠性。

（2）环形网络拓扑结构

环形网络拓扑结构见图 2-8。它在局域网中使用较多，其连接特点是每个端用户都与两个相邻的端用户相连，直到所有的端用户连成环形为止。这样的点到点的连接方式使得系统总是以单向方式操作，即“用户 n”是“用户 n+1”的上游端用户，“用户 n+1”是“用户 n”的下游端用户，如果“用户 n+1”需要将数据发送到“用户 n”，则几乎要环绕整个网络一周才能完成任务。这种结构容易安装和重新配置，接入和断开一个节点只须改动两条连接即可。可以减少初期建网的费用。每个节点只有一个下游节点，不需要路由选择。可以消除端用户通信时对中心系统的依赖性，但某一节点一旦失效，整个系统就会瘫痪。

（3）总线形网络拓扑结构

总线形网络拓扑结构见图 2-9。它在局域网中使用最普遍，其连接特点是端用户的物理媒体由所有设备共享，各节点地位平等，无中心节点控制。总线形网络拓扑结构简单、易于扩充、可靠性高、灵活性好、网络响应速度快，而且某个节点一旦失效也不会影响其他节点通信，特别适用于工业控制局域网。

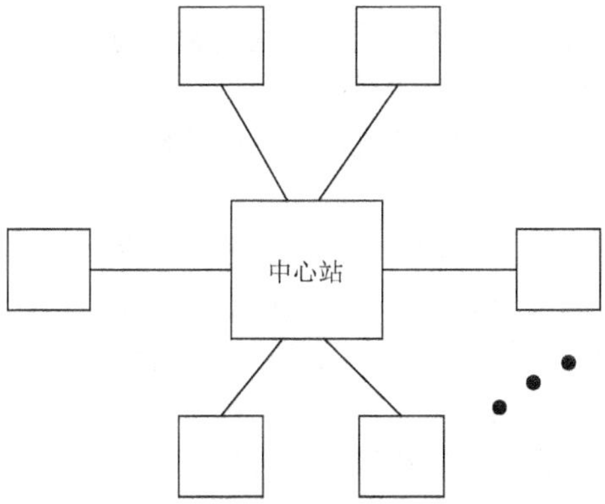

图 2-7 星形网络拓扑结构

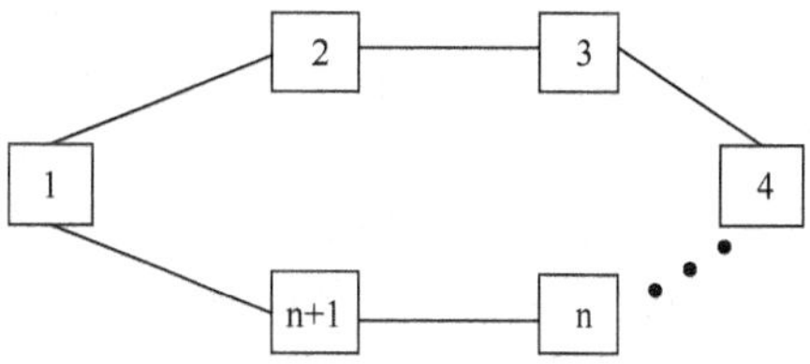

图 2-8 环形网络拓扑结构

（4）树形网络拓扑结构

树形网络拓扑结构见图 2-10。其适应性很强，如对网络设备的数量、数据传输速率和数据类型等没有太多限制，可达到很高的带宽。树形拓扑结构在单个局域网系统中采用不多。如果把多个总线形或星形网连在一起，或连到另一个大型机或一个环形网上，就形成了树形拓扑结构。

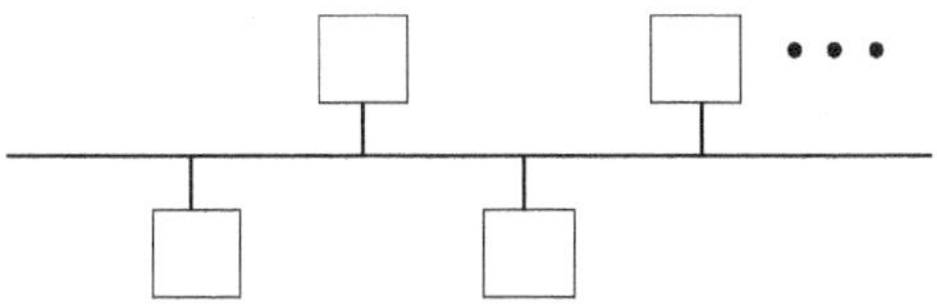

图 2-9 总线形网络拓扑结构

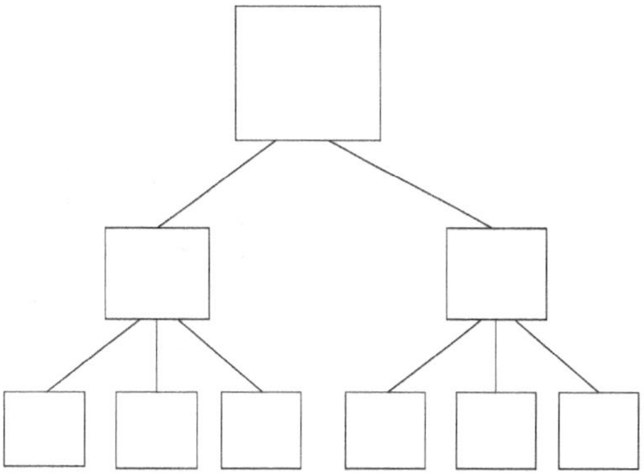

图 2-10 树形网络拓扑结构

2. 网络控制方法

网络控制方法是指在网络通信中使信息从发送装置迅速而正确地传送到接收装置的管理机制。常用的网络控制方法有以下 3 种。

（1）令牌方式

这种传送方式对介质访问的控制权是以令牌为标志的。只有得到令牌的节点，才有权控制和使用网络，常用于总线形网络和环形网络拓扑结构。

（2）争用方式

这种传送方式允许网络中的各节点自由发送信息，但如果两个以上的节点同时发送信息就会出现线路冲突，故需要加以约束，目前常用的是 CSMA/CD 方式。

（3）主从方式

在这种传送方式中，网络中有主站，主站周期性地轮询各从站节点是否需要通信，被轮询的节点允许与其他节点通信。这种方式多用于信息量少的简单系统，适用于星形或总线形网络拓扑结构。

2.2.3 OSI 参考模型

为了实现不同设备之间的互联与通信，1978 年国际标准化组织（ISO）提出了一个试图使各种计算机在世界范围内互联为网络的标准框架，即开放式通信系统互联参考模型（Open System Interconnection Reference Model，OSI/RM）。

OSI 参考模型是计算机通信的开放式标准，是用来指导生产厂家和用户共同遵循的规范，任何人均可免费使用，而使用这个规范的系统也必须向其他使用这个规范的系统开放。

OSI 参考模型并没有提供一个可以实现的方法，它是一个在制定标准时所使用的概念性框架，设计者可根据这一框架，设计出符合各自特点的网络。

信息在 OSI 模型中传输形式见图 2-11。OSI 参考模型将计算机网络的通信过程分为 7 个层次，每层执行部分通信功能。“层”这个概念包含了两个含义，即问题的层次及逻辑的叠套关系。这种关系有点像信件中采用多层信封把信纸包装起来，发信时要由里往外包装，收信后要由外到里拆封，最后才能得到所传送的信息。每一层都有双方相应的规则，相当于每一层信封上都有相互理解的标志，否则信息传递不到预期的目的地。每一层依靠相邻的更低一层完成较原始的功能，同时又为相邻的更高一层提供服务；邻层之间的约定称为接口，各层约定的规则总和称为协议，只要相邻层的接口一致，就可以进行通信。第 1 层至第 3 层为介质层，负责网络中数据的物理传输；第 4 层至第 7 层为高层或主机层，用于保证数据传输的可靠性。

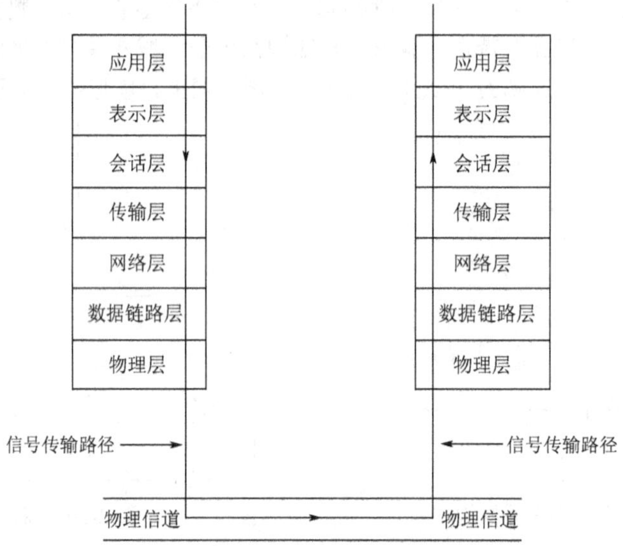

图 2-11　信息在 OSI 模型中传输形式

在模型的 7 层中，物理层是通信的硬设备，由它完成通信过程；从第 7 层至第 2 层的信息并没有进行传送，只是为传送做准备，这种准备由软件进行处理，直到第 1 层才靠硬件真正进行信息的传送。下面介绍 OSI 参考模型的 7 个层的功能。

1. 物理层

物理层是必需的，它是整个开放系统的基础，负责设备间接收和发送信息流，提供为建立、维护和释放物理连接所需要的机械、电气功能与规程的特性。例如，使用什么样的物理信号来表示数据“0”和“1”、数据传输是否可同时在两个方向上进行等。

2. 数据链路层

数据链路层也是必需的，它被建立在物理传输能力的基础上，以帧为单位传输数据。它负责把不可靠的传输信道改造成可靠的传输信道，采用差错检测和帧确认技术，传送具有校验信息的数据帧。

3. 网络层

网络层提供逻辑地址和路由选择，其作用是确定数据包的传输路径，建立、维持和拆除网络连接。

4. 传输层

传输层属于 OSI 中的高层，解决的是数据在网络之间的传输质量问题，提供可靠的端到端的数据传输，保证数据按序可靠、正确传输。这一层主要涉及网络传输协议，提供一套网络数据传输标准，如 TCP、UDP 协议。

5．会话层

会话是指请求方与应答方交换的一组数据流。会话层用来实现两个计算机系统之间的连接，可建立、维护和管理会话。

6．表示层

表示层主要处理数据格式，负责管理数据编码方式，是 OSI 参考模型的翻译器，该层从应用层取得数据，然后把它转换为计算机的应用层能够读取的格式，如 ASCII、MPEG 等格式。

7．应用层

应用层是 OSI 参考模型中最靠近用户的一层，提供应用程序之间的通信，其作用是实现应用程序之间的信息交换、协调应用进程和管理系统资源，如 QQ、MSN 等。两个相互通信的系统应该具有相同的层次结构，不同节点的同等层次具有相同的功能，并按照协议实现同等层之间的通信。如果把要传送的信息称为报文，则每一层上的标记称为报头，数据封装和拆封过程如下。

当信息发送时，从第 7 层至第 2 层都在进行软件方面的处理，直到第 1 层才靠传输介质将信息传送出去，即物理层把封装后的信息放到通信线路上进行传输；在信息到达接收站后，按照与封装相反的顺序进行数据解封，每经过一层就去掉一个报头，到第 7 层之后，所有的报头报尾都去掉了，只剩数据或报文本身；至此，站与站之间的通信结束。

OSI 通信模型是一个理论模型，在实际环境中并没有一个真实的网络系统与之完全相对应，它更多地被用于作为分析、判断通信网络技术的依据。多数应用只是将 OSI 模型与应用协议进行大致的对应，对应于 OSI 的某层或包含某层的功能。

虽然 7 层结构的 OSI 参考模型支持的通信功能相当强大，但对于只需要完成简单通信任务的工业控制底层网络而言，这个完整模型显得过于复杂，不仅网络接口造价高，而且会由于层间操作与转换复杂导致通信时间响应过长。因此，为了满足生产现场的实时性和快速性要求，也为了实现工业网络的低成本，实际应用时对 OSI 参考模型进行了简化和优化。

2.2.4　PLC 网络专业术语

1．RS-232C 通信接口

串行通信时要求通信双方都采用标准接口，以便将不同设备方便地连接起来进行通信。RS-232C 接口是目前计算机与计算机、计算机与 PLC 通信中常用的一种串行通信接口。RS-232C 是美国电子工业协会在 1969 年公布的通信协议。至今仍在计算机和 PLC 中广泛使用。RS-232C 可使用 9 针或 25 针的 D 型连接器，这些接口线有时不会都用，简单的只需 3 条接口线，即发送数据（TxD）、接收数据（RxD）和信号地（GND）。

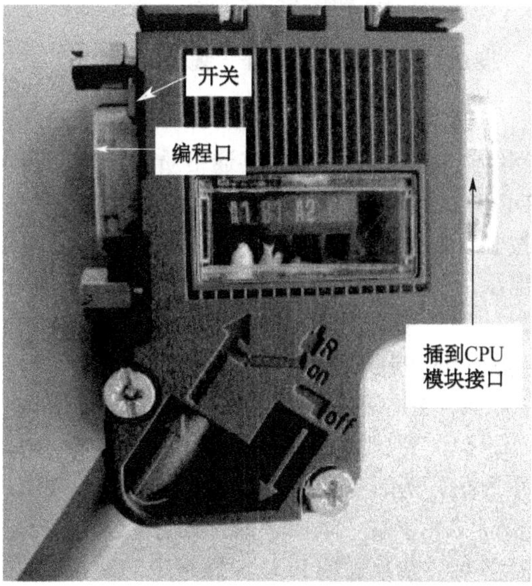

图 2-12　带编程口 35°电缆引出线 DP 头

在电气特性上，RS-232C 中任何一条信号线的电压均为负逻辑关系，逻辑“1”为−5~−15V；逻辑“0”为+5~+15V；噪声容限为 2V，即接收器能识别低至+3V 的信号作为逻辑“0”，高到−3V 的信号为逻辑“1”。电气接口采用单端驱动、单端接收电路，容易受到公共地线上的电位差和外部引入的干扰信号的影响。

RS-232C 只能进行一对一的通信，最高通信速率为 20kbit/s，最大传输距离为 15 米，通信速率和传输距离有限。

2．RS-485 通信接口

RS-485 是 RS-422A 的变形。RS-422A 是全双工通信，两对平衡差分信号分别用于发送和接收，所以 RS-422A 接口通信时最少需要 4 根线。RS-485 为半双工通信，只有一对平衡差分信号线，不能同时发送和接收，只需两根导线。

RS-485 通信接口具有传输距离远、多节点（32 个）以及传输线成本低等特点，使得 RS-485 成为工业通信数据传输的首选标准。RS-485 采用差分信号负逻辑，+2~+6V 表示“0”，－2~－6V 表示“1”。

RS-485 通信网络中一般采用的是主从通信方式，即一个主站带多个从站。连接 RS-485 通信链路时信号地要正确连接。

3．PROFIBUS 总线连接器（也称 DP 头）

DP 头是 PROFIBUS DP 协议中主站和从站电缆之间的 RS-485 通用接口器件，用于将多个设备连接到网络中。分为带编程口的和不带编程口两种。按照接线形式有 90°电缆引出线、35°电缆引出线和 180°电缆引出线。如图 2-12、图 2-13、图 2-14 所示。

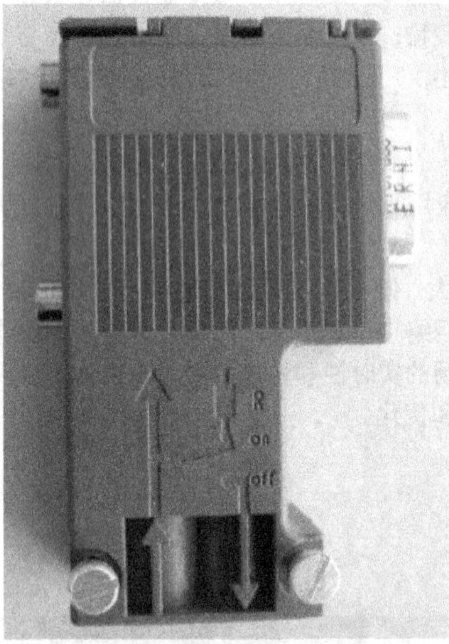

图 2-13　不带编程口 90°电缆引出线 DP 头

图 2-14　不带编程口 180°电缆引出线 DP 头

通过 DP 头的编程口，用户可以把编程器或者人机界面直接连到网络中，而不会干扰任何现有网络连接。为了保证网络通信质量，DP 头设计了终端和偏置电阻。如果 DP 头不在网络终端位置，DP 头上的开关拨到 OFF，没有连入终端和偏置电阻。如果 DP 头在网络终端位置，DP 头上的开关拨到 ON，连入终端和偏置电阻。终端电阻可以吸收网络上的反射波，有效地增强信号强度。偏置电阻用于在电气情况复杂时确保 A、B 信号的相对关系，保证 0、1 信号的可靠性。

西门子 PLC 的 PPI 通信、MPI 通信和 PROFIBUS-DP 通信的物理层都是 RS-485 通信。采用的是相同的 PROFIBUS 电缆和 DP 头。

4．站、主站、从站、远程设备站

（1）站（Station）：在 PLC 网络系统中，将可以进行数据通信、连接外部输入输出的物理设备称为站。例如在 PLC 网络系统中，每台 PLC 可以是一个站。

（2）主站（Master Station）：主站指在 PLC 网络系统中的控制站，主站上设置了控制整个网络的参数，站号就是 PLC 在网络中的地址。

（3）从站（Slave Station）：在 PLC 网络系统中，除主站外，其他站称为从站。

（4）远程设备站（Remote Device Station）：在 PLC 网络系统中，能同时处理二进制位、字的从站。

5. 网关（Gateway）

网关又称网间连接器、协议转换器，是最复杂的网络互联设备。在使用不同的协议、数据格式或语言，甚至体系结构完全不同的网络互联时需要使用网关，因此网关又称协议转换器。

网关具有从物理层到应用层的协议转换能力，主要用于异构网络的互联、局域网与广域网的互联。

6. 中继器（Repeater）

中继器工作在物理层，是一种简单但使用较多的网络互联设备。它负责在两个节点的物理层上按位传递信息，完成信号的复制、调整和放大功能，以此来延长网络的长度。中继器由于不对信号进行校验等其他处理，因此即使是差错信号，中继器也照样整形放大。

中继器一般有两个端口，用于连接两个网段，且要求两端的网段具有相同的介质访问方法。

7. 网桥（Bridge）

网桥工作在数据链路层，根据 MAC 地址对帧进行存储转发。它可以有效地连接两个局域网，使本地通信限制在本网段内，并转发相应的信号至另一网段。网桥通常用于连接数量不多的、同一类型的网段。网桥一般有两个端口，每个端口均有自己的 MAC 地址，分别桥接两个网段。

8. 路由器（Router）

路由器工作在网络层，在不同网络之间转发数据单元。因此，路由器具有判断网络地址和选择路径的功能，能在多网络环境中建立灵活连接。所谓路由就是指通过相互连接的网络把信息从源地点移动到目标地点的活动。一般来说，在路由过程中，信息至少会经过一个或多个中间节点。路由器是互联网的主要节点设备。路由器通过路由决定数据的转发。转发策略称为路由选择，这也是路由器名称的由来。作为不同网络之间相互连接的枢纽，路由器系统构成了基于 TCP/IP 的国际互联网络 Internet 的主体脉络，也可以说，路由器构成了 Internet 的骨架。

9. 交换机（Switch）

交换机工作在数据链路层，交换机是一种基于 MAC 地址识别，能完成封装、转发数据包功能的网络设备。交换机可以“学习”MAC 地址，并把其放在内部地址表中，通过在数据帧的始发者和目标接收者之间建立临时的交换路径，使数据帧直接由源地址到达目的地址。

2.3 项目解决步骤

步骤 1. 讲述并行通信与串行通信并举例说明。

步骤 2. 讲述异步传输与同步传输并举例说明。

步骤 3. 讲述单工、半双工及全双工通信并举例说明。

步骤 4. 讲述数据传输介质的分类及特点。

步骤 5. 讲述工业控制网络结构与控制方法。

步骤 6. 简述 OSI 参考模型。

步骤 7. 简述通信协议。

步骤 8. 在理解的基础上熟练讲述 PLC 网络专业术语含义。

2.4 巩固练习

（1）网上搜索数据传输介质的图片并附上简短说明文字，用于课堂交流。

（2）网上搜索工业控制网络拓扑结构的图片并附上简短说明文字，用于课堂交流。

（3）网上搜索 PLC 网络术语中提到的设备或器件图片并附简短说明文字，做成 PPT，用于课堂交流。

第二篇　PROFIBUS

项目 3　认识 PROFIBUS

3.1　项目要求及学习目标

1. 了解 PROFIBUS 概述及发展。
2. 了解 PROFIBUS 协议结构。
3. 掌握 PROFIBUS 组成。
4. 熟悉 PROFIBUS 设备分类。
5. 掌握 PROFIBUS 电缆与 DP 头的连接过程。
6. 能够独立安装 GSD 文件。

3.2　相关知识

3.2.1　PROFIBUS 概述及发展

PROFIBUS 是一种用于工厂自动化车间级监控和现场设备层数据通信与控制的现场总线技术。可实现现场设备层到车间级监控的分散式数字控制和现场通信网络，从而为实现工厂综合自动化和现场设备智能化提供了可行的解决方案。

PROFIBUS 是一种国际化、开放式、不依赖于设备生产商的现场总线标准，PROFIBUS 已成为国际化的开发现场总线标准，得到了众多生产厂家的支持。

PROFIBUS 传送速度可在 9.6kbps~12Mbps 范围内选择且当总线系统启动时，所有连接到总线上的装置应该被设成相同的速度。

在欧洲，PROFIBUS 拥有很高的市场份额，近年来，在北美和日本的发展情况也不错。由于得到 PLC 生产厂商的支持，PROFIBUS 将会有更大的发展空间。

PROFIBUS 是现场总线国际标准 IEC61158 中的 Type-3，它是世界上应用最成功、市场占有率最高的现场总线技术。PROFIBUS 包括用于制造业自动化 DP 和流程工业 PA，它是一种能在所有自动化应用领域使用的现场总线技术。作为国际现场总线标准之一的 PROFIBUS，在工业自动化、传动、化工等领域占据主导地位。除具有现场总线的普遍特点外，PROFIBUS 还有其独特的优点：

1．总线传输率高，最高可达 12Mbps。

2．采用主从轮询方式，具有确定的传输响应时间，可应用于对时间要求苛刻的复杂系统中

3．PROFIBUS 满足了从现场层到工厂管理层对网络的要求，应用面广、产品多样性。尤其是传动行业，几乎所有著名厂商的产品都支持 PROFIBUS。

在十多年的开发和应用实践过程中，PROFIBUS 以其技术的成熟性、完整性和应用的可靠性等多方面优秀的表现，使其在现场总线技术领域中成为国际市场的领导者。

3.2.2 PROFIBUS 协议结构

网络协议是指用于网络之间相互沟通、传输信息所要共同遵守的基础。现场总线通信协议基本遵照 ISO/OSI 参考模型，PROFIBUS 协议结构见图 3-1。PROFIBUS-DP 使用第 1 层（物理层）、第二层（数据链路层）和用户接口层，第 3~7 层未使用，这种精简的结构确保了高速的数据传输。用户接口规定了设备的应用功能、PROFIBUS-DP 系统和设备的行为特性。直接数据链路映像程序 DDLM 提供对第二层的访问。

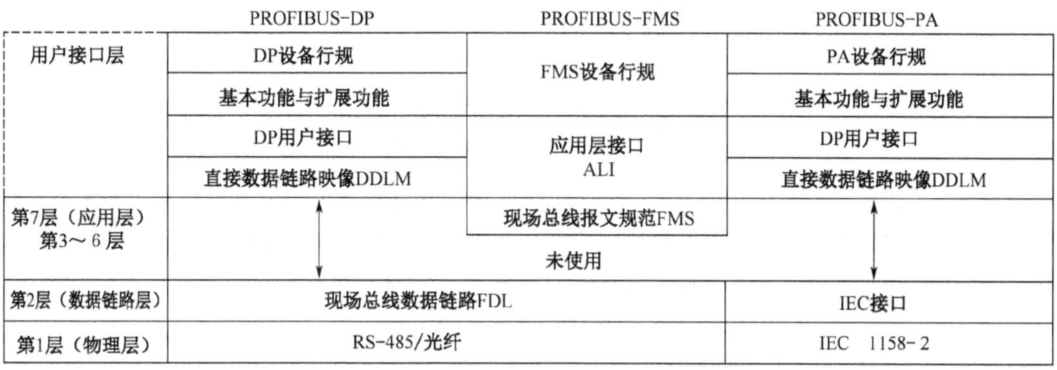

图 3-1 PROFIBUS 协议结构

3.2.3 PROFIBUS 组成

PROFIBUS 主要由 3 部分组成，分别为 PROFIBUS-DP、PROFIBUS-PA、PROFIBUS-FMS。

1. PROFIBUS-DP

PROFIBUS-DP 是 PROFIBUS 中应用最广的通信方式。主要用于制造业自动化系统中单元级和现场级通信，特别适合于 PLC 与现场级分布式 I/O 设备之间的快速循环数据交换。根据其所需要达到的目标对通信功能加以扩充，DP 的传输速率可达 12Mbit/s，常用于连接的设备有 PLC、PC、HMI、分布式 I/O 等。例如 S7-300、S7-200、 ET200M 等，如图 3-2 所示。PROFIBUS-DP 响应速度快，很适合在制造业使用。

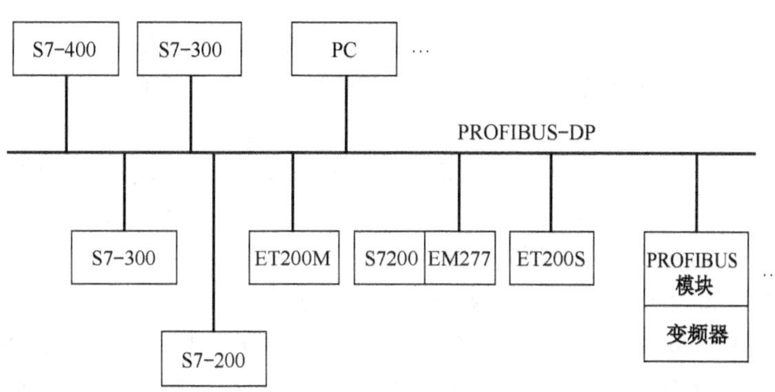

图 3-2 PROFIBUS-DP 通信示意图

S7-300CPU 集成 DP 接口，通过 PROFIBUS 电缆和 DP 头很容易组成 PROFIBUS-DP 网络通信。S7-200 和 S7-300CPU 无 DP 口，可以通过带有 DP 口的通信模块，再加上 PROFIBUS 电缆和 DP 头组成 PROFIBUS-DP 网络通信。

PROFIBUS-DP 三种系统配置如下。

（1）纯主从系统（单主站）：执行主从数据通信过程，一个 DP 总线系统只含有一个主站，其他为从站。主站可以向从站发送数据，主站接收来自从站的数据。以 S7-300PLC 作为主站为例，如图 3-3 所示。

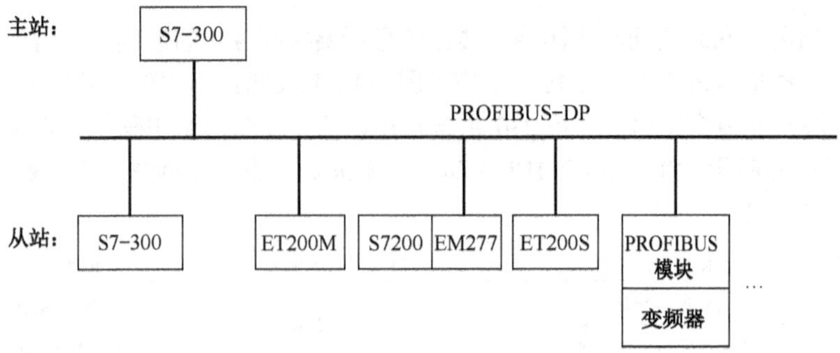

图 3-3　纯主从系统示意图

（2）纯主主系统（多主站）：执行令牌传递过程，连接到 PROFIBUS-DP 网络的主站按节点地址的升序组成一个逻辑令牌环。控制令牌按顺序从一个主站传递到下一个主站。如图 3-4 所示。

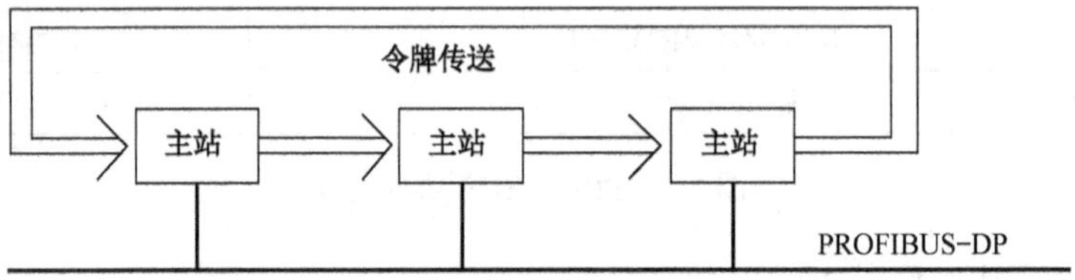

图 3-4　纯主主系统示意图

（3）混合系统（多主多从）：执行令牌传递和主从数据通信过程，主站之间构成令牌环，令牌传递仅在主站之间进行。令牌按令牌环中各主站地址的升序在各主站之间依次传递。某主站得到令牌后，该主站可以在一定的时间内执行主站工作。在这段时间内，它可以依照主从通信关系表与所有的从站通信，也可以依照主-主通信关系表与所有的主站通信，令牌传递程序保证每个主站在一个确切的规定时间内得到令牌，来访问分配给该主站的从站。主站可以向从站发送数据，主站接收来自从站的数据。如图 3-5 所示。

2．PROFIBUS-PA

PA 是 Process Automation（过程自动化）的缩写。PROFIBUS-PA 用于 PLC 与过程自动化的现场传感器和执行器的低速数据传输，特别适合于在需要防爆的化学工业和过程控制中使用。它是 PROFIBUS 的过程自动化解决方案，PA 将自动化系统和过程控制系统与现场设备，如压力、温度和液位变送器等连接起来，代替了 4~20mA 模拟信号传输技术，在现场设备的规划、敷设电缆、调试、投入运行和维修等方面可节约成本，并大大提高了系统功能和安全可靠性，因此 PA 尤其适用于石油、化工、冶金等行业的过程自动化系统，专为过程自动化设计的总线类型。

DP/PA 耦合器（Coupler）用于将 PA 现场设备连接到 PROFIBUS-DP 网络。使用多个 DP/PA 耦合器，一个 DP 主站系统最多可以连接 125 个 PA 从站。使用 DP/PA 耦合器后，DP 网络的通信速率最高为 45.45kbit/s。系统规模小和对通信速率要求不高时，可以使用 DP/PA 耦合器来连接 DP 网络和 PA 现场设备。PA 从站被映射为 DP 从站，就像组态 DP 从站一样组态 PA 设备，需要为 PA 设备设置 DP 地址。DP/PA 耦合器有两种类型：non-Ex 型（非本质安全型）和 Ex 型（本质安全型）。一个 DP/PA 耦合器的非本质安全区最多可连接 30 个现场设备，本质安全区最多可以连接 10 个现场设备。DP/PA 耦合器后面的 PA 从站的总线地址不能与 DP 主站系统的其他站点地址重叠，因为 PA 现场设备是被视为“直接”连接在 DP 总线上的。

DP/PA 链接器（Link）通过 DP/PA 耦合器与 PA 从站交换信息，一个 DP/PA 链接器最多可以连接 5 个 DP/PA 耦合器，最多 64 个 PA 从站。DP/PA 链接器是连接 PROFIBUS-DP 和 PROFIBUS-PA

的网关。PLC 通过 DP/PA 链接器访问现场设备。 DP/PA 链接器是 DP 网络上的一个从站，链接器和它连接的 PA 现场设备占用一个 DP 地址。使用 DP/PA 链接器时，DP 网络的传输速率最高可达 12Mbit/s。DP/PA 链接器又是 PA 网络中的主站，一个链接器可以驱动的 PA 从站数目与它的版本有关。PA 现场设备独立于 DP 网络单独编址，其地址称为 DP 地址（3~124），PA 主站默认的 PA 地址为 2。

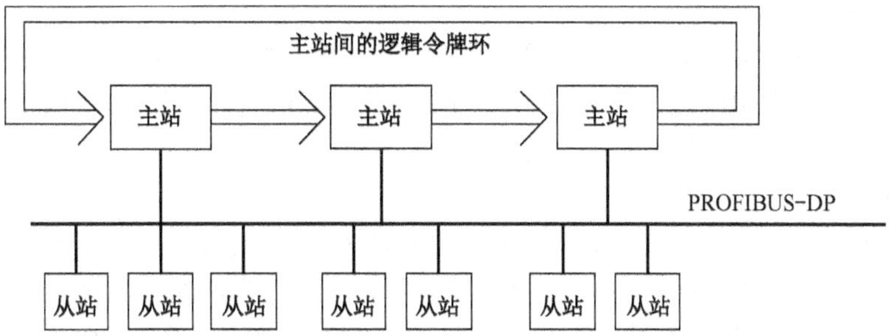

图 3-5　混合系统示意图

系统规模较大，例如超过 20 台现场设备，并且对时间要求较苛刻时，建议采用 DP/PA 链接器加 DP/PA 耦合器的方案。它们组态 PA 系统时，应保证它们连接的所有现场设备的功耗不超过允许的值，具体的参数可以查阅有关的产品用户手册。

PROFIBUS-PA 总线使用扩展的 PROFIBUS-DP 协议进行数据传输，通过 DP/PA 链接器和 DP/PA 耦合器可将 PA 设备方便地集成到 PROFIBUS-DP 网络中。PROFIBUS-PA 功能集成在执行器、电磁阀和变送器等现场设备中。例如 S7-300、DP/PA 耦合器等连接的 PROFIBUS-PA 通信示意见图 3-6。

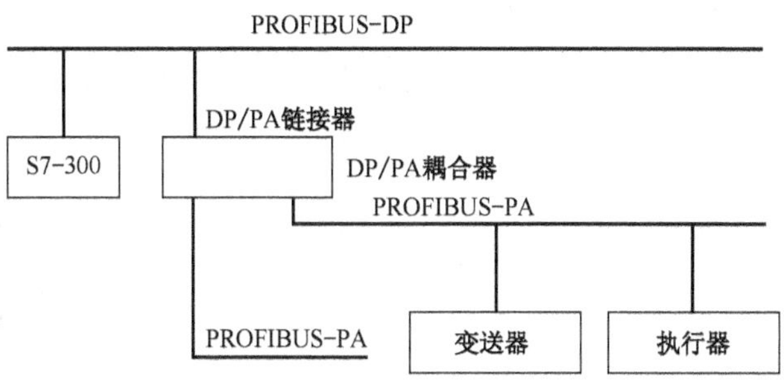

图 3-6　PROFIBUS-PA 通信

PROFIBUS-PA 由于采用了 IEC1158-2 标准，确保了本质安全和通过屏蔽双绞线电缆进行数据传输和供电，可以用于防爆区域的传感器、执行器与中央控制系统的通信。

传感器/执行器安装在生产现场，而耦合器和控制器等设备则安装在控制室内。即使总线上的设备不在危险现场，也必须通过适当的结构保证它的本质安全特性。

3. PROFIBUS-FMS

PROFIBUS-FMS 用于系统级和车间级不同供应商的自动化系统之间交换过程数据，处理单元级的多主站数据。

PROFIBUS-FMS 定义了主站与主站之间的通信模型，它使用了 OSI 七层模型的第 1、2、7 层。

S7-300/S7-400 使用通信 FB 来实现 FMS 服务，用 STEP7 组态 FMS 静态连接来发送和接收数据。PROFIBUS-FMS 已经基本上被以太网通信取代，现在很少使用。

3.2.4　PROFIBUS-DP 设备分类

PROFIBUS 网络的硬件由主站、从站、网络部件与诊断工具组成。网络部件包括 PROFIBUS 电缆、DP 头、中继器、耦合器等。

PROFIBUS-DP 设备分为以下三种不同类型的站。

1. 1 类 DP 主站（DPM1）

1 类 DP 主站是统的中央控制器，在预定的周期内与从站循环地交换信息，并对总线通信进行控制和管理。可以作为 1 类 DP 主站设备有：带集成 DP 接口的 CPU，CPU 支持 DP 主站功能的通信处理器（例如 CP342-5），使用 PROFIBUS 网卡的 PC 等。

2. 2 类 DP 主站（DPM2）

2类DP主站是DP网络中编程、诊断和管理设备。可以作为2类DP主站设备有：PC加PROFIBUS网卡，西门子公司提供专用编程设备，PC 和 STEP7 编程软件来作编程设备，PC 和 WinCC 等组态软件作监控操作站，操作员面板、触摸屏等。

3. DP 从站

DP 从站是 PROFIBUS 网络上的被动节点，是低成本的 IO 设备，用于输入信息的采集和输出信息的发送，DP 从站只与它的 DP 主站交换用户数据。可以作为从站设备有：西门子 ET200 是非智能的标准 DP 从站，PLC 可以作为智能从站，某些 PROFIBUS 通信处理器（CP）也可以作为 DP 从站等。

3.2.5 PROFIBUS 电缆、DP 头的连接、终端电阻

1. PROFIBUS 电缆

PROFIBUS 电缆，芯线红绿二色，铝箔屏蔽和裸金属丝编织网屏蔽，PVC 外护套，外观紫色，是 RS-485 标准屏蔽双绞线电缆。MPI、PROFIBUS-DP、PPI 等通信使用 PROFIBUS 电缆，见图 3-7。

2. PROFIBUS 总线连接器（DP 头）

PROFIBUS 总线连接器，也称 DP 头，以带编程口的 35 度电缆引出线的 DP 头为例，9 针 D 形连接器的引脚如图 3-8 所示。

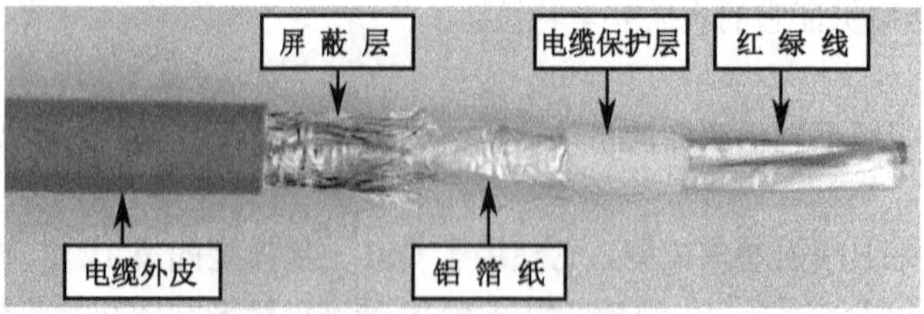

图 3-7 PROFIBUS 电缆

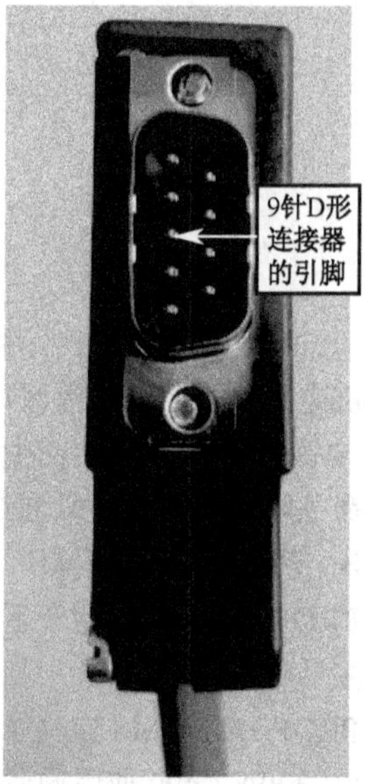

图 3-8 9 针 D 形连接器的引脚

9 针 D 形连接器的引脚分配如表 3-1 所示。

表 3-1　D 型连接器的引脚分配

引脚号	信号名称	说明	引脚号	信号名称	说明
1	SHIELD	屏蔽或功能地	6	VP	供电电压正端
2	M24	24V 辅助电源输出地	7	P24	24V 辅助电源输出正端
3	RXD/TXD+	接收/发送数据的正端，B 线	8	RXD/TXD-	接收/发送数据的负端，A 线
4	CNTR+	方向控制信号正端	9	CNTR-	方向控制信号负端
5	DGND	数据基准点位（地）			

3. PROFIBUS 电缆与 DP 头的连接过程

（1）量剥外皮长度，保证屏蔽层压在屏蔽夹上，长度 20mm 左右。如 3-9 所示。

（2）通过电缆剥线工具剥去 PROFIBUS 电缆外皮，如图 3-10 所示。

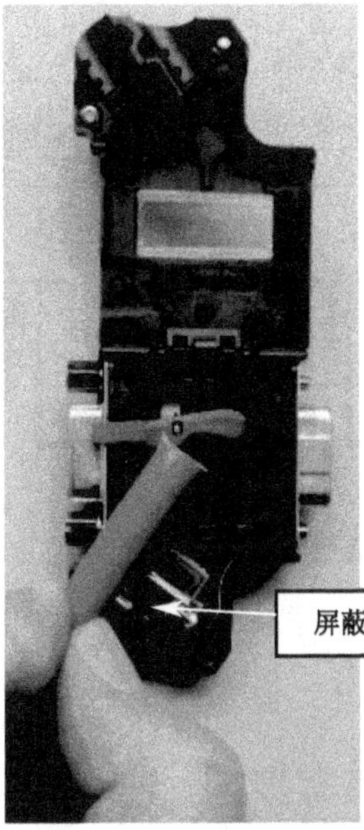

图 3-9　量长度

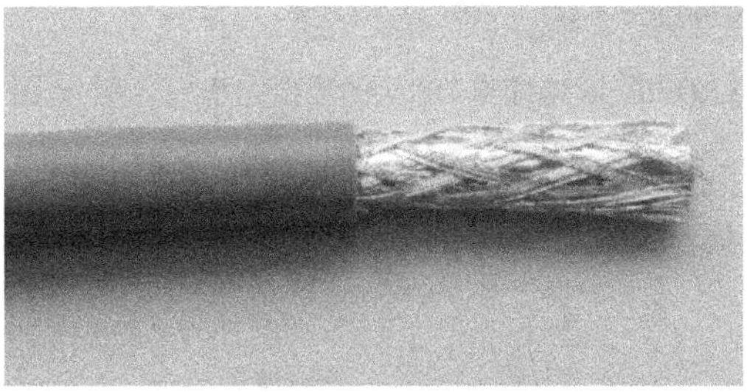

图 3-10　剥电缆外皮

（3）保留屏蔽层，去掉电缆保护层、铝箔纸。将红绿线剥皮后，露出铜，A1、B1 进线，A2、B2 出线，按字的颜色将红绿线颜色对应铜芯插入到 A1、B1 进线孔里，如图 3-11 所示。

（4）用平口螺丝刀将螺丝旋紧，确保红绿线金属铜被夹紧。并保证屏蔽层压在屏蔽夹下，屏蔽层不能接触红绿线金属铜。如图 3-12 所示。

图 3-11　准备接线

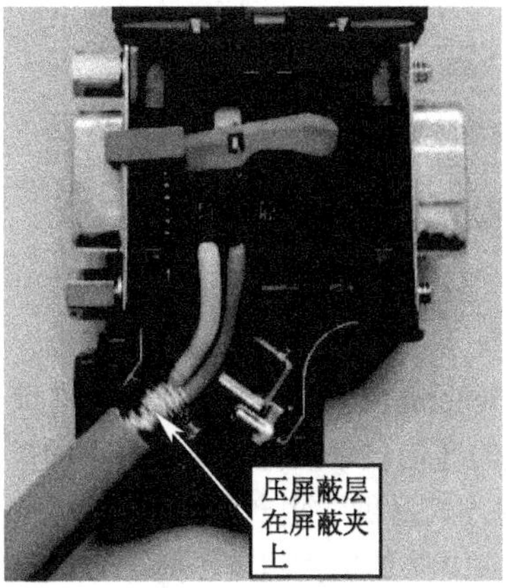

图 3-12　接线及压屏蔽层

（5）盖上锁紧装置并用螺丝刀旋紧。如图 3-13 所示。

在传输期间，A 和 B 线对“地”（DGND）的电压波形相反，信号为 1 时 B 线为高电平，A 线为低电平。DP 头的 A1 和 B1 为入线电缆接口端，A2 和 B2 为出线电缆接口端。在接线时将电缆内的绿色芯线接入 A、红色芯线接入 B。

4．终端和偏置电阻

在一个网络段的第一个和最后一个节点上都需要接通终端和偏置电阻，将 DP 头开关位置拨向 ON，在中间位置不接终端与偏置电阻，DP 头开关位置拨向 OFF，如图 3-14 所示。

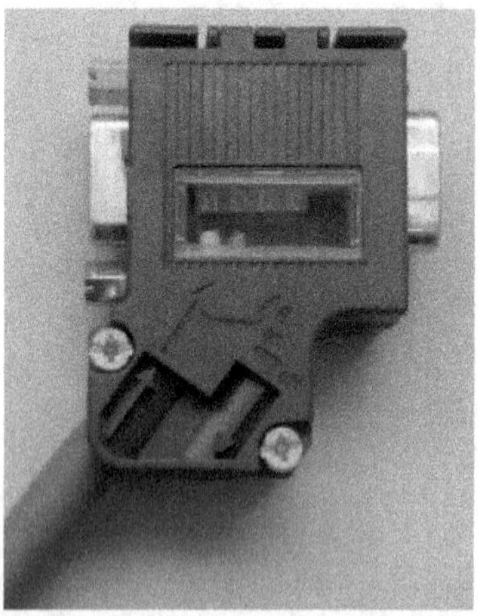

图 3-13　PROFIBUS 电缆与 DP 头的连接完毕

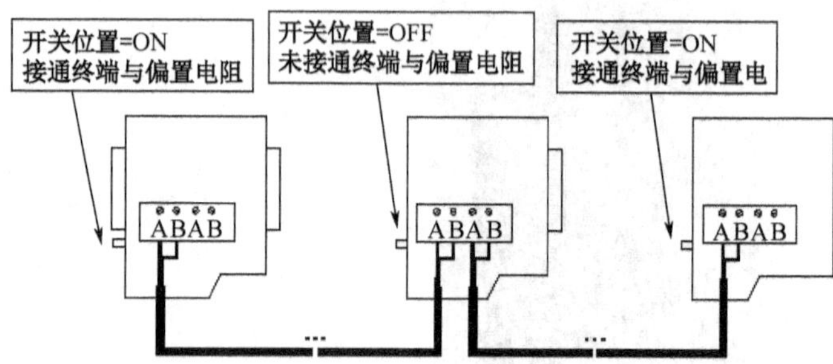

图 3-14　终端和偏置电阻连接示意图

DP 头开关位置为 ON，接通终端和偏置电阻，如图 3-15 所示。

DP 头开关位置为 OFF，未接通终端和偏置电阻，如图 3-16 所示。

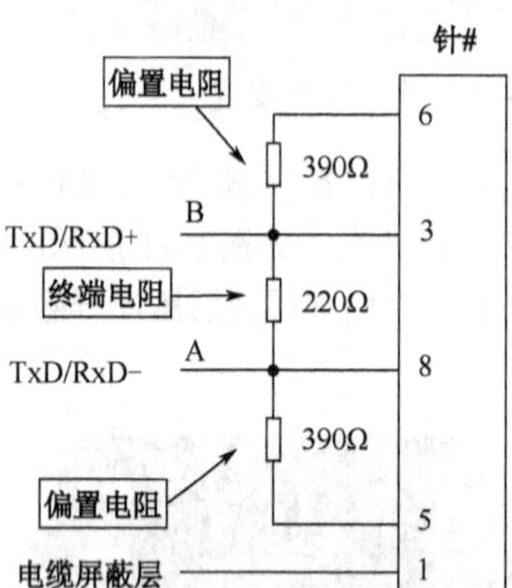

图 3-15　接通终端和偏置电阻

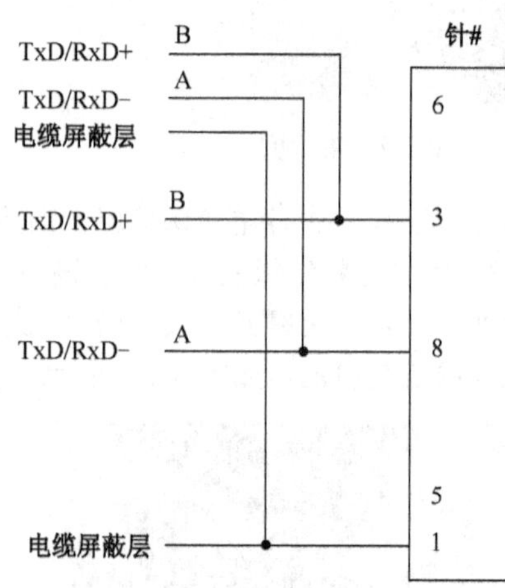

图 3-16　未接通终端和偏置电阻

3.2.6　安装 GSD 文件

GSD (General Station Description，常规站说明)文件是可读的 ASCII 码文本文件，包括通用的和与设备有关的通信技术规范。为了将不同厂家生产的 PROFIBUS 产品集成在一起，生产厂家必须以 GSD 文件的方式提供这些产品的功能参数，例如 I/O 点数、诊断信息、传输速率、时间监视等。

如果 STEP 7 的硬件组态工具 HW Config 右边的硬件目录窗口中没有组态时需要的 DP 从站，应安装制造商提供的 GSD 文件。GSD 文件可以在制造商的网站下载。

单击 HW Config 中的菜单命令“选项”→单击“安装 GSD 文件”，在出现的“安装 GSD 文件”对话框中，用最上面的选择框选中 GSD 文件“来自目录”或“来自项目”。单击“浏览”按钮，用出现的“浏览文件夹”对话框选中 GSD 文件或项目所在的文件夹，选中列表框中出现的 GSD 文件，单击“安装”按钮，开始安装。

安装 GSD 文件时，可能会出现一个对话框，报告“目前尚无法更新。在一个或多个 STEP 7 应用程序中将至少有一个 GSD 文件或类型文件正在被引用”。单击“确定”按钮，不能安装 GSD 文件。

这是因为打开的某个项目中包含 DP 从站，至少有一个 GSD 文件被引用。必须关闭所有已打开并引用了 GSD 文件的项目（包含 DP 从站的项目），打开一个没有 DP 从站的项目，或者新建一个项目，才能安装 GSD 文件。

3.3 项目解决步骤

步骤 1. 讲述 PROFIBUS 组成。

步骤 2. 绘出纯主从系统、混合系统示意图。

步骤 3. 绘出 PROFIBUS-PA 通信示意图。

步骤 4. 讲述 PROFIBUS-DP 设备分类及每种分类可以使用的设备。

步骤 5. 讲述 PROFIBUS 电缆构成。

步骤 6. 讲述 PROFIBUS 总线连接器（DP 头）的构成及引脚分配。

步骤 7. 独立操作完成 PROFIBUS 电缆与 DP 头的连接过程。

步骤 8. 独立通过 DP 头开关设置是否连接终端与偏置电阻。

步骤 9. 能够独立安装 GSD 文件。

3.4 巩固练习

1. PROFIBUS 组成有哪些？具体详细说明。

2. 网上搜索 PROFIBUS-DP 纯主从系统、混合系统的案例图片并附上简短说明文字，用于课堂交流。

3. 网上搜索 PROFIBUS-PA 通信案例图片并附上简短说明文字，用于课堂交流。

4. 绘出 PROFIBUS 电缆与 DP 头的连接过程示意图。

5. 练习安装 GSD 文件。

项目 4　两台 S7-300PLC 之间 PROFIBUS-DP 不打包通信

4.1　项目要求

由两台 S7-300PLC 组成的 PROFIBUS-DP 不打包通信中，PLC 的 CPU 模块为 CPU314C-2DP。有一个是主站，另一个是从站，主站 DP 地址为 2，从站 DP 地址为 3。要求如下。

（1）在主站按下启动按钮 SB1，从站电动机转动，主站指示灯 HL1 亮。在主站按下停止按钮 SB2，从站电动机停止，主站指示灯 HL1 灭。主站指示灯 HL1 是用来监视从站电动机转动或停止状态。

（2）当从站电动机过载时，热继电器 FR（常闭触点）动作，该电动机停止，并且主站指示灯 HL2 以 1Hz 频率报警闪烁。

（3）在从站按下启动按钮 SB1，主站电动机转动，从站指示灯 HL1 亮。在从站按下停止按钮 SB2，主站电动机停止，从站指示灯 HL1 灭。从站指示灯 HL1 用来监视主站电动机转动或停止状态。

（4）当主站电动机过载时，热继电器 FR（常闭触点）动作，该电动机停止，并且从站指示灯 HL2 以 5Hz 频率报警闪烁。

4.2　学习目标

（1）理解不打包通信的含义。
（2）掌握两台 S7-300PLC 之间 PROFIBUS-DP 不打包通信的硬件、软件配置。
（3）掌握两台 S7-300PLC 之间 PROFIBUS-DP 不打包通信的硬件连接。
（4）掌握两台 S7-300PLC 之间 PROFIBUS-DP 不打包通信区设置。
（5）掌握两台 S7-300PLC 之间 PROFIBUS-DP 不打包通信网络组态及参数设置。
（6）掌握两台 S7-300PLC 之间 PROFIBUS-DP 不打包通信网络编程及调试。

4.3　相关知识（不打包通信）

PROFIBUS-DP 通信是通过单个主站依次轮询从站的通信方式进行数据交换的，该方式称为 MS（Master Slave）模式。

PROFIBUS-DP 网络可以组建主从（MS）通信模式和直接数据交换（DX）通信模式 。直接数据交换（DX）通信模式在工程实际应用中少，主从通信模式是 PROFIBUS 网络的典型结构。

S7-300PLC 在 PROFIBUS-DP 网络中既可以作为主站，也可以作为从站。

根据数据传输率和数据量等要求，可以组建 PROFIBUS-DP 不打包网络通信和 PROFIBUS-DP 打包网络通信。

打包通信需要调用系统功能 SFC，STEP7 提供了两个系统功能 SFC15 和 SFC14，SFC15 来完成数据的打包，SFC14 来完成数据解包功能。用于接收发送大于 4 个字节。

不打包通信可以直接利用传送指令实现数据的接收发送，但是每次最大只能接收发送 4 个字节。

4.4 项目解决步骤

步骤 1. 通信的硬件和软件配置

硬件：

（1）电源模块（PS307 5A）2 个。

（2）紧凑型 S7-300CPU 模块（CPU314C-2DP）2 个。

（3）MMC 卡 2 张。

（4）输入模块（DI16×DC24V）2 个。

（5）输出模块（DO16×DC24V/0.5A）2 个。

（6）DIN 导轨 2 根。

（7）PROFIBUS 电缆 1 根。

（8）DP 头 2 个。

（9）PC 适配器 USB 编程电缆（用于 S7-200/S7-300/S7-400 PLC 下载线）1 根。

（10）装有 STEP7 编程软件的计算机（也称编程器）1 台。

软件：STEP7 V5.4 及以上版本编程软件。

步骤 2. 通信的硬件连接

确保断电接线。将 PROFIBUS 电缆与 DP 头连接，将 DP 头插到 2 个 CPU 模块的 DP 口。主站和从站的 DP 头处于网络终端位置，所以两个 DP 头开关设置为 ON，将 PC 适配器 USB 编程电缆的 RS-485 端口插 CPU 模块的 MPI 口，另一端插在编程器的 USB 口上。PROFIBUS-DP 不打包通信的硬件连接如图 4-1 所示。

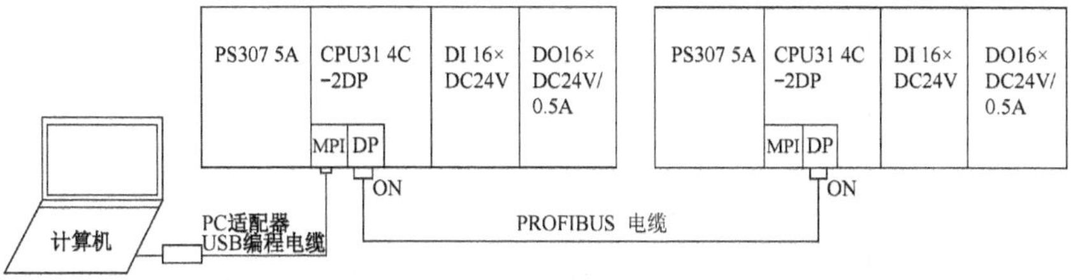

图 4-1　通信的硬件连接

步骤 3. 通信区设置

主站与从站的通信区设置如图 4-2 所示。主站输出区（发送区）QB0 对应从站输入区（接收区）IB3。主站输入区（接收区）IB2 对应从站输出区（发送区）QB6。

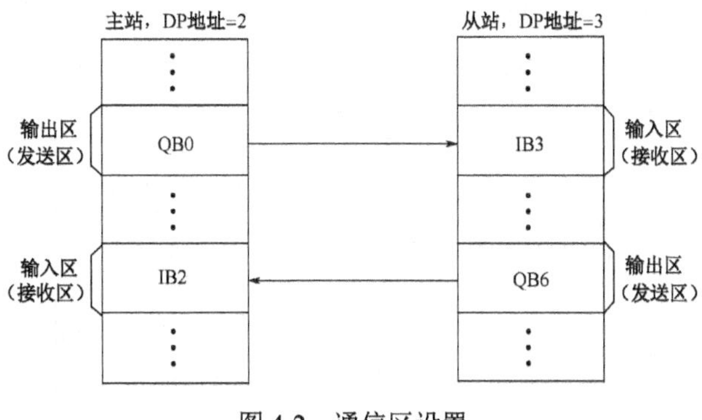

图 4-2　通信区设置

步骤 4. 新建项目

新建一个项目，命名为“两台 PLC 之间 DP 不打包通信”，然后插入两个 SIMATIC300 站点，如图 4-3 所示。

分别将两个 SIMATIC300 站点重命名为“主站”和“从站”，如图 4-4 所示。

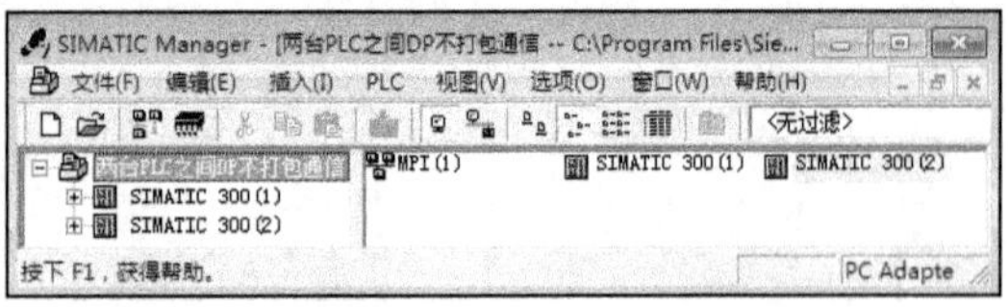

图 4-3 插入两个 SIMATIC300 站点

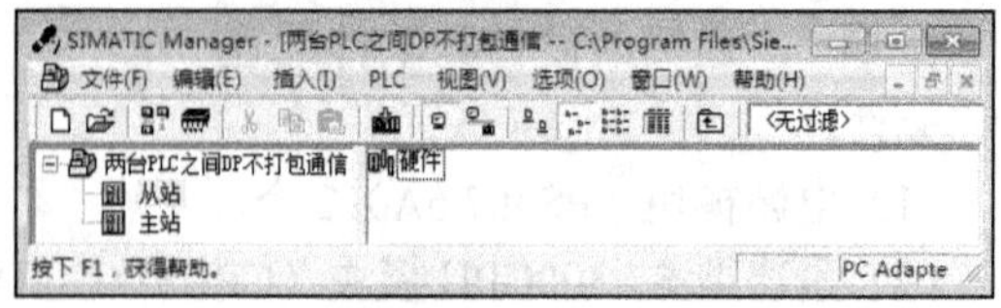

图 4-4 两个 SIMATIC300 站点重命名

步骤 5．从站网络组态及参数设置

（1）根据实际使用的硬件配置，通过 STEP7 编程软件对从站进行硬件组态，注意与硬件模块上面印刷的订货号一致。在 SIMATIC Manager 界面中，双击从站的“硬件”图标，通过双击导轨“Rail”插入导轨，在导轨 1 号插槽插入电源模块（PS307 5A）、2 号插槽插入 CPU 模块（CPU314C-2DP，V2.6）、3 号插槽空闲、4 号插槽插入输入模块（DI16×DC24V）、5 号插槽插入输出模块（DO16×DC24V/0.5A）。如图 4-5 所示。

然后在 CPU314C-2DP 模块上双击“DP 行”，产生如图 4-6 所示 DP 属性界面。单击“属性”按钮。

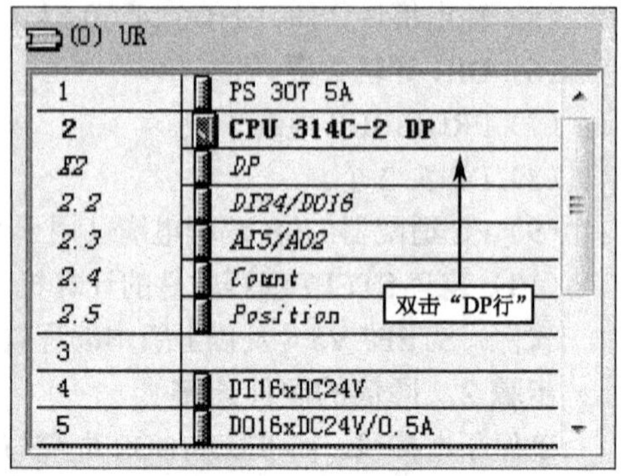

图 4-5 从站进行硬件组态

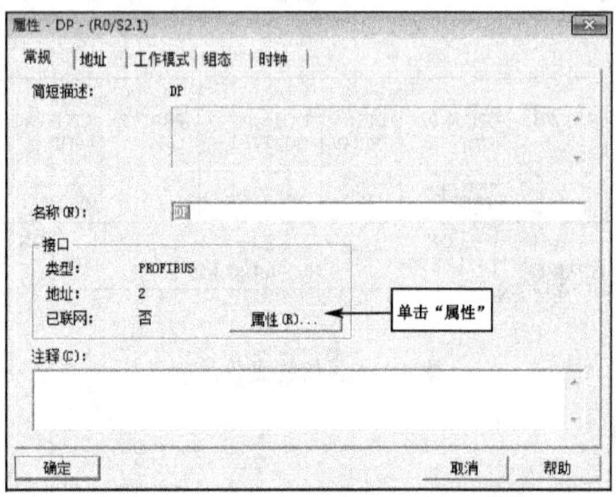

图 4-6 从站属性

（2）设置从站 DP 地址。单击“参数”，将 DP 地址更改为 3。单击“新建”按钮。如图 4-7 所示。

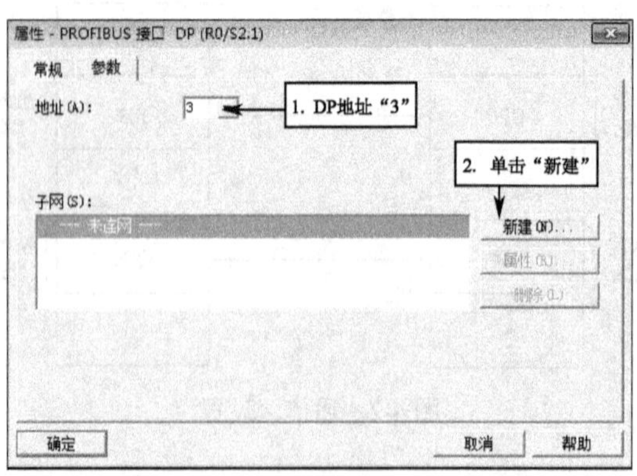

图 4-7 DP 地址更改为 3

（3）单击“网络设置”→单击“1.5Mbps”完成传输率选择，单击“DP” 完成配置文件选择，单击“确定”按钮。如图 4-8 所示。

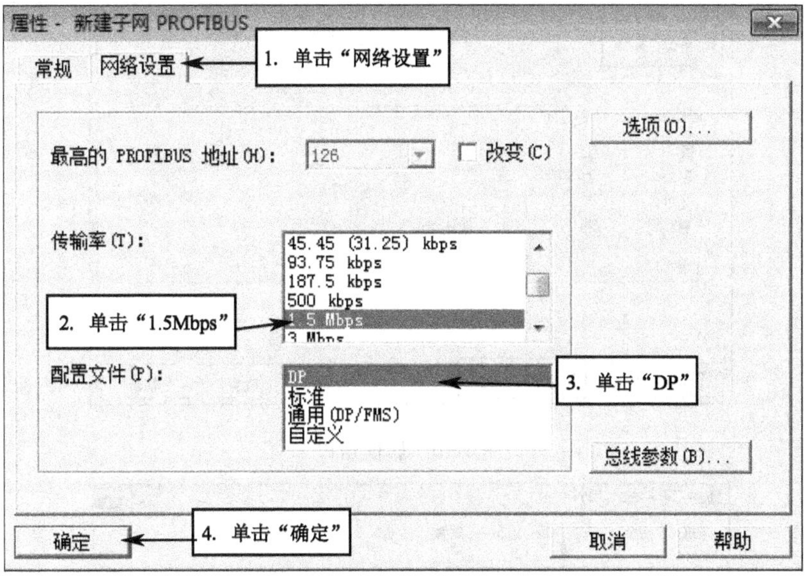

图 4-8 新建 PROFIBUS-DP 网

于是显示如图 4-9 所示，从站 DP 地址为 3，传输率为 1.5Mbps，单击“确定”按钮。

在属性窗口中单击“常规”按钮，显示接口类型：PROFIBUS；地址：3；已联网：是。见图 4-10。

（4）单击“工作模式”按钮，设置为 DP 从站，单击“DP 从站”，单击“确定”按钮，如图 4-11 所示。

（5）单击“组态”按钮，对输入/输出通信区组态，单击“新建”按钮，如图 4-12 所示。

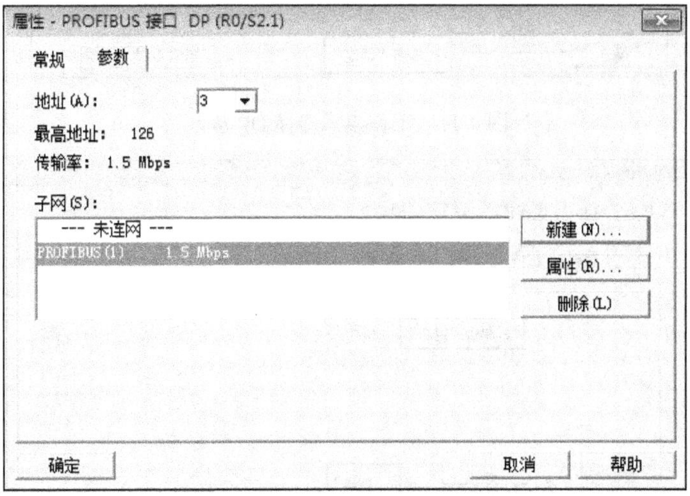

图 4-9 DP 地址与传输率

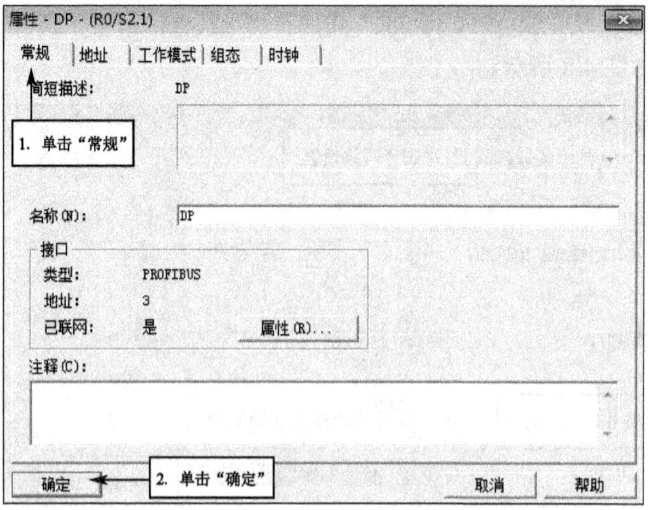

图 4-10　属性窗口

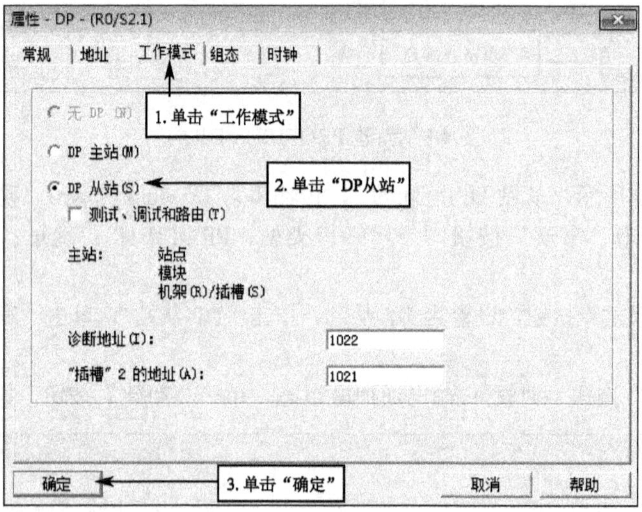

图 4-11　工作模式选择 DP 从站

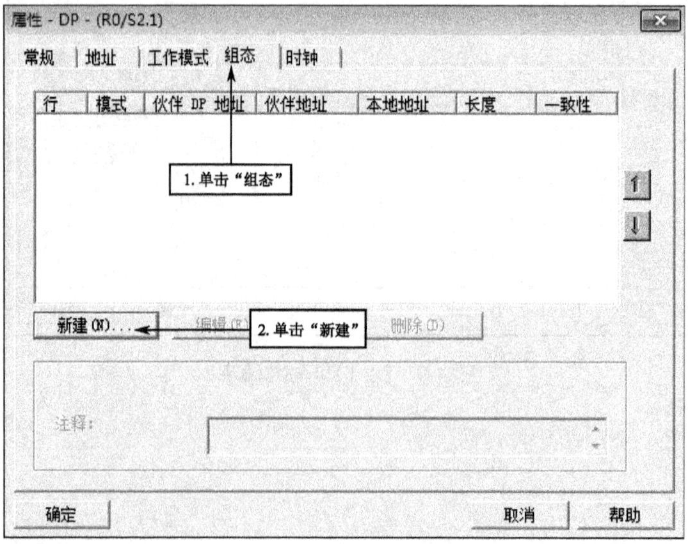

图 4-12　通信区组态

（6）根据本项目解决步骤中的步骤3通信区设置，从站地址类型选择输入（接收），地址填写3，即IB3，长度：1。单位：字节。一致性：单位。单击"确定"按钮。如图4-13所示。

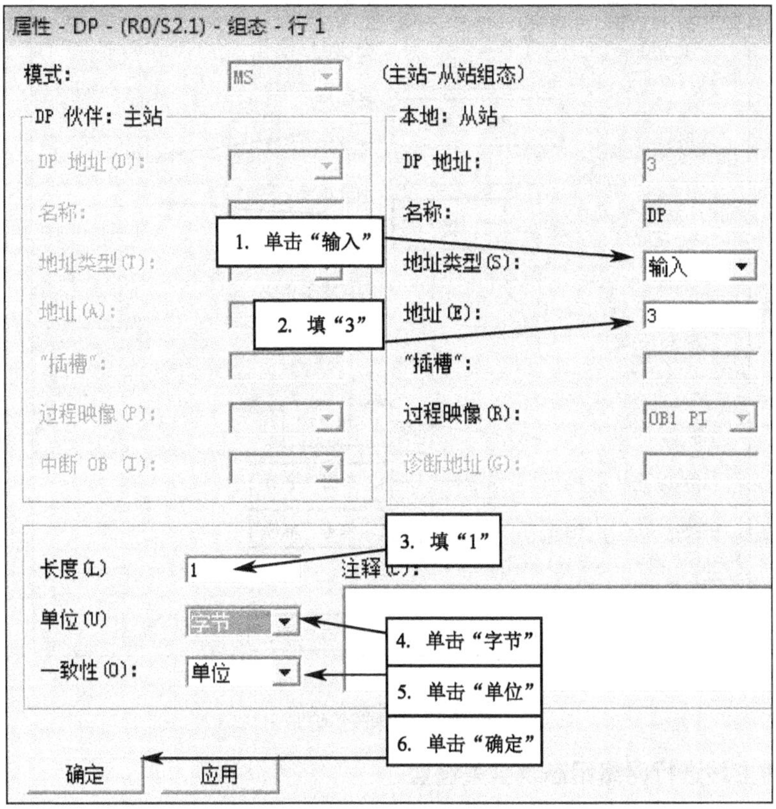

图4-13　组态接收区

（7）单击"新建"按钮，从站地址类型选择输出（发送），地址填写6，即QB6，长度：1。单位：字节。一致性：单位。单击"确定"按钮。如图4-14所示。

属性组态模式中，看到本地（从站）地址输入区（接收区）I3，即IB3。输出区（发送区）O6即QB6。单击"确定"按钮。如图4-15所示。

注意：O6第一个字母是O，不是0。O6是QB6。

（8）回到从站硬件配置界面，单击"保存并编译"按钮。

说明：从图4-15中可知，对从站输入区和输出区进行了组态，输入区（接收区）IB3是从站接收主站发送来的信息，比如主站发出对从站设备的启动或停止信息，从站通过IB3来接收。输出区（发送区）QB6是从站向主站发送信息，比如从站发出对主站的启动或停止信息。

输入区与输出区不能跟本站已有模块输入与输出端子地址相冲突，例如从站接收区IB3，从站发送区QB6。从站本身输入模块端子地址和输出模块端子地址及CPU模块自带的输入和输出端子地址都不能使用IB3和QB6。

伙伴DP地址：是指主站DP地址，这里是2，还没有对主站设置，此时显示虚线。

伙伴地址：是指主站通信区地址，是输出区（发送区）和输入区（接收区）的首地址，不能与本站已有模块端子地址区域相冲突。已有模块端子地址区域可以通过硬件组态默认值看到。

模式MS是主站与从站之间模式，不要选择DX模式。

单位：本项目仅是一个字节发送或接收，选择字节。

长度：因本项目所需发送或接收的信息少，仅是一个字节，设定长度为1。

一致性：不打包方式通信，选择单位。打包的方式选择全部。

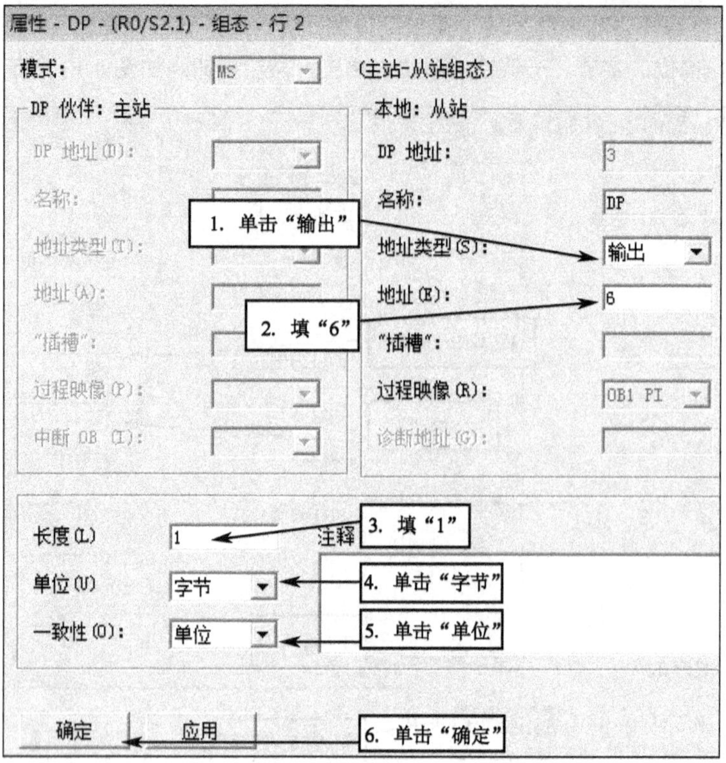

图 4-14　组态发送区

步骤 6．对主站进行网络组态及参数设置

（1）双击"主站"，然后双击"硬件"，如图 4-16 所示。

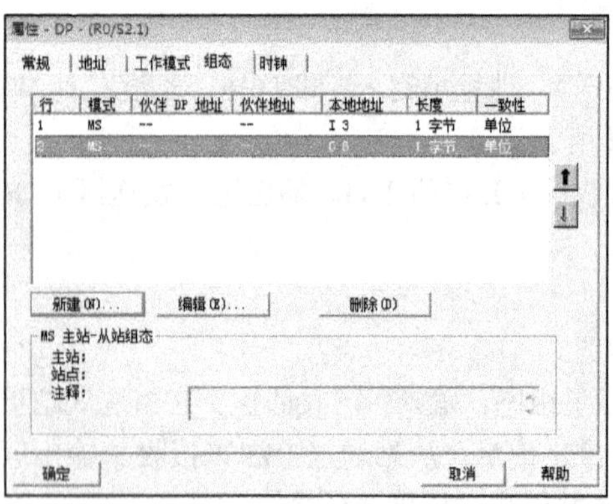

图 4-15　从站的通信组态

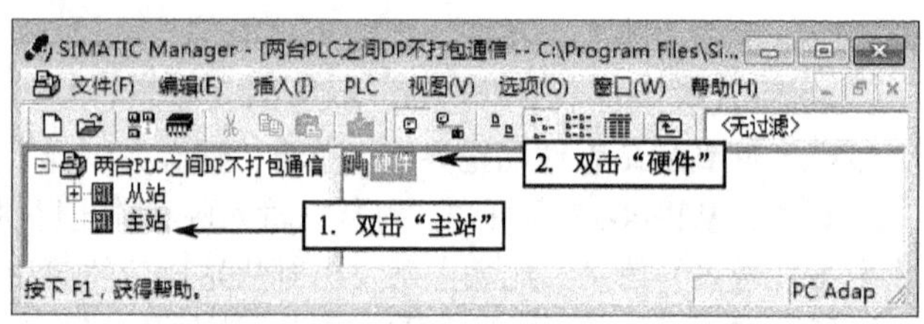

图 4-16　双击硬件

（2）通过 STEP7 编程软件对主站进行硬件组态，与实际使用硬件配置一致，注意与硬件模块上面印刷的订货号一致。在硬件组态界面中，通过双击导轨"Rail"插入导轨，在导轨 1 号插槽插入电源模块（PS307 5A）、2 号插槽插入 CPU 模块（CPU314C-2DP，V2.6）、3 号插槽空闲、4 号插槽插入输入模块（DI16×DC24V）、5 号插槽插入输出模块（DO16×DC24V/0.5A），然后在 CPU314C-2DP 模块上双击"DP 行"，单击"工作模式"按钮，单击"DP 主站"，如图 4-17 所示。

（3）单击"常规"，单击"属性"按钮。DP 地址设定为 2→单击"新建"按钮→单击"网络设置"按钮→单击传输率 1.5Mbps 和配置文件 DP，单击"确定"按钮→单击 PROFIBUS 1.5Mbps，单"确定"按钮。

接口类型：PROFIBUS。地址：2。已联网：是。见图 4-18。

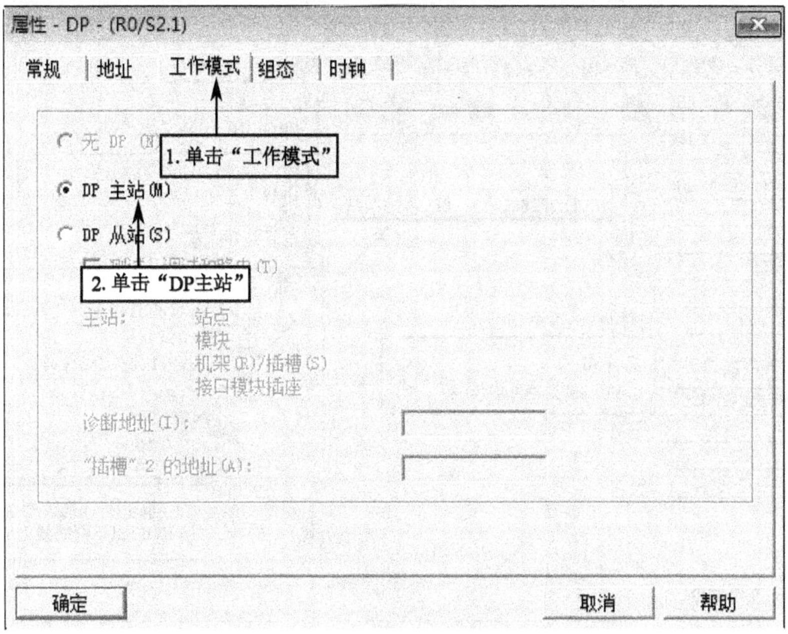

图 4-17　工作模式下选择 DP 主站

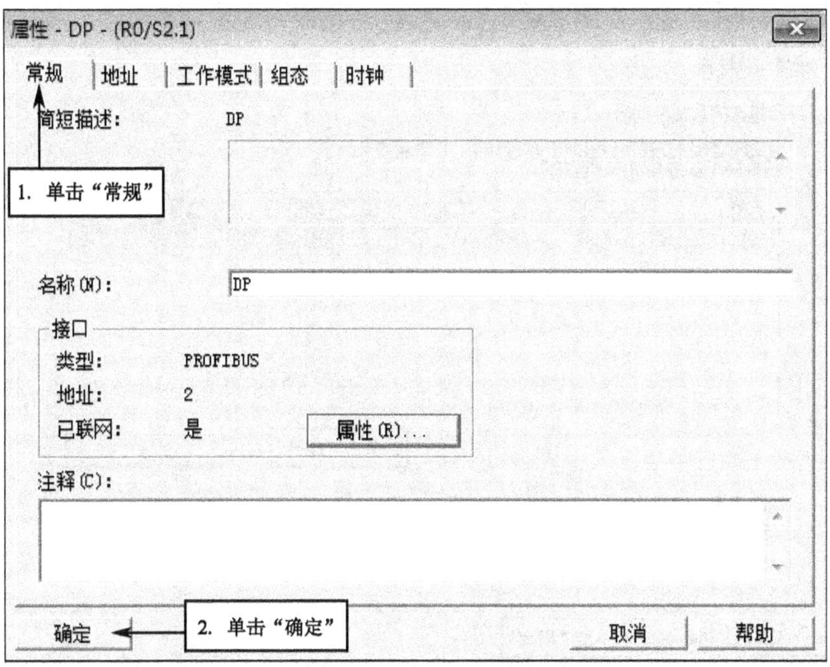

图 4-18　属性 DP 接口

（4）见图 4-19。单击 PROFIBUS DP 左边"+"，单击 Configured Stations 左边"+"→光标在 CPU31x 上按住"左键"拖到 PROFIBUS（1）：DP 主站系统网络线上，然后松开"左键"。

显示如图 4-20 所示。单击"连接（C）"按钮→单击"确定"按钮。

（5）在从站中编辑主站，双击 PROFIBUS：DP 主站系统（1）网络线下挂的"从站"，见图 4-21。

（6）在从站上编辑主站，单击"组态"，单击"第一行"，从站的输入区 IB3 已经定下来，主站就是输出区（发送区），就是伙伴地址，单击"编辑"按钮，如图 4-22 所示。

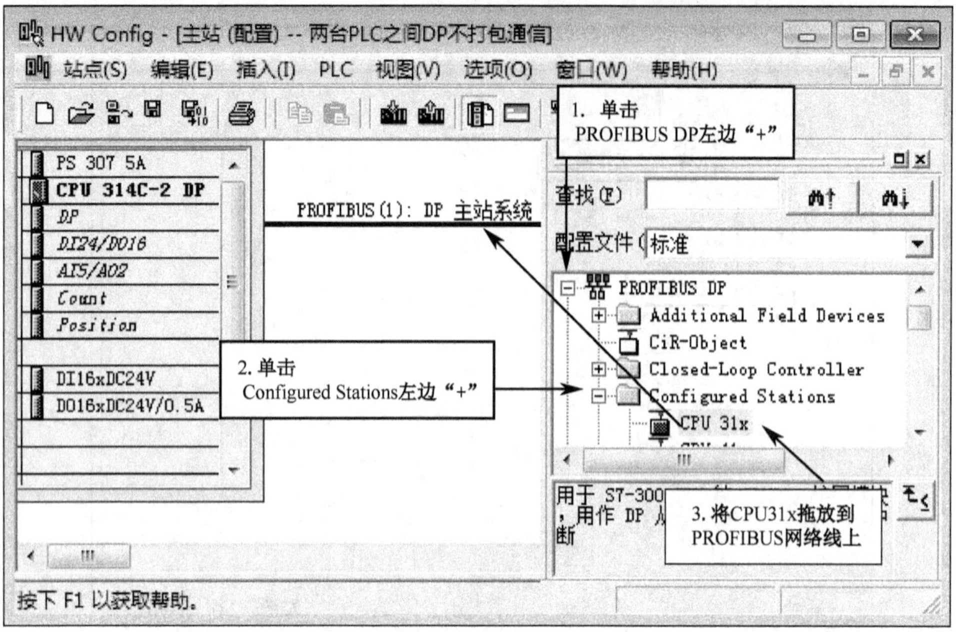

图 4-19　从站挂到网络上

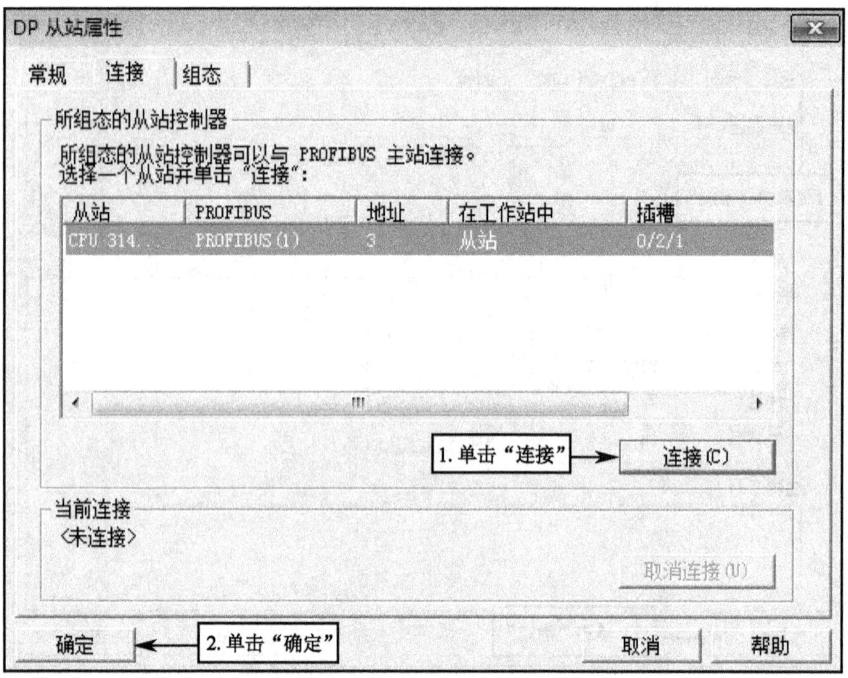

图 4-20　从站连接到主站

（7）根据本项目解决步骤中的步骤 3 通信区设置，编辑 DP 伙伴：主站。地址类型：选择输出。地址填 0，即伙伴地址：QB0，QB0 就是输出区（发送区）。如图 4-23 所示。

（8）在图 4-22 中，单击“第二行”，继续编辑 DP 伙伴：主站。地址类型：输入。地址填 2，即伙伴地址：IB2，IB2 就是输入区（接收区）。如图 4-24 所示。

组态好的主站与从站通信区，如图 4-25 所示，必须与本项目解决步骤中的步骤 3 通信区设置一致。

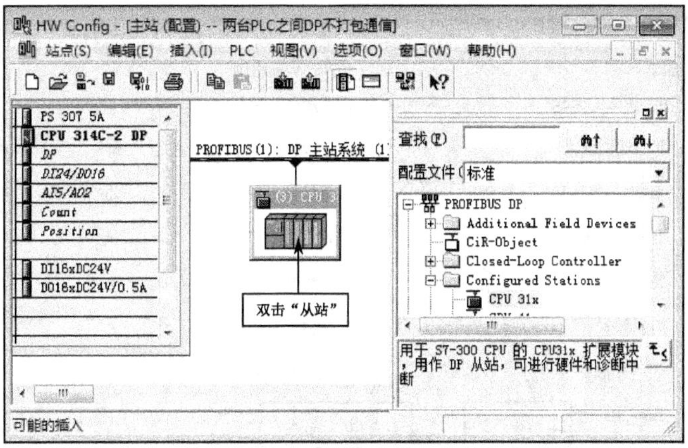

图 4-21　双击“从站”

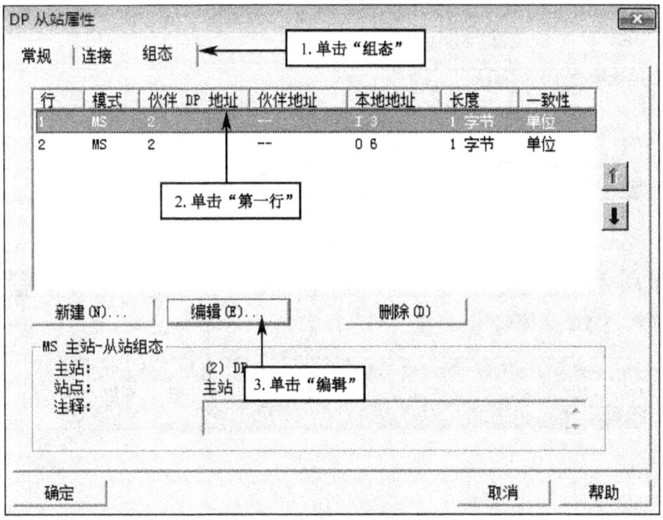

图 4-22　编辑第一行

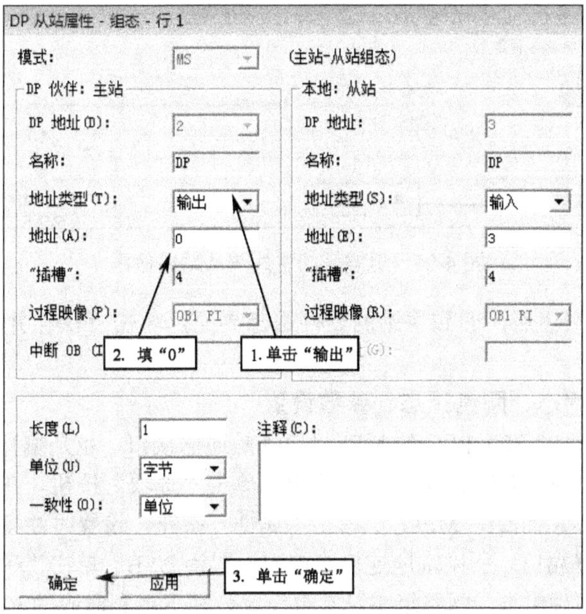

图 4-23　编辑主站输出区

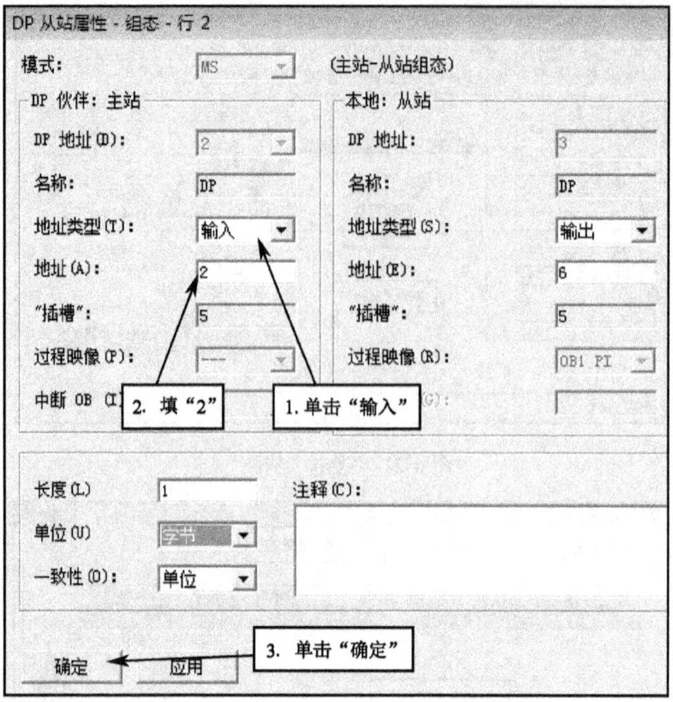

图 4-24　编辑主站

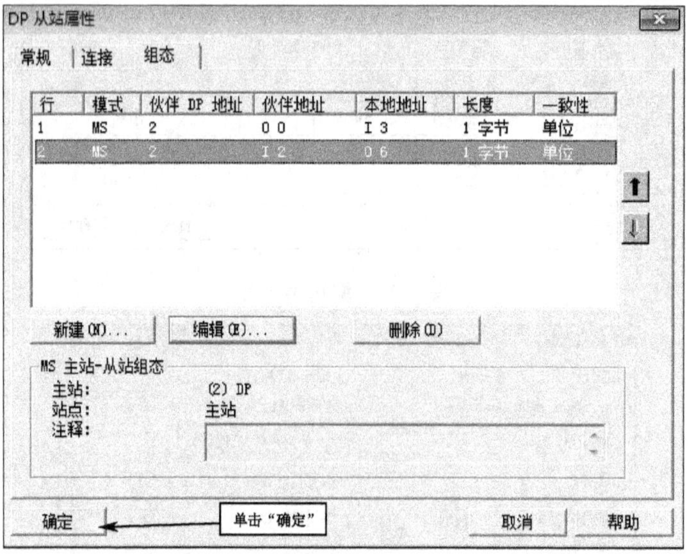

图 4-25　组态好的主站与从站通信区

（9）单击“确定”按钮后，回到主站的硬件组态界面，单击“保存并编译”按钮，退出主站的硬件组态界面。

步骤 7．下载硬件组态、网络组态、参数设置

通过 MPI 协议下载，S7-300 PLC 的 MPI 接口既是通信接口，也是编程口。PC 适配器 USB 编程电缆作为下载线。在 SIMATIC Manager 界面中，单击“选项”按钮，在下拉菜单中选择“设置 PG/PC 接口”，单击“PC Adapter（MPI）”，单击“属性”按钮，设置时注意本地连接中连接到是指使用下载线连接到编程器端口，所以本地连接连接到设置为 USB。单击“确定”按钮。在硬件组态界面，将主站和从站的硬件组态、网络组态及参数设置分别下载到对应的 PLC 中，下载结束后关闭 PLC 电源。

重新打开 PLC 电源，观察 CPU 模板上 SF 和 BF 指示灯是否为红色，如果是红色，说明组态过程中可能存在错误，也可能是通信硬件连接问题等，需要检查、更正后，再保存编译，重新下载。SF 和 BF 指示灯不亮时，且 DC5V 和 RUN 指示灯为绿色，这一步骤就成功结束了。

注意：须在断电情况下，拔下与插上 PC 适配器 USB 编程电缆。

步骤 8．输入/输出地址分配

（1）主站 I/O 地址分配如表 4-1 所示。

表 4-1　输入/输出地址分配表

序号	输入信号器件名称	编程元件地址	序号	输出信号器件名称	编程元件地址
1	启动从站电动机按钮 SB1（常开触点）	I0.0	1	主站电动机接触器 KM 线圈	Q4.0
2	停止从站电动机按钮 SB2（常开触点）	I0.1	2	监视从站电动机运行状态指示灯 HL1	Q4.1
3	热继电器 FR（常闭触点）	I0.2	3	报警灯 HL2	Q4.2

（2）从站 I/O 地址分配如表 4-2 所示。

表 4-2　输入/输出地址分配表

序号	输入信号器件号名称	编程元件地址	序号	输出信号器件名称	编程元件地址
1	启动主站电动机按钮 SB1（常开触点）	I0.0	1	从站电动机接触器 KM 线圈	Q4.0
2	停止主站电动机按钮 SB2（常开触点）	I0.1	2	监视主站电动机运行状态指示灯 HL1	Q4.1
3	热继电器 FR（常闭触点）	I0.2	3	报警灯 HL2	Q4.2

步骤 9．输入/输出接线图

主站外设接线如图 4-26 所示。

从站外设接线如图 4-27 所示。

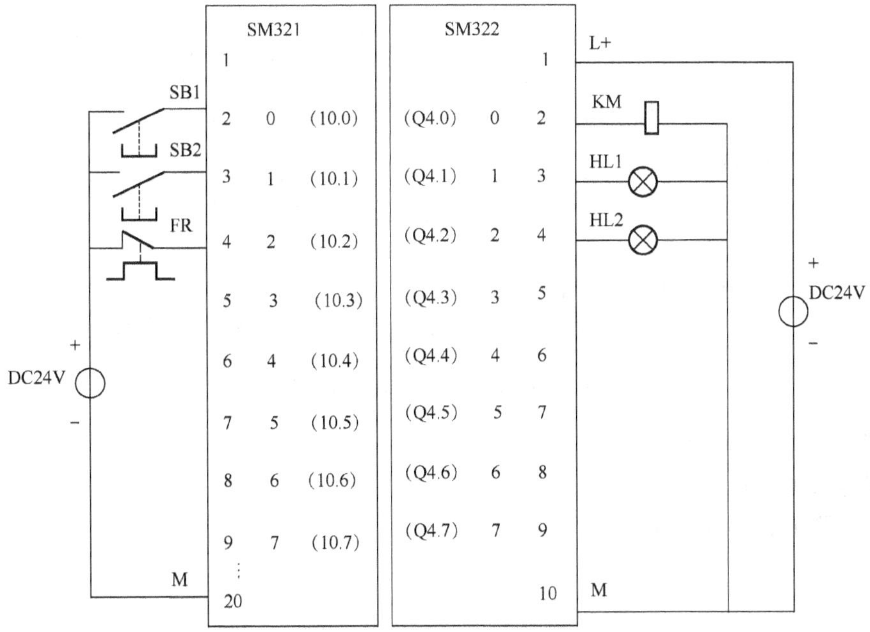

图 4-26　主站外设接线图

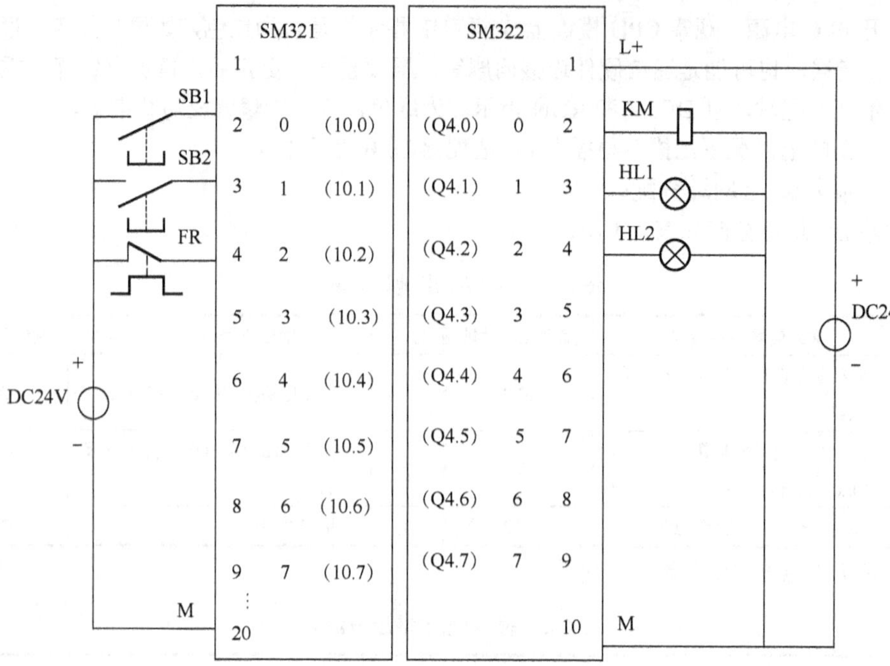

图 4-27　从站外设接线图

步骤 10．主站和从站通信区地址分配

主站发送区（输出区）字节 QB0，对应从站接收区（输入区）字节为 IB3，Q0.0 对应 I3.0，Q0.1 对应 I3.1，依此类推，如图 4-28 所示。

从站发送区（输出区）字节 QB6，对应主站接收区（输入区）字节为 IB2，Q6.0 对应 I2.0，Q6.1 对应 I2.1，依此类推，如图 4-29 所示。

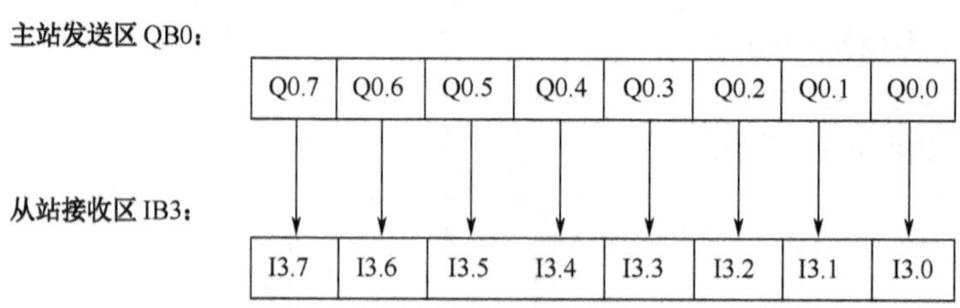

图 4-28　主站发送区与从站接收区对应关系

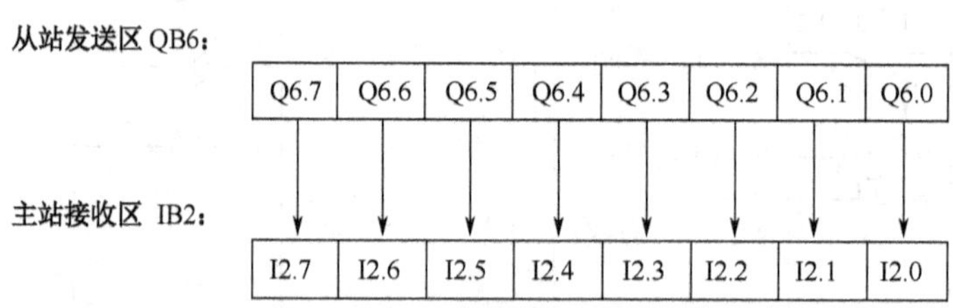

图 4-29　从站发送区与主站接收区对应关系

步骤 11．建立符号表

主站符号表如图 4-30 所示。

从站符号表如图 4-31 所示。

符号编辑器 - S7 程序(1) (符号)

	状态	符号	地址		数据类型
1		启动按钮SB1	I	0.0	BOOL
2		热继电器FR	I	0.2	BOOL
3		停止按钮SB2	I	0.1	BOOL
4		主站电动机KM线圈	Q	4.0	BOOL
5		报警灯HL2	Q	4.2	BOOL
6		监视指示灯HL1	Q	4.1	BOOL
7		发送启动从站电动机信号	Q	0.0	BOOL
8		发送停止从站电动机信号	Q	0.1	BOOL
9		接收从站启动电动机信号	I	2.0	BOOL
10		接收从站停止电动机信号	I	2.1	BOOL
11		发送主站电动机状态信号	Q	0.2	BOOL
12		接收从站电动机状态信号	I	2.2	BOOL
13		发送主站电动机过载信号	Q	0.3	BOOL
14		接收从站电动机过载信号	I	2.3	BOOL

图 4-30 主站符号表

符号编辑器 - S7 程序(2) (符号)

	状态	符号	地址		数据类型
1		启动按钮SB1	I	0.0	BOOL
2		热继电器FR	I	0.2	BOOL
3		停止按钮SB2	I	0.1	BOOL
4		报警灯HL2	Q	4.2	BOOL
5		从站电动机KM线圈	Q	4.0	BOOL
6		监视指示灯HL1	Q	4.1	BOOL
7		发送启动主站电动机信号	Q	6.0	BOOL
8		发送停止主站电动机信号	Q	6.1	BOOL
9		接收主站启动信号	I	3.0	BOOL
10		接收主站停止信号	I	3.1	BOOL
11		发送从站电动机状态信号	Q	6.2	BOOL
12		接收主站电动机状态信号	I	3.2	BOOL
13		发送从站电动机过载信号	Q	6.3	BOOL
14		接收主站电动机过载信号	I	3.3	BOOL

图 4-31　从站符号表

步骤 12．编写通信程序

根据项目要求、I/O 地址分配和通信区设置编写程序。

（1）主站程序

主站程序如图 4-32 所示。

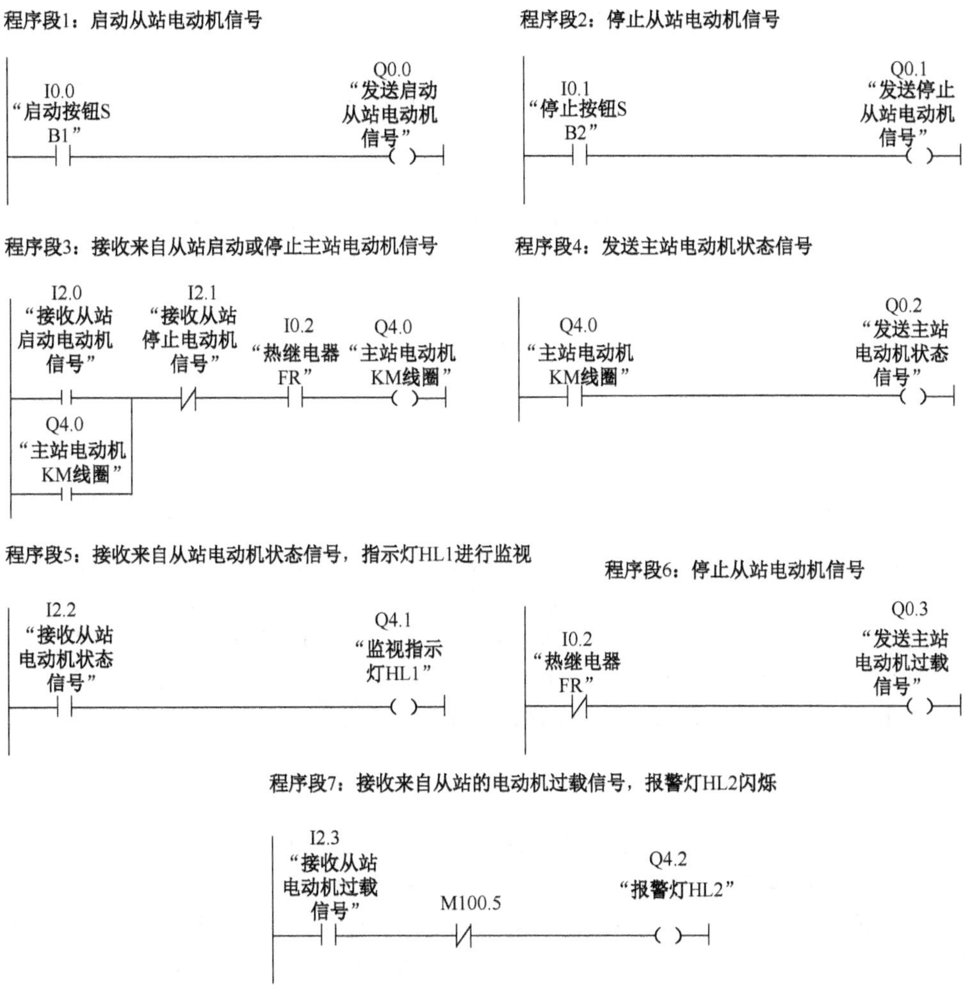

图 4-32　主站程序

（2）从站程序

从站程序如图 4-33 所示。

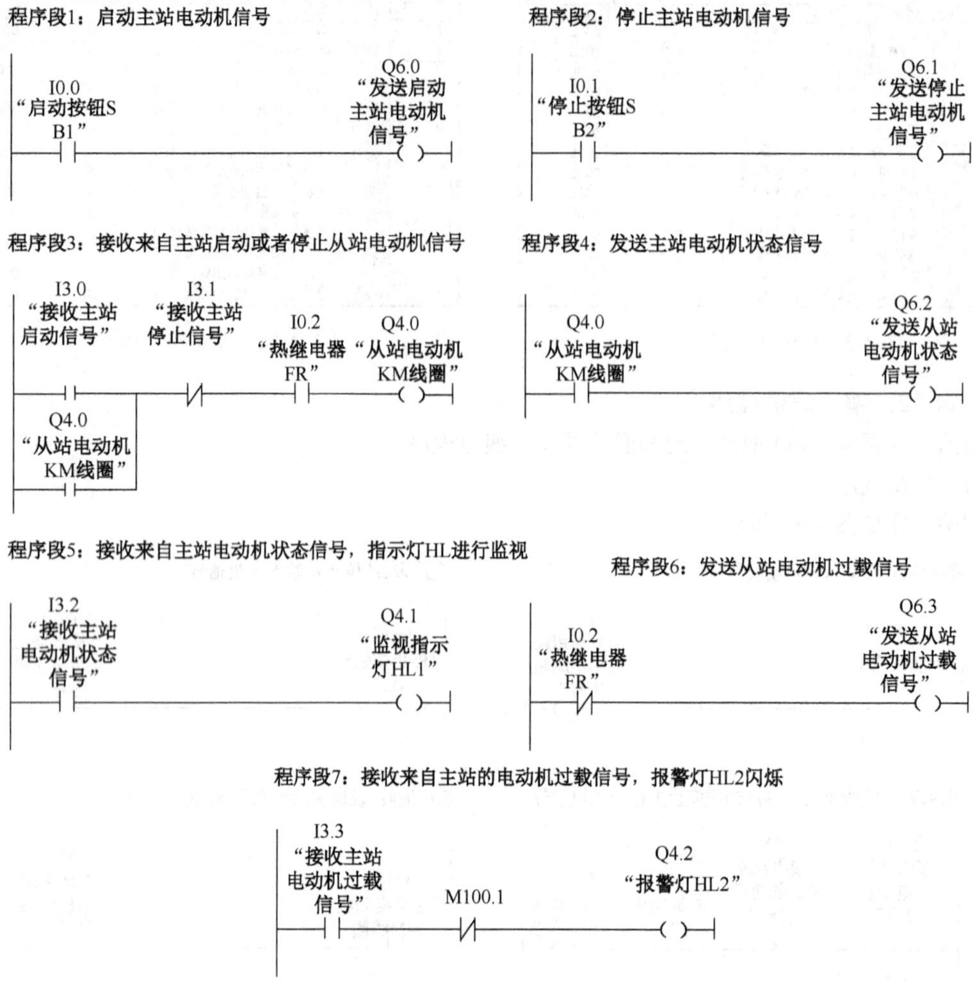

图 4-33　从站程序

步骤 13．中断处理

采用 PROFIBUS-DP 总线，所能连接从站个数与 CPU 类型有关，最多可以连接 125 个从站，为防止某一个从站掉电或者损坏，将产生不同的中断，并且调用相应的组织块，如果在程序中没有建立这些组织块，CPU 将停止运行，以保护人身和设备的安全，因此在主站和从站右键单击“块”，分别插入 OB82、OB86 和 OB122 组织块，以便进行相应的中断处理。如果忽略这些故障让 CPU 继续运行，可以对这几个组织块不编写任何程序，只插入空的组织块。以主站为例，如图 4-34 所示。

步骤 14．联机调试

确保接线正确的情况下，在 SIMATIC Manager 界面中，单击站点名称（主站或从站），然后单击“下载”按钮，将主站和从站分别下载到各自对应的 PLC 中。

在主站按下启动按钮 SB1，可以看到从站电动机转动，看到主站指示灯 HL1 亮。在主站按下停止按钮 SB2，可以看到从站电动机停止，看到主站指示灯 HL1 灭。主站指示灯 HL1 监视到了从站电动机转动或停止状态。

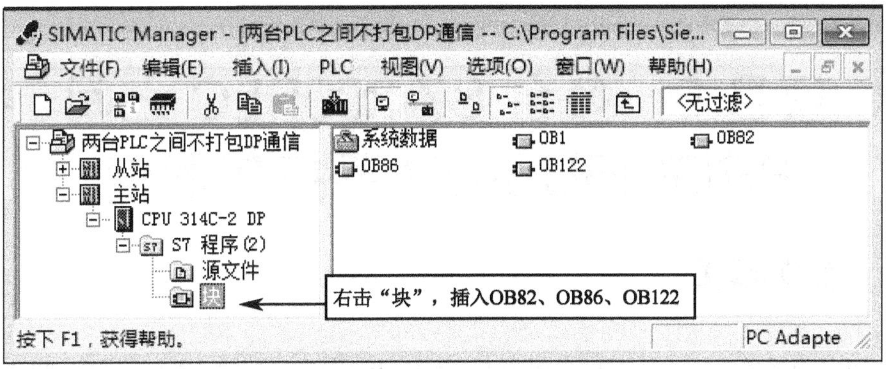

图 4-34 主站插入空的组织块

当从站电动机过载时，热继电器 FR（常闭触点）动作，看到该电动机停止，并且看到主站指示灯 HL2 以 1Hz 频率报警闪烁。

在从站按下启动按钮 SB1，看到主站电动机转动，看到从站指示灯 HL1 亮。在从站按下停止按钮 SB2，看到主站电动机停止，看到从站指示灯 HL1 灭。从站指示灯 HL1 监视到了主站电动机转动或停止状态。

当主站电动机过载时，热继电器 FR（常闭触点）动作，看到该电动机停止，并且看到从站指示灯 HL2 以 5Hz 频率报警闪烁。

满足上述情况，调试成功。如果不能满足，检查原因，纠正问题，重新调试，直到满足上述情况为止。

4.5 巩固练习

（1）由两台 PLC 组成一主一从 PROFIBUS-DP 不打包通信。CPU 模块分别为 CPU314C-2DP，其中主站设备 A，从站设备 B，主站 DP 地址为 4，从站 DP 地址为 5。控制要求如下。

① 主站完成对设备 A 及从站设备 B 的启动或停止控制，且能对设备 A 和设备 B 的工作状态进行监视。

② 从站完成对设备 B 及主站设备 A 的启动或停止控制，且能对设备 A 和设备 B 的工作状态进行监视。

（2）由两台 PLC 组成一主一从 PROFIBUS-DP 网络不打包通信。CPU 模块分别为 CPU314C-2DP，其中一台为主站，另一台为从站，主站 DP 地址为 6，从站 DP 地址为 7。控制要求如下。

① 在主站按下开关 SA，开关 SA 闭合，主站将 1Hz 闪烁信号发送至从站，从站指示灯 HL 闪烁。

② 在从站按下开关 SA，开关 SA 闭合，从站将 5Hz 闪烁信号发送至主站，主站指示灯 HL 闪烁。

（3）由两台 PLC 组成一主一从 PROFIBUS-DP 网络不打包通信。CPU 模板分别为 CPU314C-2DP，其中一台为主站，另一台为从站，主站 DP 地址为 8，从站 DP 地址为 9。控制要求如下。

① 在主站通过变量表写入一个字节数据，该数据从主站发送到从站，从站接收后通过变量表能显示该数据。

② 在从站通过变量表写入一个字节数据，该数据从从站发送到主站，主站接收后通过变量表能显示该数据。

项目 5　多台 S7-300PLC 之间 PROFIBUS-DP 不打包通信

5.1　项目要求

由三台 PLC 组成的一主二从 PROFIBUS-DP 不打包通信，PLC 的 CPU 模块为 CPU314C-2DP。其中有一个主站，两个从站。主站的 DP 地址为 2，从站 1 的 DP 地址为 3，从站 2 的 DP 地址为 4。控制要求如下。

（1）在主站按下启动按钮 SB1，从站 1 的电动机转动，主站指示灯 HL1 亮。在主站按下停止按钮 SB2，从站 1 的电动机停止，主站指示灯 HL1 灭。主站指示灯 HL1 作用是监视从站 1 电动机的转动或停止状态。

（2）当从站 1 电动机过载时，热继电器 FR（常闭触点）动作，该电动机停止，并且主站报警指示灯 HL2 以 1Hz 闪烁。

（3）在主站按下启动按钮 SB1，从站 2 的电动机转动，主站指示灯 HL3 亮。在主站按下停止按钮 SB2，从站 2 的电动机停止，主站指示灯 HL3 灭。主站指示灯 HL3 作用是监视从站 2 电动机的转动或停止状态。

（4）当从站 2 电动机过载时，热继电器 FR（常闭触点）动作，该电动机停止，并且主站报警指示灯 HL4 以 10Hz 闪烁。

5.2　学习目标

（1）掌握多台 S7-300PLC 之间 PROFIBUS-DP 不打包通信的硬件、软件配置。
（2）掌握多台 S7-300PLC 之间 PROFIBUS-DP 不打包通信的硬件连接。
（3）掌握多台 S7-300PLC 之间 PROFIBUS-DP 不打包通信区设置。
（4）掌握多台 S7-300PLC 之间 PROFIBUS-DP 不打包通信网络组态及参数设置。
（5）掌握多台 S7-300PLC 之间 PROFIBUS-DP 不打包通信网络编程及调试。

5.3　项目解决步骤

步骤 1. 通信的硬件和软件配置

硬件：
（1）电源模块（PS307 5A）3 个。
（2）紧凑型 S7-300CPU 模块（CPU314C-2DP）3 个。
（3）MMC 卡 3 张。
（4）输入模块（DI16×DC24V）3 个。
（5）输出模块（DO16×DC24V/0.5A）3 个。
（6）DIN 导轨 3 根。
（7）PROFIBUS 电缆 2 根。
（8）DP 头 3 个。

（9）PC 适配器 USB 编程电缆（S7-200/S7-300/S7-400 PLC 下载线）1 根。

（10）装有 STEP7 编程软件的计算机（也称编程器）1 台。

软件：STEP7 V5.4 及以上版本编程软件。

步骤 2．通信的硬件连接

确保断电接线。将 PROFIBUS 电缆与 DP 头连接，将 DP 头插到 3 个 CPU 模块的 DP 口。因主站和最后一个从站位置的两个 DP 头处于网络终端位置，所以两个 DP 头开关设置为 ON，因另一个 DP 头在中间位置，所以 DP 头的开关设置为 OFF。将 PC 适配器 USB 编程电缆的 RS-485 端口插在 CPU 模块的 MPI 口，另一端插在编程器的 USB 口。PROFIBUS-DP 通信的硬件连接如图 5-1 所示。

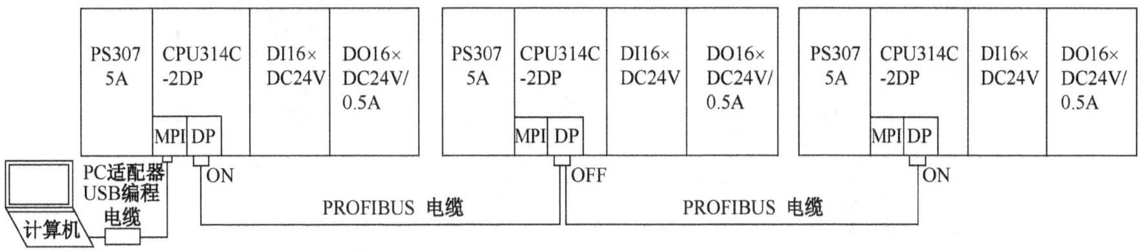

图 5-1　通信的硬件连接

步骤 3．通信区设置

通信区设置如图 5-2 所示。

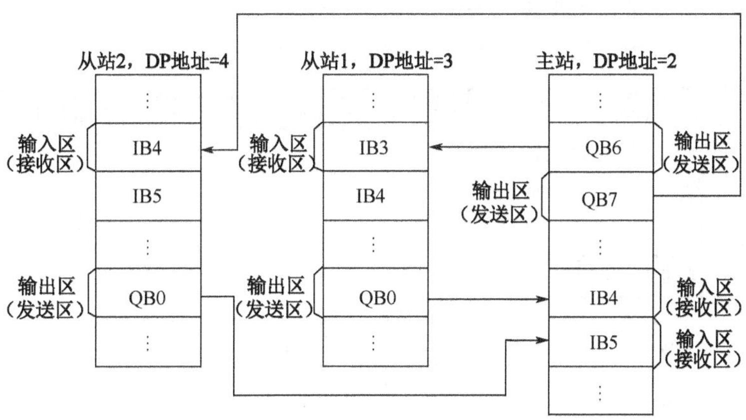

图 5-2　通信区设置

步骤 4．网络组态及参数设置

建立新的工程项目，命名为“DP 通信-M1-S2”，依次插入 3 个 SIMATIC 300 站，分别命名为主站、从站 1、从站 2，如图 5-3 所示。

1．从站 1 网络组态及参数设置

根据实际使用的硬件配置，通过 STEP7 编程软件对从站 1 进行硬件组态，注意与硬件模块上面印刷的订货号一致。在 SIMATIC Manager 界面中，双击从站 1 的“硬件”图标，通过双击导轨“Rail”插入导轨，在导轨 1 号插槽插入电源模块（PS307 5A）、2 号插槽插入 CPU 模块（CPU314C-2DP，V2.6）、3 号插槽空闲、4 号插槽插入输入模块（DI16×DC24V）、5 号插槽插入输出模块（DO16×DC24V/0.5A）。双击 CPU 模块“DP 行”。如图 5-4 所示。

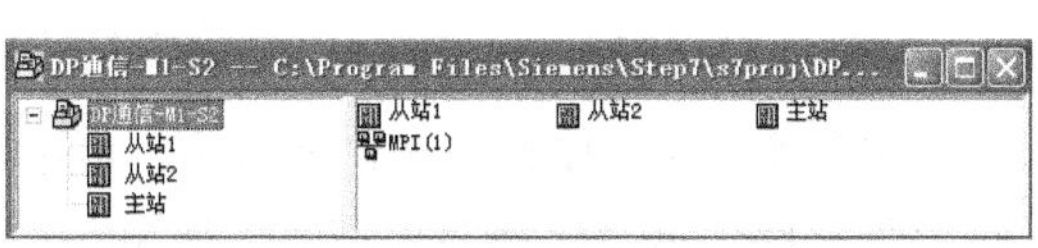

图 5-3　新建项目

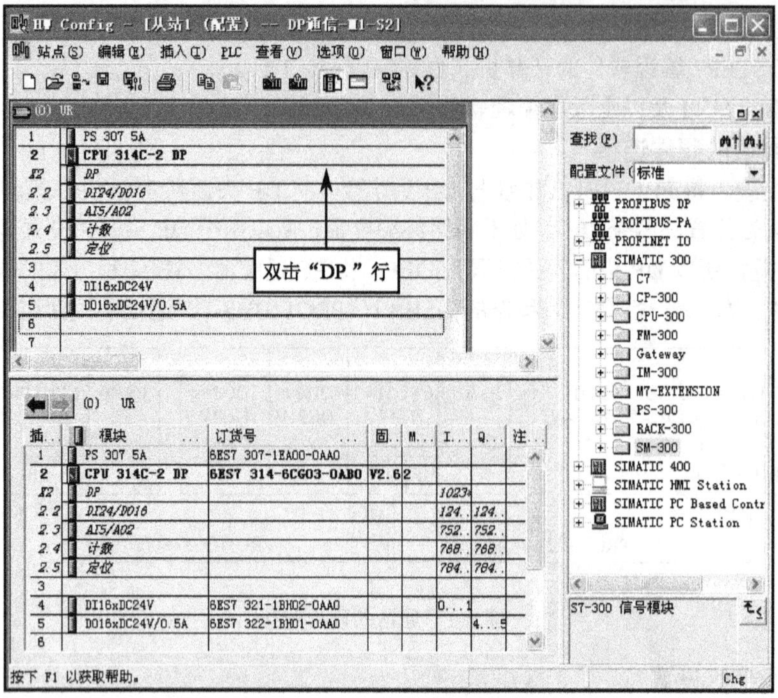

图 5-4　从站 1 的硬件组态

在 DP 属性界面中，单击“常规”按钮，单击“属性”按钮，如图 5-5 所示。

设定 DP 地址为 3，单击“3”。单击“新建”按钮。如图 5-6 所示。

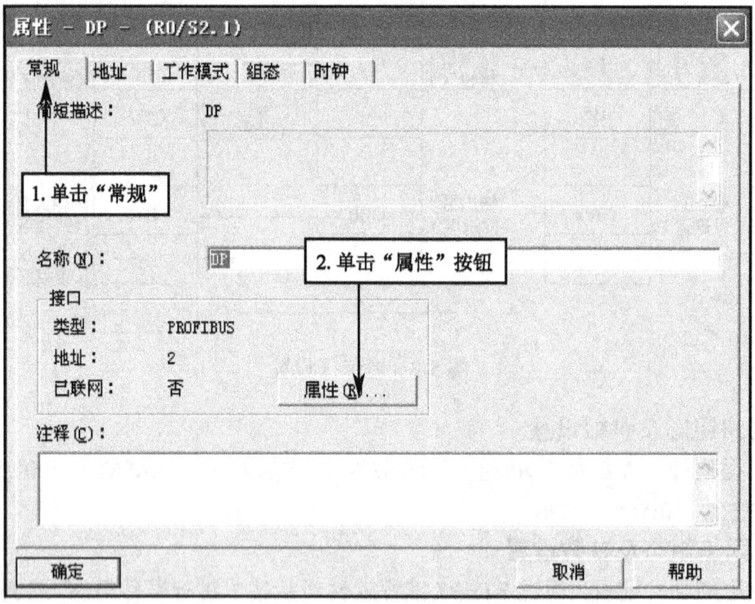

图 5-5　从站 1 的 DP 属性界面

在新建子网 PROFIBUS 的属性中，单击“网络设置”按钮，选择默认的传输率为 1.5Mbps，配置文件为 DP，单击“确定”按钮。如图 5-7 所示。

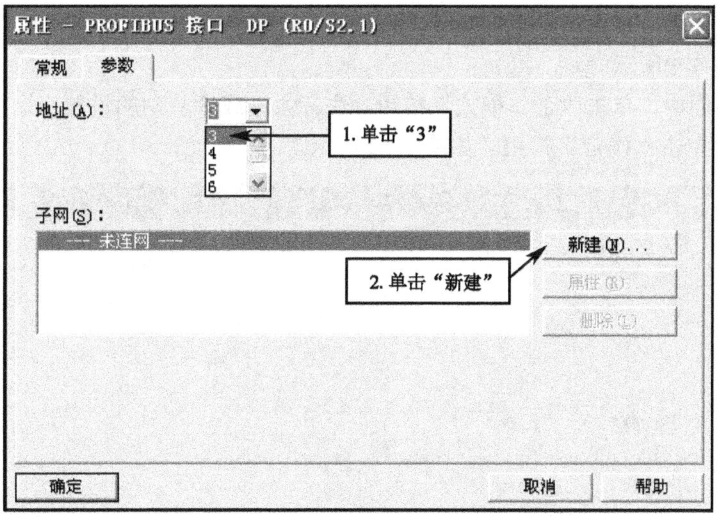

图 5-6　设定从站 1 的 DP 地址

显示 DP 地址为 3，子网为"PROFIBUS（1）1.5Mbps"，单击"确定"按钮。如图 5-8 所示。

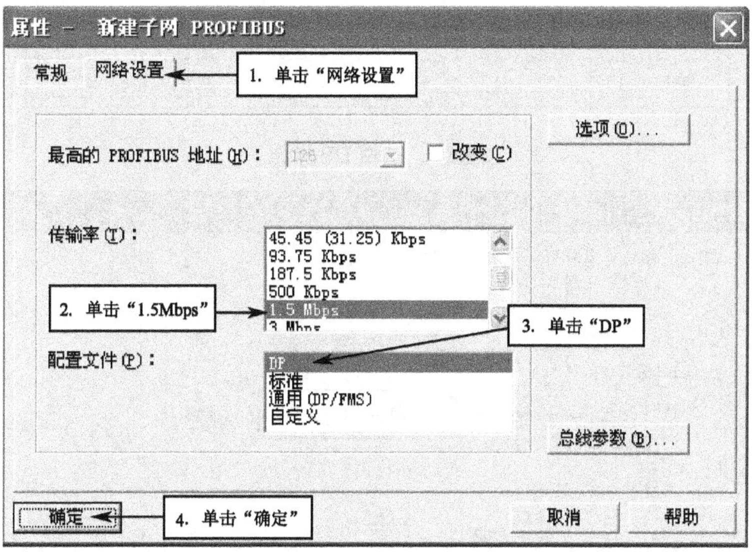

图 5-7　网络设置

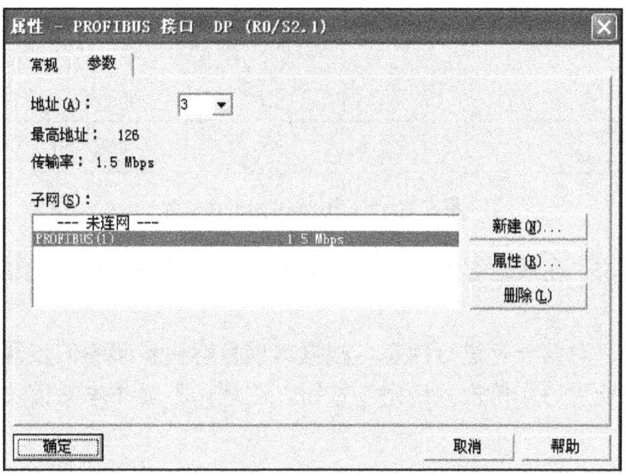

图 5-8　新建子网

在 DP 属性界面中，单击“常规”按钮，此时可以看到 DP 接口的类型：PROFIBUS。地址：3。已联网：是。如图 5-9 所示。

在 DP 属性界面中，单击“工作模式”按钮，进行主站或者从站的设置，这里设置为 DP 从站，单击“DP 从站”，单击“确定”按钮。如图 5-10 所示。

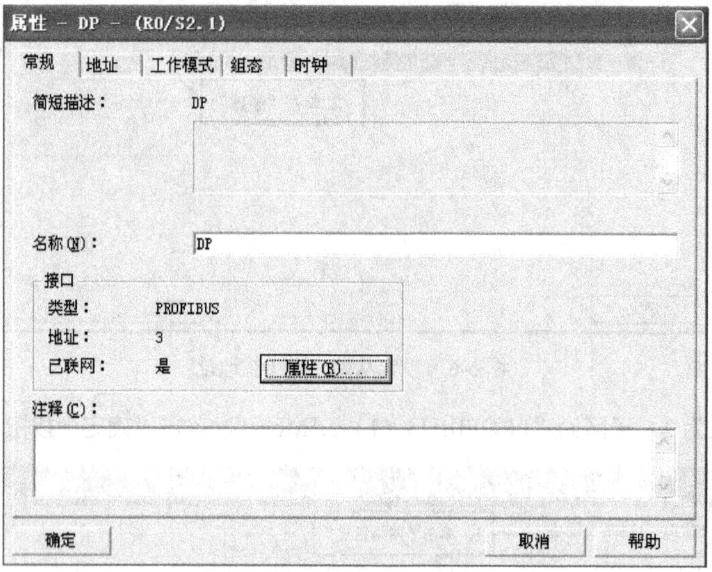

图 5-9　属性 DP 界面

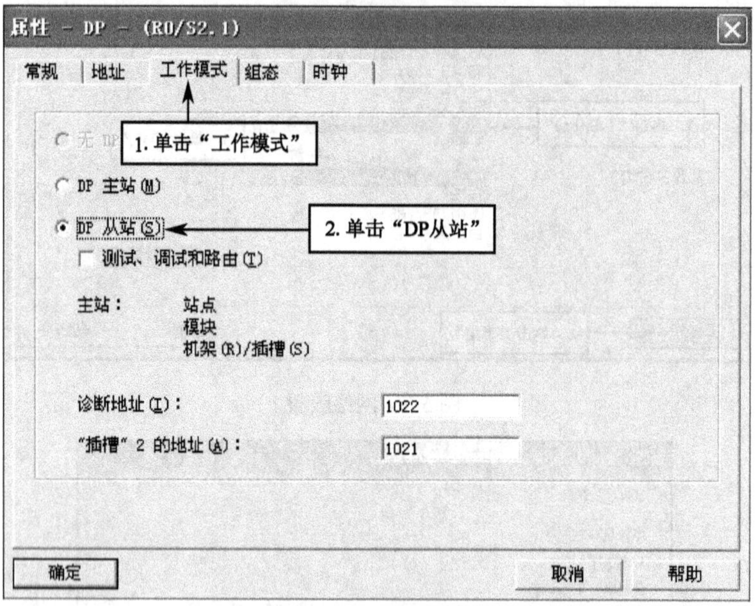

图 5-10　工作模式为 DP 从站

对从站 1 通信区组态，在从站 DP 属性中，单击“组态”按钮，进入通信区组态界面，如图 5-11 所示。

单击“新建”按钮，对第一行进行组态，**根据本项目解决步骤中的步骤 3 通信区设置**，选择地址类型为输入，填写地址为 3，单击“确定”按钮，注意：不要与本站模块输入端子地址冲突。如图 5-12 所示。

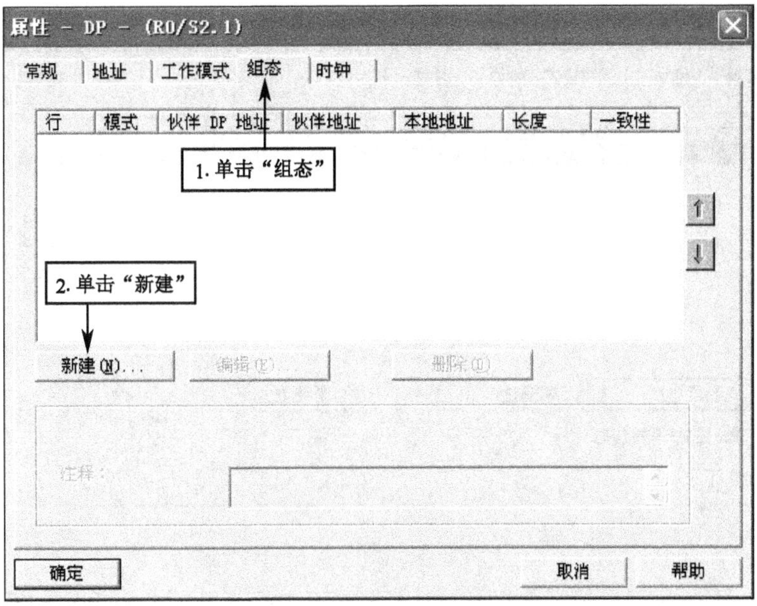

图 5-11　进入通信区组态界面

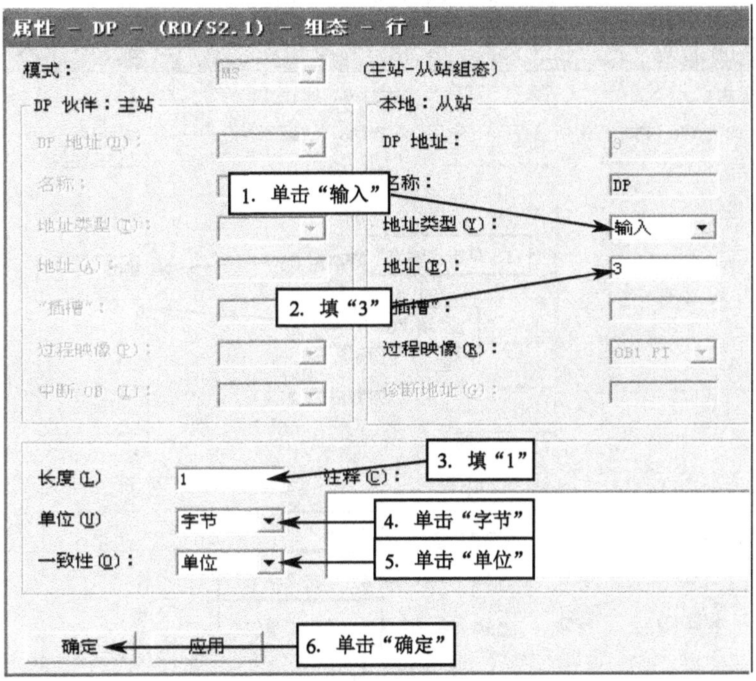

图 5-12　从站 1 通信输入区第一行组态

看到组态的通信区第一行，模式为 MS，表示主从模式，本地地址为 I3 表示通信从站 1 输入区（接收区）的地址是 IB3，伙伴 DP 地址是主站的 DP 地址，伙伴地址是主站输出通信区的地址，这两个地址暂时不进行组态，显示虚线。如图 5-13 所示。

因为本项目中从站还要向主站发送信息，发送闪烁信号，所以从站新建一个输出通信区 O0，单击“新建”按钮，进行第二行的组态，地址类型：输出。地址：0。长度：1。单位：字节。一致性：单位。单击“确定”按钮。如图 5-14 所示。

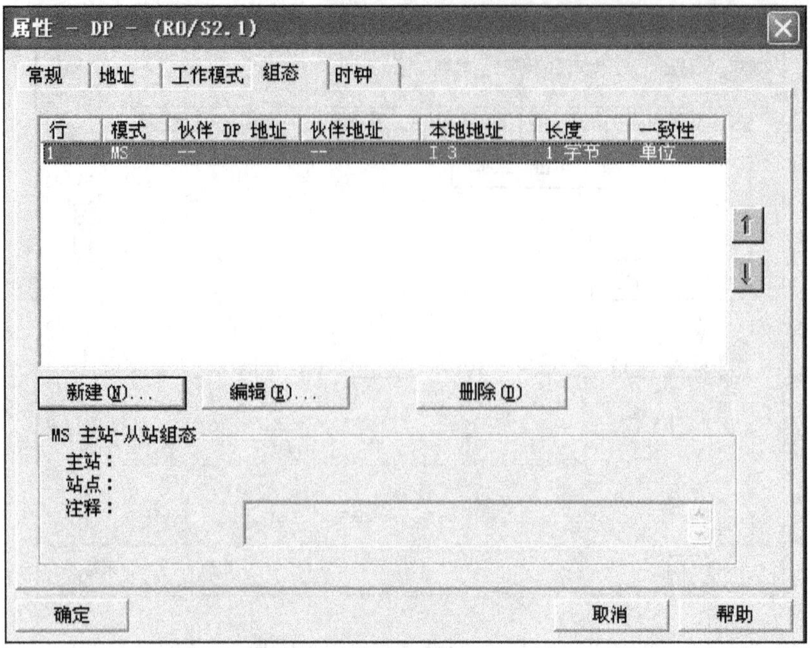

图 5-13 从站 1 第一行输入区组态

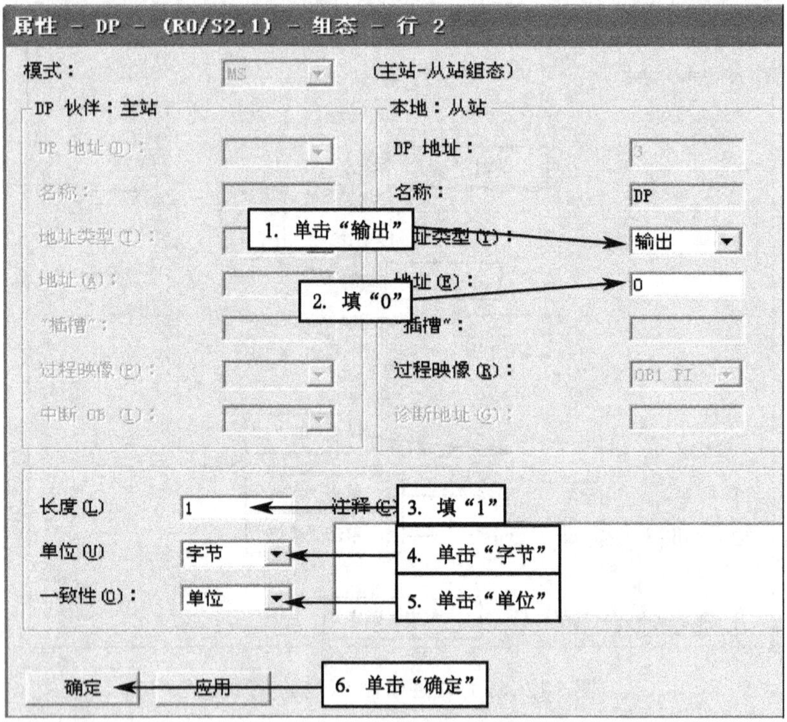

图 5-14 从站 1 输出区第二行组态

看到组态的通信区第二行，模式为 MS，本地地址为 O0，表示从站输出区（发送区）的地址是 QB0，单击“确定”按钮，如图 5-15 所示。

回到从站 1 的硬件组态界面，单击“保存并编译”按钮，对从站 1 的组态暂时结束。

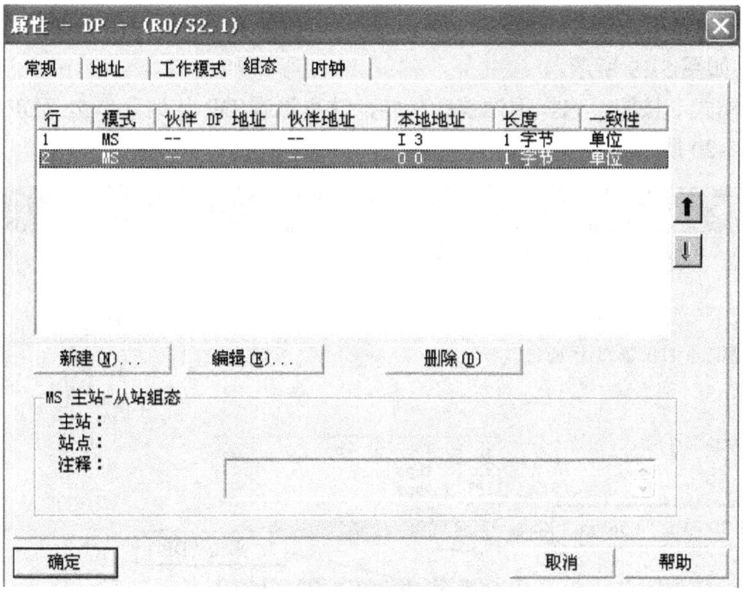

图 5-15　从站 1 输入区和输出区

2. 从站 2 网络组态及参数设置

根据实际使用的硬件配置，通过 STEP7 编程软件对从站 2 进行硬件组态，注意与硬件模块上面印刷的订货号一致。在 SIMATIC Manager 界面中，双击从站 2 的“硬件”图标，通过双击导轨“Rail”插入导轨，在导轨 1 号插槽插入电源模块（PS307 5A）、2 号插槽插入 CPU 模块（CPU314C-2DP，V2.6）、3 号插槽空闲、4 号插槽插入输入模块（DI16×DC24V）、5 号插槽插入输出模块（DO16×DC24V/0.5A）。双击 CPU 模块“DP 行”。

在 DP 属性中，单击“常规”按钮，单击“属性”按钮。

设置 DP 地址为 4，单击“新建”按钮，如图 5-16 所示。

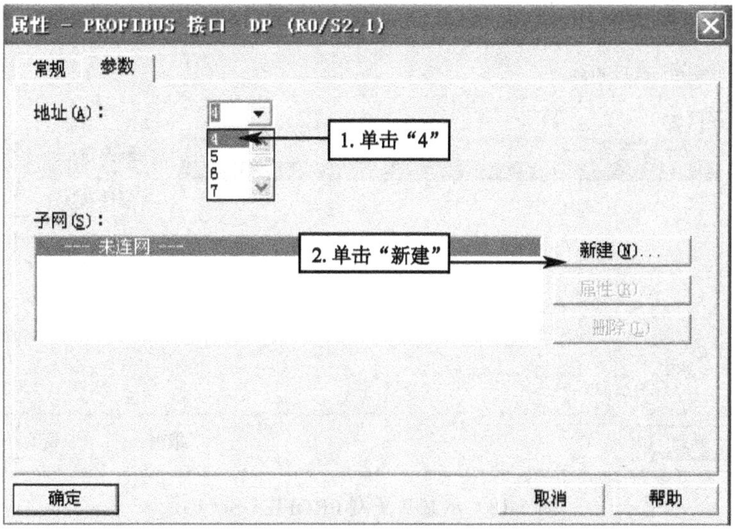

图 5-16　设置从站 2 DP 地址

在新建子网的属性中，单击“网络设置”按钮，默认的传输率为 1.5Mbps，配置文件为 DP，单击“确定”按钮，如图 5-17 所示。

进入到新建的子网 PROFIBUS（1），单击“确定”按钮，如图 5-18 所示。

进入到 DP 属性界面，单击“常规”按钮，此时可以看到 DP 接口的类型：PROFIBUS。地址：4。已联网：是。如图 5-19 所示。

单击“工作模式”按钮，选择主站或者从站，这里选择 DP 从站，单击“DP 从站”，单击“确定”按钮，如图 5-20 所示。

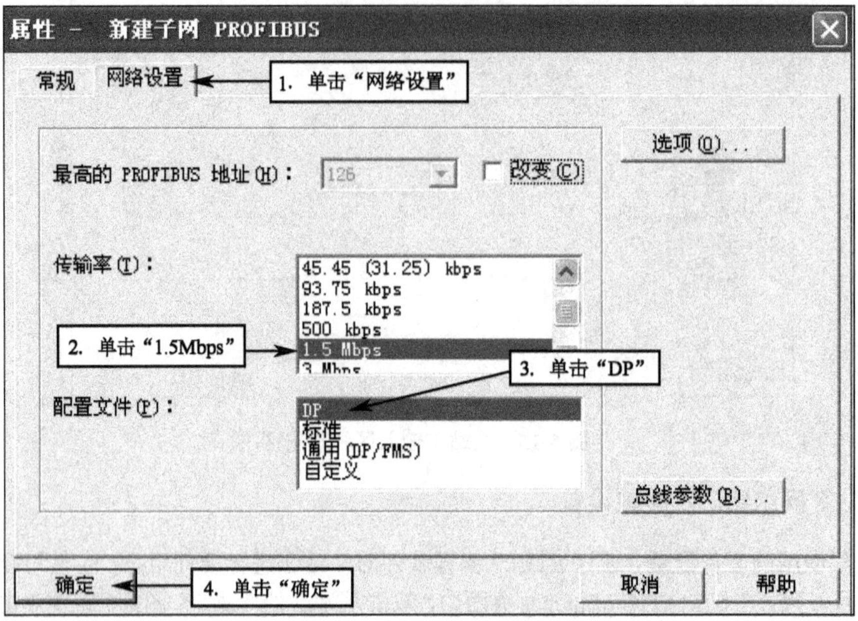

图 5-17　从站 2 的网络设置

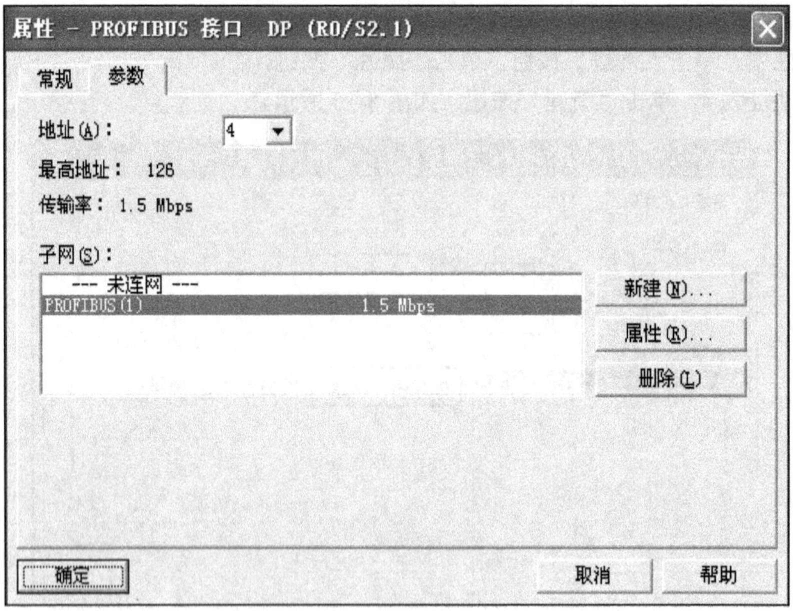

图 5-18　从站 2 子网 PROFIBUS（1）

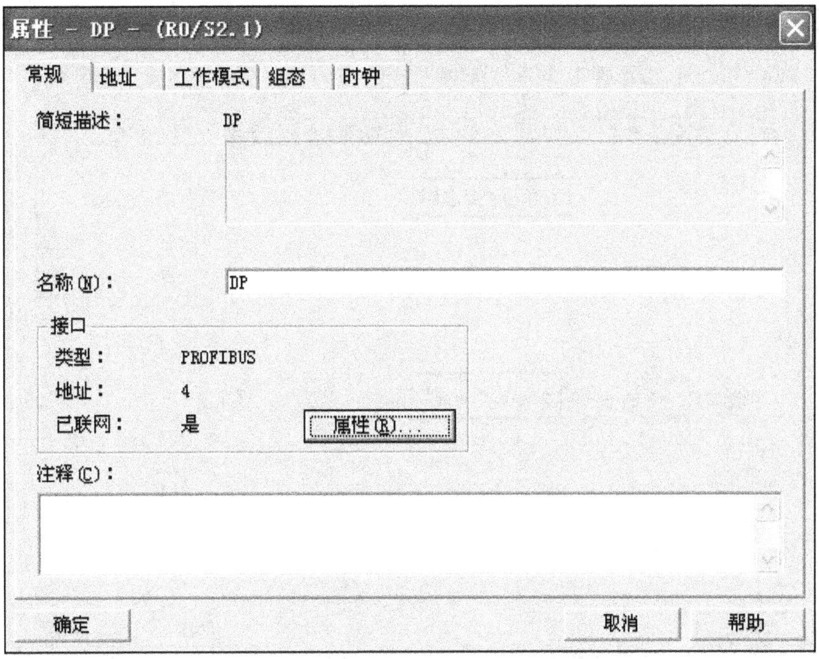

图 5-19　从站 2 的 DP 属性界面

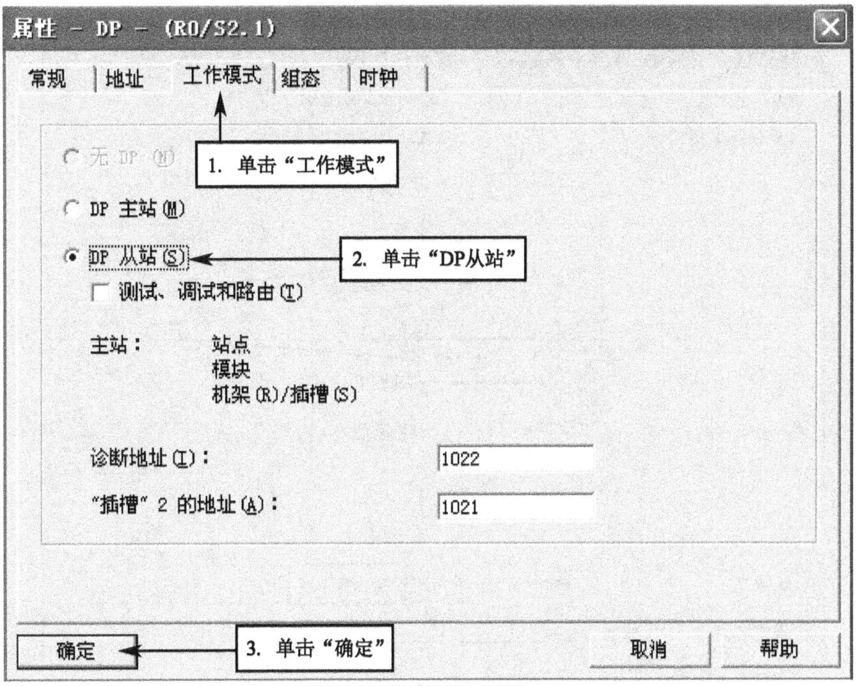

图 5-20　工作模式设置为从站

对从站 2 通信区组态，在从站 DP 属性中，单击“组态”按钮，进入组态窗口，如图 5-21 所示。

单击“新建”按钮，对第一行进行组态，根据**本项目解决步骤中的步骤 3 通信区设置**，接收来自主站的信号，选择地址类型为“输入”，选择地址为“4”，单击“确定”按钮。如图 5-22 所示。

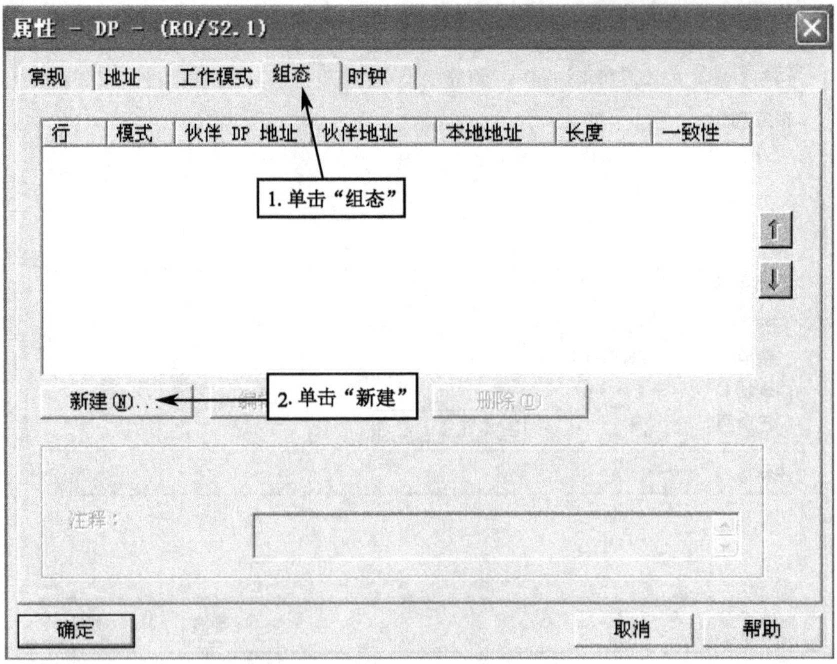

图 5-21　从站 2 通信区组态

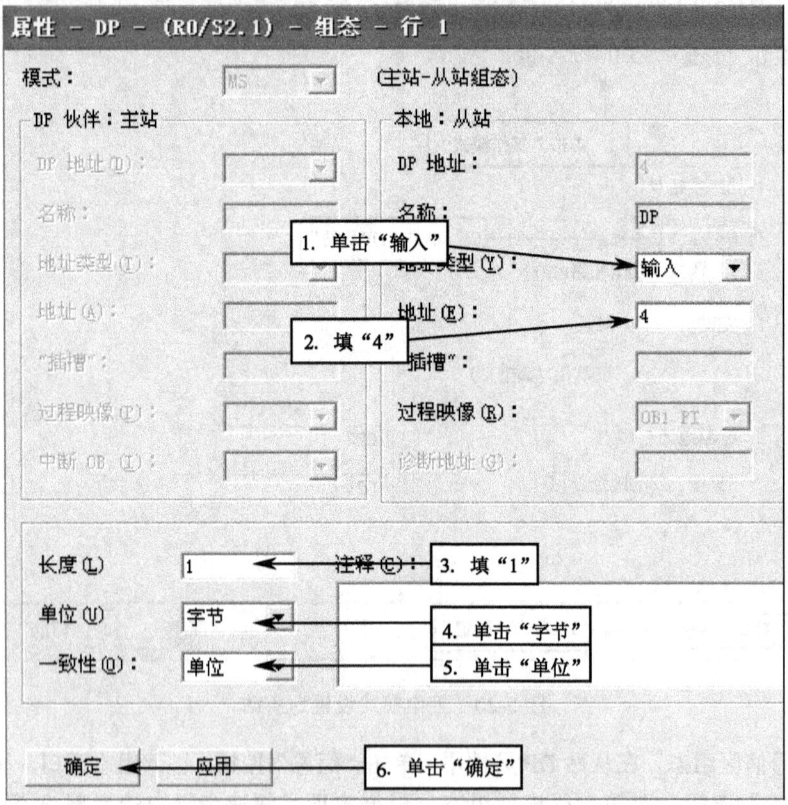

图 5-22　从站 2 通信区第一行进行组态

看到组态的通信区第一行，模式为 MS，表示主从模式，本地地址为 I4 表示通信输入区（接收区）的地址是 IB4，伙伴 DP 地址是主站的 DP 地址，伙伴地址是主站输出通信区的地址，这两个地址暂时不进行组态，显示虚线。如图 5-23 所示。

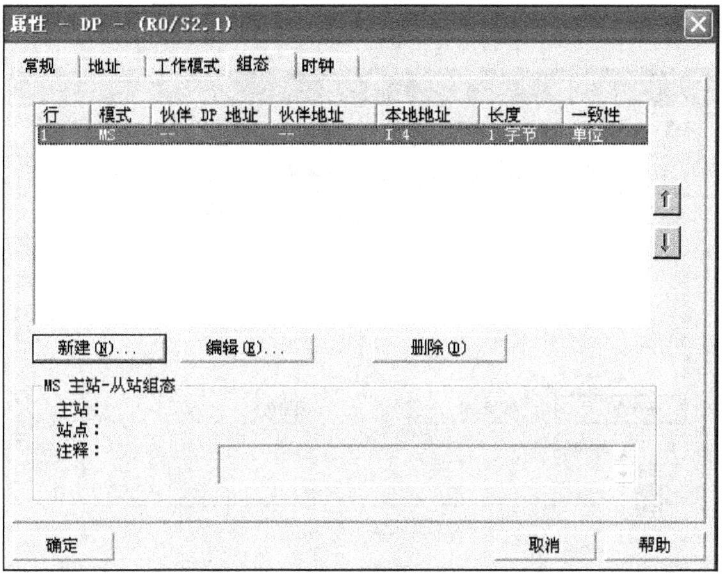

图 5-23　从站通信区第一行组态

因为在本项目中从站还要向主站发送信息，所以从站新建一个输出通信区 O0，单击“新建”按钮，进行第二行的组态，地址类型：输出。地址：0。长度：1。单位：字节。一致性：单位。单击“确定”按钮。如图 5-24 所示。

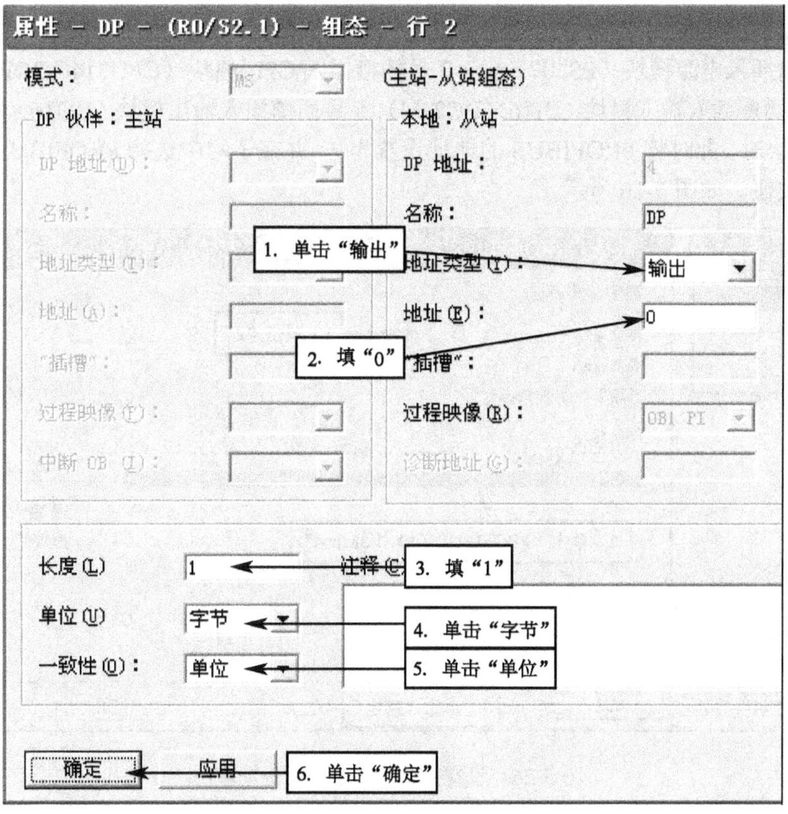

图 5-24　对从站 2 通信区进行组态

看到组态的通信区第二行，模式为 MS，本地地址为 O0，表示从站 2 输出区（发送区）的地址是 QB0，单击“确定”按钮。如图 5-25 所示。

回到从站 2 的硬件组态界面，单击“保存并编译”按钮，对从站 2 的组态暂时结束。

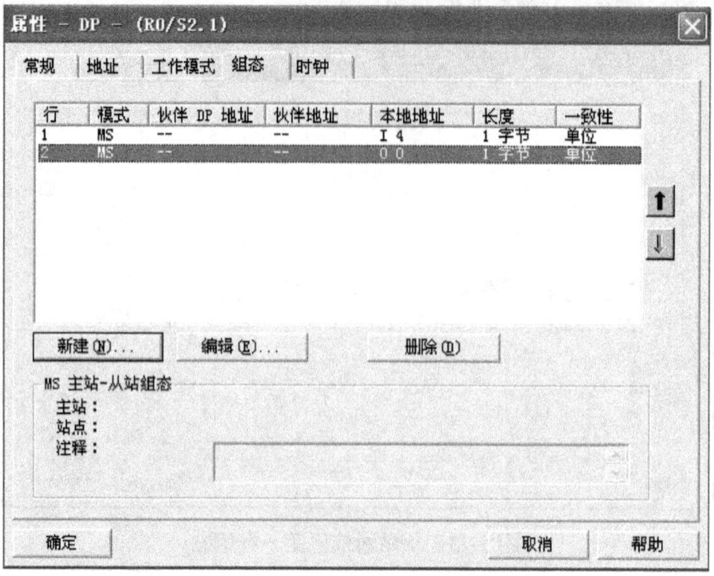

图 5-25 从站 2 输入区和输出区

3. 主站网络组态及参数设置

根据实际使用的硬件配置，通过软件对主站进行硬件组态，注意与硬件模块上面印刷的订货号一致。在 SIMATIC Manager 界面中，双击主站的“硬件”图标，通过双击导轨“Rail”插入导轨，在导轨 1 号插槽插入电源模块（PS307 5A）、2 号插槽插入 CPU 模块（CPU314C-2DP，V2.6）、3 号插槽空闲、4 号插槽插入输入模块（DI16×DC24V）、5 号插槽插入输出模块（DO16×DC24V/0.5A）。当插入 CPU 模块时，此时将 PROFIBUS 的地址设置为 2，并在子网中选择 PROFIBUS（1）1.5Mbps，单击“确定”按钮。如图 5-26 所示。

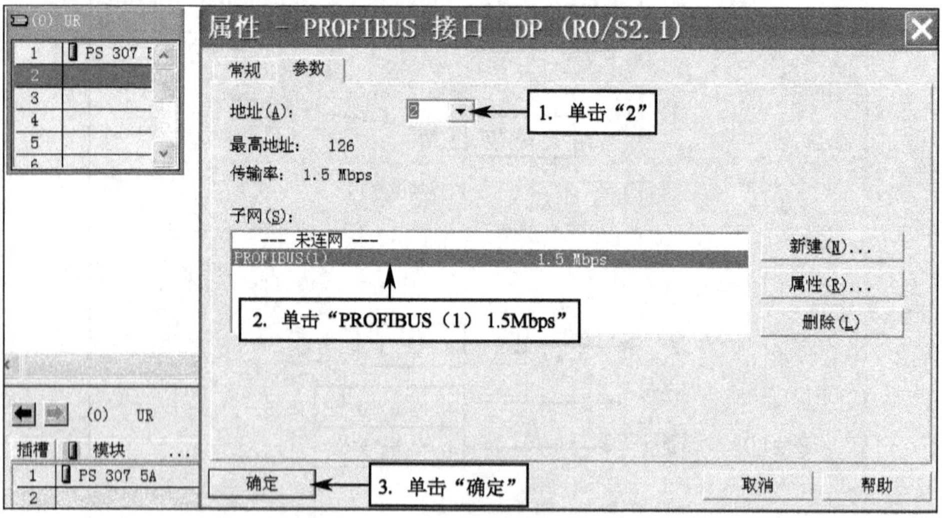

图 5-26 设置主站 DP 地址及传输率

双击 CPU 的“DP 行”，进入 DP 属性，单击“工作模式”按钮，单击“DP 主站”，单击“确定”按钮。如图 5-27 所示。

主站硬件组态后如图 5-28 所示。

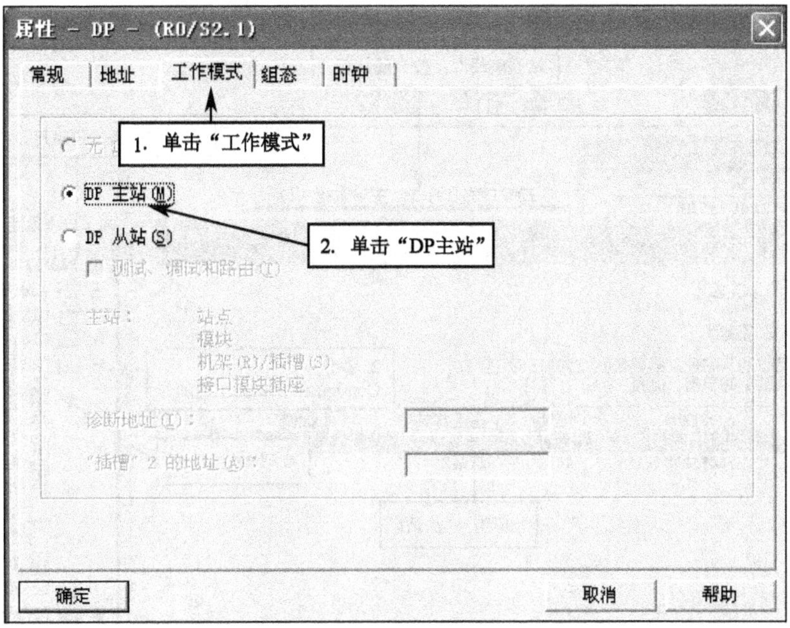

图 5-27　设置 DP 主站

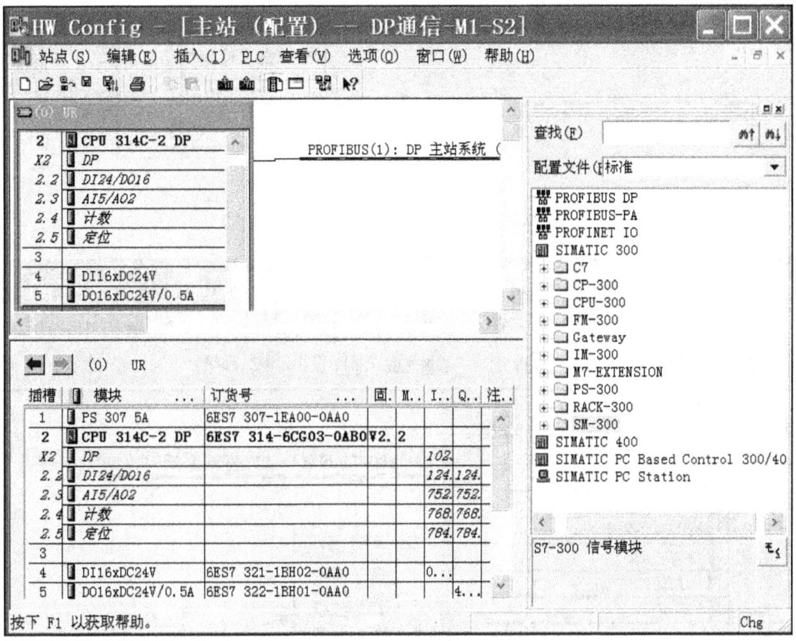

图 5-28　主站硬件组态

将从站与主站连接起来，在主站硬件组态右侧，单击 PROFIBUS DP 左边加号，单击 Configured Stations 左边加号，找到 CPU31x，用鼠标单击导轨右侧的 PROFIBUS（1）：DP 主站系统（1），使这条线加粗。双击 CPU31x，在 DP 从站属性中出现从站 1 与从站 2。连接"从站 1"到网络线上，单击"从站 1"，单击"连接"按钮，单击"确定"按钮。如图 5-29 所示。

从站 1 已连接到 PROFIBUS DP 主站系统网络线上。如图 5-30 所示。

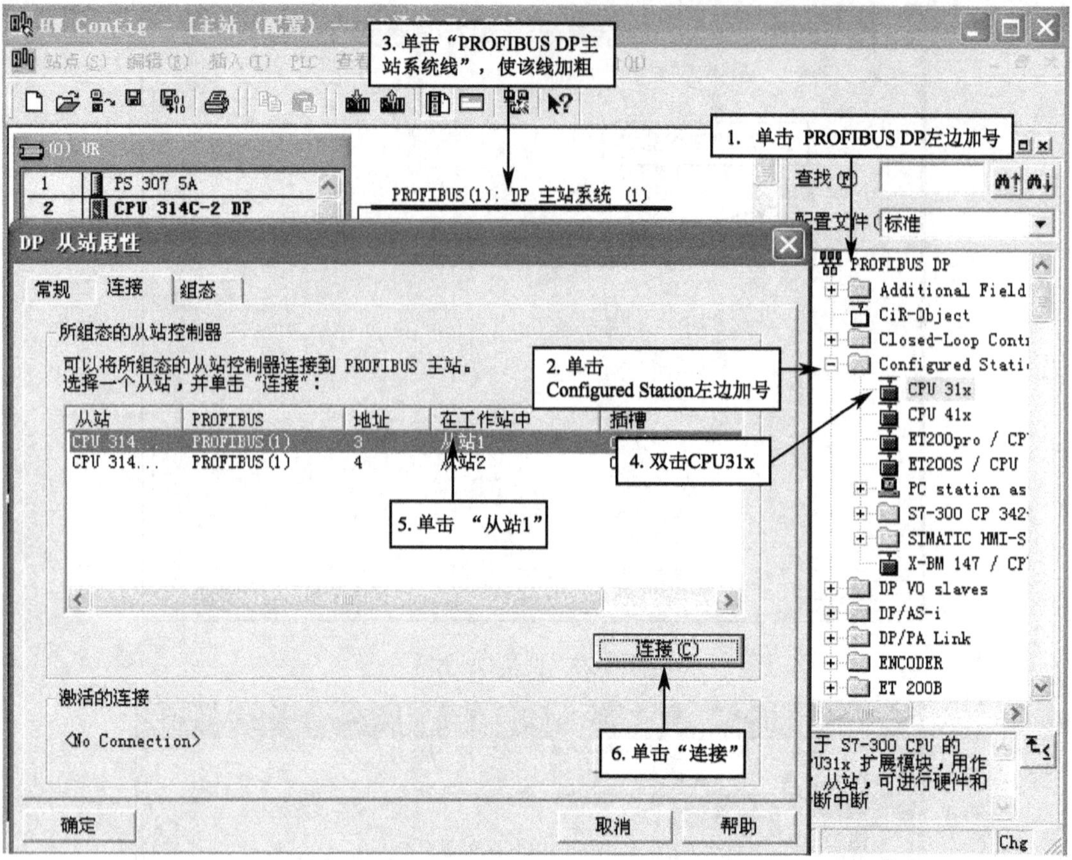

图 5-29　要连接的从站 1 与从站 2

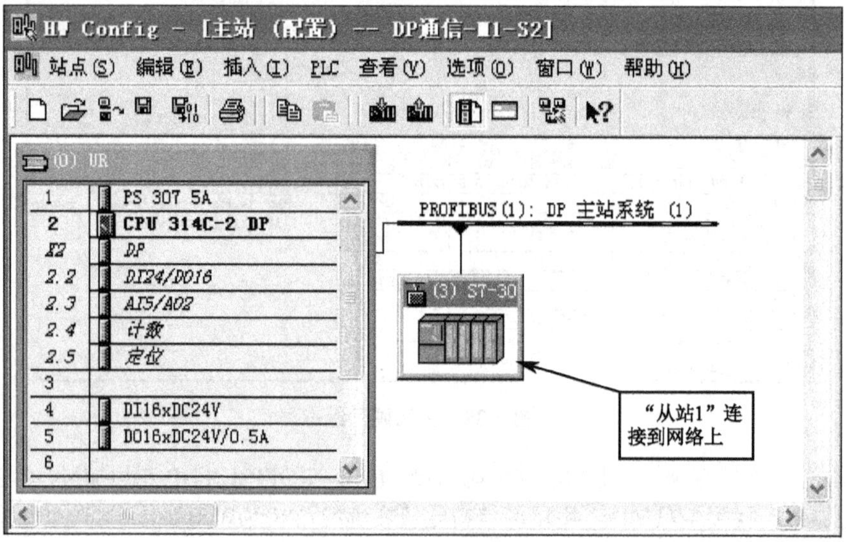

图 5-30　从站 1 已连接到 PROFIBUS DP 主站系统网络线上

连接“从站 2”到网络线上，单击“从站 2”，单击“连接”按钮，从站 2 连接到 PROFIBUS DP 主站系统网络线上，单击“确定”按钮，如图 5-31 所示。

从站 2 已连接到 PROFIBUS DP 主站系统网络线上，如图 5-32 所示。

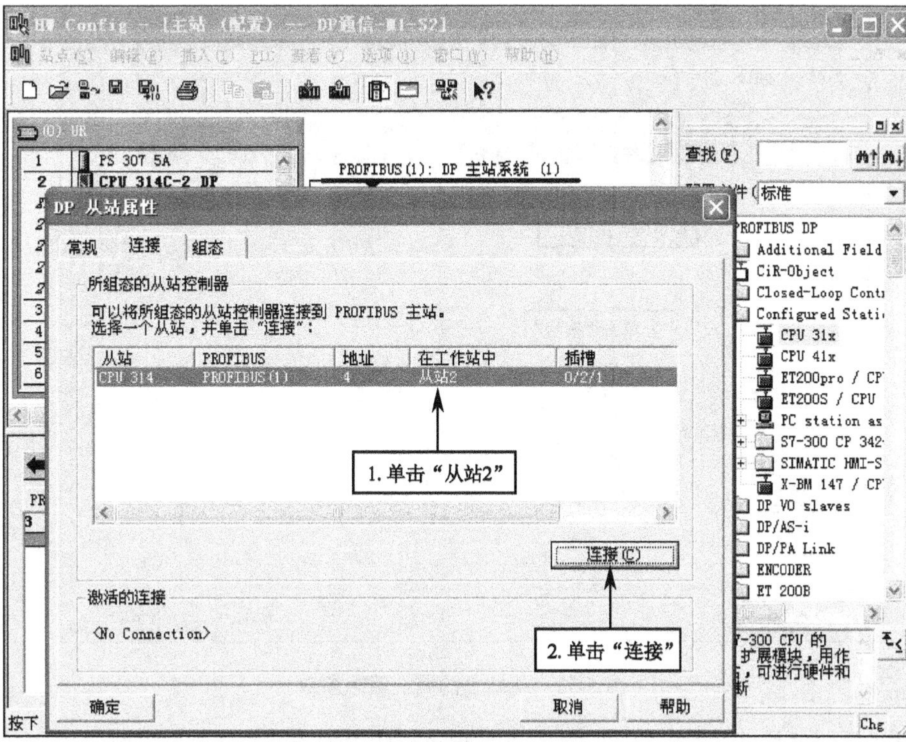

图 5-31　要连接从站 2

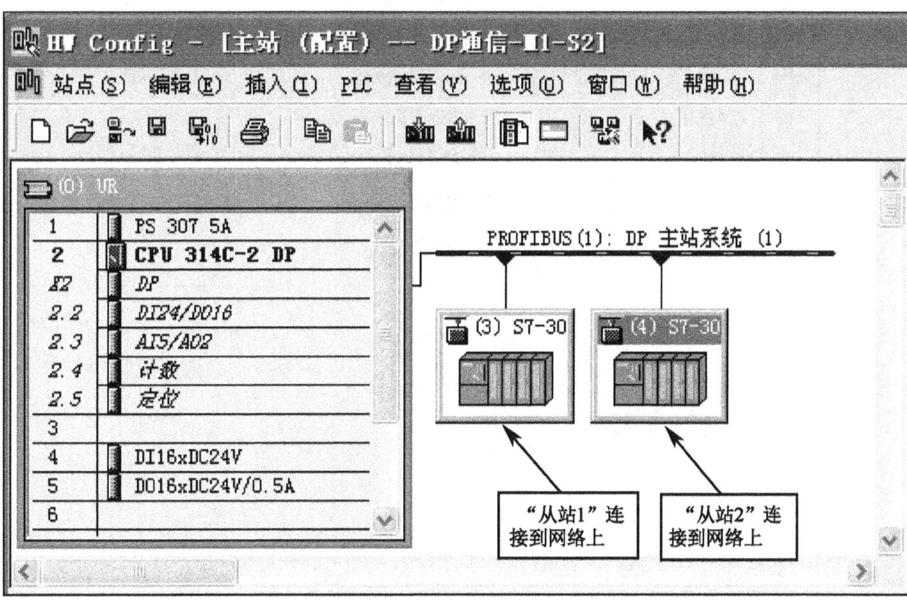

图 5-32　从站 2 已连接到 PROFIBUS DP 主站系统网络线上

4．在从站 1 中编辑主站伙伴地址

见图 5-32，双击 PROFIBUS DP 主站系统网络线下从站 1，进入从站 1 的 DP 从站属性组态窗口，单击“组态”按钮，可以看到从站 1 输入区 IB3 开始的一个字节，用于接收来自主站的数据。输出区为 QB0 开始的一个字节，用于向主站发送数据，伙伴 DP 地址为主站的 DP 地址。伙伴地址为主站的通信区地址。单击“第一行”，单击“编辑”按钮，对第一行进行编辑。如图 5-33 所示。

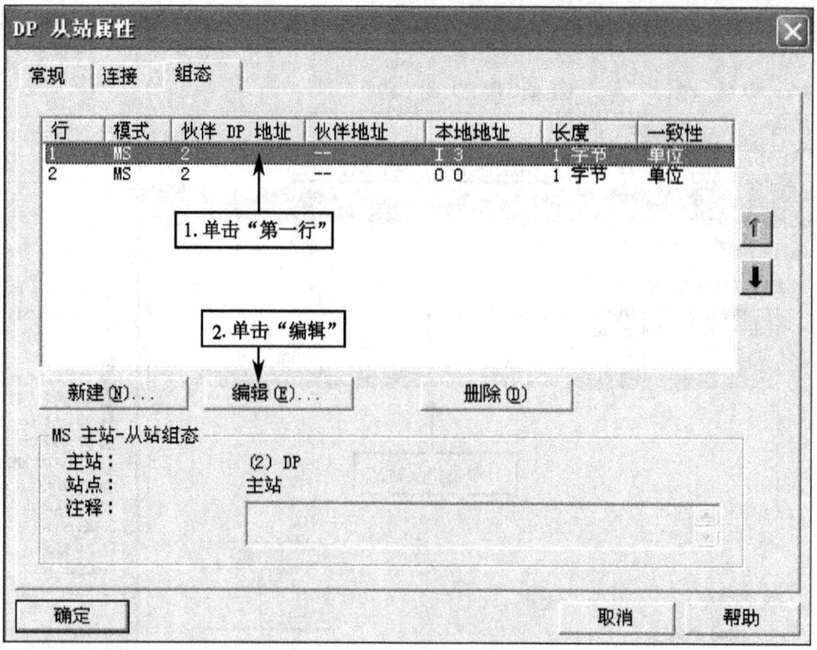

图 5-33　从站 1 的属性组态窗口

对伙伴地址的通信区进行组态，根据**本项目解决步骤中的步骤 3 通信区设置**，从站 1 的输入区对应主站的输出区。地址类型：输出，地址为 6。如图 5-34 所示。

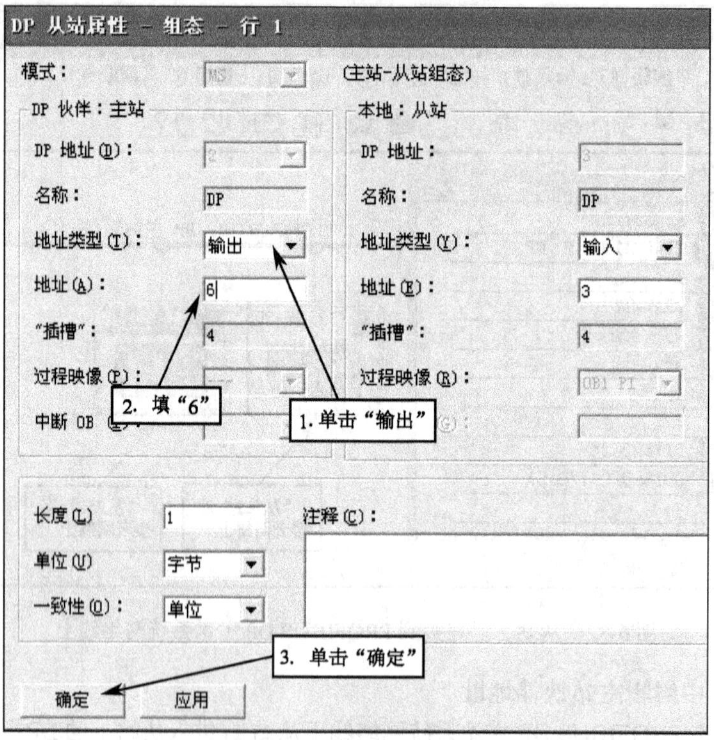

图 5-34　主站对从站 1 的输出区组态

再编辑第二行，从站 1 的输出区对应主站的输入区。地址类型：输入；地址：4。如图 5-35 所示。

主站与从站 1 的通信区。主站输出区（发送区）QB6 对应从站 1 输入区（接收区）IB3；主站输入区（接收区）IB4 对应从站 1 输出区（发送区）QB0。如图 5-36 所示。

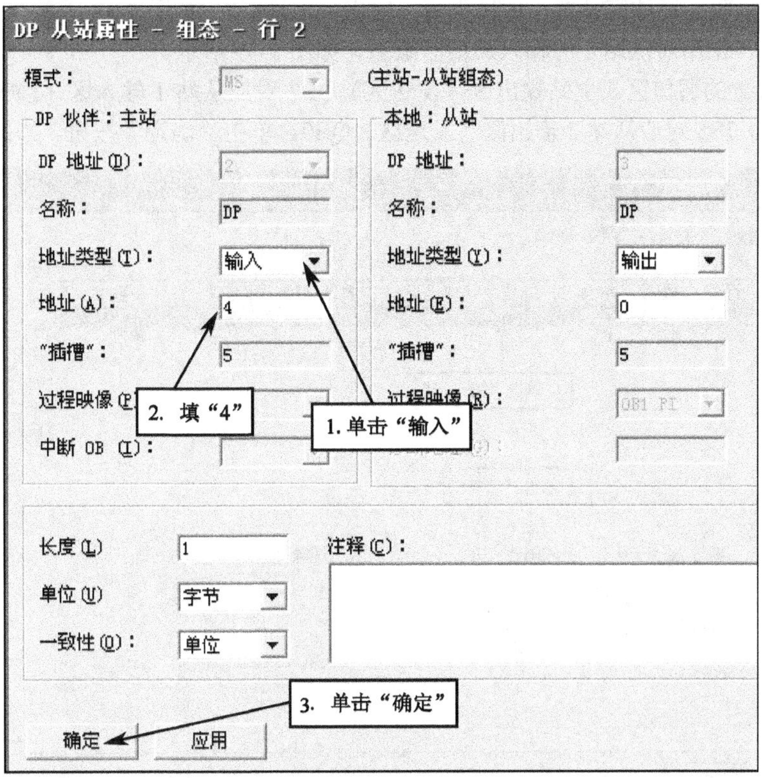

图 5-35　主站对从站 1 的输入区组态

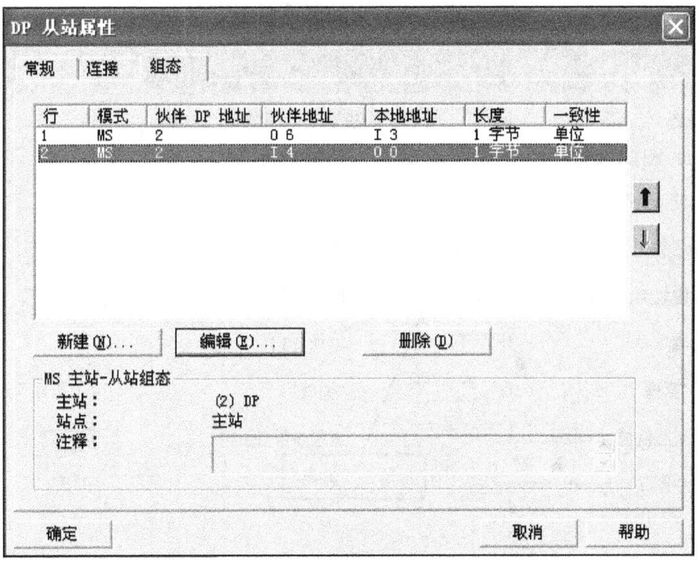

图 5-36　主站与从站 1 的通信区

5. 在从站 2 中编辑主站伙伴地址

见图 5-32，双击 PROFIBUS DP 主站系统网络线下的从站 2，进入从站 2 的属性组态窗口，单击“组态”按钮，从站 2 的输入区为 I4，是指从 IB4 开始的一个字节用于接收来自主站的数据。从站 2 的输出区 O0，是指从站 2 的输出区从 QB0 开始的一个字节，用于向主站发送的数据。伙伴 DP 地址为主站的 DP 地址。伙伴地址为主站通信区地址。单击“第一行”，单击“编辑”按钮。如图 5-37 所示。

对伙伴 DP 地址（主站）的通信区进行组态，先编辑第一行，主站输出通信区组态，**根据本项目解决步骤中的步骤 3 通信区设置**，地址类型：输出；地址：7。如图 5-38 所示。

编辑第二行，主站对从站 2 的输入通信区组态，如图 5-39 所示。

主站与从站 2 的通信区。主站输出区（发送区）QB7 对应从站 1 输入区（接收区）IB4；主站输入区（接收区）IB5 对应从站 2 输出区（发送区）QB0。单击“确定”按钮。如图 5-40 所示。

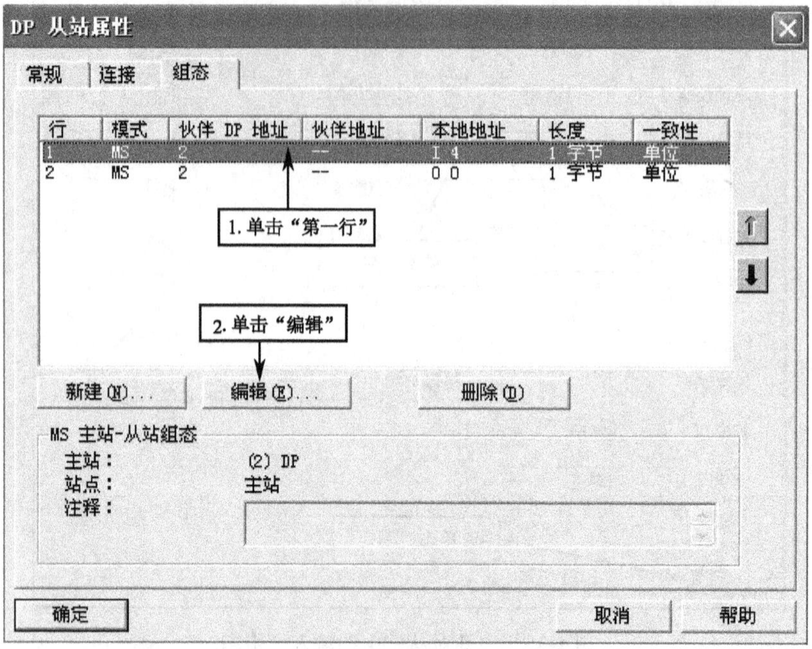

图 5-37　从站 2 的属性组态窗口

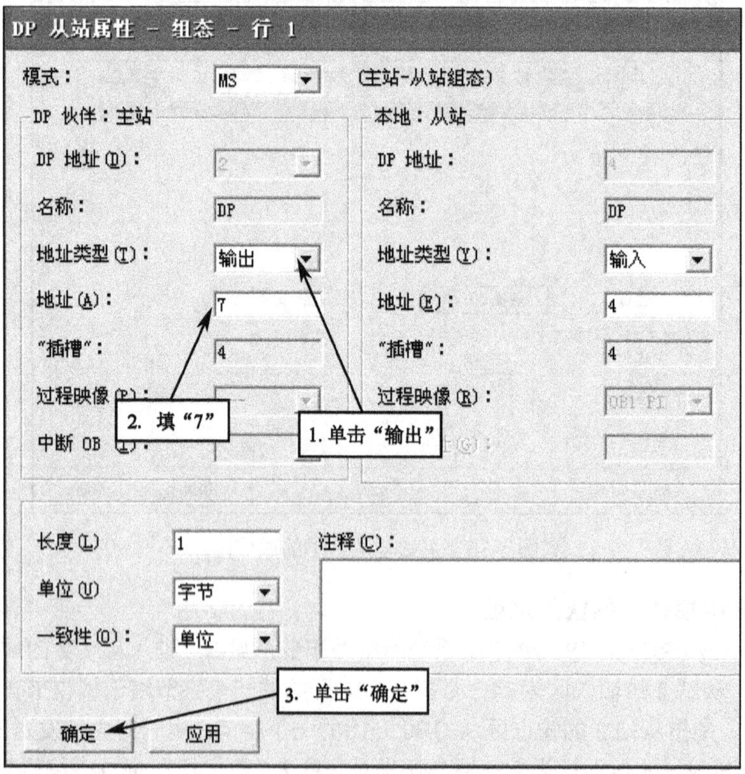

图 5-38　主站对从站 2 的输出区组态

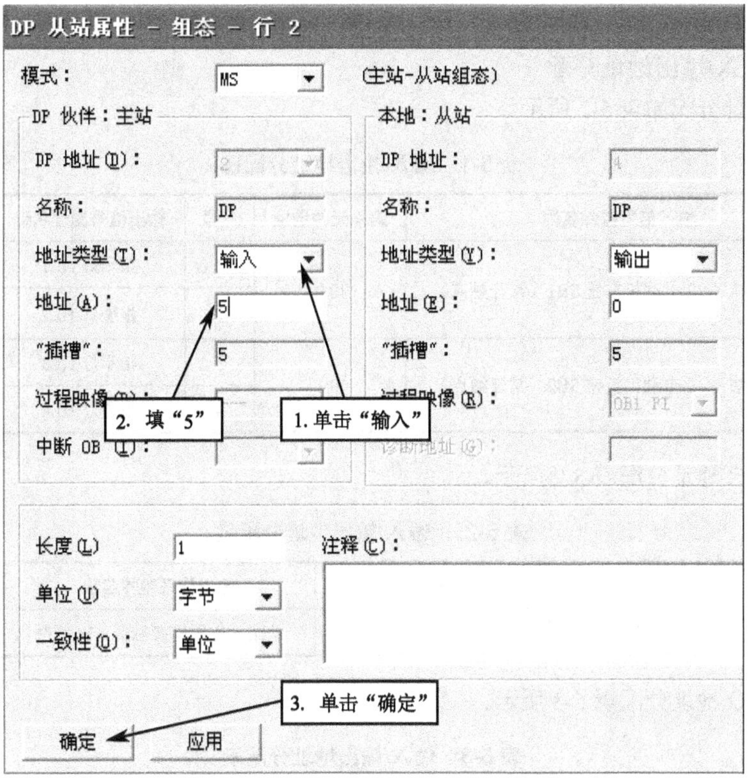

图 5-39　主站对从站 2 的输入区组态

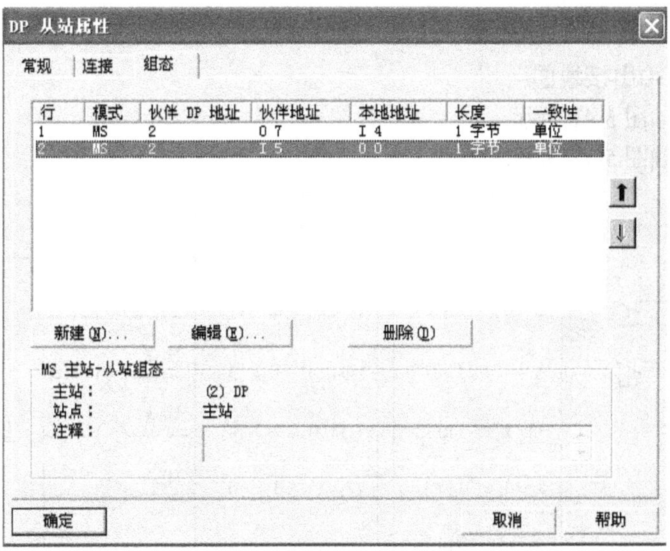

图 5-40　主站与从站 2 的通信区

回到主站的硬件配置，单击“保存并编译”按钮，退出主站的硬件组态界面。

步骤 5．下载硬件组态、网络组态及参数设置（参见项目 4 步骤 7）

通过 PC 适配器 USB 编程电缆，在硬件组态界面中将主站、从站 1、从站 2 三个站的硬件组态、网络组态及参数设置分别下载到相应站的 PLC 中，下载结束后关闭 PLC 电源。

重新打开 PLC 电源，观察 CPU 模板上 SF 和 BF 指示灯是否为红色。如果是红色，说明组态过程中可能存在错误，也可能是通信硬件配置连接问题等，需要检查，更正后，再保存编译，重新下载。SF 和 BF 指示灯不亮时，且 DC5V 和 RUN 指示灯为绿色，这一步骤就成功结束了。

注意：须在断电情况下，拔下与插上 PC 适配器 USB 编程电缆。

步骤 6．输入/输出地址分配

主站 I/O 地址分配如表 5-1 所示。

表 5-1 输入/输出地址分配表

序号	输入信号器件名称	编程元件地址	序号	输出信号器件名称	编程元件地址
1	启动从站 1、2 电动机按钮 SB1（常开触点）	I0.0	1	指示灯 HL1	Q4.0
			2	报警灯 HL2	Q4.1
2	停止从站 1、2 电动机按钮 SB2（常开触点）	I0.1	3	指示灯 HL3	Q4.2
			4	报警灯 HL4	Q4.3

从站 1 的 I/O 地址分配表 5-2 所示。

表 5-2 输入/输出地址分配表

序号	输入信号器件名称	编程元件地址	序号	输出信号器件名称	编程元件地址
1	热继电器 FR（常闭触点）	I0.0	1	从站 1 电动机接触器 KM 线圈	Q4.0

从站 2 的 I/O 地址分配表 5-3 所示。

表 5-3 输入/输出地址分配表

序号	输入信号器件名称	编程元件地址	序号	输出信号器件名称	编程元件地址
1	热继电器 FR（常闭触点）	I0.0	1	从站 2 电动机接触器 KM 线圈	Q4.0

步骤 7．输入/输出接线图

主站外设接线如图 5-41 所示。

从站 1 外设接线图 5-42 所示。

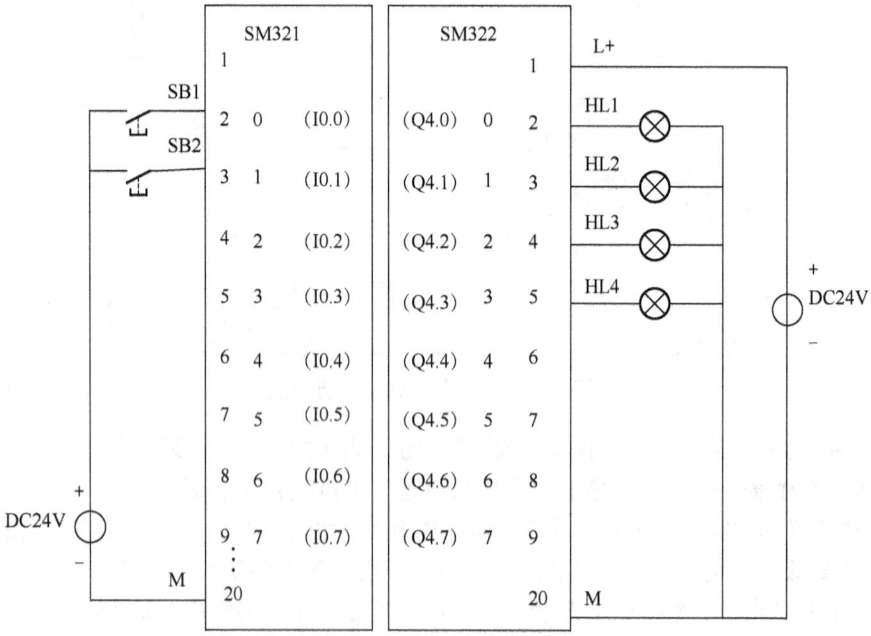

图 5-41 主站外设接线图

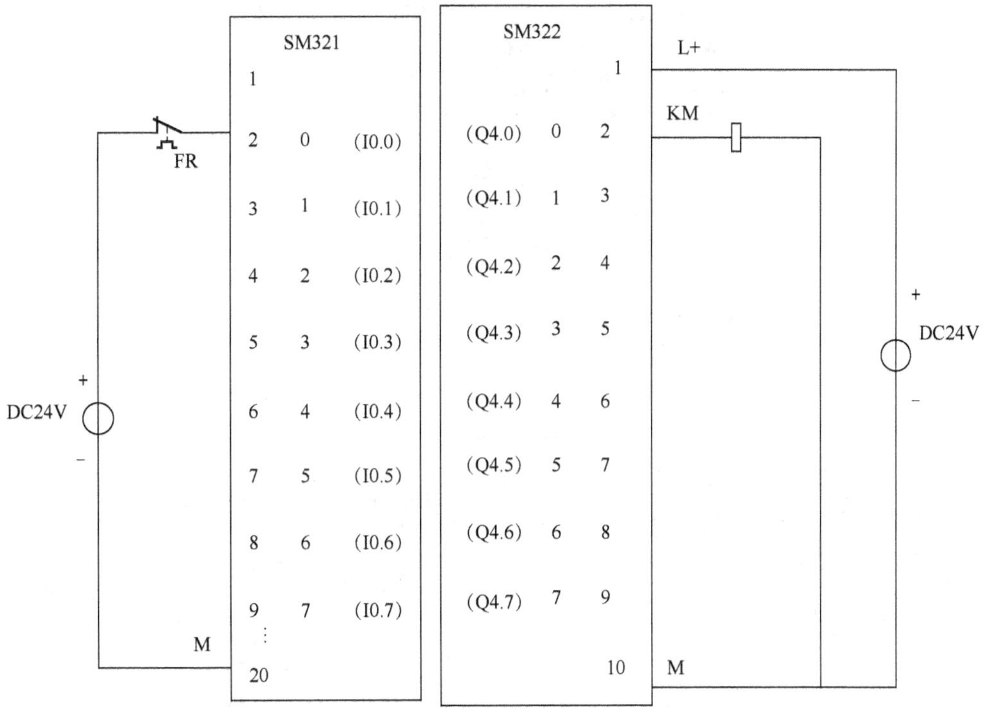

图 5-42　从站 1 外设接线图

从站 2 外设接线图 5-43 所示。

步骤 8．建立符号表

根据项目要求、地址分配及通信区设置，建立主站符号表如图 5-44 所示。
根据项目要求、地址分配及通信区设置，建立从站 1 符号表如图 5-45 所示。
根据项目要求、地址分配及通信区设置，建立从站 2 符号表如图 5-46 所示。

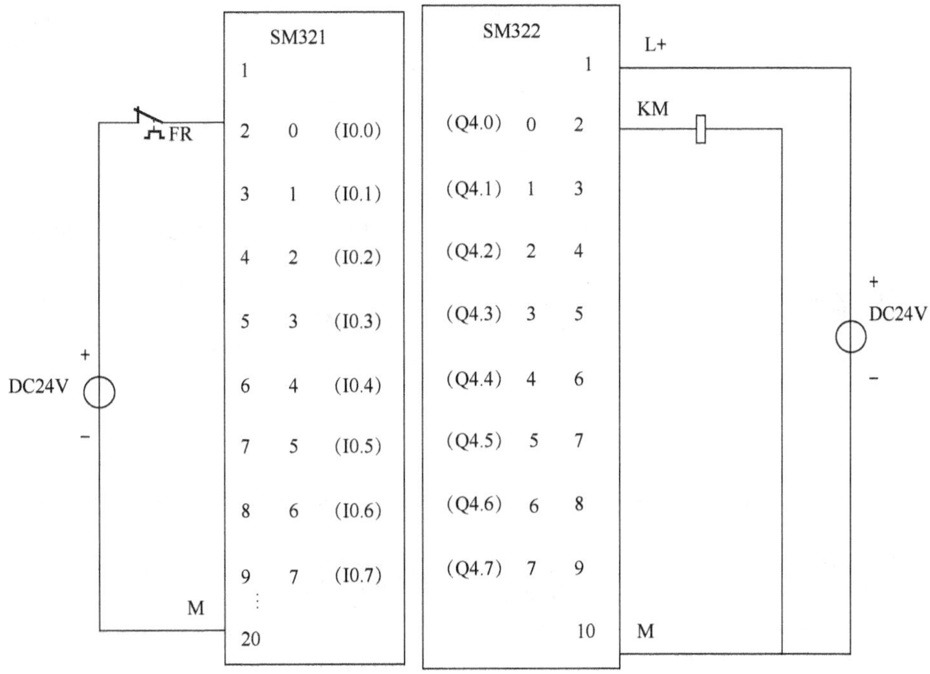

图 5-43　从站 2 外设接线图

符号编辑器 - S7 程序(1) (符号)

符号表(S) 编辑(E) 插入(I) 视图(V) 选项(O) 窗口(W) 帮助(H)

全部符号

	状态	符号	地址		数据类型
1		报警灯HL2	Q	4.1	BOOL
2		报警灯HL4	Q	4.3	BOOL
3		发送启动从站1电动机信号	Q	6.0	BOOL
4		发送启动从站2电动机信号	Q	7.0	BOOL
5		发送停止从站1电动机信号	Q	6.1	BOOL
6		发送停止从站2电动机信号	Q	7.1	BOOL
7		接收从站1电动机过载信号	I	4.1	BOOL
8		接收从站1电动机状态信号	I	4.0	BOOL
9		接收从站2电动机过载信号	I	5.1	BOOL
10		接收从站2电动机状态信号	I	5.0	BOOL
11		启动按钮SB1	I	0.0	BOOL
12		停止按钮SB2	I	0.1	BOOL
13		指示灯HL1	Q	4.0	BOOL
14		指示灯HL3	Q	4.2	BOOL

图 5-44　主站符号表

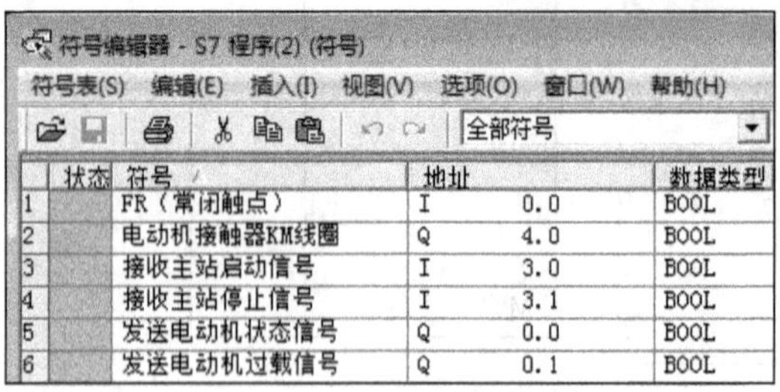
符号编辑器 - S7 程序(2) (符号)

符号表(S) 编辑(E) 插入(I) 视图(V) 选项(O) 窗口(W) 帮助(H)

全部符号

	状态	符号	地址		数据类型
1		FR（常闭触点）	I	0.0	BOOL
2		电动机接触器KM线圈	Q	4.0	BOOL
3		接收主站启动信号	I	3.0	BOOL
4		接收主站停止信号	I	3.1	BOOL
5		发送电动机状态信号	Q	0.0	BOOL
6		发送电动机过载信号	Q	0.1	BOOL

图 5-45　从站 1 符号表

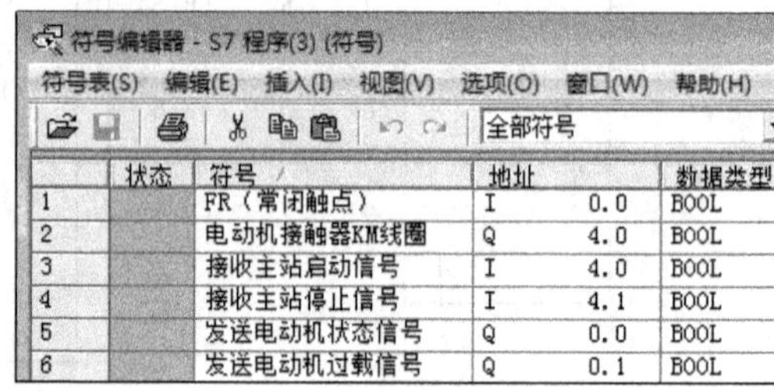
符号编辑器 - S7 程序(3) (符号)

符号表(S) 编辑(E) 插入(I) 视图(V) 选项(O) 窗口(W) 帮助(H)

全部符号

	状态	符号	地址		数据类型
1		FR（常闭触点）	I	0.0	BOOL
2		电动机接触器KM线圈	Q	4.0	BOOL
3		接收主站启动信号	I	4.0	BOOL
4		接收主站停止信号	I	4.1	BOOL
5		发送电动机状态信号	Q	0.0	BOOL
6		发送电动机过载信号	Q	0.1	BOOL

图 5-46　从站 2 符号表

步骤 9．编写通信程序

根据项目要求、地址分配及通信区设置，编写主站通信程序如图 5-47 所示。

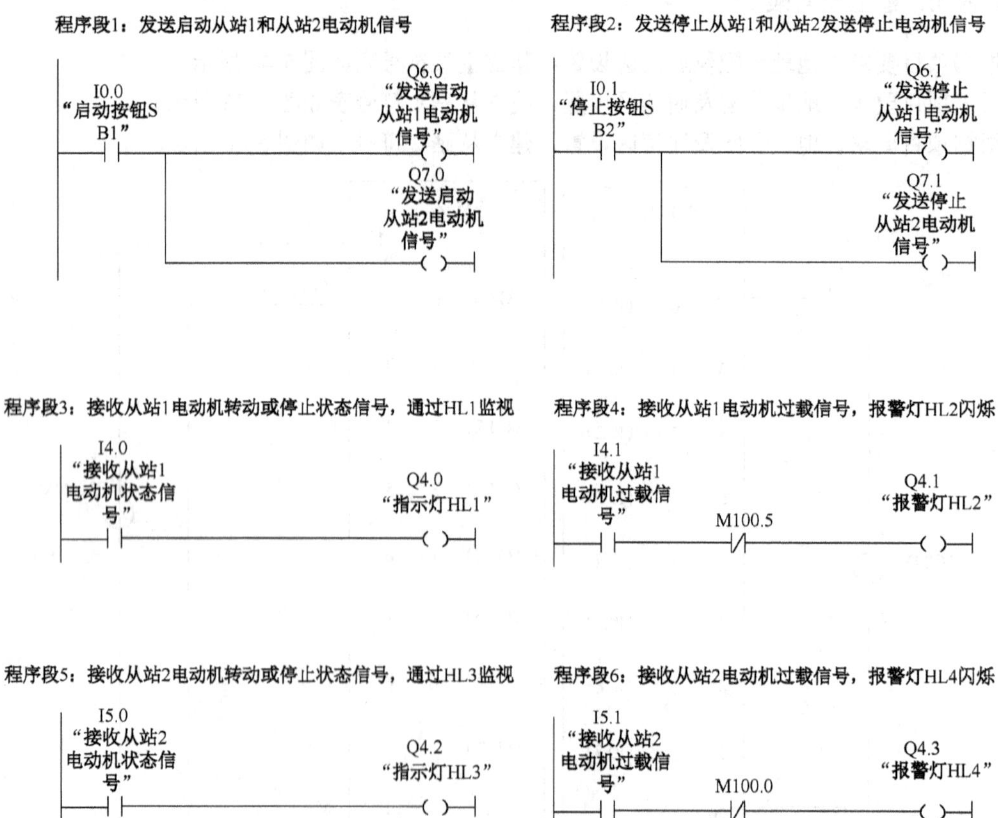

图 5-47　主站程序

根据项目要求、地址分配及通信区设置，编写从站 1 通信程序如图 5-48 所示。

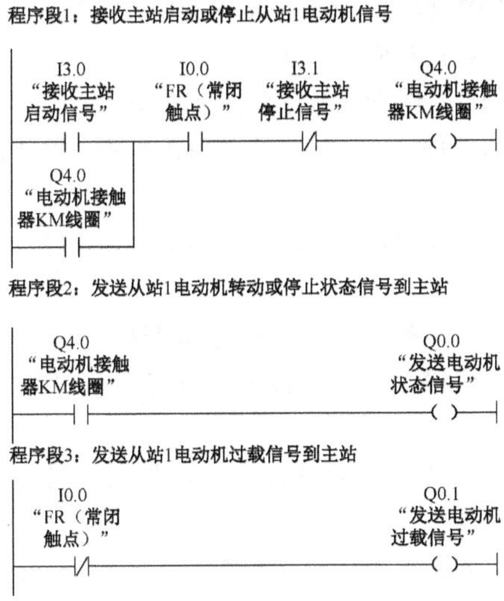

图 5-48　从站 1 程序

根据项目要求、地址分配及通信区设置，编写从站 2 通信程序如图 5-49 所示。

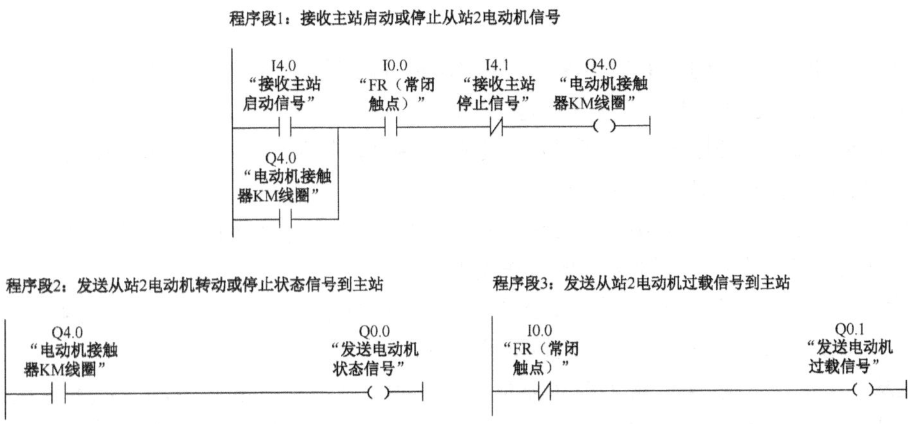

图 5-49　从站 2 程序

步骤 10．中断处理

采用 PROFIBUS-DP 总线，所能连接的从站个数与 CPU 类型有关，最多可以连接 125 个从站，为防止某一个从站掉电或者损坏，将产生不同的中断，并且调用相应的组织块，如果在程序中没有建立这些组织块，CPU 将停止运行，以保护人身和设备的安全，因此在主站和从站右键单击“块”，分别要插入 OB82、OB86 和 OB122 组织块，以便进行相应的中断处理，如果忽略这些故障让 CPU 继续运行，可以对这几个组织块不编写任何程序，只插入空的组织块。以从站 1 为例，如图 5-50 所示。

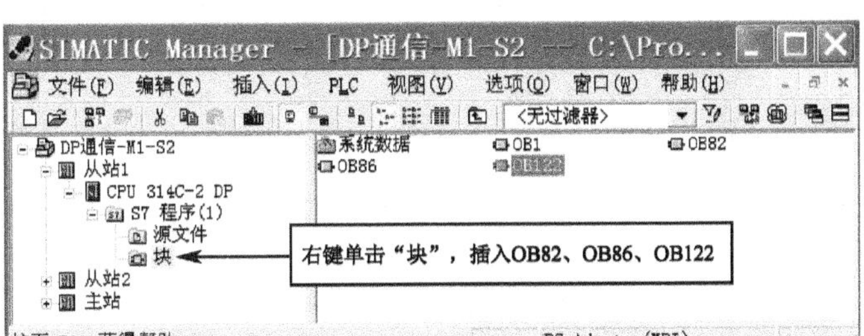

图 5-50　从站 1 插入空组织块

步骤 11. 联机调试

确保接线正确的情况下，在 SIMATIC Manager 界面中，单击站点名称（主站或从站 1 或从站 2），单击“下载”按钮，将其分别下载到对应的 PLC 中。

（1）在主站按下启动按钮 SB1，看到从站 1 的电动机转动，主站指示灯 HL1 亮。在主站按下停止按钮 SB2，看到从站 1 的电动机停止，主站指示灯 HL1 灭。主站指示灯 HL1 监视到了从站 1 电动机的转动或停止状态。

（2）当从站 1 电动机过载时，热继电器 FR（常闭触点）动作，看到该电动机停止，并且看到主站报警指示灯 HL2 以 1Hz 闪烁。

（3）在主站按下启动按钮 SB1，看到从站 2 的电动机转动，主站指示灯 HL3 亮。在主站按下停止按钮 SB2，看到从站 2 的电动机停止，主站指示灯 HL3 灭。主站指示灯 HL3 监视到了从站 2 电动机的转动或停止状态。

（4）当从站 2 电动机过载时，热继电器 FR（常闭触点）动作，看到该电动机停止，并且看到主站报警指示灯 HL4 以 10Hz 闪烁。

满足上述情况，调试成功。如果不能满足，检查原因，纠正问题，重新调试，直到满足上述情况为止。

5.4 巩固练习

（1）由三台 PLC 组成的一主二从 PROFIBUS-DP 网络通信。主站的 DP 地址为 3，从站 1 的 DP 地址为 4，从站 2 的 DP 地址为 5。控制要求如下。

① 在从站 1 按下启动按钮 SB1 可以启动主站设备 A，按下停止按钮可以停止主站设备 A。从站 1 指示灯 HL 可以监视主站设备 A 工作状态。

② 在从站 2 按下启动按钮 SB1 可以启动主站设备 B，按下停止按钮 SB2 可以停止主站设备 B。从站 2 指示灯 HL 可以监视主站设备 B 的工作状态。

（2）由三台 PLC 组成的一主二从 PROFIBUS-DP 网络通信。主站的 DP 地址为 6，从站 1 的 DP 地址为 7，从站 2 的 DP 地址为 8。控制要求如下。

① 在从站 1 按下开关 SA，将 1Hz 闪烁信号发送到主站，主站指示灯 HL1 以 1Hz 闪烁。

② 在从站 2 按下开关 SA，将 5Hz 闪烁信号发送到主站，主站指示灯 HL2 以 5Hz 闪烁。

③ 在主站按下开关 SA，将 10Hz 闪烁信号发送到从站 1 和从站 2，从站 1 和从站 2 指示灯 HL 以 10Hz 闪烁。

（3）由三台 PLC 组成的一主二从 PROFIBUS-DP 网络通信。主站的 DP 地址为 9，从站 1 的 DP 地址为 10，从站 2 的 DP 地址为 11。控制要求如下。

① 在从站 1 通过变量表写入 1 个字节数据发送到主站，在主站通过变量表显示该数据。

② 在从站 2 通过变量表写入 1 个字节数据发送到主站，在主站通过变量表显示该数据。

③ 在主站通过变量表写入 1 个字节数据分别发送到从站 1 与从站 2，在从站 1 与从站 2 中通过变量表显示该数据。

项目 6　一主二从 S7-300PLC 之间 PROFIBUS-DP DX 通信

6.1　项目要求

由 3 台 PLC 组成的 PROFIBUS-DP DX 通信网络中。主站的 DP 地址为 2，从站 1 的 DP 地址为 3，从站 2 的 DP 地址为 4。要求如下。

（1）在主站按下启动按钮 SB1，从站 1 的电动机和从站 2 的电动机转动，在主站按下停止按钮 SB2，从站 1 的电动机和从站 2 的电动机停止。

（2）从站 1 发出频率为 1Hz 闪烁信号发送给从站 2 和主站，从站 2 的指示灯 HL 和主站指示灯 HL1 都以 1Hz 闪烁。

（3）从站 2 发出频率为 5Hz 闪烁信号给从站 1 和主站，从站 1 指示灯 HL 和主站指示灯 HL2 都以 5Hz 闪烁。

6.2　学习目标

（1）理解 PROFIBUS-DP DX 通信含义。
（2）掌握一主二从 S7-300PLC 之间 PROFIBUS-DP DX 通信的硬件、软件配置。
（3）掌握一主二从 S7-300PLC 之间 PROFIBUS-DP DX 通信的硬件连接。
（4）掌握一主二从 S7-300PLC 之间 PROFIBUS-DP DX 通信区设置。
（5）掌握一主二从 S7-300PLC 之间 PROFIBUS-DP DX 网络组态及参数设置。
（6）掌握一主二从 S7-300PLC 之间 PROFIBUS-DP DX 网络编程及调试。

6.3　相关知识（PROFIBUS-DP DX 通信简介）

基于 PROFIBUS-DP 协议的从站和从站之间的 DX 通信条件：首先从站要有数据发送给主站，也就是说，从站要有发送区（输出区）对应主站接收区（输入区）；其次从站应为智能从站，如 S7-300 站、S7-400 站、带有 CPU 的 ET200S 和 ET200X 站等，旧版本的从站或主站 CPU 不支持 DX 通信功能（判断一个从站 CPU 是否支持 DX 通信：首先要明确新购买的 CPU 是支持 DX 通信功能的，其次可用 STEP7 编程软件进行网络组态，如果组态成功，说明该 CPU 支持 DX 通信）。

基于 PROFIBUS-DP 协议的从站和从站之间的 DX（直接数据交换）通信的模式是在主站轮询从站时，从站将数据发送给主站的同时还将数据发送给在 STEP7 中组态的其他从站。

6.4　项目解决步骤

步骤 1．通信的硬件和软件配置

硬件：

（1）电源模块（PS307 5A）3 个。
（2）紧凑型 S7-300CPU 模块（CPU314C-2DP）3 个。

（3）MMC 卡 3 张。
（4）输入模块（DI16×DC24V）3 个。
（5）输出模块（DO16×DC24V/0.5A）3 个。
（6）DIN 导轨 3 根。
（7）PROFIBUS 电缆 2 根。
（8）DP 头 3 个。
（9）PC 适配器 USB 编程电缆（S7-200/S7-300/S7-400 PLC 下载线）1 根。
（10）装有 STEP7 编程软件的计算机（也称编程器）1 台。

软件：STEP7 V5.4 及以上版本编程软件。

步骤 2. 通信的硬件连接

确保断电接线。将 PROFIBUS 电缆与三个 DP 头连接，将 DP 头插到 3 个 CPU 模块的 DP 口。因主站和最后一个从站位置的两个 DP 头处于网络终端位置，开关设置为 ON，因另一个 DP 头在网络中间位置，所以 DP 头的开关设置为 OFF。将 PC 适配器 USB 编程电缆的 RS-485 端口插在 CPU 模块的 MPI 口，另一端插在编程器的 USB 口上。PROFIBUS-DP DX 通信的硬件连接如图 6-1 所示。

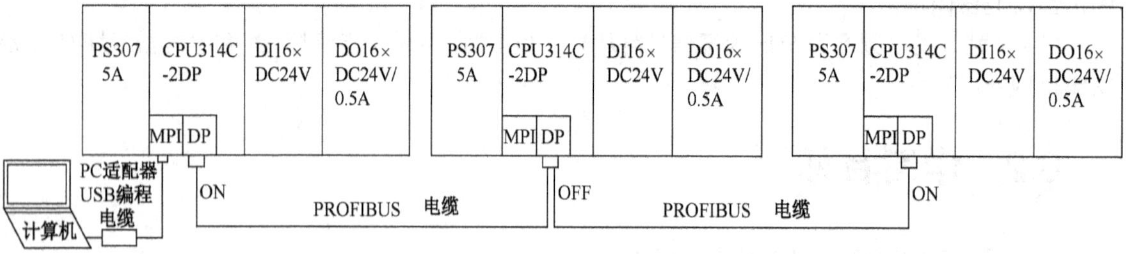

图 6-1　通信的硬件连接

步骤 3.　通信区设置

通信区设置如图 6-2 所示。

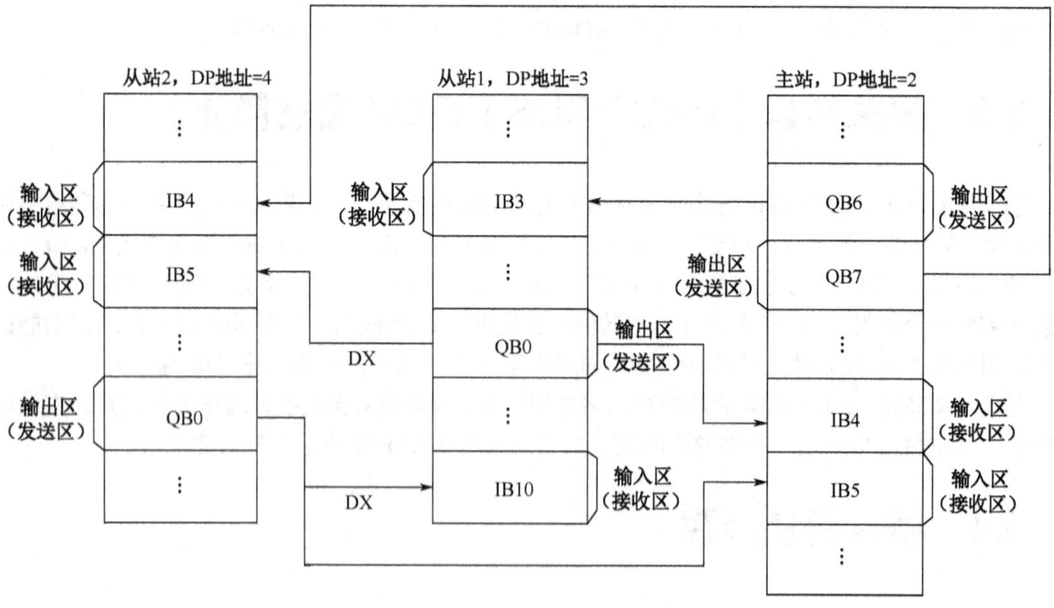

图 6-2　通信区设置

步骤 4. 网络组态及参数设置

新建项目，命名为“1 主 2 从 PROFIBUS-DP DX 通信”，依次插入 3 个 SIMATIC 300 站，分别重

新命名为主站、从站 1、从站 2，如图 6-3 所示。

1．从站 1 网络组态及参数设置

根据实际使用的硬件配置，通过 STEP7 编程软件对从站 1 进行硬件组态，注意与硬件模块上面印刷的订货号一致。在 SIMATIC Manager 界面中，双击从站 1 的“硬件”图标，通过双击导轨“Rail”插入导轨，在导轨 1 号插槽插入电源模块（PS307 5A）、2 号插槽插入 CPU 模块（CPU314C-2DP，V2.6）、3 号插槽空闲、4 号插槽插入输入模块（DI16×DC24V）、5 号插槽插入输出模块（DO16×DC24V/0.5A）。双击 CPU 模块“DP 行”。如图 6-4 所示。

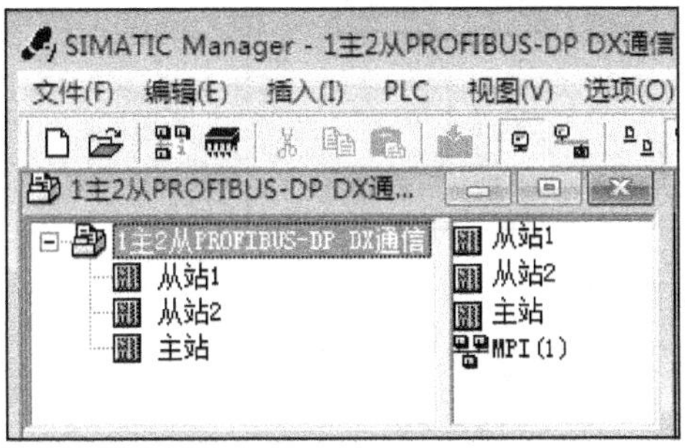

图 6-3　新建项目

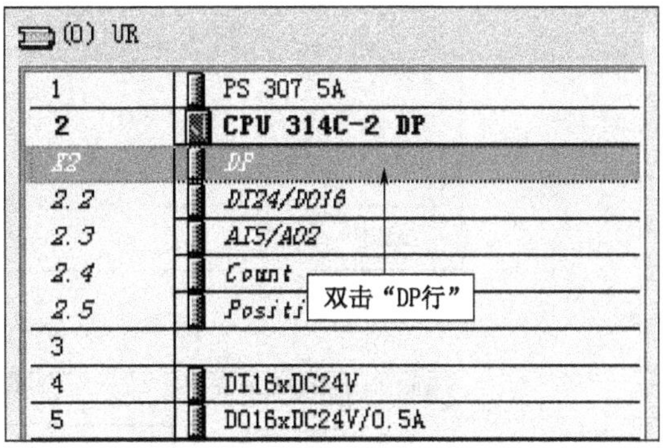

图 6-4　从站 1 的硬件组态

在 DP 属性界面中，单击“属性”按钮，如图 6-5 所示。

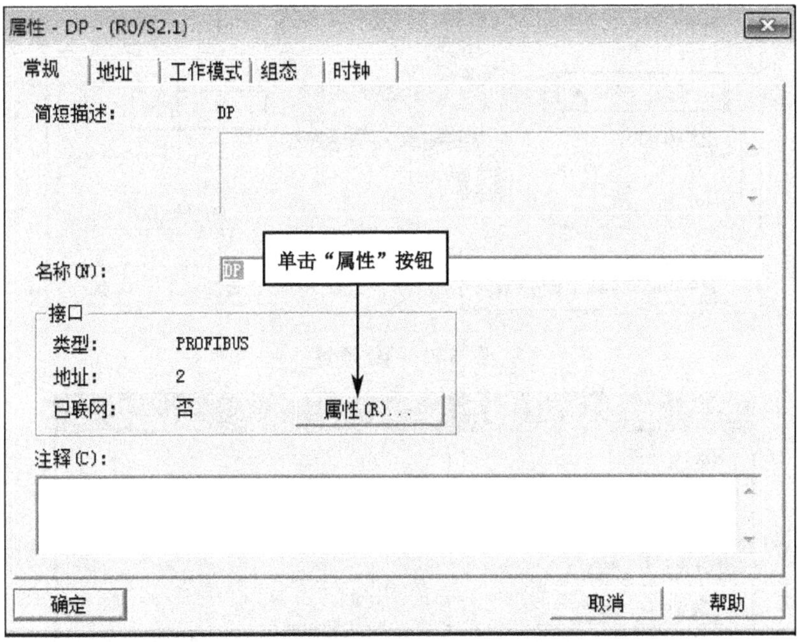

图 6-5　从站 1 的 DP 属性界面

设定 DP 地址为 3，单击“3”。单击“新建”按钮，如图 6-6 所示。

在新建子网 PROFIBUS 的属性中，单击“网络设置”按钮，选择默认的传输率为 1.5Mbps，单击“1.5Mbps”，配置文件为 DP，单击“确定”按钮，如图 6-7 所示。

显示 DP 地址为 3，单击子网中的“PROFIBUS（1）1.5Mbps”，单击“确定”按钮，如图 6-8 所示。

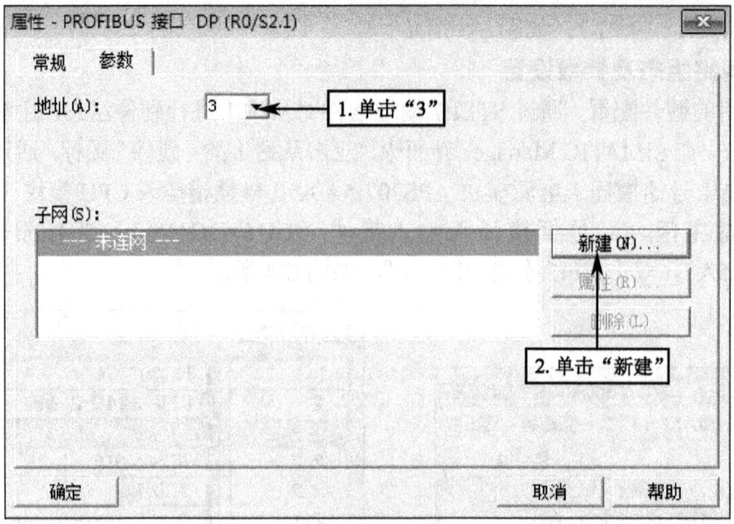

图 6-6　设定从站 1 的 DP 地址

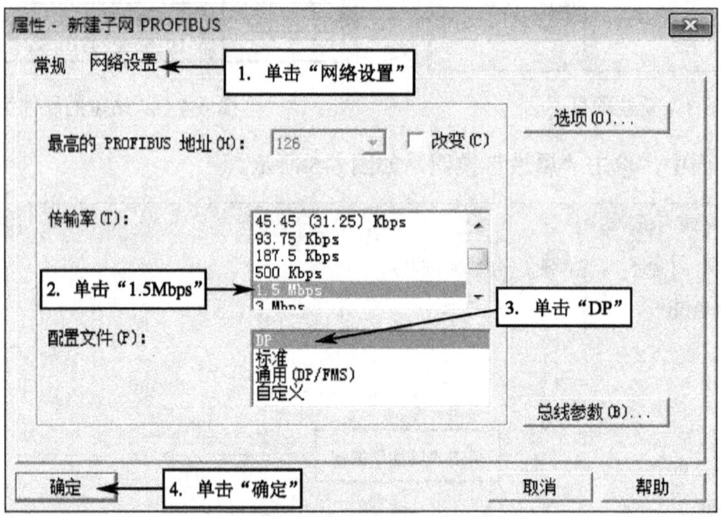

图 6-7　网络设置

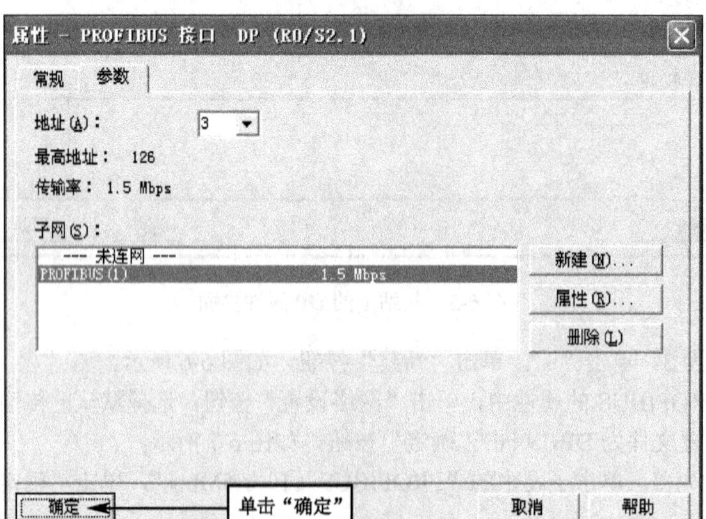

图 6-8　新建子网

在 DP 属性界面，单击“常规”按钮，此时可以看到 DP 接口的类型：PROFIBUS。地址：3。已联网：是。如图 6-9 所示。

在 DP 属性界面中，单击“工作模式”按钮，进行主站或者从站的设置，这里设置为 DP 从站，单击“DP 从站”，单击“确定”按钮。如图 6-10 所示。

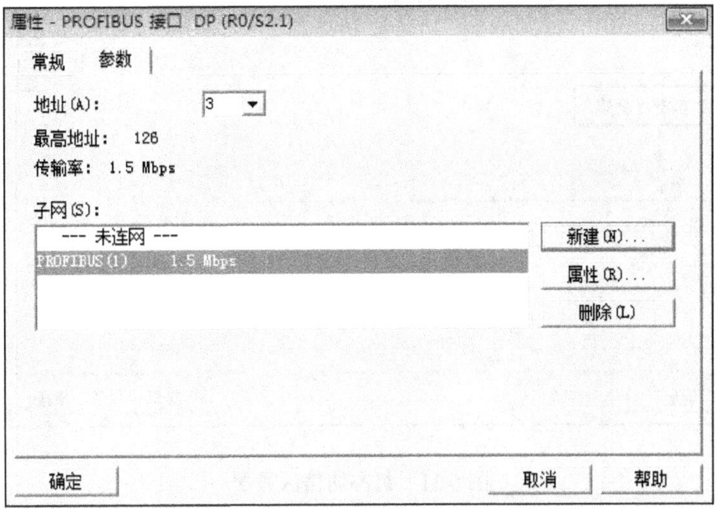

图 6-9 DP 属性界面

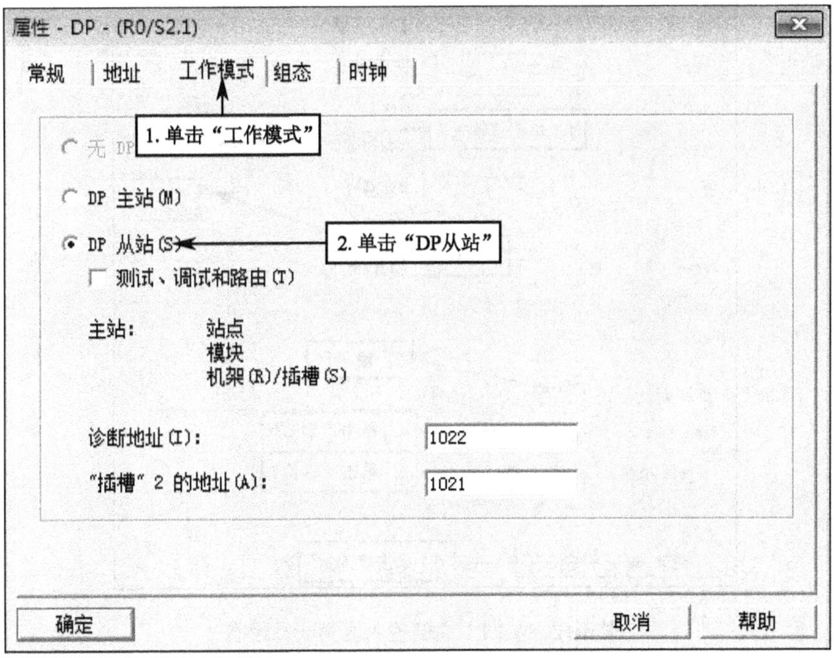

图 6-10 工作模式为 DP 从站

对从站 1 通信区组态，在从站 DP 属性中，单击“组态”按钮，进入组态通信区界面，单击“新建”按钮，对第一行进行组态，如图 6-11 所示。

根据**本项目解决步骤中的步骤 3 通信区设置**，从站 1 输入区 IB3。选择地址类型为输入，填写地址为 3，单击“确定”按钮，注意：不要与本站模块输入端子地址冲突。如图 6-12 所示。

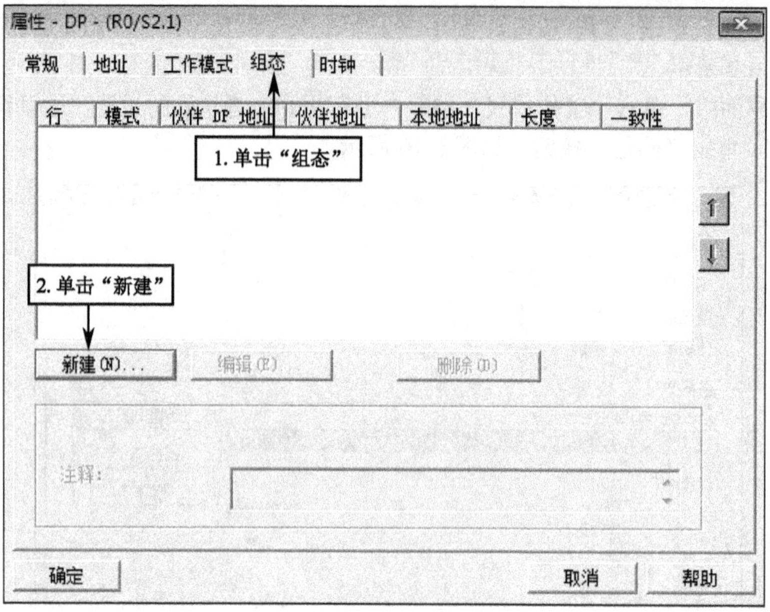

图 6-11　组态通信区界面

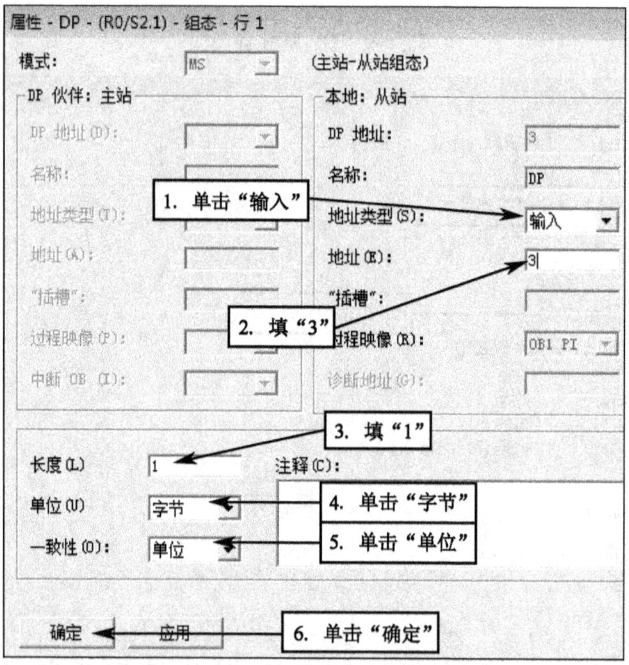

图 6-12　从站 1 通信输入区第一行组态

看到组态的通信区第一行，模式为 MS，表示主从模式，本地地址为 I3 表示通信从站 1 输入区（接收区）的地址是 IB3，伙伴 DP 地址是主站的 DP 地址，伙伴地址是主站输出通信区的地址，这两个地址暂时不进行组态，显示虚线。如图 6-13 所示。

本项目从站要向主站发送信息，所以从站新建一个输出区 QB0，单击"新建"按钮，进行第二行的组态，地址类型：输出。地址：0。长度：1。单位：字节。一致性：单位。单击"确定"按钮。如图 6-14 所示。

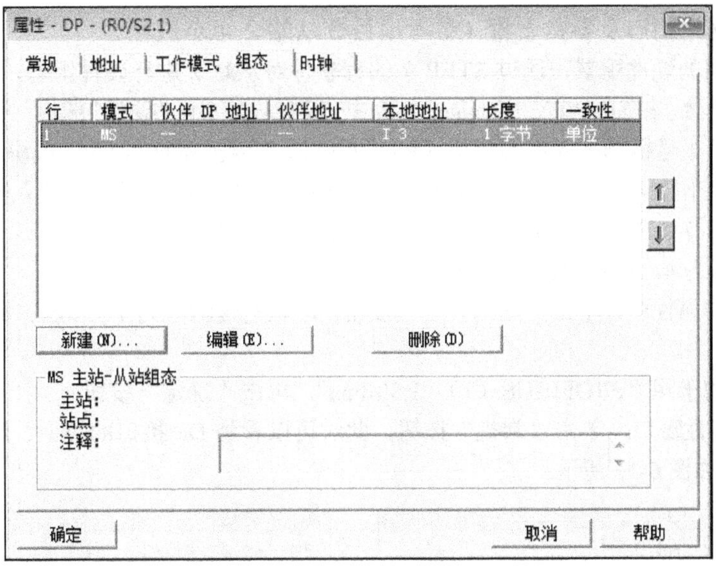

图 6-13　从站 1 输入区

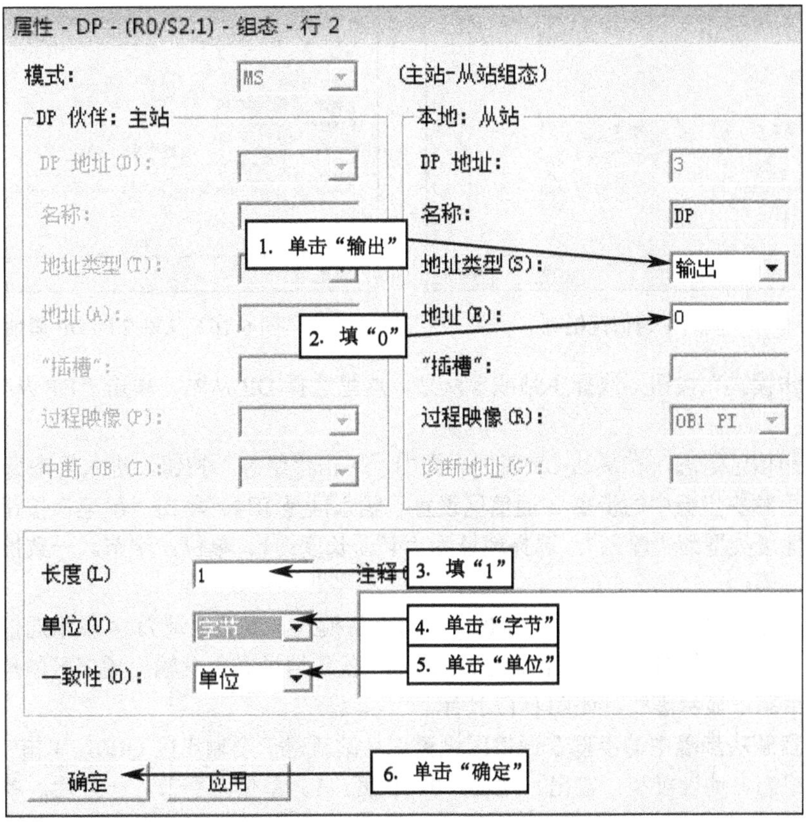

图 6-14　从站 1 输出区 QB0

看到组态的通信区第二行，模式为 MS，表示主从模式，本地地址为 O0 表示通信从站 1 输出区（发送区）的地址是 QB0，伙伴 DP 地址是主站的 DP 地址，伙伴地址是主站输出通信区的地址，这两个地址暂时不进行组态，显示虚线。单击“确定”按钮，如图 6-15 所示。

回到从站 1 的硬件组态界面，单击“保存并编译”按钮，对从站 1 的组态暂时结束。

2. 从站 2 网络组态及参数设置（参考项目 5 从站 2 组态过程）

根据实际使用的硬件配置，通过 STEP 7 编程软件对从站 2 进行硬件组态，注意与硬件模块上面印刷的订货号一致。在 SIMATIC Manager 界面中，双击从站 2 的“硬件”图标，通过双击导轨“Rail”插入导轨，在导轨 1 号插槽插入电源模块（PS307 5A）、2 号插槽插入 CPU 模块（CPU314C-2DP，V2.6）、3 号插槽空闲、4 号插槽插入输入模块（DI16×DC24V）、5 号插槽插入输出模块（DO16×DC24V/0.5A）。双击 CPU 模块“DP 行”，在 DP 属性中，单击“属性”按钮。

设置 DP 地址为 4，单击“新建”按钮。

在新建子网的属性中，单击“网络设置”按钮，默认的传输率为 1.5Mbps，配置文件为 DP，单击“确定”按钮。

进入到新建的子网“PROFIBUS（1） 1.5Mbps”，单击“确定”按钮。

进入到 DP 属性窗口，单击“常规”按钮，此时可以看到 DP 接口的类型：PROFIBUS。地址：4。已联网：是。如图 6-16 所示。

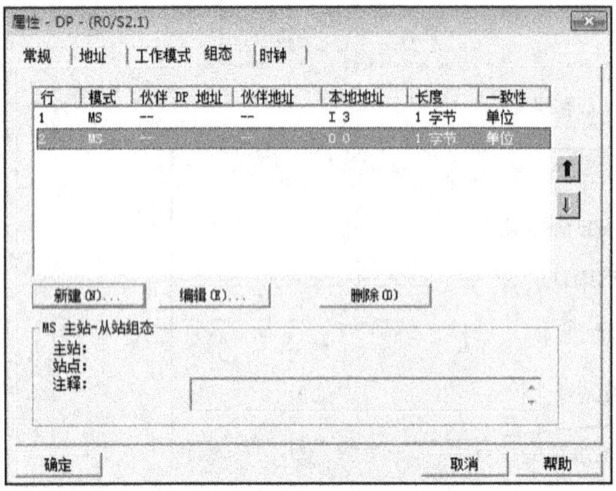

图 6-15 从站 1 通信区组态

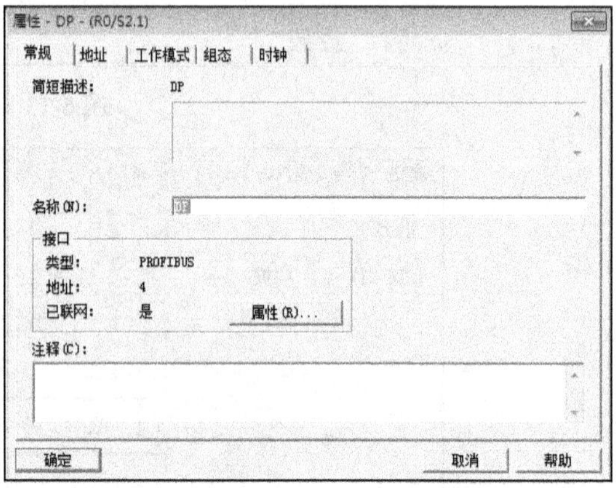

图 6-16 从站 2 的 DP 属性界面

单击“工作模式”按钮，选择主站或者从站，这里选择 DP 从站，单击“DP 从站”，单击“确定”按钮。

对从站 2 通信区组态，在从站 DP 属性界面中，单击“组态”按钮，进入组态窗口。

根据**本项目解决步骤中的步骤 3 通信区设置**，输入区是 IB4。单击“新建”按钮，对第一行进行组态，选择地址类型为“输入”，选择地址为“4”，长度：1。单位：字节。一致性：单位。单击“确定”按钮。

看到组态的通信区第一行，模式为 MS，表示主从模式，本地地址为 I4 表示通信输入区（接收区）的地址是 IB4，伙伴 DP 地址是主站的 DP 地址，伙伴地址是主站输出通信区的地址，这两个地址暂时不进行组态，显示虚线。如图 6-17 所示。

根据**本项目解决步骤中的步骤 3 通信区设置**，从站新建一个输出区 QB0，单击“新建”按钮，进行第二行的组态，地址类型：输出。地址：0。长度：1。单位：字节。一致性：单位。单击“确定”按钮。

看到组态的通信区第二行，模式为 MS，表示主从模式，本地地址为 O0 表示通信输出区（发送区）的地址是 QB0，伙伴 DP 地址是主站的 DP 地址，伙伴地址是主站输出通信区的地址，这两个地址暂时不进行组态，显示虚线。单击“确定”按钮。如图 6-18 所示。

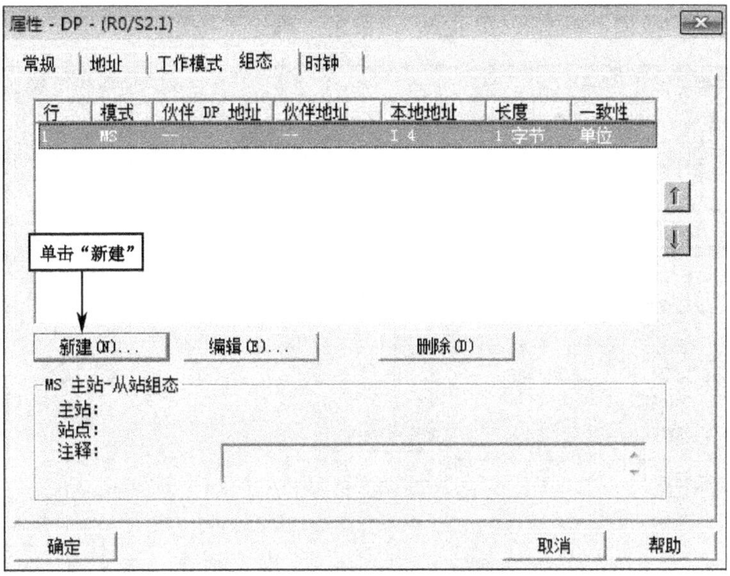

图 6-17　从站 2 输入区

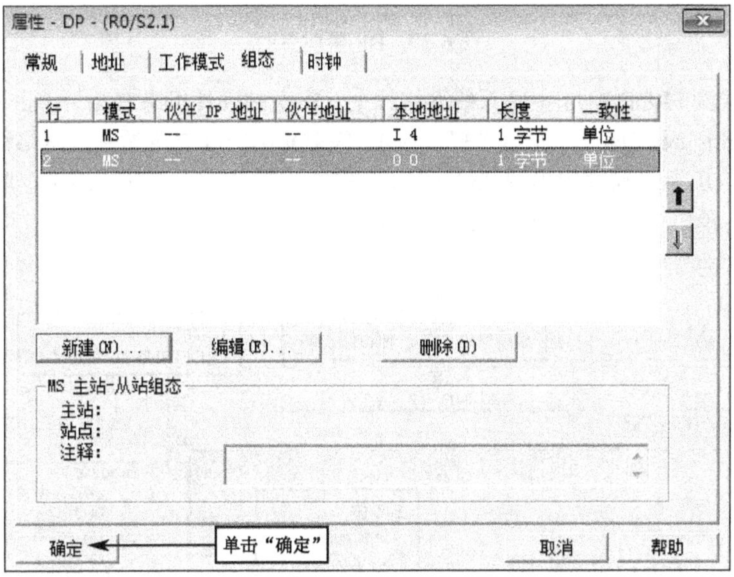

图 6-18　从站 2 输出区

回到从站 2 的硬件组态界面，单击“保存并编译”按钮，对从站 2 的组态暂时结束。

3. 主站网络组态及参数设置（参考项目 5 主站组态过程）

根据实际使用的硬件配置，通过 STEP 7 编程软件对主站进行硬件组态，注意与硬件模块上面印刷的订货号一致。在 SIMATIC Manager 界面中，双击主站的“硬件”图标，通过双击导轨“Rail”插入导轨，在导轨 1 号插槽插入电源模块（PS307 5A）、2 号插槽插入 CPU 模块（CPU314C-2DP，V2.6）、3 号插槽空闲、4 号插槽插入输入模块（DI16×DC24V）、5 号插槽插入输出模块（DO16×DC24V/0.5A）。

双击 CPU 模块的“DP 行”，进入 DP 属性界面，单击“属性”按钮。如图 6-19 所示。

单击“参数”按钮，设置 DP 地址为 2。单击“新建”按钮，单击“网络设置”按钮，默认的传输率为 1.5Mbps，配置文件为 DP，单击“确定”按钮。

进入到 DP 属性窗口，单击“常规”按钮，此时可以看到 DP 接口的类型：PROFIBUS。地址：2。已联网：是。

单击“工作模式”按钮，单击“DP主站”，单击“确定”按钮。

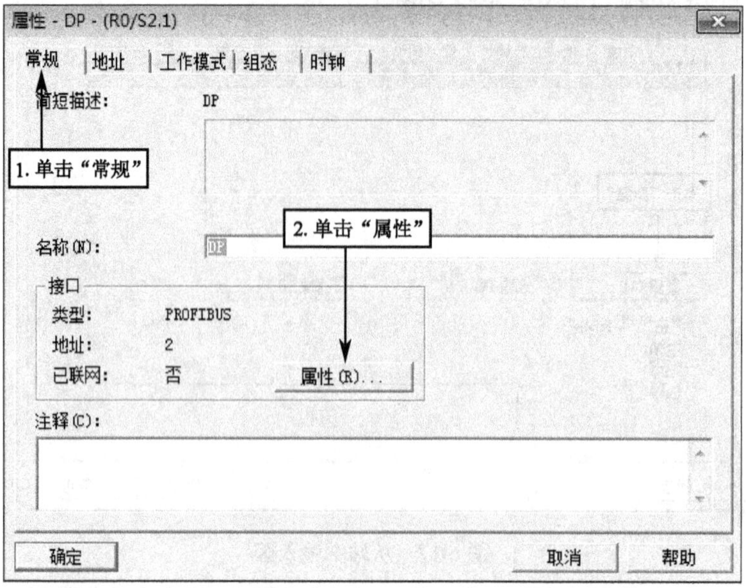

图 6-19　DP 属性界面

将从站1连接到PROFIBUS主站系统网络线上，在主站硬件组态右侧，单击PROFIBUS DP左边“+”，单击Configured Stations左边“+”，单击“PROFIBUS DP主站系统网络线”，使该线加粗。双击CPU31x，在DP从站属性中出现从站1与从站2。连接从站1到网络线上，单击“从站1”，单击“连接”按钮，单击“确定”按钮。如图6-20所示。

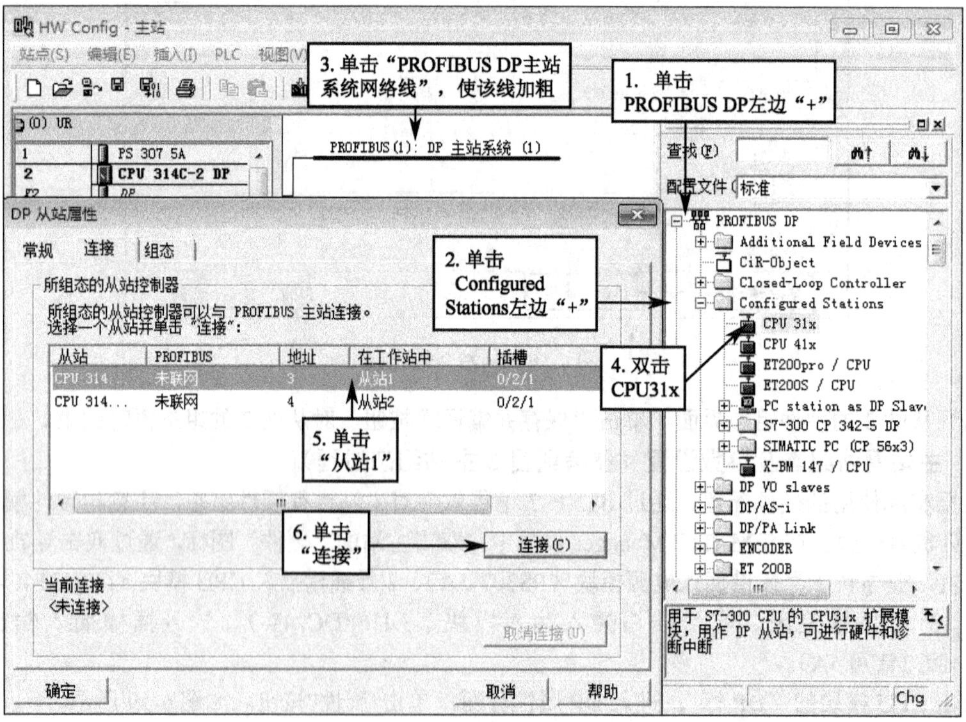

图 6-20　从站1连接到主站

从站1已连接到PROFIBUS DP主站系统网络线上。如图6-21所示。

将从站2连接到PROFIBUS主站系统网络线上，单击“PROFIBUS DP主站系统线”，使该线加粗。双击 CPU31x，在 DP 从站属性中出现从站 2。单击“从站 2”，单击“连接”按钮，单击“确定”按钮。

从站 2 已连接到 PROFIBUS DP 主站系统网络线上，如图 6-22 所示。

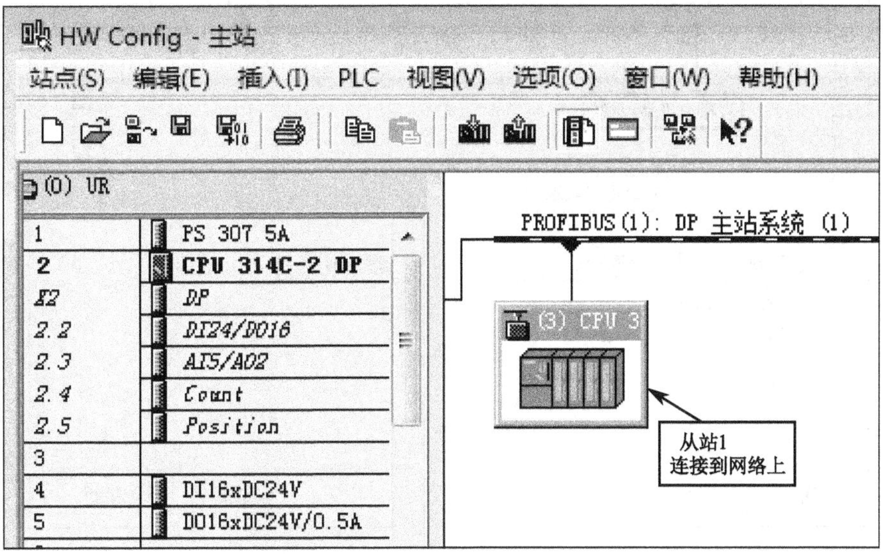

图 6-21　从站 1 已连接到 PROFIBUS DP 主站系统网络线上

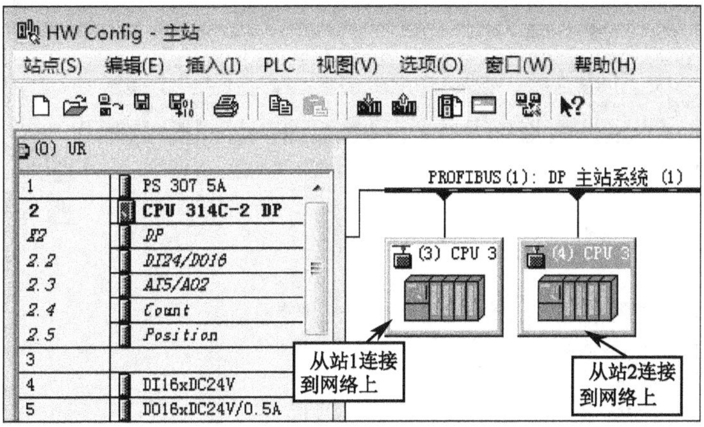

图 6-22　从站 2 已连接到 PROFIBUS DP 主站系统网络线上

4．在从站 1 中编辑主站伙伴地址（参考项目 5 的编辑主站伙伴地址）

见图 6-22，双击 PROFIBUS DP 主站系统网络线下从站 1，进入从站 1 属性组态窗口，单击“组态”按钮，如图 6-23 所示，可以看到从站 1 输入区 IB3（I3）开始的一个字节，用于接收来自主站的数据。输出区为 QB0（O0）开始的一个字节，用于向主站发送数据。伙伴 DP 地址为主站的 DP 地址。伙伴地址为主站的通信区地址。单击“第一行”，单击“编辑”按钮，对第一行进行编辑。

根据本项目解决步骤中的步骤 3 通信区设置，主站的输出区（发送区）QB6。地址类型：输出，地址为 6。

再编辑第二行，主站的输入区（接收区）IB4。地址类型：输入；地址：4。

主站与从站 1 的通信区。如图 6-24 所示。

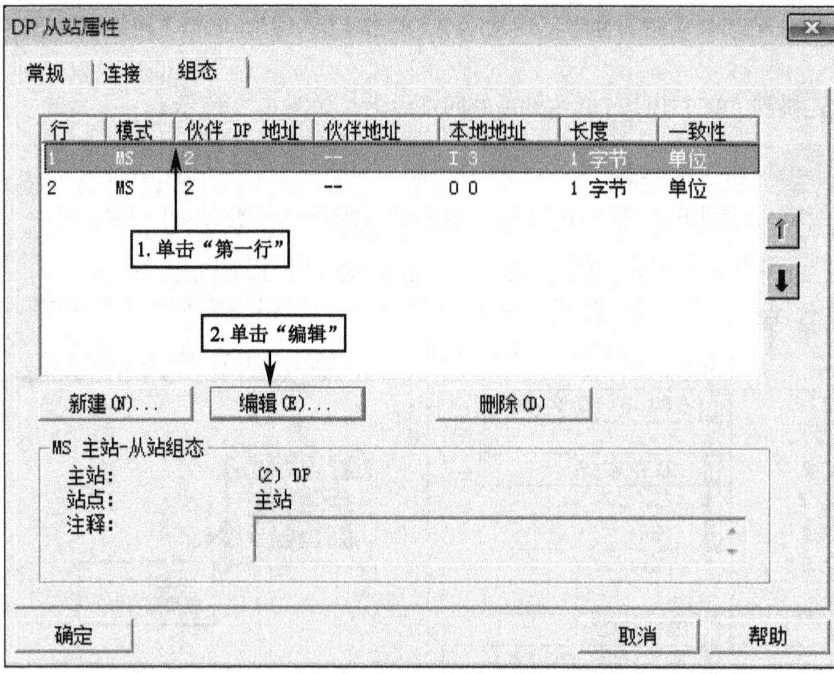

图 6-23　编辑主站发送区

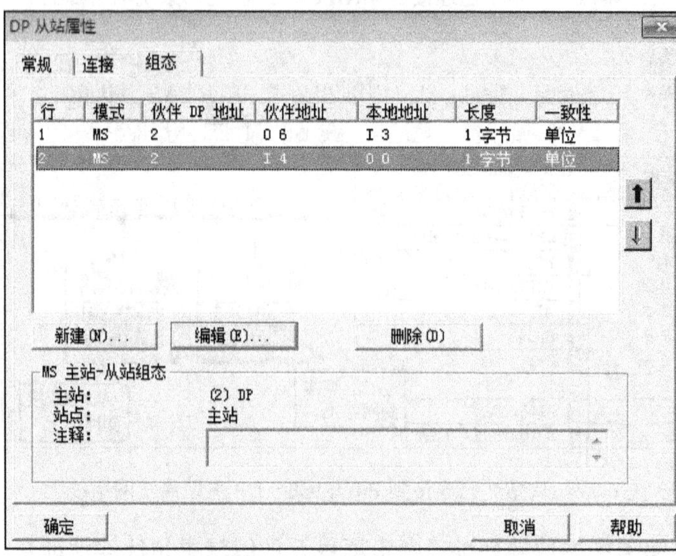

图 6-24　主站与从站 1 的通信区

5. 在从站 2 中编辑主站伙伴地址（参考项目 5 的编辑主站伙伴地址）

见图 6-22，双击 PROFIBUS DP 主站系统网络线下的从站 2，进入从站 2 的属性窗口，单击“组态”按钮，如图 6-25 所示，从站 2 的输入区为 IB4（I4），是指从 IB4 开始的一个字节用于接收来自主站的数据。从站 2 的输出区 QB0（O0），是指从站 2 的输出区从 QB0 开始的一个字节，用于向主站发送的数据。伙伴 DP 地址为主站的 DP 地址。伙伴地址为主站通信区地址。单击第一行，单击“编辑”按钮。

对伙伴 DP 地址（主站）的通信区进行组态，先编辑第一行，根据**本项目解决步骤中的步骤 3 通信区设置**，主站输出通信区 QB7，地址类型：输出；地址：7。

编辑第二行，主站对从站 2 的输入通信区组态。主站输入通信区 IB5，地址类型：输入；地址：5。

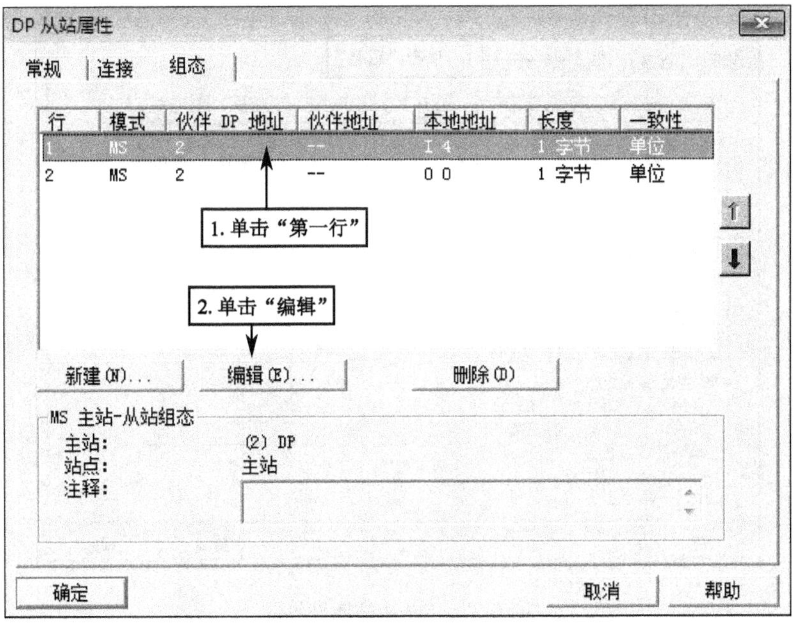

图 6-25　从站 2 的属性组态窗口

主站与从站 2 的通信区，单击“确定”按钮。如图 6-26 所示。

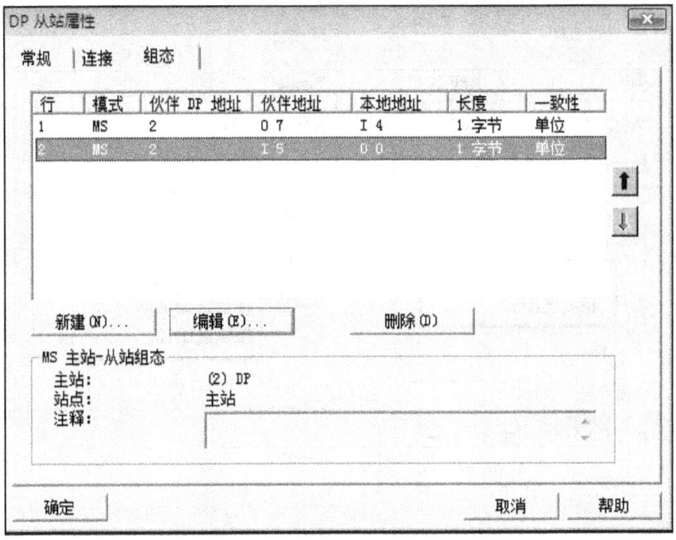

图 6-26　主站与从站 2 的通信区

回到主站的硬件配置，单击“保存并编译”按钮，退出主站的硬件组态界面。

6. 组态 DX 通信区

根据本项目解决步骤中的步骤 3 通信区设置，从站 2 向从站 1 发送数据，从站 2 就是发布端，从站 1 是接收者。在主站硬件组态界面，在 PROFIBUS 主站系统网络线下面双击“从站 1”。弹出 DP 从站属性界面，单击“组态”按钮，单击“新建”按钮，如图 6-27 所示。

模式选择 DX，DP 伙伴发布端为从站 2，它的 DP 地址为 4；地址类型为输入，这是主站的输入，地址为 5，这是主站的地址，即接收区 IB5。接收者为从站 1，它的 DP 地址为 3，接收区设置为 IB10。如图 6-28 所示。

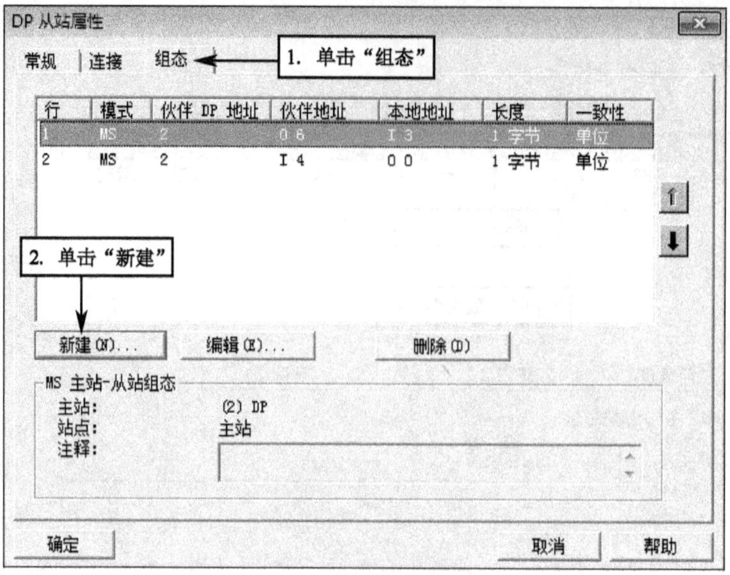

图 6-27　DP 从站属性界面

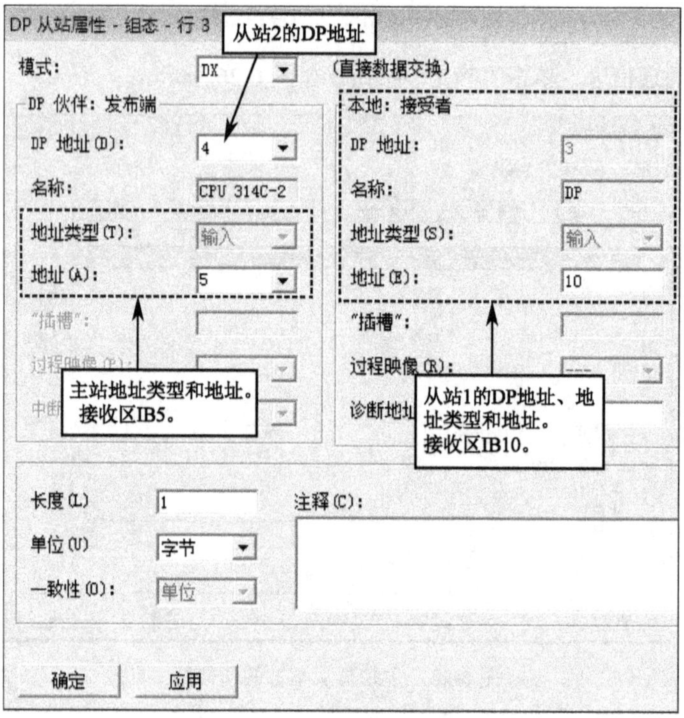

图 6-28　组态 DX 通信区

组态完毕后的数据交换区。从站 2 的发送区 QB0 数据不但发送给从站 1 的 IB10，还要发送给主站的 IB5。如图 6-29 所示。

根据**本项目解决步骤中的步骤 3 通信区设置**，从站 1 向从站 2 发送数据，从站 1 就是发布端，从站 2 是接收者。在主站硬件组态界面，在 PROFIBUS 主站系统网络线下面双击“从站 2”，弹出 DP 从站属性界面，单击“组态”按钮，单击“新建”按钮。如图 6-30 所示。

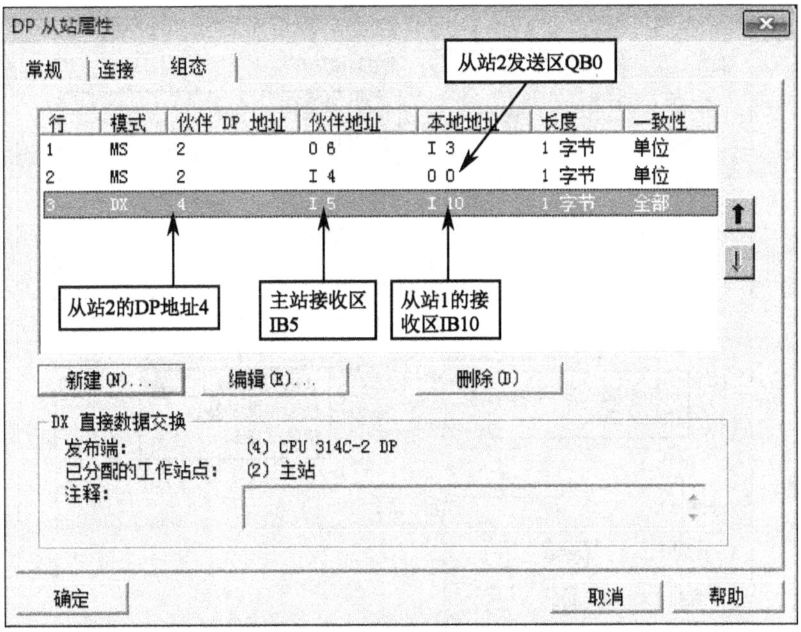

图 6-29　从站 2 向从站 1 和主站发送数据通信区

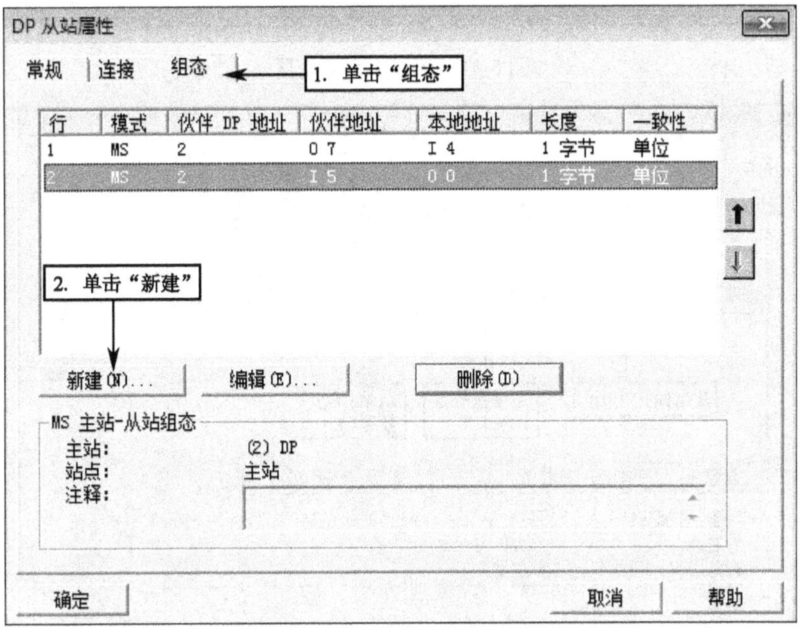

图 6-30　DP 从站属性界面

模式选择 DX，DP 伙伴发布端为从站 1，它的 DP 地址为 3；地址类型为输入，这是主站的输入，地址为 4，这是主站的地址，即接收区 IB5；接收者为从站 2，它的 DP 地址为 4，地址类型为输入，这是从站 2 的输入，地址为 5，这是从站 2 的地址，即从站 2 接收区为 IB5。如图 6-31 所示。

组态完毕后的数据交换区。从站 1 的发送区 QB0 数据不但发送给从站 2 的 IB5，还要发送给主站的 IB4。如图 6-32 所示。

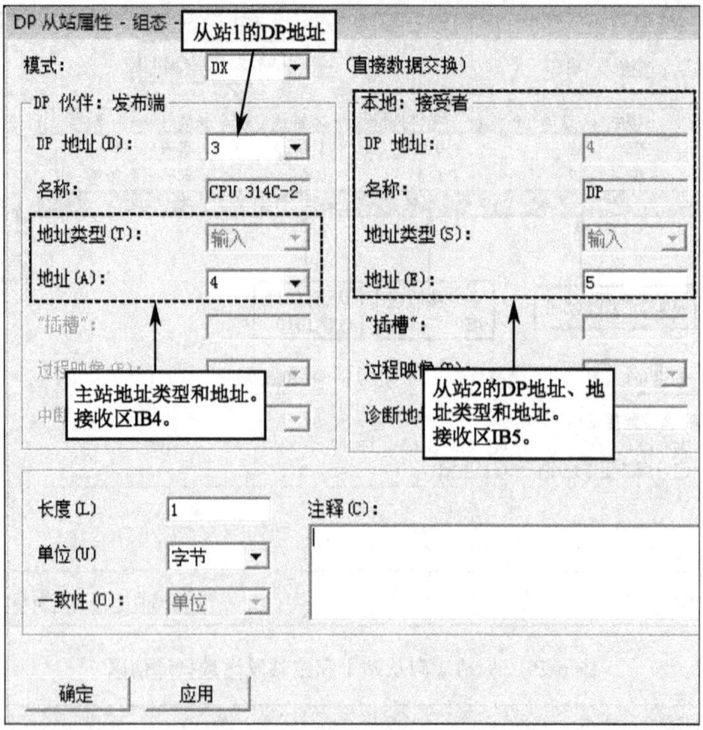

图 6-31　组态 DX 通信区

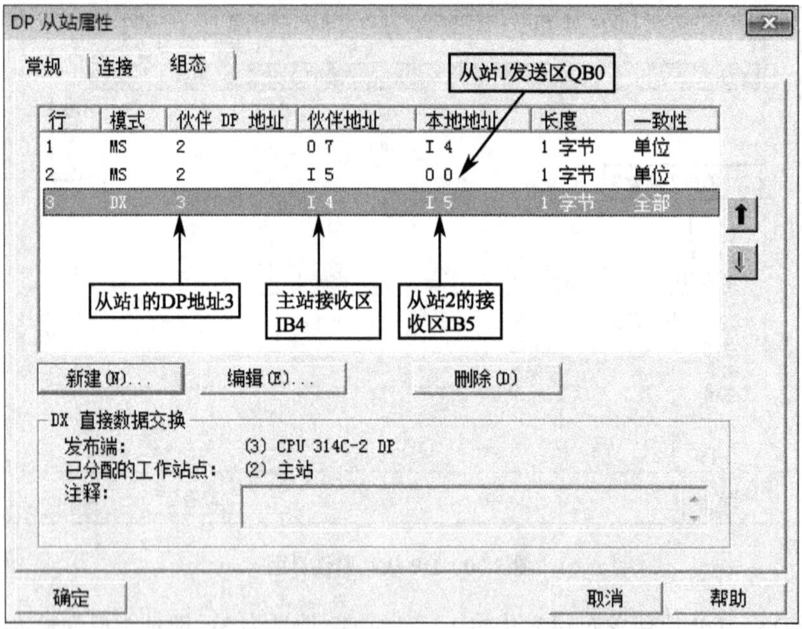

图 6-32　从站 1 向从站 2 和主站发送数据通信区

步骤 5．下载网络组态及参数设置（参考项目 4 步骤 7）

通过 PC 适配器 USB 编程电缆，在硬件组态界面中，主站、从站 1、从站 2 三个站的硬件组态、网络组态及参数设置分别下载到相应站的 PLC 中，下载结束后关闭 PLC 电源。

重新打开 PLC 电源，观察 CPU 模板上 SF 和 BF 指示灯是否为红色。如果是红色，说明组态过程中可能存在错误，也可能是通信硬件配置连接问题等，需要检查，更正后，再保存编译，重新下载。SF 和 BF 指示灯不亮时，且 DC5V 和 RUN 指示灯为绿色，这一步骤才成功结束了。

注意：须在断电情况下，拔下与插上 PC 适配器 USB 编程电缆。

步骤 6．主站、从站 1 和从站 2 的输入/输出地址分配

主站 I/O 地址分配如表 6-1 所示。

表 6-1　输入/输出地址分配表

序号	输入信号器件名称	编程元件地址	序号	输出信号器件名称	编程元件地址
1	启动从站 1、2 电动机按钮 SB1（常开触点）	I0.0	1	指示灯 HL1	Q4.0
2	停止从站 1、2 电动机按钮 SB2（常开触点）	I0.1	2	指示灯 HL2	Q4.1

从站 1 的输出地址分配如表 6-2 所示。

表 6-2　输出地址分配表

序号	输出信号器件名称	编程元件地址
1	从站 1 电动机接触器 KM 线圈	Q4.0
2	从站 1 指示灯 HL	Q4.1

从站 2 的输出地址分配如表 6-3 所示。

表 6-3　输出地址分配表

序号	输出信号器件名称	编程元件地址
1	从站 2 电动机接触器 KM 线圈	Q4.0
2	从站 2 指示灯 HL	Q4.1

步骤 7．输入/输出接线图

主站外设接线如图 6-33 所示。

从站 1 外设接线如图 6-34 所示。

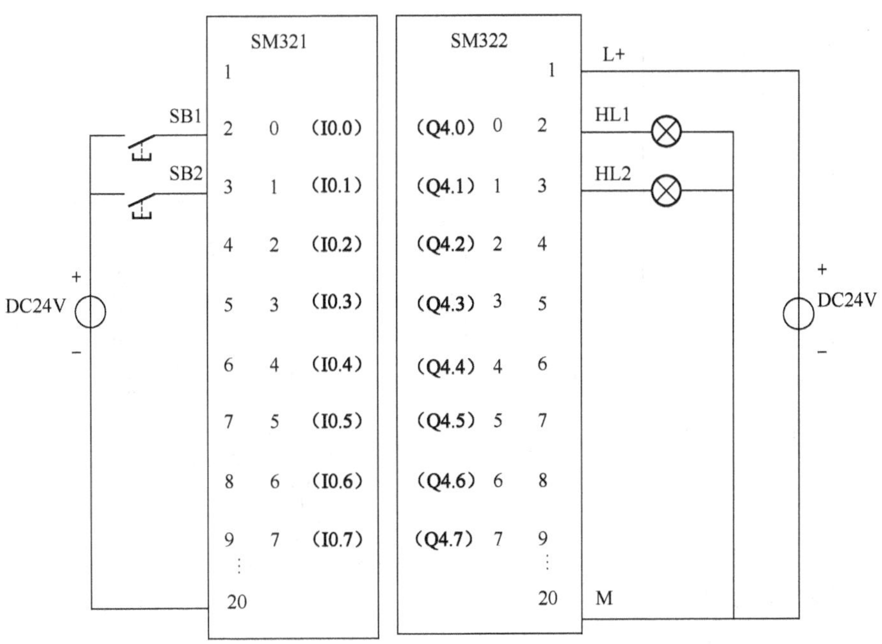

图 6-33　主站外设接线图

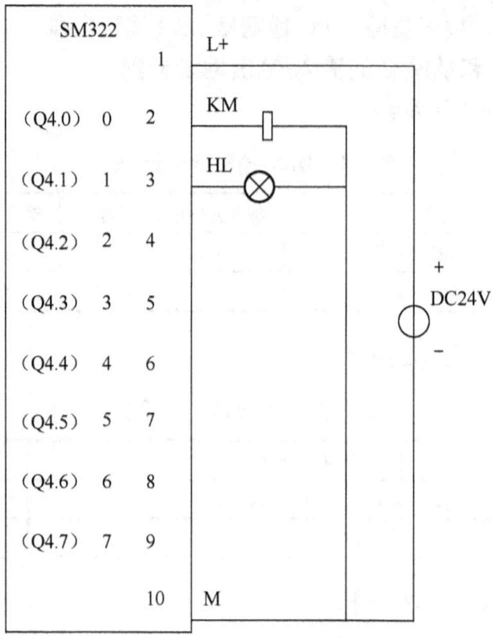

图 6-34　从站 1 外设接线图

从站 2 外设接线如图 6-35 所示。

步骤 8．建立符号表

在程序编辑器界面，单击“选项”按钮，单击符号表，根据项目要求、地址分配及通信区设置，建立主站符号表，如图 6-36 所示。

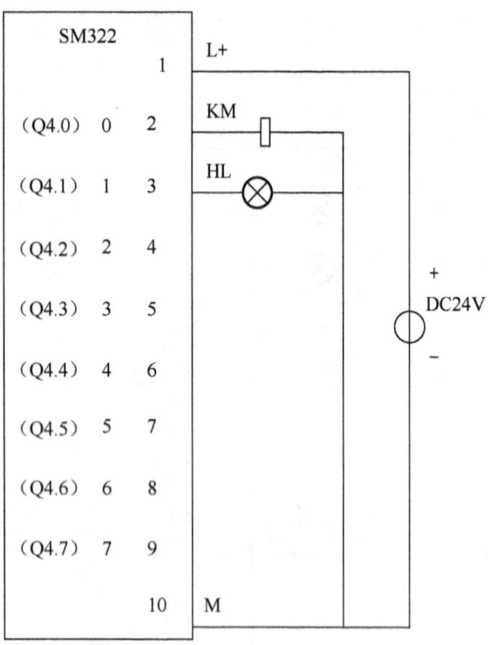

图 6-35　从站 2 外设接线图

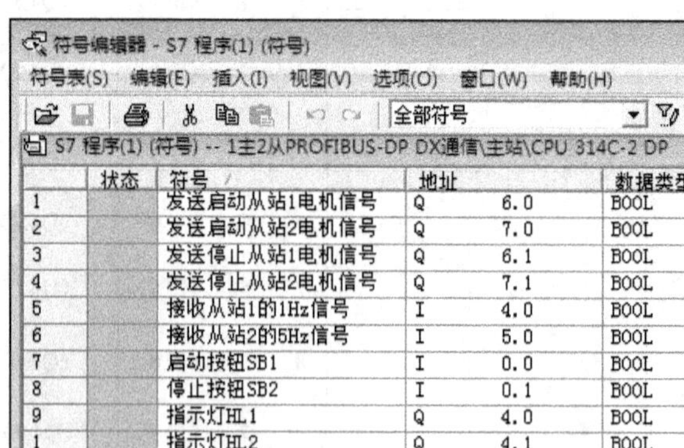
符号编辑器 - S7 程序(1) (符号)

符号表(S)　编辑(E)　插入(I)　视图(V)　选项(O)　窗口(W)　帮助(H)

全部符号

S7 程序(1) (符号) -- 1主2从PROFIBUS-DP DX通信\主站\CPU 314C-2 DP

	状态	符号	地址		数据类型
1		发送启动从站1电机信号	Q	6.0	BOOL
2		发送启动从站2电机信号	Q	7.0	BOOL
3		发送停止从站1电机信号	Q	6.1	BOOL
4		发送停止从站2电机信号	Q	7.1	BOOL
5		接收从站1的1Hz信号	I	4.0	BOOL
6		接收从站2的5Hz信号	I	5.0	BOOL
7		启动按钮SB1	I	0.0	BOOL
8		停止按钮SB2	I	0.1	BOOL
9		指示灯HL1	Q	4.0	BOOL
1		指示灯HL2	Q	4.1	BOOL

图 6-36　主站符号表

根据项目要求、地址分配及通信区设置，建立从站 1 符号表如图 6-37 所示。

根据项目要求、地址分配及通信区设置，建立从站 2 符号表如图 6-38 所示。

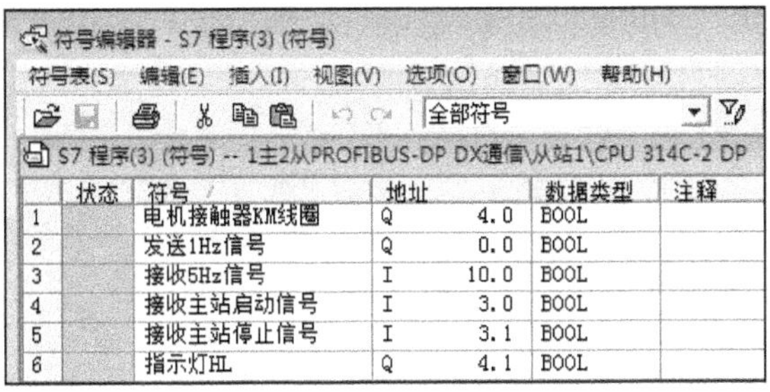

符号编辑器 - S7 程序(3) (符号)

S7 程序(3) (符号) -- 1主2从PROFIBUS-DP DX通信\从站1\CPU 314C-2 DP

	状态	符号	地址		数据类型	注释
1		电机接触器KM线圈	Q	4.0	BOOL	
2		发送1Hz信号	Q	0.0	BOOL	
3		接收5Hz信号	I	10.0	BOOL	
4		接收主站启动信号	I	3.0	BOOL	
5		接收主站停止信号	I	3.1	BOOL	
6		指示灯HL	Q	4.1	BOOL	

图 6-37　从站 1 符号表

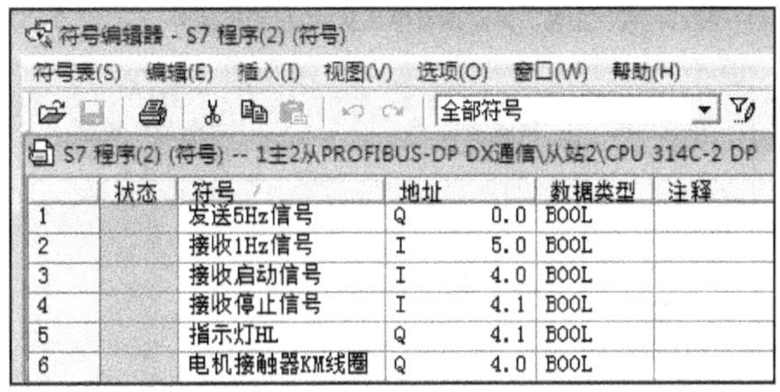

符号编辑器 - S7 程序(2) (符号)

S7 程序(2) (符号) -- 1主2从PROFIBUS-DP DX通信\从站2\CPU 314C-2 DP

	状态	符号	地址		数据类型	注释
1		发送5Hz信号	Q	0.0	BOOL	
2		接收1Hz信号	I	5.0	BOOL	
3		接收启动信号	I	4.0	BOOL	
4		接收停止信号	I	4.1	BOOL	
5		指示灯HL	Q	4.1	BOOL	
6		电机接触器KM线圈	Q	4.0	BOOL	

图 6-38　从站 2 符号表

步骤 9．编写程序

根据项目要求、地址分配及通信区设置，编写主站通信程序如图 6-39 所示。

根据项目要求、地址分配及通信区设置，编写从站 1 通信程序如图 6-40 所示。

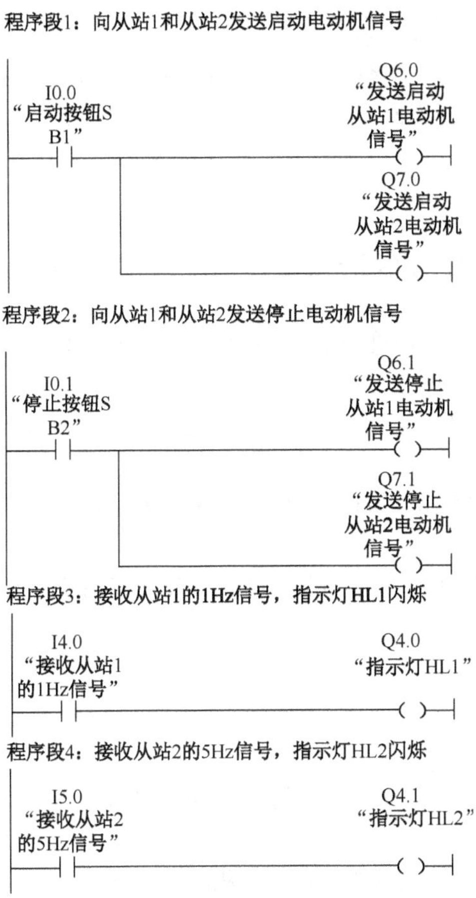

图 6-39　主站程序

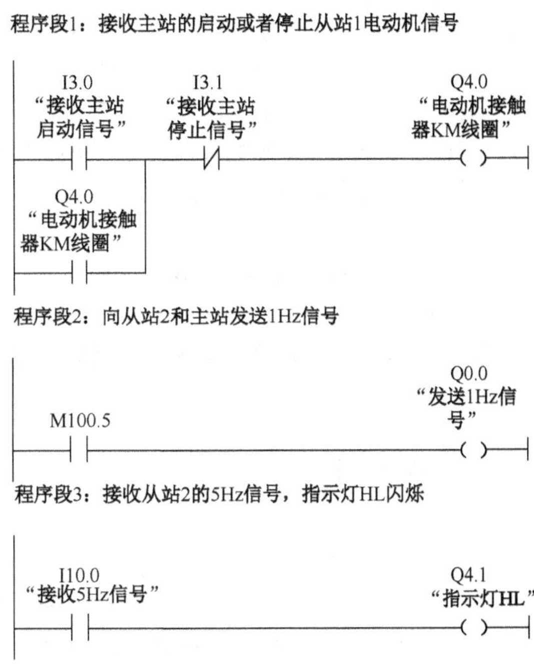

图 6-40　从站 1 程序

根据项目要求、地址分配及通信区设置，编写从站 2 通信程序如图 6-41 所示。

步骤 10．中断处理

采用 PROFIBUS-DP 总线，所能连接从站个数与 CPU 类型有关，最多可以连接 125 个从站，为防止某一个从站掉电或者损坏，将产生不同的中断，并且调用相应的组织块，如果在程序中没有建立这些组织块，CPU 将停止运行，以保护人身和设备的安全，因此在主站和从站右键单击“块”，分别插入 OB82、OB86 和 OB122 组织块，以便进行相应的中断处理。如果忽略这些故障让 CPU 继续运行，可以对这几个组织块不编写任何程序，只插入空的组织块。以主站为例，如图 6-42 所示。

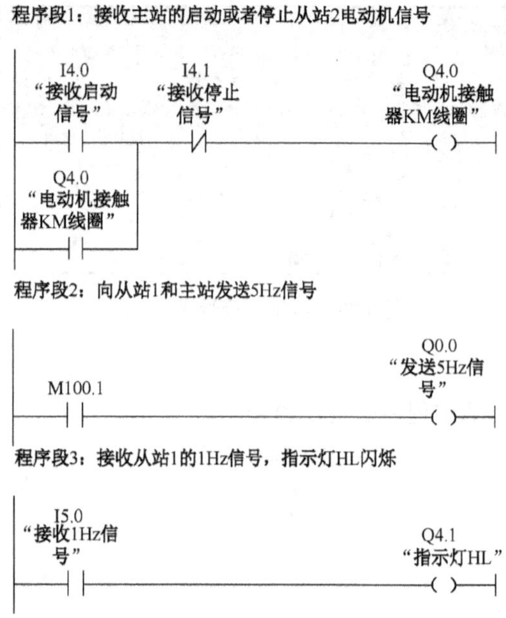

图 6-41　从站 2 程序

图 6-42　插入空组织块

步骤 11．联机调试

确保接线正确的情况下，在 SIMATIC Manager 界面中，单击站点名称（主站或从站 1 或从站 2），单击“下载”按钮，将其分别下载到对应的 PLC 中。

（1）在主站按下启动按钮 SB1，可以看到从站 1 的电动机和从站 2 的电动机转动，按下停止按钮 SB2，可以看到从站 1 电动机和从站 2 的电动机停止。

（2）从站 1 发出频率为 1Hz 闪烁信号发送给从站 2 和主站，可以看到从站 2 的指示灯 HL 和主站指示灯 HL1 都以 1Hz 闪烁。

（3）从站 2 发出频率为 5Hz 闪烁信号给从站 1 和主站，可以看到从站 1 指示灯 HL 和主站指示灯 HL2 都以 5Hz 闪烁。

满足上述情况，调试成功。如果不能满足，检查原因，纠正问题，重新调试，直到满足上述情况为止。

6.5　巩固练习

（1）由三台 PLC 组成的一主二从 PROFIBUS-DP DX 网络通信。主站的 DP 地址为 3，从站 1 的 DP 地址为 4，从站 2 的 DP 地址为 5。控制要求如下。

① 在从站 1 按下启动按钮 SB1 可以启动主站设备和从站 2 设备，在从站 1 按下停止按钮可以停止主站设备和从站 2 设备。

② 在从站 2 按下启动按钮 SB1 可以启动主站设备和从站 1 设备，在从站 2 按下停止按钮 SB2 可以停止主站设备和从站 1 设备。

（2）由三台 PLC 组成的一主二从 PROFIBUS-DP DX 网络通信。主站的 DP 地址为 6，从站 1 的 DP 地址为 7，从站 2 的 DP 地址为 8。控制要求如下。

① 在从站 1 按下开关 SA，将 1Hz 闪烁信号发送到主站和从站 2，主站指示灯 HL1 以 1Hz 闪烁，从站 2 指示灯 HL1 以 1Hz 闪烁。

② 在从站 2 按下开关 SA，将 5Hz 闪烁信号发送到主站和从站 1，主站指示灯 HL2 以 5Hz 闪烁。从站 1 指示灯 HL1 以 5Hz 闪烁。

③ 在主站按下开关 SA，将 10Hz 闪烁信号发送到从站 1 和从站 2，从站 1 和从站 2 指示灯 HL2 以 10Hz 闪烁。

（3）由三台 PLC 组成的一主二从 PROFIBUS-DP DX 网络通信。主站的 DP 地址为 9，从站 1 的 DP 地址为 10，从站 2 的 DP 地址为 11。控制要求如下。

① 在从站 1 通过变量表写入 1 个字节数据发送到主站，在主站通过变量表显示该数据。

② 在从站 2 通过变量表写入 1 个字节数据发送到主站，在主站通过变量表显示该数据。

③ 在主站通过变量表写入 1 个字节数据分别发送到从站 1 与从站 2，在从站 1 与从站 2 中通过变量表显示该数据。

④ 在从站 1 通过变量表写入 1 个字节数据发送到从站 2，在从站 2 通过变量表显示该数据。

项目 7　两台 S7-300PLC 之间 PROFIBUS-DP 打包通信

7.1　项目要求

由两台 S7-300PLC 组成的 PROFIBUS-DP 打包通信中，PLC 的 CPU 模块为 CPU314C-2DP。有一个是主站，另一个是从站，主站 DP 地址为 2，从站 DP 地址为 3。要求：通过在主站建立变量表，在主站变量表中写入（修改）24 个字节数据，该数据被发送到从站，从站接收到该数据后再把它发送到主站，在主站变量表中可以看到该 24 个字节数据。

7.2　学习目标

（1）掌握两台 S7-300PLC 之间的 PROFIBUS-DP 打包通信的硬件、软件配置。
（2）掌握两台 S7-300PLC 之间的 PROFIBUS-DP 打包通信的硬件连接。
（3）掌握两台 S7-300PLC 之间的 PROFIBUS-DP 打包通信区设置。
（4）掌握两台 S7-300PLC 之间的 PROFIBUS-DP 打包通信网络组态及参数设置。
（5）掌握两台 S7-300PLC 之间的 PROFIBUS-DP 打包通信编程及调试。
（6）掌握 SFC15 和 SFC14 指令的应用。

7.3　相关知识

一次传送 4 个字节以上，则采用打包方式通信。打包通信需要调用系统功能 SFC。STEP7 提供了两个系统功能 SFC15 和 SFC14 指令来完成数据的打包和解包功能。

7.3.1　SFC15 指令应用

SFC 15“DPWR_DAT”写（发送）连续数据。在程序编辑器左侧目录中，单击库左边“+”，单击 Standard Library 左边“+”，单击 System Function Blocks 左边“+”，双击 SFC15 DPWR-DAT DP，在程序代码编辑区界面中出现如图 7-1 所示部分。

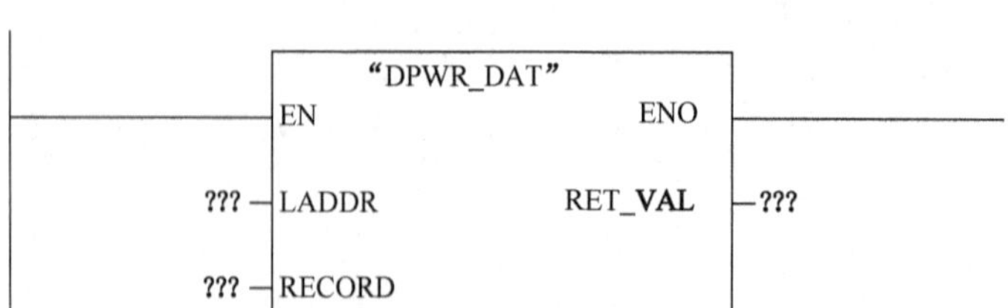

图 7-1　SFC15 指令

SFC 15 指令应用见表 7-1。

表 7-1 SFC 15 指令应用

引脚	数据类型	应用说明
EN	BOOL	模块执行使能端
LADDR	WORD	本地通信区起始地址，该地址必须以十六进制格式。例如，起始地址十进制 10 表示为 LADDR=W#16#A
RECORD	ANY	待打包的数据存放区域。只允许数据类型 BYTE
RET_VAL	INT	如果在功能激活时出错，则返回值将包含一个错误代码
ENO	BOOL	模块输出使能

7.3.2 SFC14 指令应用

SFC14“DPRD_DAT”读（接收）连续数据。在程序编辑器左侧目录中，单击库左边“+”，单击 Standard Library 左边“+”，单击 System Function Blocks 左边“+”，双击 SFC14 DPRD-DAT DP，在程序代码编辑区界面中出现如图 7-2 所示界面。

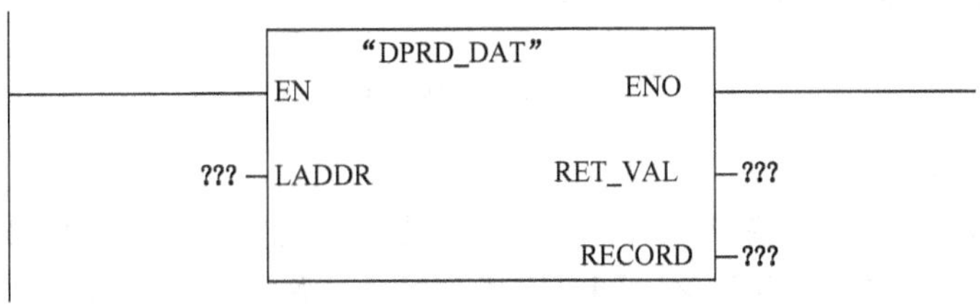

图 7-2 SFC14 指令

SFC 14 指令应用见表 7-2。

表 7-2 SFC 14 指令应用

引脚	数据类型	应用说明
EN	BOOL	模块执行使能端
LADDR	WORD	本地通信区起始地址，该地址必须以十六进制格式表示。例如，起始地址 10 表示为 LADDR=W#16#A
RECORD	ANY	解包后数据存放区。只允许数据类型为 BYTE
RET_VAL	INT	如果在功能激活时出错，则返回值将包含一个错误代码
ENO	BOOL	模块输出使能

7.4 项目解决步骤

步骤 1. 通信的硬件和软件配置

硬件：

（1）电源模块（PS307 5A）2 个。

（2）紧凑型 S7-300CPU 模块（CPU314C-2DP，V2.6）2 个。

（3）MMC 卡 2 张。

（4）输入模块（DI16×DC24V）2 个。

（5）输出模块（DO16×DC24V/0.5A）2 个。

（6）DIN 导轨 2 根。

（7）PROFIBUS 电缆 1 根。

（8）DP 头 2 个。

（9）PC 适配器 USB 编程电缆（用于 S7-200/S7-300/S7-400 PLC 下载线）1 根。

（10）装有 STEP7 编程软件的计算机（也称编程器）1 台。

软件：STEP7 V5.4 及以上版本编程软件。

步骤 2．通信的硬件连接

确保断电接线。将 PROFIBUS 电缆与两个 DP 头连接，将 DP 头插到两个 CPU 模块的 DP 口。因主站与从站上 DP 头处于网络终端位置，所以 DP 头的开关设置为 ON，将 PC 适配器 USB 编程电缆的 RS-485 端口插 CPU 模块的 MPI 口，另一端插在编程器的 USB 口上。PROFIBUS-DP 打包通信的硬件连接如图 7-3 所示。

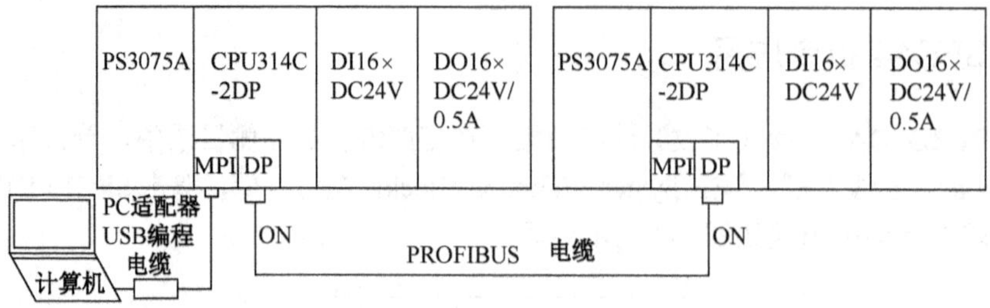

图 7-3　通信的硬件连接

步骤 3．通信区设置

主站与从站的通信区设置如图 7-4 所示。主站输出区（发送区）QB8~QB31 对应从站输入区（接收区）IB3~IB26。主站输入区（接收区）IB2~IB25 对应从站输出区（发送区）QB6~QB29。

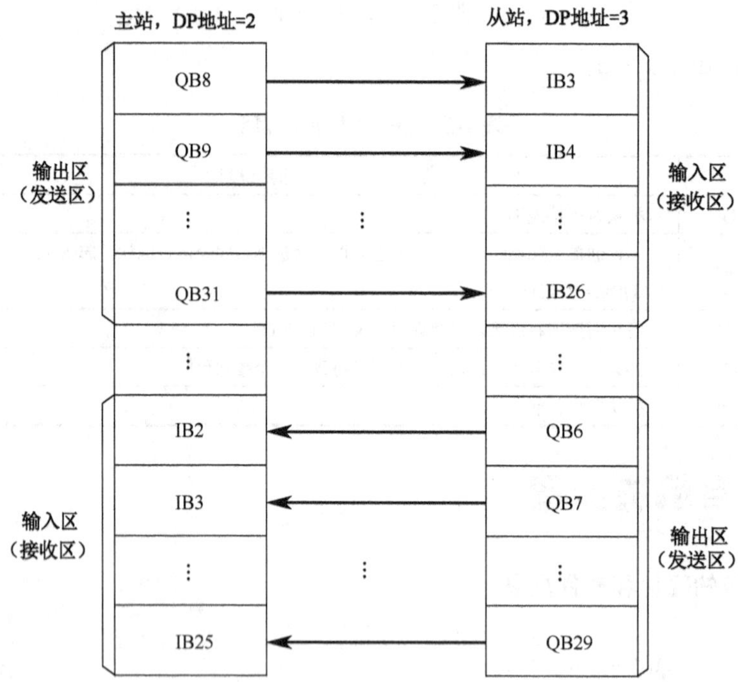

图 7-4　通信区设置

步骤 4．新建项目

新建一个项目，命名为“打包一主一从 DP 通信”，然后鼠标在项目上右键单击插入两个 SIMATIC300 站点，分别将两个 SIMATIC300 站点重命名为“主站”和“从站”，如图 7-5 所示。

步骤 5．从站网络组态及参数设置

（1）对从站进行组态。根据实际使用的硬件配置，通过 STEP 7 编程软件对从站进行硬件组态，注意与硬件模块上面印刷的订货号一致。单击站点“从站”，双击“硬件”图标，然后通过双击导轨“Rail”插入导轨，在导轨 1 号插槽插入电源模块(PS307 5A)、2 号插槽插入 CPU 模块(CPU314C-2DP，V2.6)、3 号插槽空闲、4 号插槽插入输入模块（DI16×DC24V）、5 号插槽插入输出模块（DO16×DC24V/0.5A），然后在 CPU314C-2DP 模块上双击“DP 行”，如图 7-6 所示。

产生如图 7-7 所示界面。单击“常规”按钮，单击“属性”按钮。

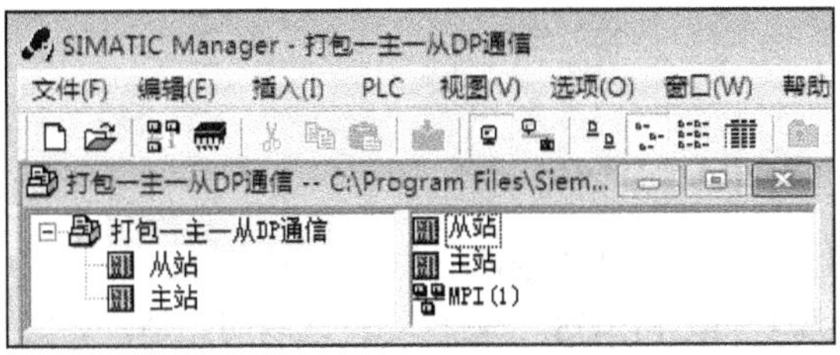

图 7-5　两个 SIMATIC300 站点重命名

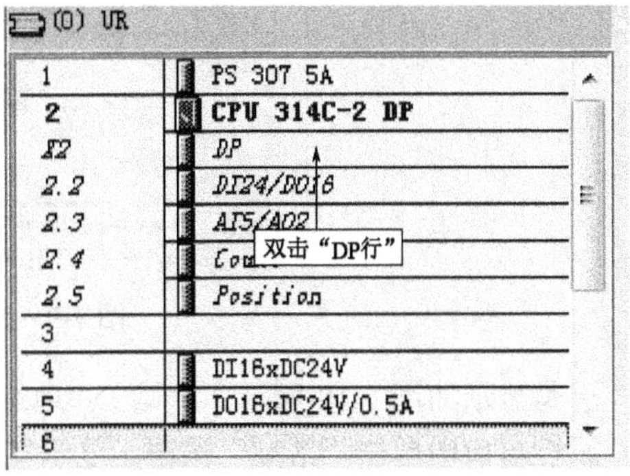

图 7-6　从站进行硬件组态

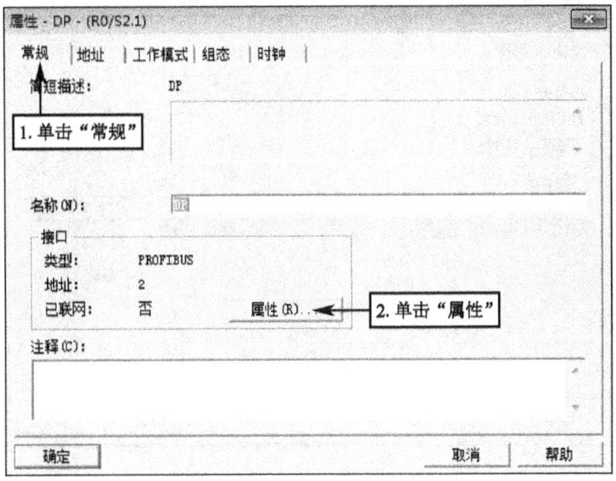

图 7-7　从站属性

（2）项目要求从站地址设置为 3，于是将 DP 地址更改为 3。单击“新建”按钮。如图 7-8 所示。

（3）单击“网络设置”→单击“12Mbps”完成传输率选择，单击“DP”完成配置文件选择，单击“确定”按钮。如图 7-9 所示。

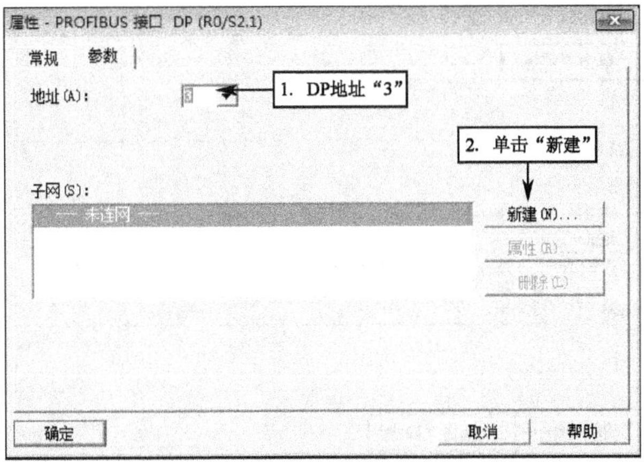

图 7-8　DP 地址更改为 3

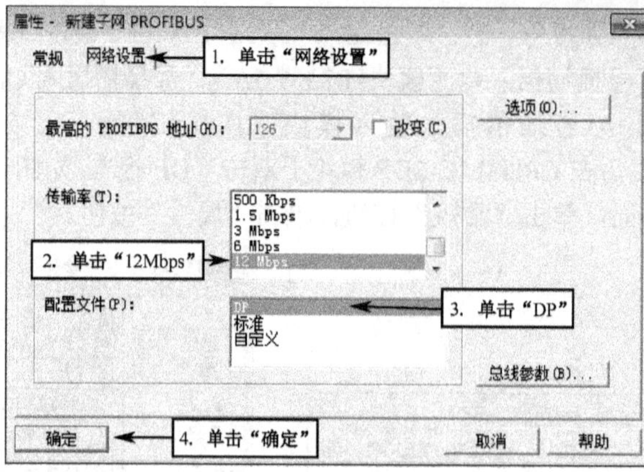

图 7-9　新建 PROFIBUS-DP 网

于是显示如图 7-10 所示，从站 DP 地址为 3，传输率为 12Mbps，单击“确定”按钮。

属性窗口中单击“常规”按钮，显示接口类型：PROFIBUS；地址：3；已联网：是。如图 7-11 所示。

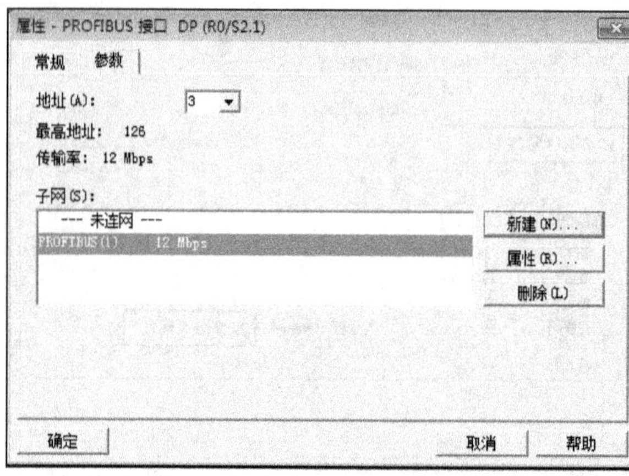

图 7-10　DP 地址与传输率

（4）单击“工作模式”按钮，设置为 DP 从站，单击“DP 从站”，单击“确定”按钮，如图 7-12 所示。

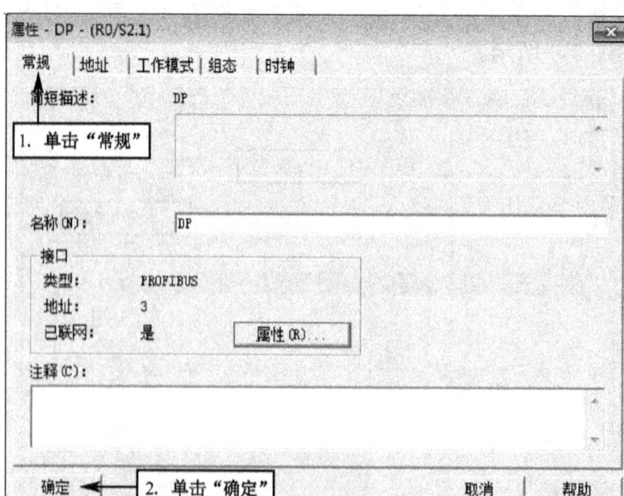

图 7-11　属性窗口

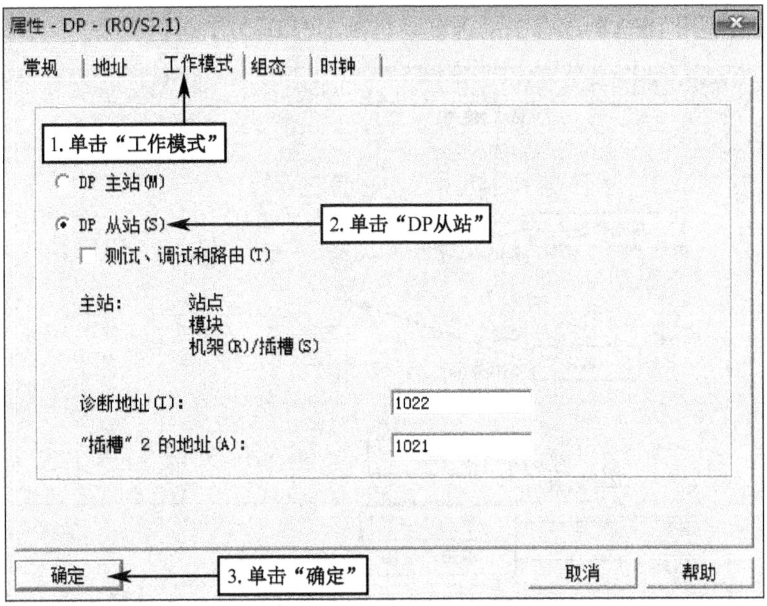

图 7-12　工作模式选择 DP 从站

（5）单击“组态”按钮，对输入/输出通信区组态，单击“新建”按钮，如图 7-13 所示。

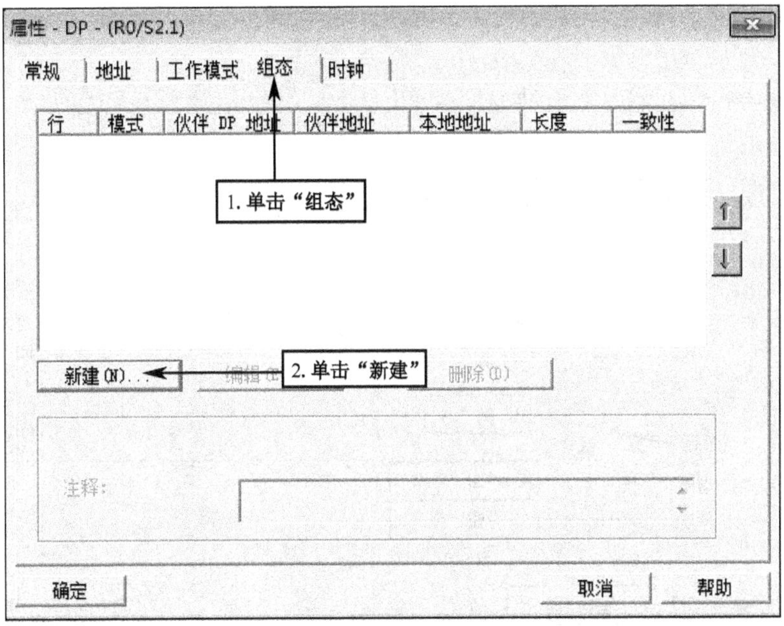

图 7-13　通信区组态

（6）根据**本项目解决步骤中的步骤 3 通信区设置**，对输入区设置，从站地址类型选择输入，地址填写 3，表示开始地址为 3（即 IB3）；长度：24，表示 24 个字节的长度，从 IB3~IB26；单位：字节；一致性：全部，而不是单位。单击“确定”按钮。如图 7-14 所示。

（7）根据**本项目解决步骤中的步骤 3 通信区设置**，对输出区设置，单击“新建”按钮，从站地址类型选择输出，地址填写 6，表示开始地址为 6（即 QB6）；长度：24，表示 24 个字节长度，从 QB6~QB29；单位：字节；一致性：全部，不是单位。单击“确定”按钮。如图 7-15 所示。

当一致性选择“单位”时，则以字节发送和接收数据，如果数据到达从站接收区不在同一时刻，从站可能会不在同一周期处理完接收区数据。如果需要从站必须在同一周期处理完这些数据，可选择“全部”，编程时调用 DPWR-DAT 打包发送，调用 DPRD-DAT 解包接收。

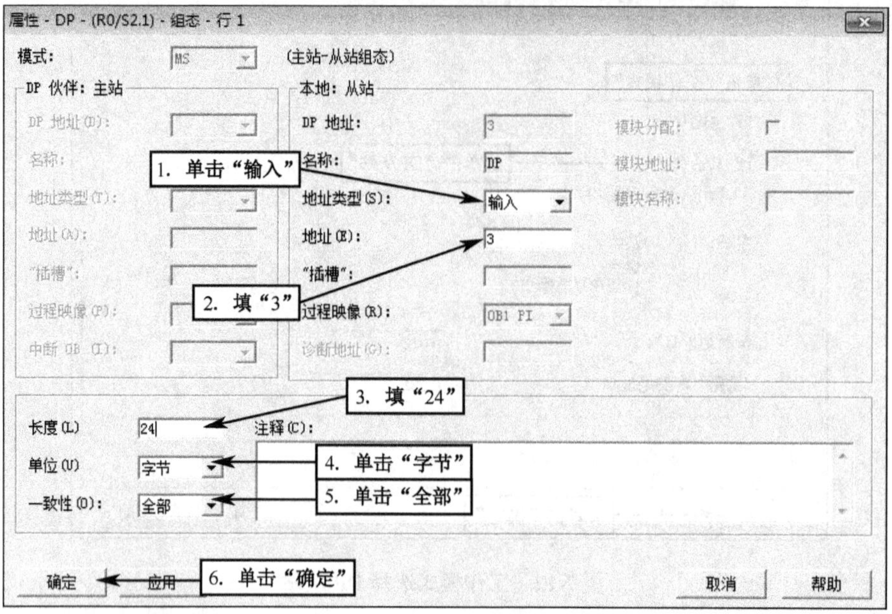

图 7-14　组态接收区数据

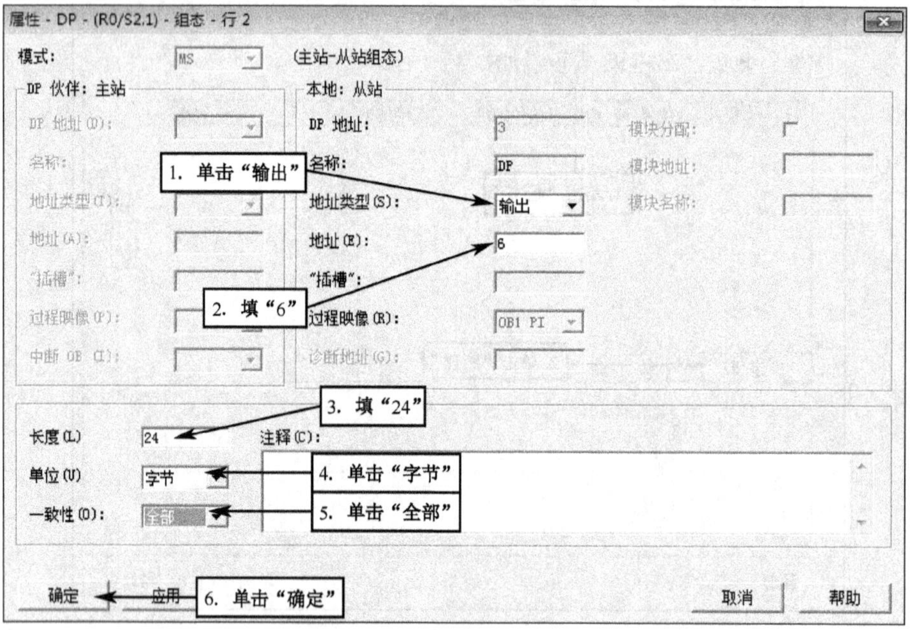

图 7-15　组态发送区数据

从站通信区组态见图 7-16。看到从站接收区起始地址 I3（即 IB3），长度 24 个字节。发送区起始地址 O6（即 QB6），长度 24 个字节。注意：O6 第一个字母是 O，不是 0。

（8）回到从站硬件配置，单击“保存并编译”按钮。

说明：从图 7-16 中可知，对从站输入区和输出区进行了组态，输入区（接收区）IB3~IB26 是从站接收主站发送来的信息。输出区（发送区）QB6~QB29 是从站向主站发送信息。输入区与输出区不能跟本站已有模块输入与输出端子地址相冲突。

伙伴 DP 地址：是指主站 DP 地址，这里是 2，还没有对主站设置，此时显示虚线。

伙伴地址：是指主站地址，是输出区（发送区）和输入区（接收区）的首地址，不能与本站已有模块端子地址区域相冲突。还没有对主站设置，此时显示虚线。已有模块端子地址区域可以通过硬件组态默认值看到。

模式 MS（主站与从站之间模式）不要选择 DX 模式。

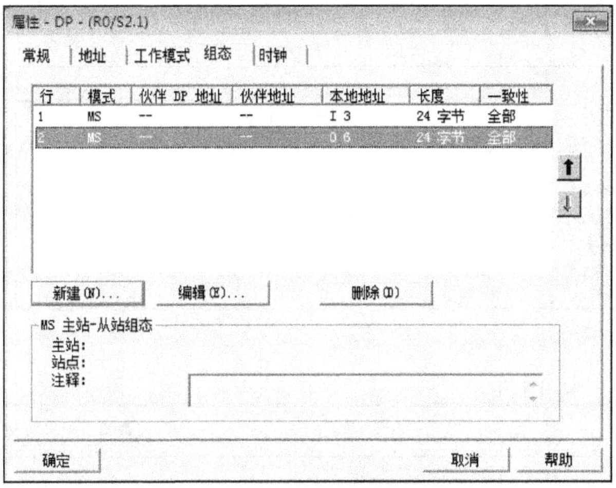

图 7-16　从站通信区组态

步骤 6．对主站进行网络组态及参数设置

（1）双击“主站”，然后双击“硬件”。

（2）根据实际使用的硬件配置，通过 STEP 7 编程软件对主站进行硬件组态，注意与硬件模块上面印刷的订货号一致。单击站点“主站”，双击“硬件”图标，然后通过双击导轨“Rail”插入导轨，在导轨 1 号插槽插入电源模块（PS307 5A）、2 号插槽插入 CPU 模块（CPU314C-2DP，V2.6）、3 号插槽空闲、4 号插槽插入输入模块（DI16×DC24V）、5 号插槽插入输出模块（DO16×DC24V/0.5A），然后在 CPU314C-2DP 模块上双击“DP 行”，单击“工作模式”按钮，单击“DP 主站”，如图 7-17 所示。

（3）单击“常规”，单击“属性”按钮。如图 7-18 所示。

单击“参数”按钮，伙伴 DP 地址设置为 2。单击“新建”按钮，单击“网络设置”按钮，单击传输率 12Mbps 和配置文件 DP，单击“确定”按钮。

显示如图 7-19 所示，DP 地址为 2，子网为“PROFIBUS（1）12Mbps”，单“确定”按钮。

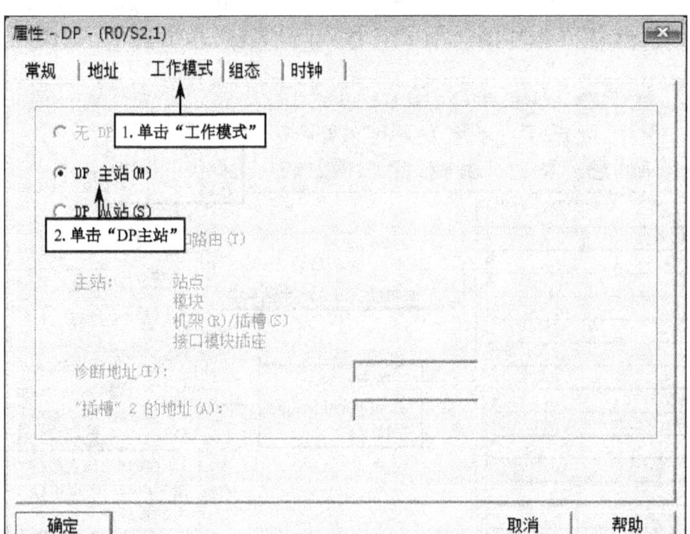

图 7-17　工作模式下选择 DP 主站

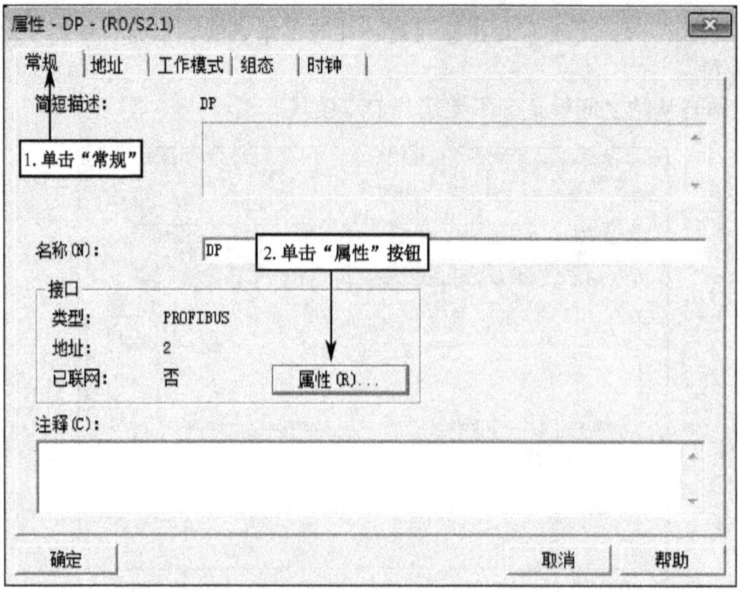

图 7-18　DP 接口

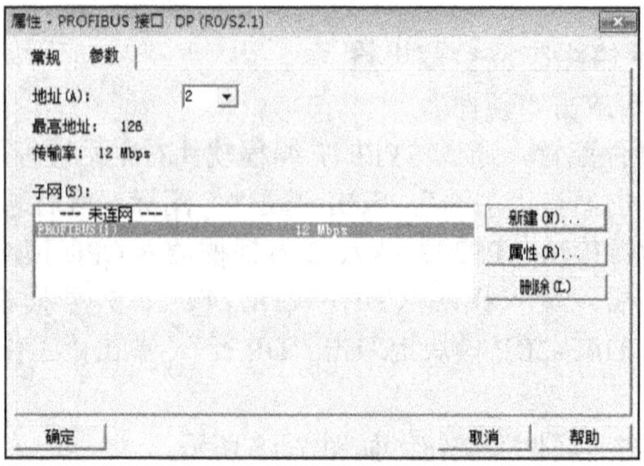

图 7-19　新建子网

可以看到接口类型：PROFIBUS。地址：2。已联网：是。

（4）如图 7-20 所示。单击 PROFIBUS DP 左边“+”，单击 Configured Stations 左边“+”→光标在 CPU31x 上，按住左键拖到 PROFIBUS（1）：DP 主站系统（1）线上，然后松开左键。

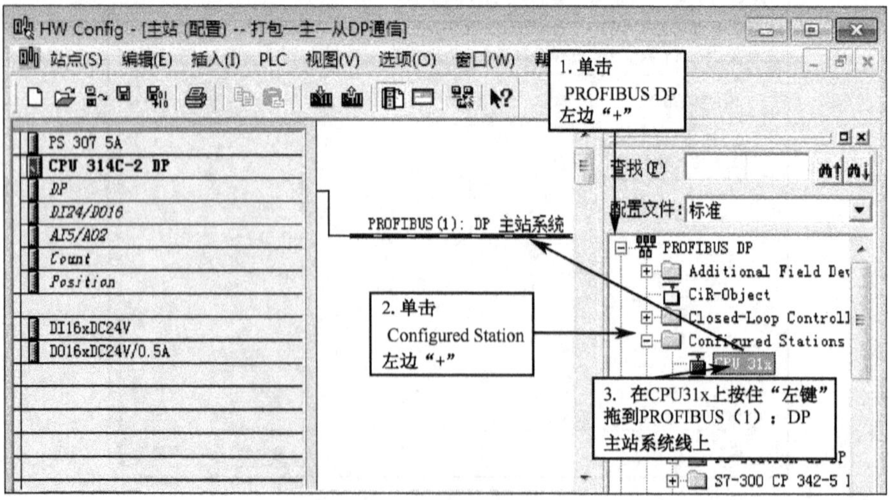

图 7-20　从站连接到主站

显示如图 7-21 所示。单击“连接（C）”按钮→单击“确定”按钮。

（5）在从站中编辑主站，双击 PROFIBUS：DP 主站系统（1）下挂的“从站”，如图 7-22 所示。

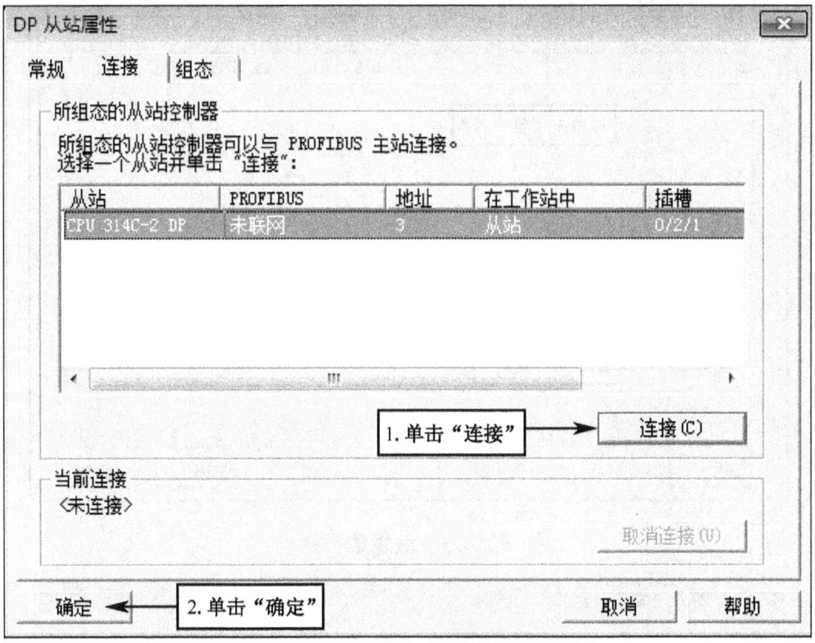

图 7-21　从站连接到主站

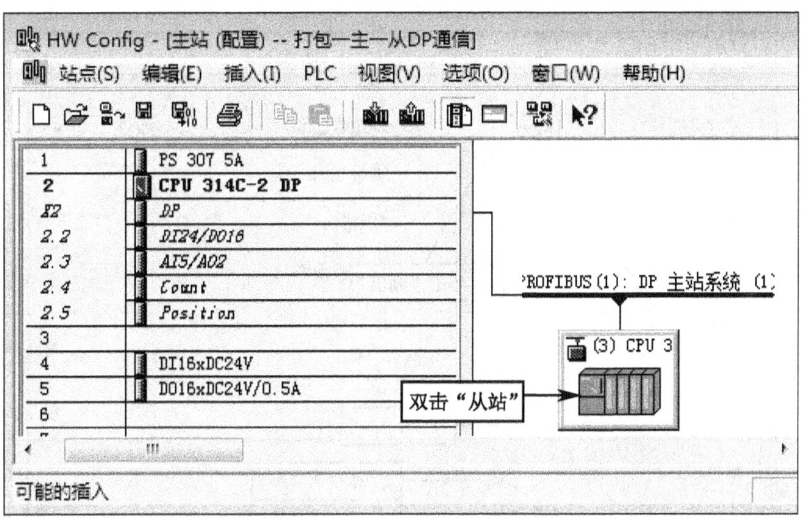

图 7-22　双击“从站”

（6）在从站上编辑主站，单击第一行，因为从站的输入区 IB3~IB26 已经定下来，所以主站就是输出区，就是伙伴地址，单击“编辑”按钮，如图 7-23 所示。

（7）编辑伙伴地址。根据**本项目解决步骤中的步骤 3 通信区设置**，地址类型：输出。地址：8；长度：24；单位：字节；一致性：全部。可以得出 QB8~QB31 就是输出区（发送区），长度从 QB8 开始的 24 个字节。如图 7-24 所示。

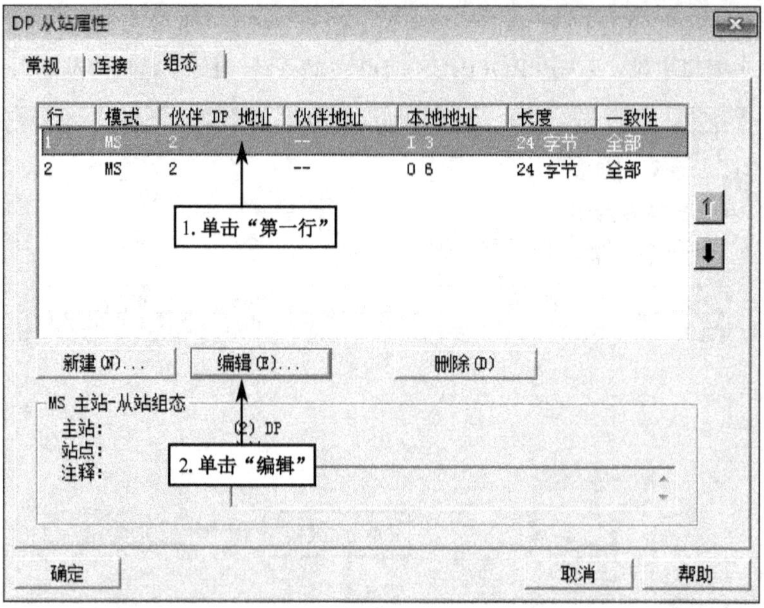

图 7-23　编辑第一行

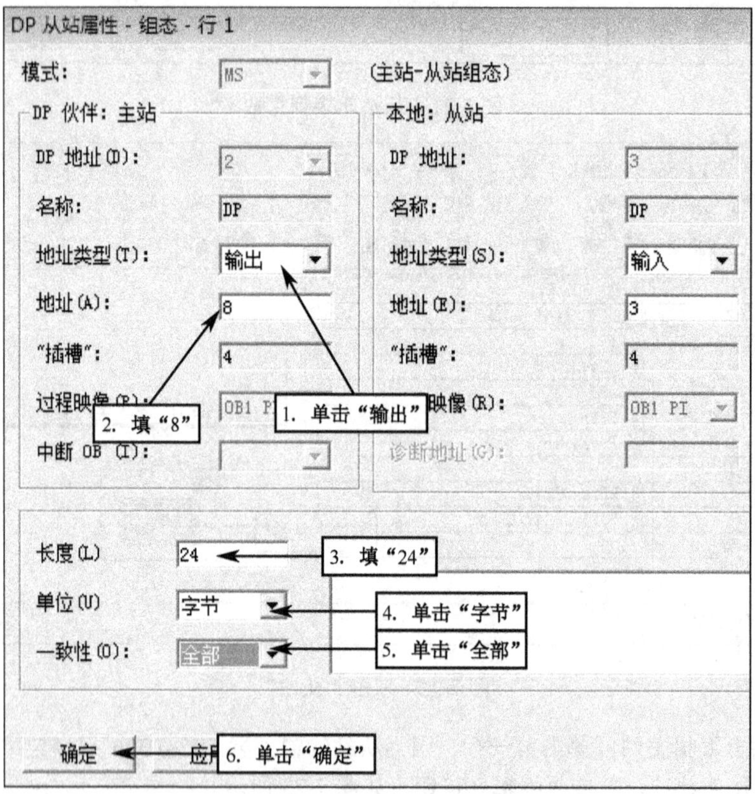

图 7-24　编辑主站输出区

（8）编辑伙伴地址。在图 7-23 中，单击“第二行”，单击“编辑”按钮。根据**本项目解决步骤中的步骤 3 通信区设置**，地址类型：输入；地址：2；长度：24；单位：字节；一致性：全部。可以得出 IB2~IB25 就是输入区（接收区），长度从 IB2 开始的 24 个字节。如图 7-25 所示。

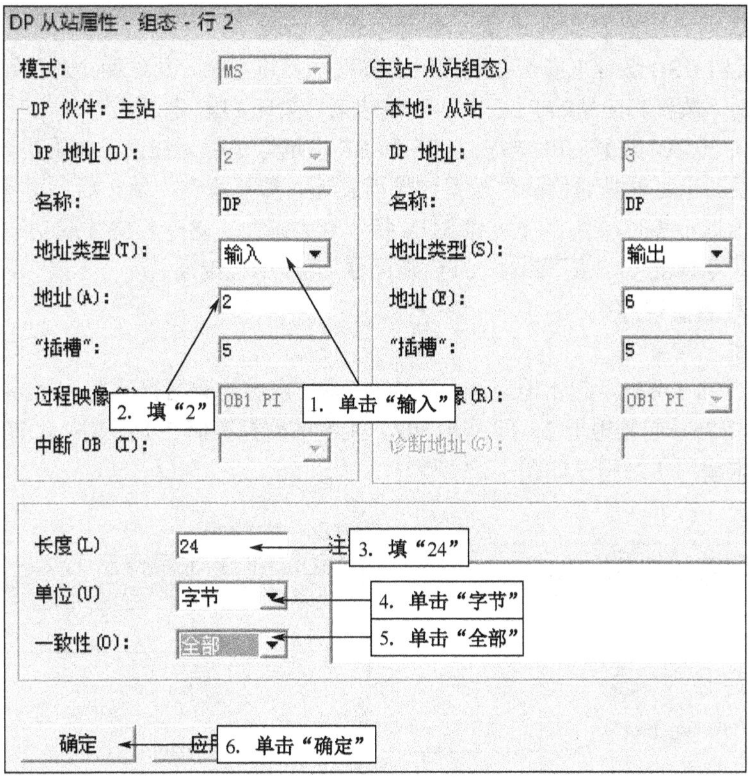

图 7-25 编辑主站输入区

组态好的主站与从站通信区，如图 7-26 所示，必须与本项目解决步骤中的步骤 3 通信区设置一致。

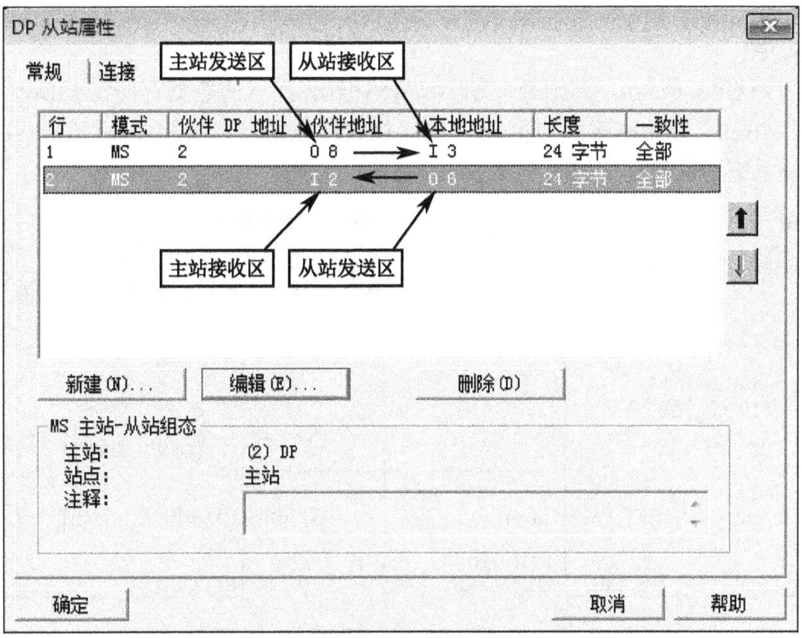

图 7-26 组态好的主站与从站通信区

（9）单击“确定”按钮后回到主站的硬件组态界面，单击“保存并编译”按钮，退出主站的硬件组态界面。

步骤 7．下载网络组态及参数设置（参考项目 4 步骤 7）

通过 PC 适配器 USB 编程电缆，在硬件组态界面中，将主站、从站两个站的硬件组态、网络组态及参数设置分别下载到相应站的 PLC 中，下载结束后关闭 PLC 电源。

重新打开 PLC 电源，观察 CPU 模板上 SF 和 BF 指示灯是否为红色。如果是红色，说明组态过程中可能存在错误，也可能是通信硬件配置连接问题等，需要检查，更正后，再保存编译，重新下载。SF 和 BF 指示灯不亮时，且 DC5V 和 RUN 指示灯为绿色，这一步骤才成功结束了。

注意：须在断电情况下，拔下或插上 PC 适配器 USB 编程电缆。

步骤 8．编写通信程序

（1）主站程序

主站发送区 QB8~QB31，起始地址 8，即 W#16#8。发送的数据存储在 MD20~MD40 中。

接收区 IB2~IB25，起始地址 2，即 W#16#2。接收的数据存储在 MD50~MD70 中。

根据项目要求编写主站程序如图 7-27 所示。

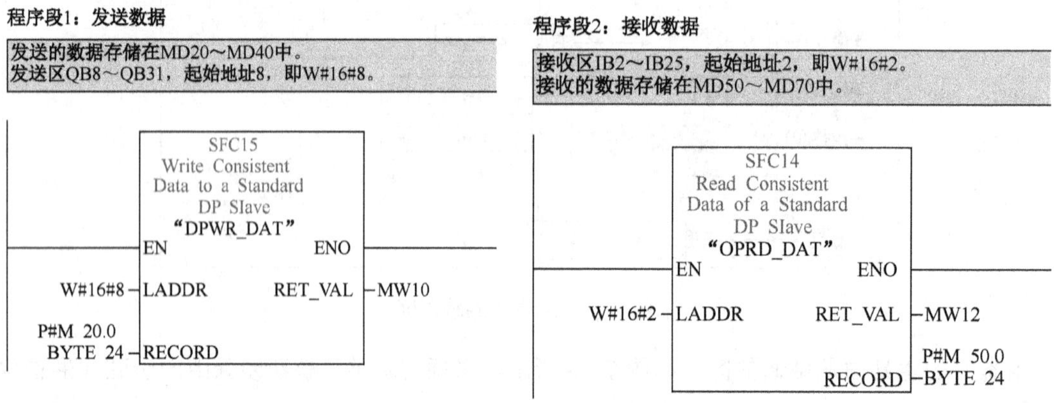

图 7-27　主站程序

（2）从站程序

从站发送区为 QB6~QB29，起始地址 6，即 W#16#6。发送的数据存储在 MD60~MD80 中。

接收区 IB3~IB26，起始地址 3，即 W#16#3。接收的数据存储在 MD60~MD80 中。

根据项目要求编写从站程序如图 7-28 所示。

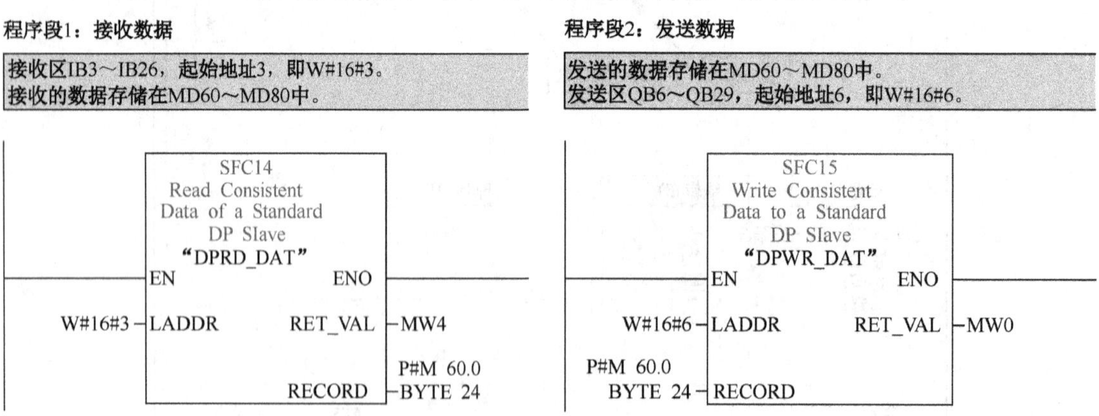

图 7-28　从站程序

步骤 9．中断处理

采用 PROFIBUS-DP 总线，所能连接从站个数与 CPU 类型有关，最多可以连接 125 个从站，为防止某一个从站掉电或者损坏，将产生不同的中断，并且调用相应的组织块，如果在程序中没有建立这些组织块，CPU 将停止运行，以保护人身和设备的安全，因此在主站和从站右键单击“块”，分别插入 OB82、OB86 和 OB122 组织块，以便进行相应的中断处理。如果忽略这些故障让 CPU 继续运行，可以对这几个组织块不编写任何程序，只插入空的组织块。以主站为例，如图 7-29 所示。

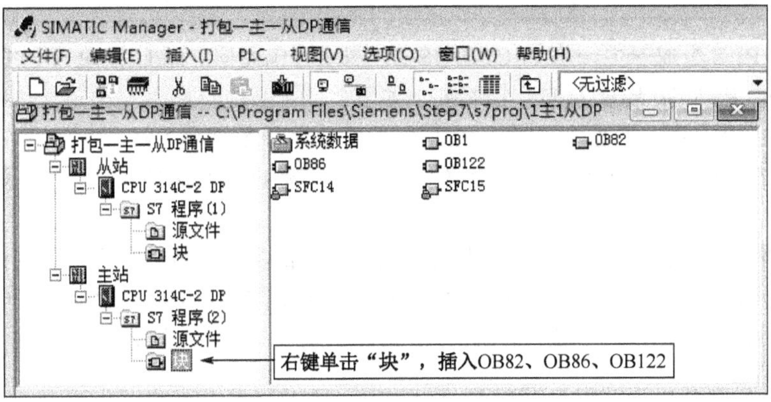

图 7-29　主站插入空的组织块

步骤 10. 联机调试

确保接线正确的情况下，在 SIMATIC Manager 界面中，单击站点名称（主站或从站），单击“下载”按钮，将主站和从站分别下载到各自对应的 PLC 中。

在 SIMATIC 管理器下，右键单击“块”，插入变量表，插入注释行，主站发送的数据“DW#16#77、88、99、AA、BB、CC”存储在 MD20~MD40 中，经 SFC15 发送至从站，从站 SFC14 接收该数据后送到 MD60~MD80，再经 SFC15 发送该数据至主站，主站 SFC14 接收到数据“DW#16#77、88、99、AA、BB、CC”后送至 MD50~MD70。在主站可以观察到发送数据和接收的数据是一致的。如图 7-30 所示。

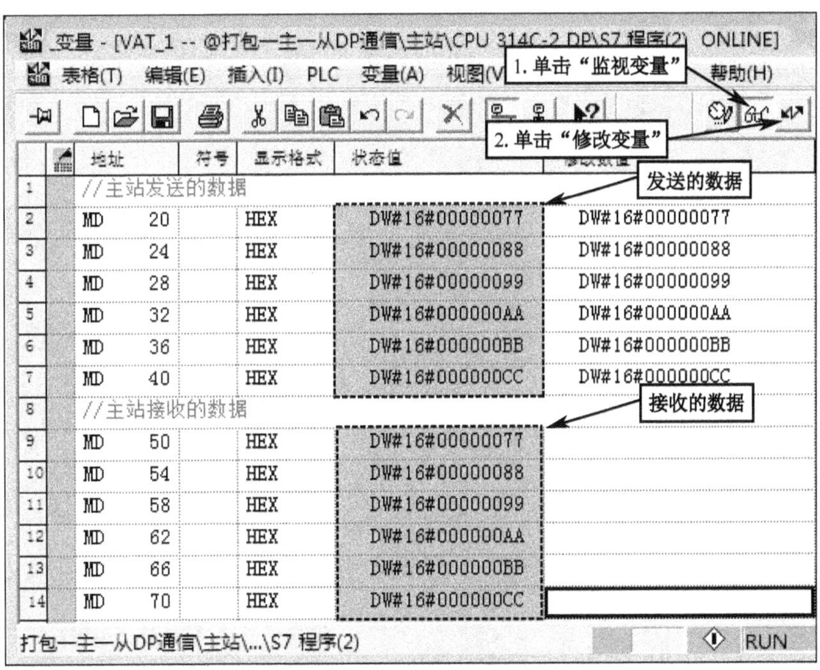

图 7-30　变量表监控

满足上述情况，调试成功。如果不能满足，检查原因，纠正问题，重新调试，直到满足上述情况为止。

7.5 巩固练习

（1）由两台 PLC 组成一主一从 PROFIBUS-DP 网络打包通信。CPU 模块为 CPU314C-2DP，主站 DP 地址为 10，从站 DP 地址为 11。控制要求如下。

① 主站发送 32 个字节数据到从站，从站发送 32 个字节数据到主站。

② 通过建立变量表，在主站变量表上修改 32 个字节数据，发送到从站，在从站变量表上可以看到该数据。

③ 在从站变量表上修改 32 个字节数据发送到主站，在主站变量表上可以看到该数据。

（2）由三台 PLC 组成一主二从 PROFIBUS-DP 网络打包通信。CPU 模块为 CPU314C-2DP，其中一台为主站，另两台为从站，主站 DP 地址为 10，从站 1 的 DP 地址为 11，从站 2 的 DP 地址为 12。控制要求如下。

① 主站发送 32 个字节数据到从站 1，从站 1 发送 32 个字节数据到主站。通过建立变量表，在主站变量表上修改 32 个字节数据，发送到从站 1，在从站 1 变量表上可以看到该数据；在从站 1 变量表上修改 32 个字节数据发送到主站，在主站变量表上可以看到该数据。

② 主站发送 32 个字节数据到从站 2，从站 2 发送 32 个字节数据到主站。通过建立变量表，在主站变量表上修改 32 个字节数据，发送到从站 2，在从站 2 变量表上可以看到该数据；在从站 2 变量表上修改 32 个字节数据发送到主站，在主站变量表上可以看到该数据。

项目 8　S7-300 与 S7-200PLC 之间 PROFIBUS-DP 通信

8.1　项目要求

通过 EM277 模块组建 1 台 S7-300PLC 与 1 台 S7-200PLC 的 PROFIBUS-DP 网络通信。其中 S7-300PLC 为主站，CPU 模块为 CPU314C-2DP。DP 地址为 2。S7-200PLC 为从站，DP 地址为 3。要求如下。

在主站通过变量表写入 8 个字节数据，主站发送这个数据至从站，从站接收到这个数据后再把它们发送至主站，在主站接收后通过变量表可以看到该数据。

通信速率设置为 12Mbps 传输。

8.2　学习目标

（1）掌握 S7-300PLC 与 S7-200PLC 之间 PROFIBUS-DP 通信的硬件与软件配置。

（2）掌握 S7-300PLC 与 S7-200PLC 之间 PROFIBUS-DP 通信的硬件连接。

（3）掌握 S7-300PLC 与 S7-200PLC 之间 PROFIBUS-DP 网络组态及参数设置。

（4）掌握 S7-300PLC 与 S7-200PLC 之间 PROFIBUS-DP 通信的网络编程及调试。

（5）掌握 EM277 模块应用。

8.3　相关知识

8.3.1　S7-300 与 S7-200 PLC 之间 PROFIBUS-DP 通信简介

利用 EM277 模块可将 S7-300 与 S7-200PLC 连接成 PROFIBUS-DP 网络。PROFIBUS-DP 网络通常有一个主站和若干个 I/O 从站，主站通过组态可以设置 I/O 从站的类型和站号。而 S7-200PLC 只能作为 S7-300PLC 的从站来配置，且不能作为主站。由于 S7-200PLC 本身没有 DP 口，只能通过 EM277 模块连接到 PROFIBUS-DP 网络上。S7-200PLC 之间不能使用 EM277 模块进行 DP 通信。

S7-200 作为分布式 I/O 实现现场信号的采集与控制，S7-300 则实现中央集中控制功能，该方案与传统 I/O 控制方式相比，避免了烦琐的 I/O 接线问题，提高了系统的可靠性。

8.3.2　EM277 模块应用

EM277 模块见图 8-1。第一次使用 EM277 时，在 EM277 侧通常我们需要进行如下操作。

（1）EM277 模块和 S7-200PLC 进行正确的连接，将 2 个带有编程口 DP 头连接到 PROFIBUS 电缆，其中一个 DP 头插在 S7-300PLC 的 DP 口上，另一个 DP 头插在与 S7-200PLC 相连的 EM277 模块的 DP 口上。

（2）设置 EM277 模块 DP 通信站地址（通过 EM277 模块上的拨码开关设置所连 S7-200PLC 通信站地址），EM277 的左上方有两个拨码开关，每个拨码开关使用螺丝刀转动，从而可以设定 0~9 这 10 个数字，其中一个拨码开关的数字×10，另一个数字×1，因此组合起来构成 0~99，这是 EM277

在 PROFIBUS-DP 网络中的物理站地址。EM277 在通电状态下修改拨码开关的数字后，必须断电，再上电才能使设定的地址生效。通过 STEP 7 编程软件进行网络组态时设定的 EM277 站地址必须与拨码开关设定的站地址一致。

通过 EM 277 PROFIBUS-DP 扩展从站模块，这个端口可运行于 9600 波特和 12M 波特之间的任何 PROFIBUS 波特率。作为 DP 从站，EM 277 模块接收从主站来的多种不同的 I/O 配置，向主站发送和接收不同数量的数据。

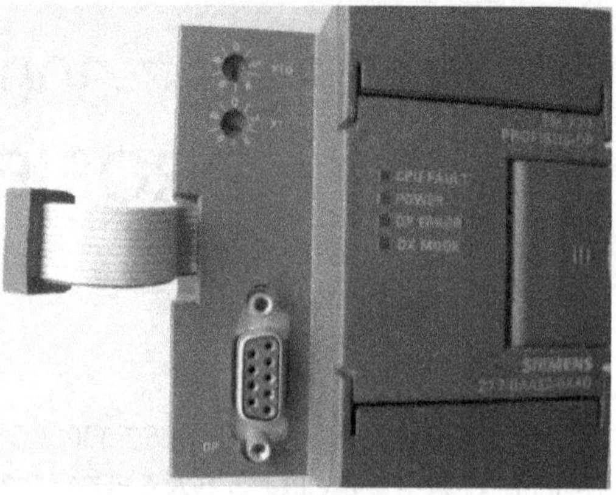

图 8-1　EM277 模块

8.4　项目解决步骤

步骤 1．通信的硬件和软件配置

硬件：

（1）电源模块（PS307 5A）1 个。

（2）CPU314C-2DP 模块 1 个。

（3）MMC 卡 1 张。

（4）输入模块（DI16×DC24V）1 个。

（5）输出模块（DO16×DC24V/0.5A）1 个。

（6）导轨 1 根。

（7）S7-200PLC 1 台。

（8）EM277 模块 1 个，订货号：6ES7 277-0AA22-0XA0。

（9）PROFIBUS 电缆 1 根。

（10）DP 头 2 个。

（11）PC 适配器 USB 编程电缆（S7-200/S7-300/S7-400 PLC 下载线）1 根。

（12）USB/PPI 编程电缆（S7-200PLC 下载线）1 根。

（13）安装有 STEP 7-Micro/WIN V4.0 SP6 编程软件的计算机 1 台。

（14）安装有 STEP 7V5.4 编程软件的计算机 1 台。

软件：

（1）STEP7 V5.4 及以上版本编程软件。

（2）STEP7-Micro/WIN V4.0 SP6 及以上版本编程软件。

步骤 2．通信的硬件连接

通信的硬件连接如图 8-2 所示，两个 DP 头都在网络终端，所以 DP 头开关拨向 ON。

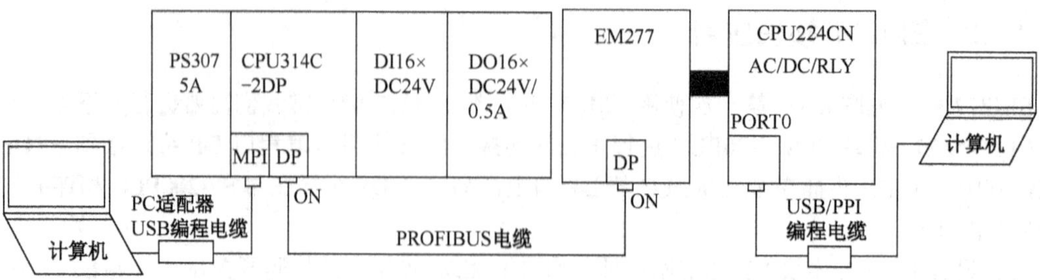

图 8-2　通信的硬件连接

步骤 3．网络组态及参数设置

（1）主站硬件组态。双击 STEP7 软件，单击“新建按钮”，项目名称输入 S7-300 与 S7-200 的 DP 通信，单击“确定”按钮。

在“S7-300 与 S7-200 的 DP 通信”上右键单击，光标指向“插入新对象”，光标再指向“SIMATIC 300 站点”并单击它。如图 8-3 所示。

根据实际使用的硬件配置，通过软件对主站进行硬件组态，注意与硬件模块上面印刷的订货号一致。单击站点“S7-300 与 S7-200 的 DP 通信”，双击“硬件”图标，然后通过双击导轨“Rail”插入导轨，在导轨 1 号插槽插入电源模块（PS307 5A）、2 号插槽插入 CPU 模块（CPU314C-2DP，V2.6）、3 号插槽空闲、4 号插槽插入输入模块（DI16×DC24V）、5 号插槽插入输出模块（DO16×DC24V/0.5A）。如图 8-4 所示。

图 8-3 插入 SIMATIC300 站点

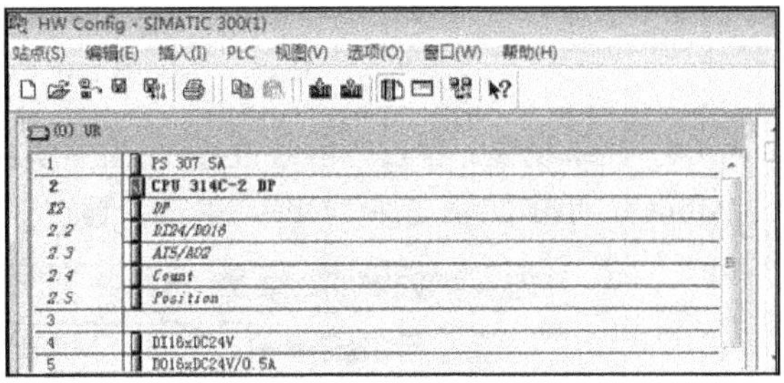

图 8-4 硬件组态

（2）接口类型选择。在 HW Config 中，在 CPU314C-2DP 模块上双击“DP 行”，出现的属性界面中，单击“常规”，单击“属性”按钮。如图 8-5 所示。

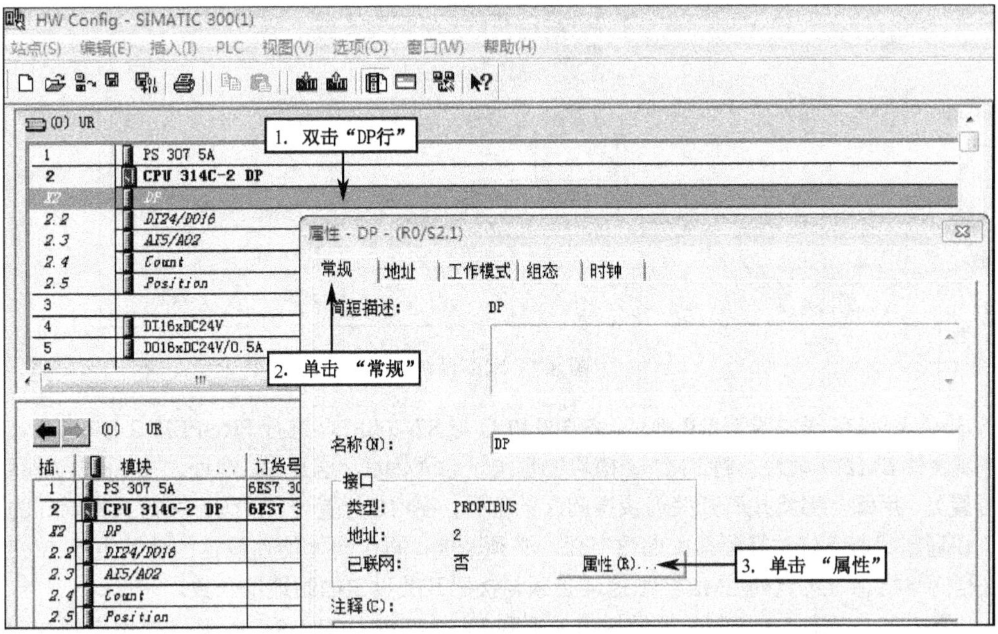

图 8-5 进入属性界面

（3）通过软件设置 DP 地址。单击“参数”按钮，DP 地址选择为 2，单击“新建”按钮，如图 8-6 所示。

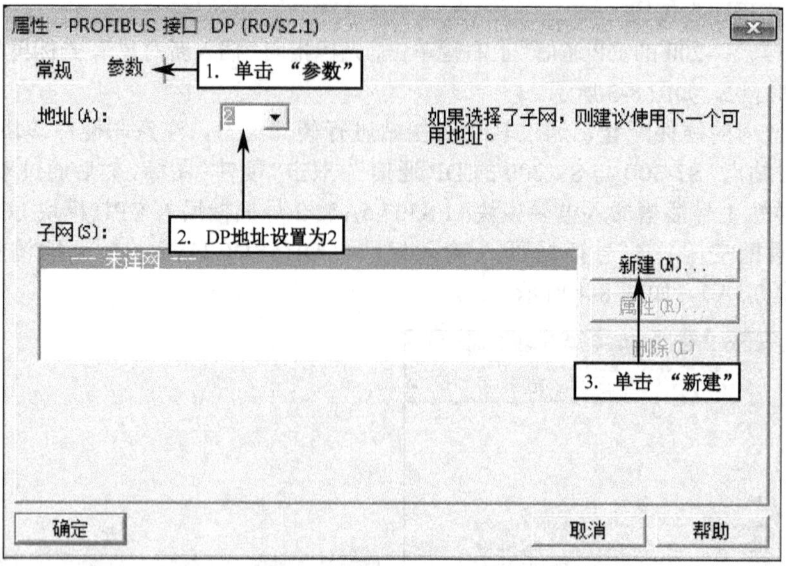

图 8-6　设置 DP 地址

（4）网络设置。单击“网络设置”，根据实际需求，本项目要求传输率为 12Mbps，单击传输率“12Mbps”，单击配置文件“DP”。单击“确定”按钮。如图 8-7 所示。

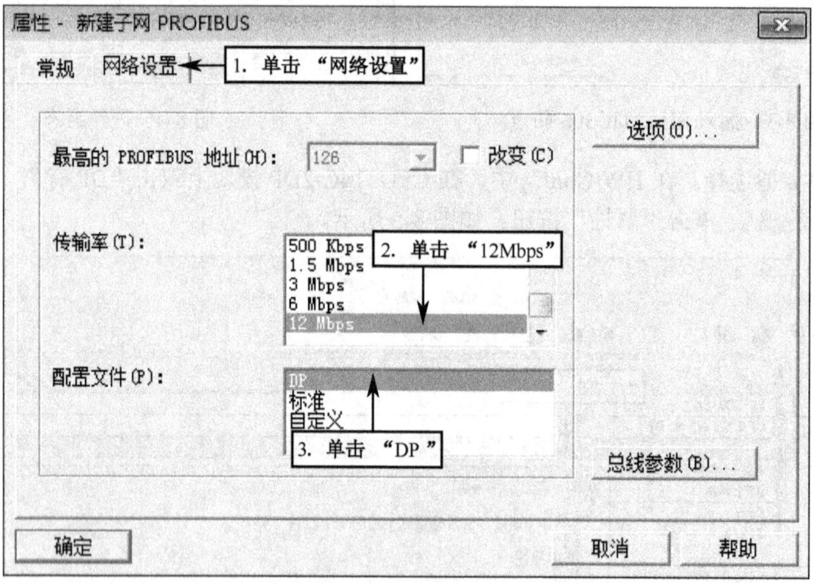

图 8-7　网络设置

（5）硬件 EM277 模块设置 DP 地址。S7-300 PLC 与 S7-200PLC 进行 PROFIBUS-DP 通信，S7-200 PLC 需要硬件 EM277 模块，将 EM277 模块物理地址设置为 3，这是 DP 地址。在 EM277 模块左上方×1 位置处，用螺丝刀将拨码开关箭头指向 3 的位置，在×10 位置处，拨码开关箭头指向 0 的位置。EM277 在通电状态下修改拨码开关的数字后，必须断电，再上电才能使设定的地址生效。

进行网络组态时设定的 EM277 站地址必须与拨码开关设定的站地址一致。

（6）安装 GSD 文件。如果硬件目录树内找不到 EM 277 PROFIBUS-DP，则需要用户到 SIEMENS 相关网站下载相应的 GSD 文件，然后安装 GSD 文件。重新启动 STEP7，就可以找到 EM 277

PROFIBUS-DP 了。

安装 EM277 的 GSD 文件，EM277 作为 PROFIBUS-DP 从站模块，其有关参数是以 GSD 文件的形式保存的。在对 EM277 组态之前，需要安装它的 GSD 文件。GSD 文件是“siem089d.gsd”。

在 HW Config 界面上，单击“选项”按钮，再单击“安装 GSD 文件”，如图 8-8 所示。

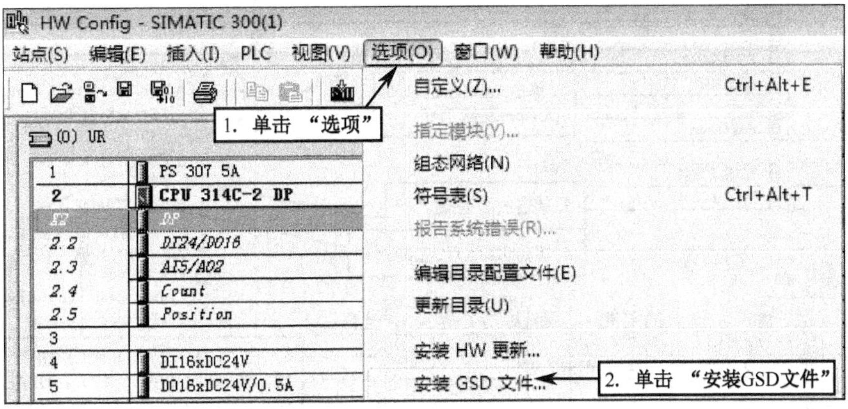

图 8-8　安装 GSD 文件

安装 GSD 文件选择来自目录，单击“浏览”按钮，寻找到 GSD 文件存储位置，GSD 文件出现在图 8-9 所示。单击“siem089d.gsd”，单击“安装”按钮。

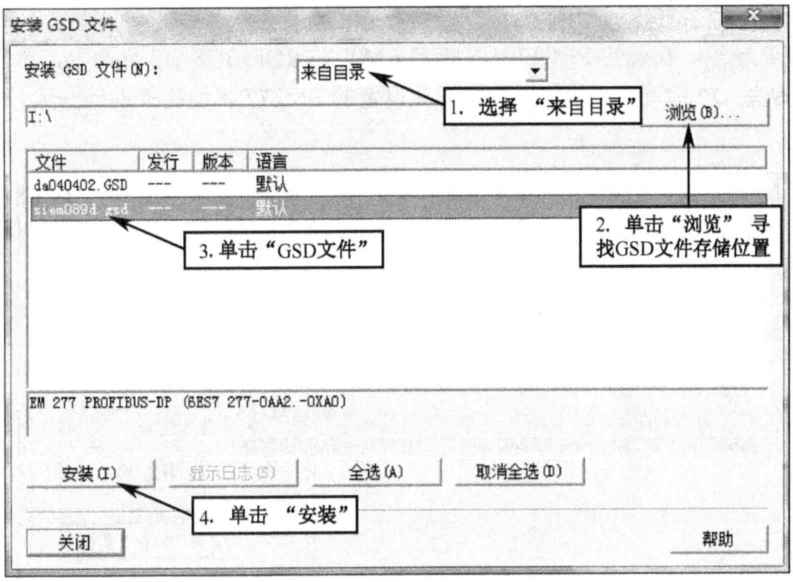

图 8-9　选择 GSD 文件

单击确认安装 GSD 文件中的“是”按钮。单击几个“确定”按钮后，安装成功完成。最后单击“确定”按钮。

（7）EM 277 PROFIBUS-DP 连接到 S7-300PLC。在 HW Config 界面右侧，单击 PROFIBUS DP 左侧“+”，单击 Additional Field Devices 左侧“+”，单击 PLC 左侧“+”，单击 SIMATIC 左侧“+”，出现“EM 277 PROFIBUS-DP”，在“EM 277 PROFIBUS-DP”上按住左键，拖到 PROFIBUS（2）：DP 主站系统线上，释放左键。如图 8-10 和图 8-11 所示。

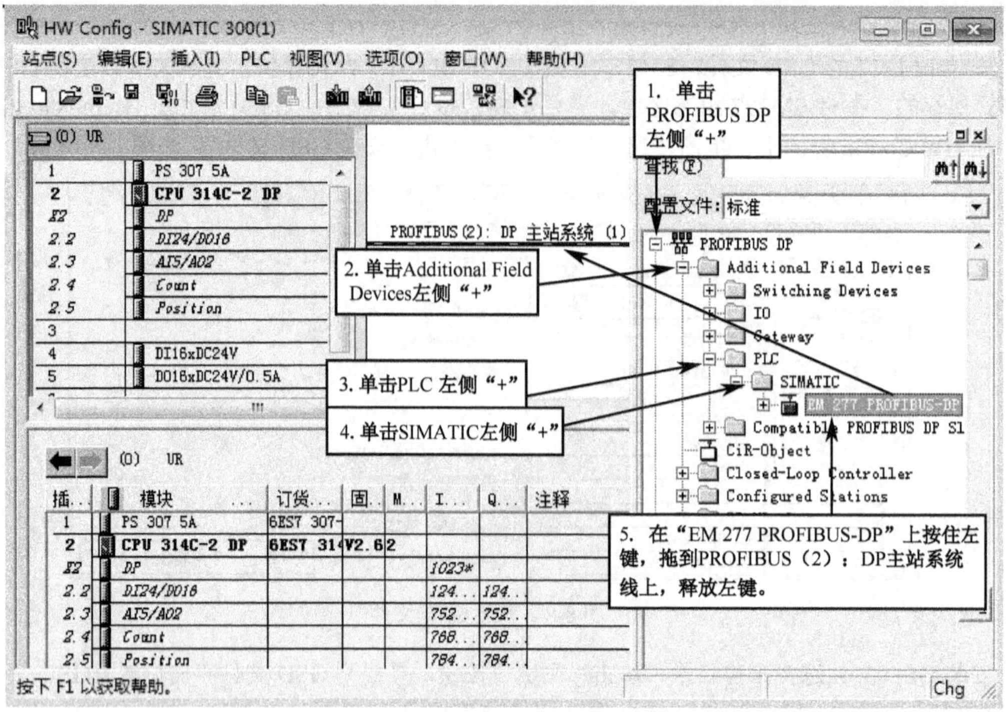

图 8-10　将 EM 277 PROFIBUS-DP 连接到 S7-300PLC

（8）设置 DP 地址。在属性-PROFIBUS 接口 EM277 PROFIBUS-DP 界面上，单击“参数”按钮，地址选 3，这是从站 DP 地址，必须与用拨码开关设置的 EM277 模块物理地址一致。单击属性按钮。如图 8-11 所示。

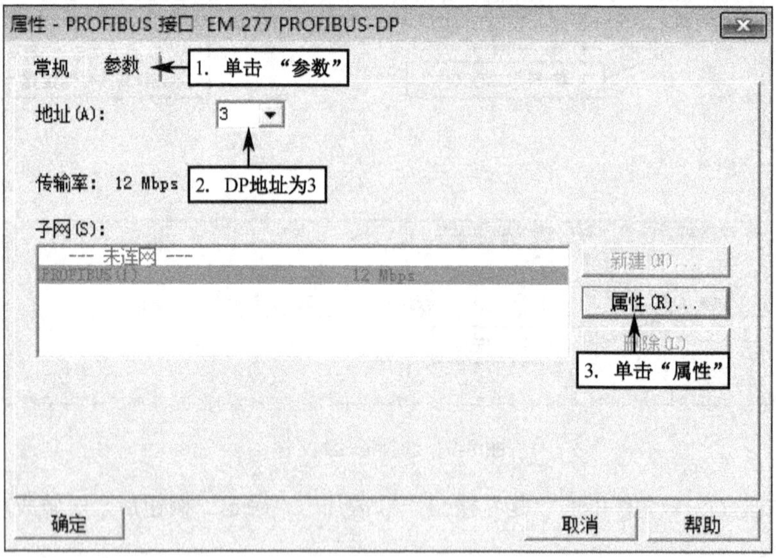

图 8-11　设置 DP 地址

（9）网络设置。单击“网络设置”按钮，根据项目要求选择传输率 12Mbps，单击“12Mbps”，配置文件：DP。单击“确定”按钮，如图 8-12 所示。

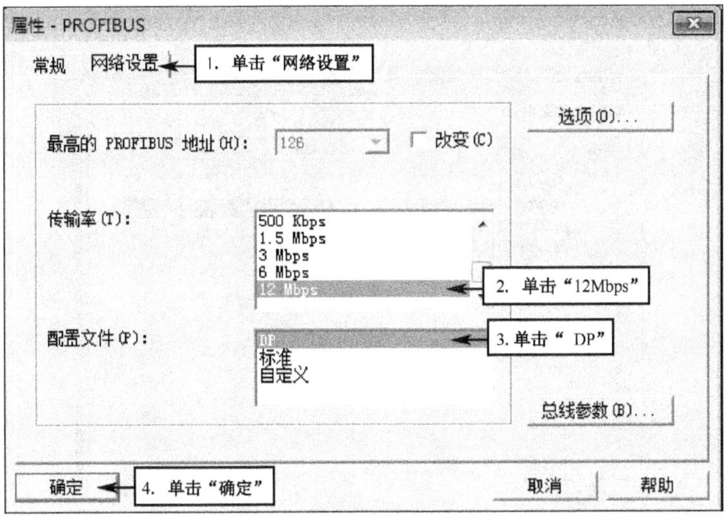

图 8-12　网络设置

EM 277 连接到了 PROFIBUS-DP 主站系统中，如图 8-13 所示。

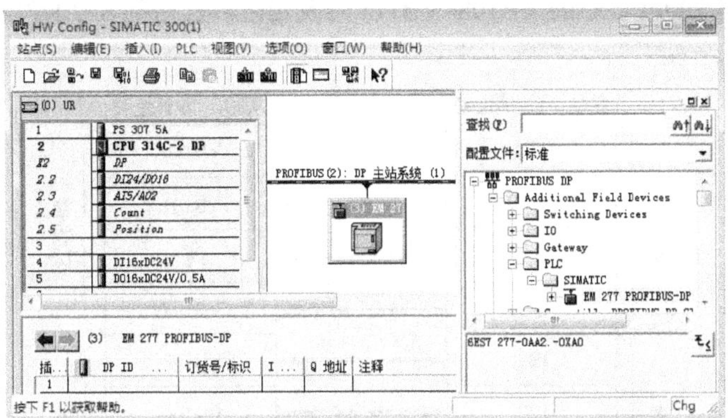

图 8-13　EM 277 连接到了 PROFIBUS-DP 主站系统中

（10）选择传送的数据字节数。这里选择 8 个字节输出/8 个字节输入，单击 EM277PROFIBUS-DP 左边加号，单击“8 Bytes Out/8 Bytes In”，STEP7 自动分配主站的 I 地址和 Q 地址。即主站接收区是 IB2~IB9，发送区是 QB6~QB13，如图 8-14 所示。

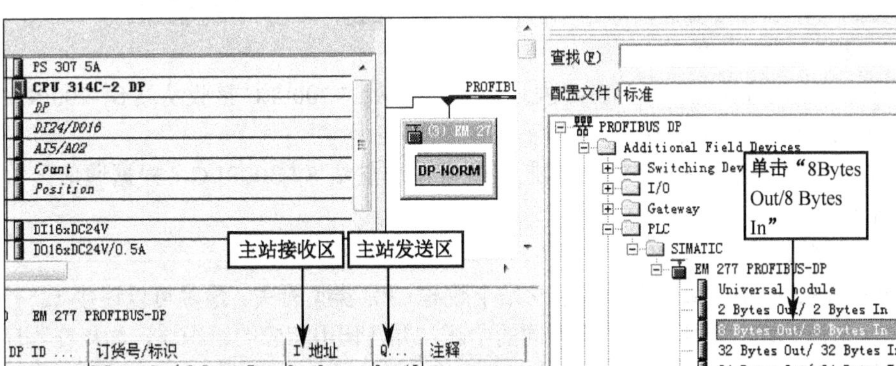

图 8-14　选择传送的数据字节数

（11）设置偏移量。双击 PROFIBUS-DP 主站系统下方的 EM277，显示属性-DP 从站对话框，单击“分配参数”按钮，设置 I/O Offset in the V-memory 为 100（即在 V 存储区中的 I/O 偏移量为

100）。如图 8-15 所示。

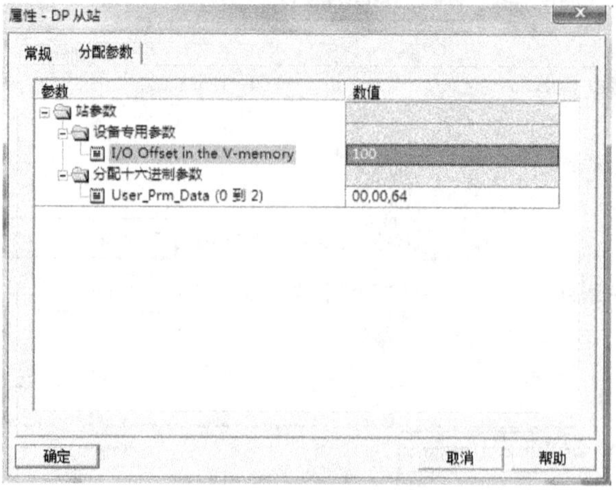

图 8-15　设置偏移量

由上述可知 S7-200PLC 中的 VB100~VB107 是接收区，接收的是 S7300PLC 中的 QB6~QB13 发送区发送的数据；S7-200PLC 中的 VB108~VB115 是发送区，发送到 S7300PLC 的接收区 IB2~IB9。如图 8-16 所示。

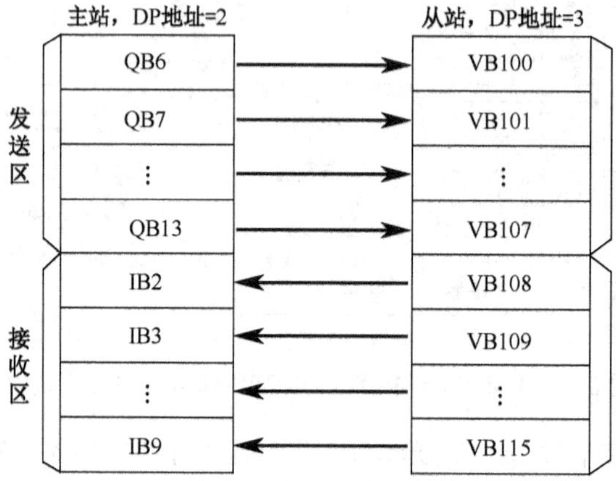

图 8-16　通信区

（12）回到 HW Config 界面，单击“保存并编译”按钮，单击“下载”按钮。

步骤 4．编写通信程序

主站 S7-300PLC 向从站 S7-200PLC 发送数据，主站 S7-300PLC 接收从站 S7-200PLC 数据，根据通信区，主站程序如图 8-17 所示。

从站 S7-200PLC 接收主站数据，再把该数据发送主站 S7-300PLC，根据通信区，从站程序如图 8-18 所示。

步骤 5．中断处理

采用 PROFIBUS-DP 总线，所能连接从站个数与 CPU 类型有关，最多可以连接 125 个从站，为防止某一个从站掉电或者损坏，将产生不同的中断，并且调用相应的组织块，如果在程序中没有建立这些组织块，CPU 将停止运行，以保护人身和设备的安全，因此在主站右键单击“块”，分别插入 OB82、OB86 和 OB122 组织块，以便进行相应的中断处理。如果忽略这些故障让 CPU 继续运行，可以对这几个组织块不编写任何程序，只插入空的组织块。如图 8-19 所示。

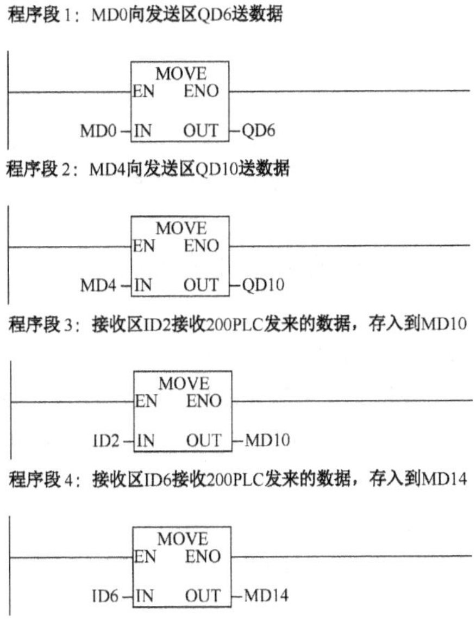

图 8-17 主站程序

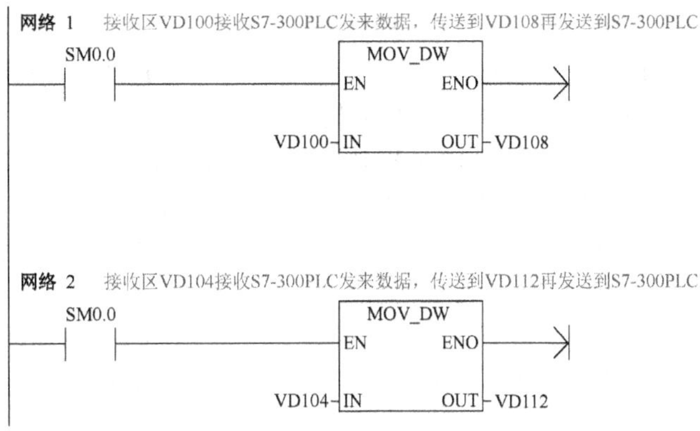

图 8-18 从站程序

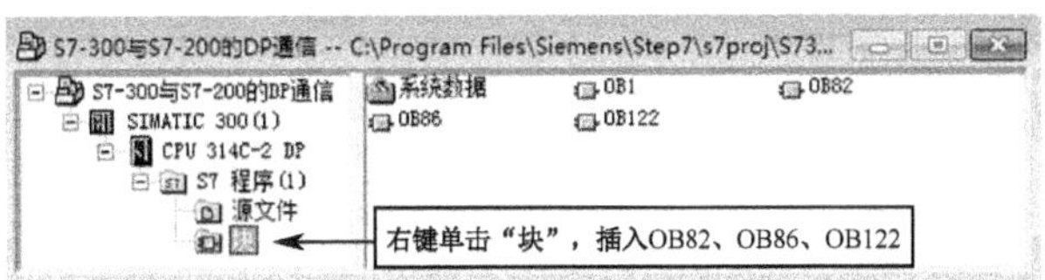

图 8-19 插入 OB82、OB86 和 OB122 组织块

步骤 6．联机调试

断电接线，确保接线正确，上电，在主站 SIMATIC Manager 界面中下载主站网络组态、参数设置及程序等；在从站下载从站程序。

在主站右键单击“块”，插入变量表，建立主站变量表，将 MD0 修改数值为“AAAAAAAA”，MD4 修改数值为“BBBBBBBB”，按“回车”确定，单击“监视变量”按钮，单击“修改变量”按钮。在主站通过变量表写入了数据到 MD0 和 MD4，主站 QD6 和 QD10 发送该数据至从站，从站接收到该数据后再把它们发送至主站，在主站接收后传送到 MD10 和 MD14，可以观察到 MD10=AAAAAAAA 和 MD14=BBBBBBBB，可以看到该数据是主站发送的数据。如图 8-20 所示。

满足上述情况，调试成功。如果不能满足，检查原因，纠正问题，重新调试，直到满足上述情况为止。

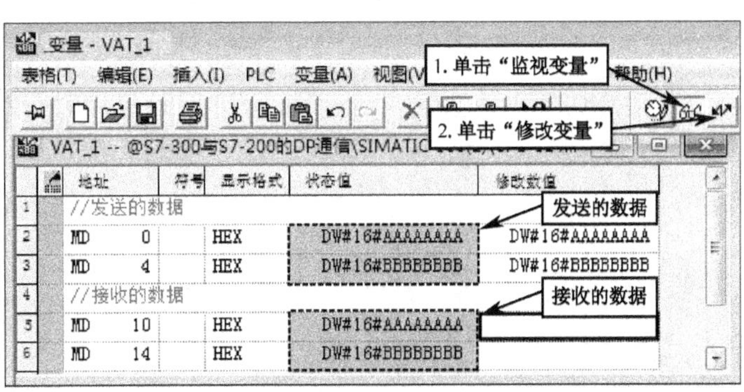

图 8-20 变量表监控

8.5 巩固练习

（1）通过 EM277 模块组建 1 台 S7-300PLC 与 2 台 S7-200PLC 的 PROFIBUS-DP 通信。其中 S7-300PLC 为主站，DP 地址为 2。其中一台 S7-200PLC 为从站 1，DP 地址为 3。另一台 S7-200PLC 为从站 2，DP 地址为 4。要求如下。

① 在主站通过按下启动按钮 SB1，从站 1 的电动机和从站 2 电动机转动，按停止按钮 SB2，从站 1 的电动机和从站 2 的电动机停止。

② 主站指示灯 HL1 和 HL2 可以监视从站 1 与从站 2 电动机转动或停止状态。

（2）通过 EM277 模块组建 1 台 S7-300PLC 与 2 台 S7-200PLC 的 PROFIBUS-DP 通信。其中 S7-300PLC 为主站，DP 地址为 3。其中一台 S7-200PLC 为从站 1，DP 地址为 4。另一台 S7-200PLC 为从站 2，DP 地址为 5。要求如下。

① 在主站发送 1Hz 闪烁信号到从站 1，从站 1 接收到信号并且指示灯 HL 闪烁。

② 在主站发送 5Hz 闪烁信号到从站 2，从站 2 接收到信号并且指示灯 HL 闪烁。

项目 9　S7-300 PLC 与 ET200M 之间的 PROFIBUS-DP 通信

9.1　项目要求

由一台 S7-300PLC 和一台 ET200M 组成的 PROFIBUS-DP 通信中，PLC 的 CPU 模块为 CPU314C-2DP。S7-300PLC 是主站，ET200M 是从站，主站 DP 地址为 2，从站 DP 地址为 3。要求如下。

（1）在主站按下启动按钮 SB1，从站电动机转动，主站指示灯 HL1 亮。在主站按下停止按钮 SB2，从站电动机停止，主站指示灯 HL1 灭。主站指示灯 HL1 是用来监视从站电动机转动或停止状态。

（2）当从站电动机过载时，热继电器 FR（常闭触点）动作，该电动机停止，并且主站指示灯 HL2 以 1Hz 频率报警闪烁。

9.2　学习目标

（1）了解 ET200 系列模块。

（2）掌握 S7-300PLC 与 ET200M 的 PROFIBUS-DP 通信的硬件与软件配置。

（3）掌握 S7-300PLC 与 ET200M 的 PROFIBUS-DP 通信的硬件连接。

（4）掌握 S7-300PLC 与 ET200M 的 PROFIBUS-DP 通信网络组态及参数设置。

（5）掌握 S7-300PLC 与 ET200M 的 PROFIBUS-DP 通信编程及调试。

9.3　相关知识

9.3.1　ET200 系列模块

1．分布式 I/O 引入

组建自动化系统时，通常需要将输入输出集中集成到自动化系统中，将需要敷设很长的电缆，从而不易实现，并且可能因为电磁干扰而使得可靠性降低。分布式 I/O 是理想解决方案。而 ET200 是 S7 系列 PLC 中典型的分布式 I/O，即控制 CPU 位于中央位置，而 I/O 设备在本地分布式运行，同时通过功能强大的 PROFIBUS-DP 高速数据传输能力，可以确保 CPU 和 I/O 设备稳定顺畅地进行通信。

2．ET200 系列分布式 I/O

ET200 是一种基于开放式 PROFIBUS 总线模块，并可实现从现场信号到控制室的数据通信的远程分布式输入输出结构。它可以降低接线成本、提高数据安全性、增加系统灵活性等。ET200 在自动化项目中典型应用如图 9-1 所示。

（1）ET200M

ET200M 分布式 I/O 设备是具有 IP20 防护等级的模块化 DP 从站，具有 S7-300 自动化系统的组态技术。如图 9-2 所示为 ET200M 分布式 I/O 设备组态实例，它由一个 IM153-X、多个 S7-300I/O 模块、一个电源模块及一根导轨组成。

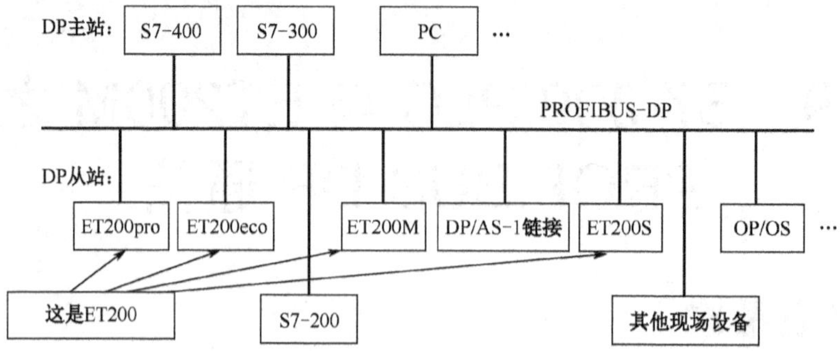

图 9-1　ET200 在自动化项目中典型应用

图 9-2　ET200M 分布式 I/O 设备组态实例

ET200M 模块很多，任取一种 IM153-2 中的订货号为 6ES7 153-2BA02-0XB0，正面外形如图 9-3 所示。

IM153-2 正面视图如图 9-4 所示。

图 9-3　IM 153-2 正面外形

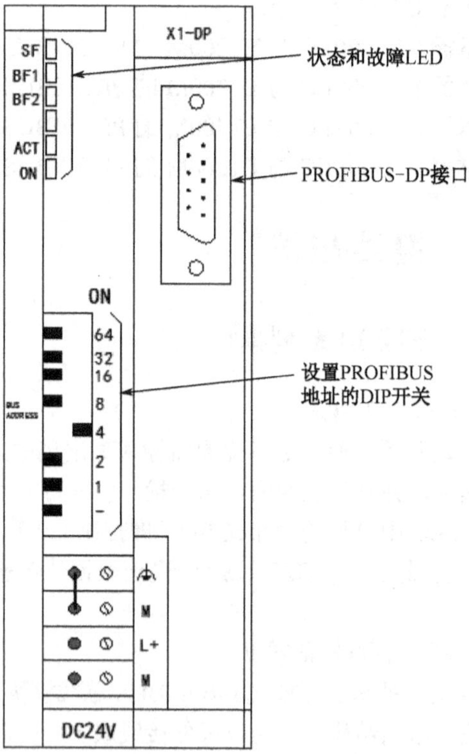

图 9-4　IM153-2 正面视图

设置 DP 地址。通过 DIP 开关设置 DP 地址，如果设置 DP 地址为 4，只将 4 对应小开关拨向右侧 ON 即可。如果设置 DP 地址为 3，只将 1 和 2 对应小开关拨向右侧 ON 即可，设置 DP 地址为其他值方法同上。

几种 ET200M 模块订货号如表 9-1 所示。

表 9-1　几种 ET200M 模块订货号

模块	订货号
IM153-1	6ES7 153-1AA01-0XB0
IM153-1	6ES7 153-1AA03-0XB0
IM153-1 Rlease1-5	6ES7 153-1AA82-0XB0
IM153-2	6ES7 153-2AA00-0XB0
IM153-2	6ES7 153-2AA01-0XB0
IM153-2	6ES7 153-2AA02-0XB0
IM153-2	6ES7 153-2BA00-0XB0
IM153-2	6ES7 153-2BA01-0XB0
IM153-2	6ES7 153-2BA02-0XB0
IM153-2 F0	6ES7 153-2AB00-0XB0

（2）ET200CN IM177

ET200CN IM177 是全新的 PROFIBUS-DP 接口模块，带有集成的数字量输入/输出通道和 PROFIBUS-DP 快速连接接头以及 DC24V 400mA 传感器供电电源，可以扩展最多 6 个 S7-200 小型 PLC 的数字量及模拟量扩展模块。

它的网络连接速度高达 1.5Mbps，并能完全在 STEP7 下实现硬件组态、编程及在线诊断。

作为分布式 I/O 设备，它是分布式外设系统中的一个 DP 从站，可以将现场传感器或执行器的数据通过 PROFIBUS-DP 总线传送到 DP 主站的 S7-300CPU。

（3）ET200S

ET200S 是一种可拆分为单个组件而设计的分布式 I/O，它由以下部分组成：输入和输出模块、智能模块、任何三相电源用电设备的负载馈电器。品种规格齐全、组态及编程的一致性使 ET200S 成为应用广泛深入的 I/O 系统。可以在 STEP7 中配置，称直接通信方式，这是一种特殊的 DP 从站之间的关系，它的特点就是能够获取其他 DP 从站发送到主站的具体内容。

（4）其他 ET200

除以上 ET200 外，还有其他分布式 I/O，包括：

ET200pro 最大可扩展 16 个模块或 128 点，电子模块与连接模块均支持热插拔，支持 PROFIBUS 及 PROFINET，可以连接电动机启动器、变频模块等功能模块，提供故障安全型模块，并可与标准模块混合使用。

ET200is 是本质安全系统，适用于爆炸危险的区域。

ET200X 是 IP6567 的分布式 I/O，相当于 CPU314，可用于有粉末和水流喷溅的场合。

ET200eco 是经济实用的 I/O。

ET200R 适用于机器人，能抗焊接火花的飞溅。

ET200L 是小巧经济的分布式 I/O，像明信片大小的 I/O 模块。

ET200B 是整体式的一体化分布式 I/O。

9.3.2　S7-300PLC 与 ET200M 的 PROFIBUS-DP 通信简介

S7-300PLC 的 CPU 集成 DP 口与 ET200M 的 PROFIBUS-DP 通信，ET200 系列是远程 I/O 站。是指当 CPU 控制距离较远的 I/O 模块时，可以借助 ET200 系列模块实现。在 ET200 模块上挂接很多 I/O 模块，然后通过 PROFIBUS 总线，把 ET200 系列模块的 DP 口与 S7-300PLC 的 DP 口相连接，这样 PLC 就可以控制 ET200 上挂接的 I/O 模块了。

ET200 系列是远程 I/O 站，减少电缆的敷设，可以根据不同要求放置不同类型的 I/O 站，如 ET200M、ET200B、ET200X、ET200S 等，ET200M 适合在远程 I/O 点数较多的情况下使用。

某些分布很广的系统，例如大型仓库、码头和自来水厂等，可以采用基于 PROFIBUS-DP 网络的分布式 I/O，将它们放置在离传感器和执行机构较近的地方，分布式 I/O 可以减少大量接线。

9.4 项目解决步骤

步骤 1．通信的硬件和软件配置

硬件：

（1）电源模块（PS307 5A）2 个。

（2）CPU 模块（CPU314C-2DP）1 个。

（3）MMC 卡 1 张。

（4）输入模块（DI16×DC24V）2 个。

（5）输出模块（DO16×DC24V/0.5A）2 个。

（6）导轨 2 根。

（7）PROFIBUS 电缆 1 根。

（8）DP 头 2 个。

（9）PC 适配器 USB 编程电缆 （S7-200/S7-300/S7-400 PLC 下载线）1 根。

（10）装有 STEP7 编程软件的计算机 1 台。

（11）ET200M（IM 153-2）模块 1 个。

软件：STEP7 V5.4 及以上版本编程软件。

步骤 2．通信的硬件连接

确保断电接线。将 PROFIBUS 电缆与 DP 头连接，将 1 个 DP 头插到 CPU 模块的 DP 口。另 1 个 DP 头插到 ET200M（IM153-2）的 DP 口。主站和从站的 DP 头处于网络终端位置，所以两个 DP 头开关设置为 ON，将 PC 适配器 USB 编程电缆的 RS-485 端口插 CPU 模块的 MPI 口，另一端插在编程器的 USB 口上。PROFIBUS-DP 通信的硬件连接如图 9-5 所示。

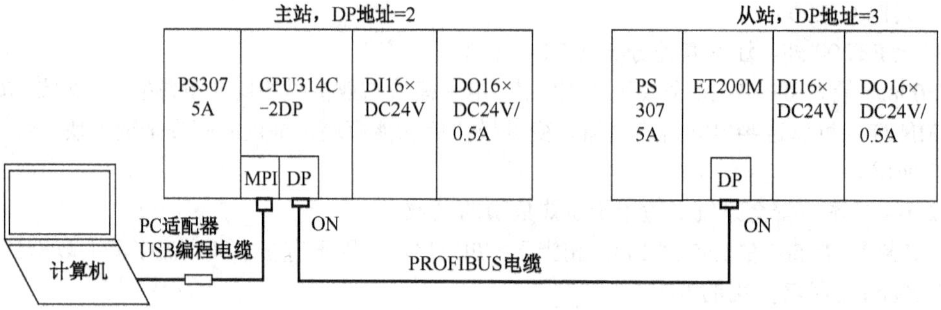

图 9-5 通信的硬件连接

步骤 3．主站网络组态及参数设置

（1）主站硬件组态。根据实际使用的硬件配置，通过 STEPT 编程软件对主站进行硬件组态，注意与硬件模块上面印刷的订货号一致。在 SIMATIC Manager 界面中，新建一个项目，命名为“S7-300 与 ET200M-DP 通信”，在“插入新对象”上右击，单击“SIMATIC300 站点”，如图 9-6 所示。

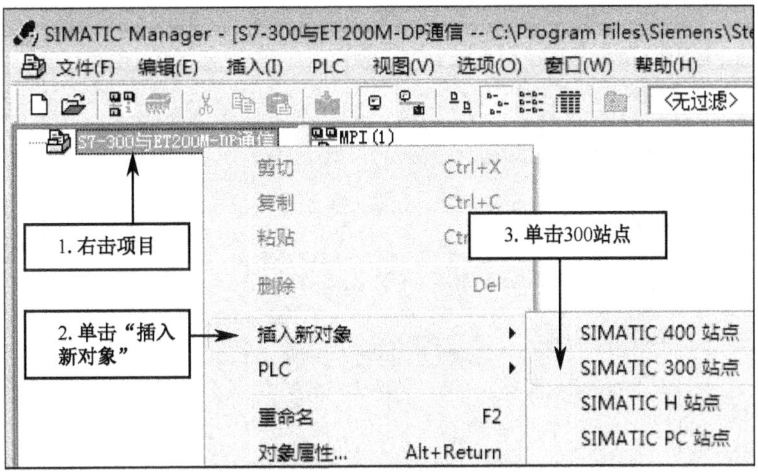

图 9-6　插入 SIMATIC300 站点

双击“SIMATIC300 站点”，双击“硬件”图标，通过双击导轨“Rail”插入导轨，在导轨 1 号插槽插入电源模块（PS307 5A）、2 号插槽插入 CPU 模块（CPU314C-2DP，V2.6）、3 号插槽空闲、4 号插槽插入输入模块（DI16×DC24V）、5 号插槽插入输出模块（DO16×DC24V/0.5A）。主站默认输入 I 地址和输出 Q 地址，如图 9-7 所示。

然后在 CPU314C-2DP 模块上双击“DP”，产生如图 9-8 所示 DP 属性界面。单击“属性”按钮。

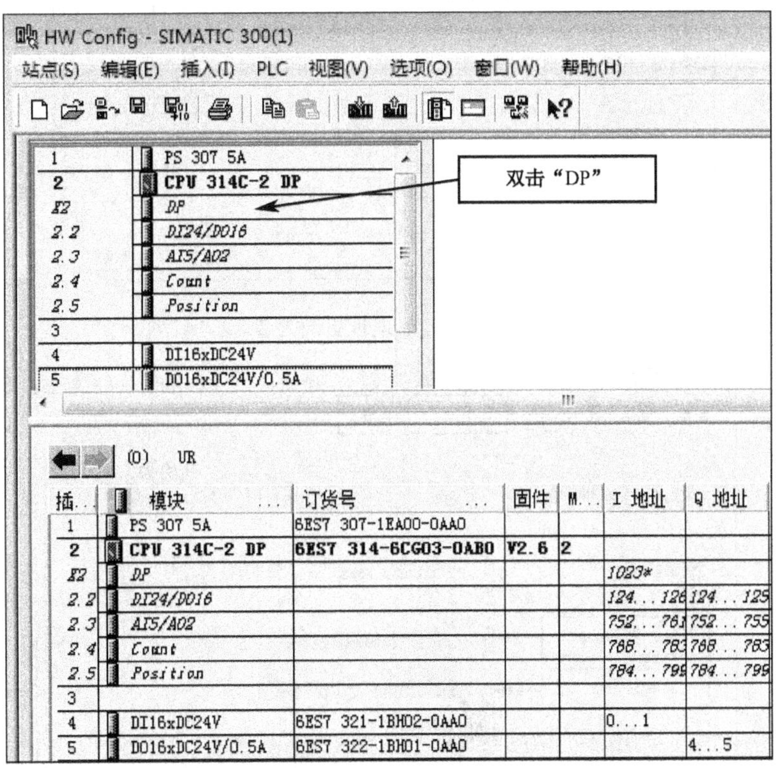

图 9-7　主站硬件组态及默认 I/O 地址

（2）设置主站 DP 地址。单击“参数”，将 DP 地址更改为 2。单击“新建”按钮。如图 9-9 所示。

（3）网络参数设置。单击“网络设置”→单击“1.5Mbps”完成传输率选择，单击“DP”完成配置文件选择，单击“确定”按钮。如图 9-10 所示。

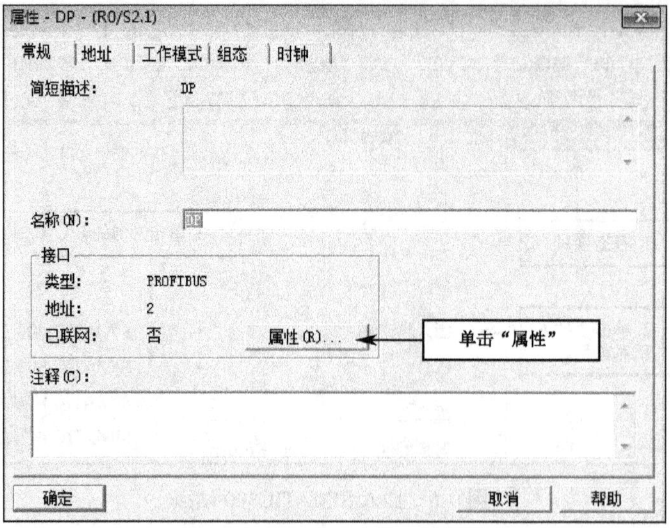

图 9-8　主站 DP 属性界面

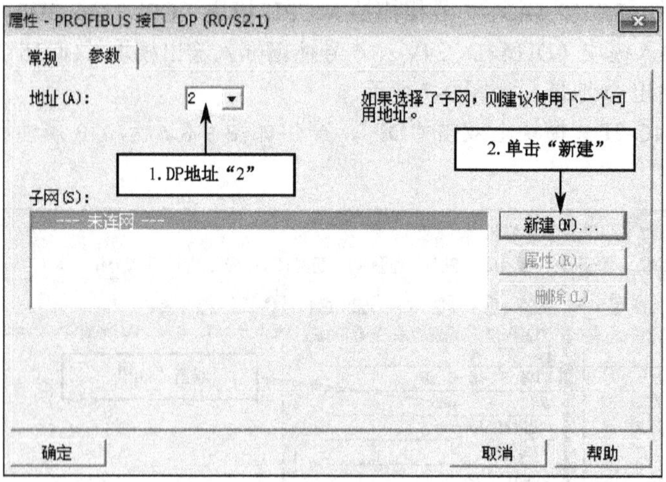

图 9-9　DP 地址更改为 2

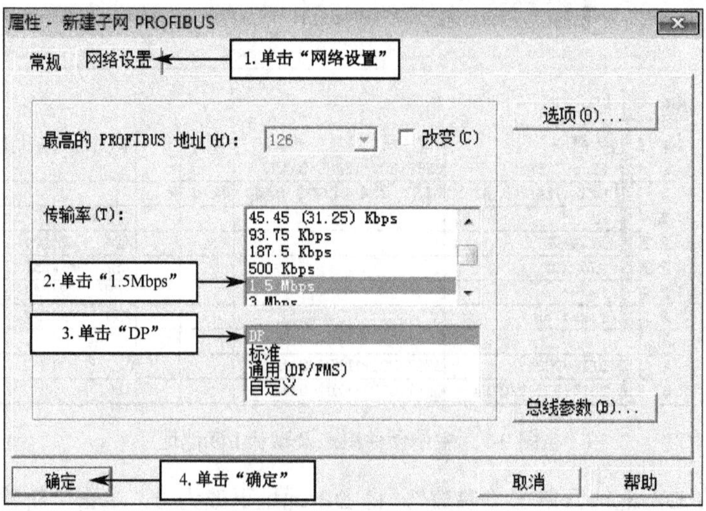

图 9-10　网络设置

于是显示图 9-11，主站 DP 地址为 2，传输率为 1.5Mbps，单击“确定”按钮。

在 DP 属性界面中单击“常规”按钮，显示接口类型：PROFIBUS；地址：2；已联网：是。如图 9-12 所示。

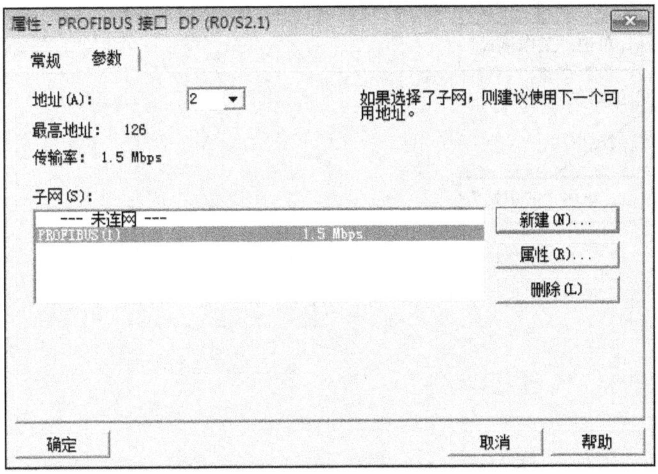

图 9-11　DP 地址与传输率

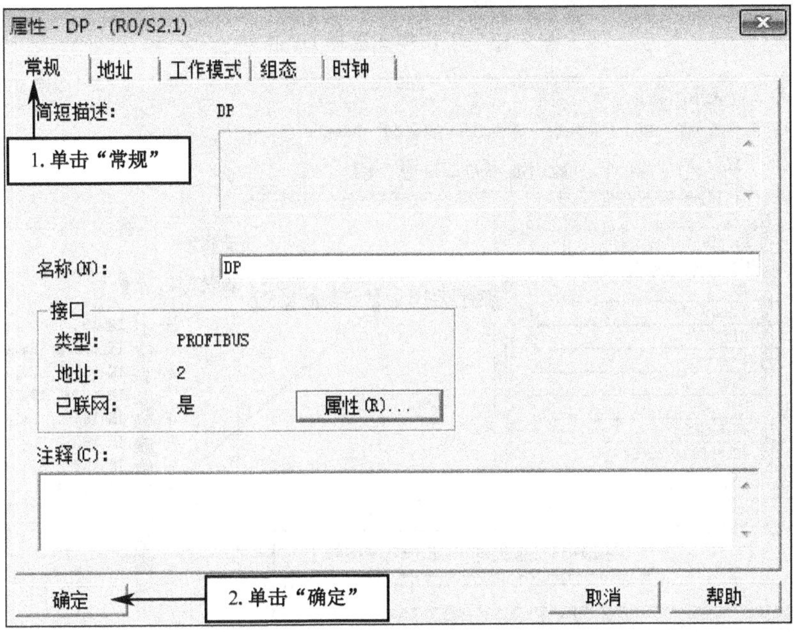

图 9-12　DP 属性界面

(4) 工作模式选择主站。单击“工作模式”按钮，设置为 DP 主站，单击“DP 主站”，单击“确定”按钮，如图 9-13 所示。

步骤 4．从站网络组态及参数设置

设置 DP 地址为 3。将 ET200M（IM153-2）上的“BUS　ADDRESS”拨码开关 PROFIBUS 的地址设定为 3，即把数字“1”和“2”左侧对应 DIP 开关拨向右侧。

回到硬件组态界面，单击 PROFIBUS DP 左边“+”，单击 ET200M 左边“+”→光标在 IM153-2 上按住“左键”拖到 PROFIBUS（1）：DP 主站系统网络线上，显示“+”号时松开“左键”。如图 9-14 所示。

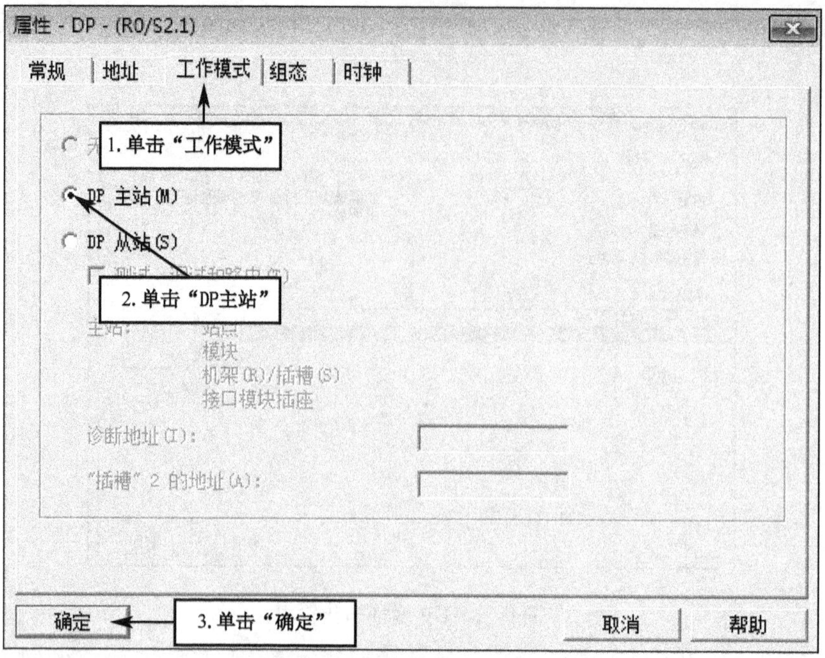

图 9-13　工作模式选择 DP 主站

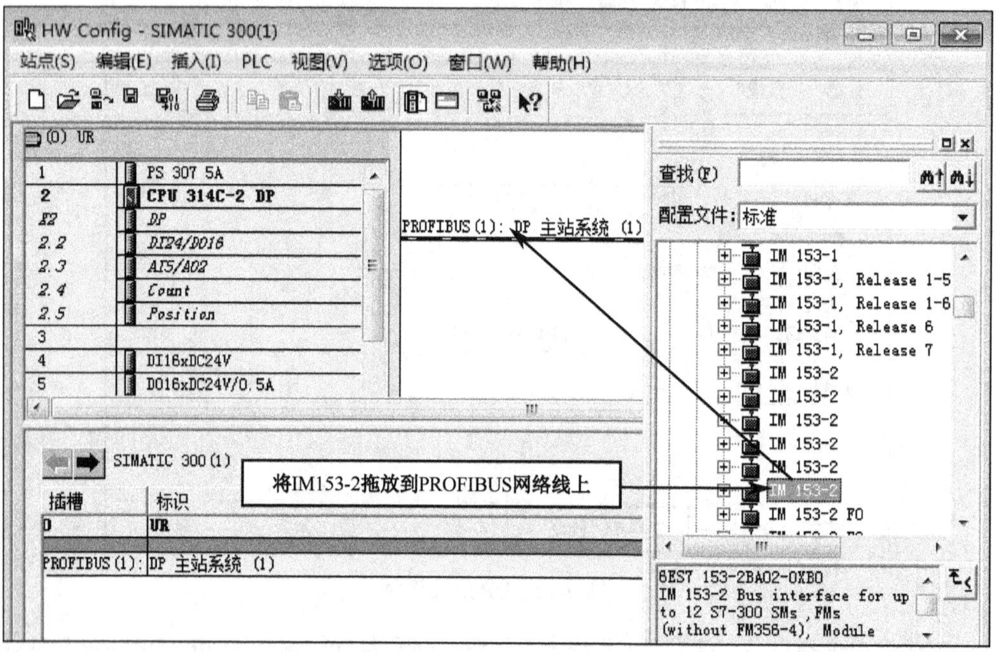

图 9-14　从站挂到网络上

显示图 9-15，设置 DP 地址为 3，单击“3”，一定与 DIP 开关设置 DP 地址设置一致，显示子网 PROFIBUS（1）1.5Mbps，单击“确定”按钮。

从站挂到了 PROFIBUS 网络上，如图 9-16 所示。

单击 PROFIBUS 网络上“从站 IM153-2”，单击 IM153-2 左边“+”，插入模块 SM321 DI16×DC24V 和模块 SM322DO16×DC24V/0.5A，如图 9-17 所示。可以看到 ET200M 从站外设输入地址 IB2 和 IB3，ET200M 从站外设输出地址 QB0 和 QB1。从站外设输入和输出地址不能与主站及其他远程 I/O 站的地址重叠，组态时系统会自动分配 I/O 地址。实际使用时，ET200 所带的 I/O 模块就好像是集成在 CPU314C-2DP 上一样，编程时非常简单。

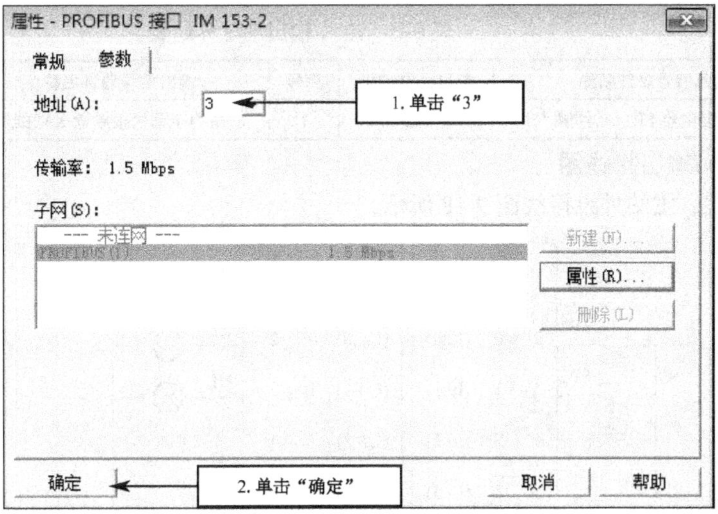

图 9-15　从站 DP 地址与传输率

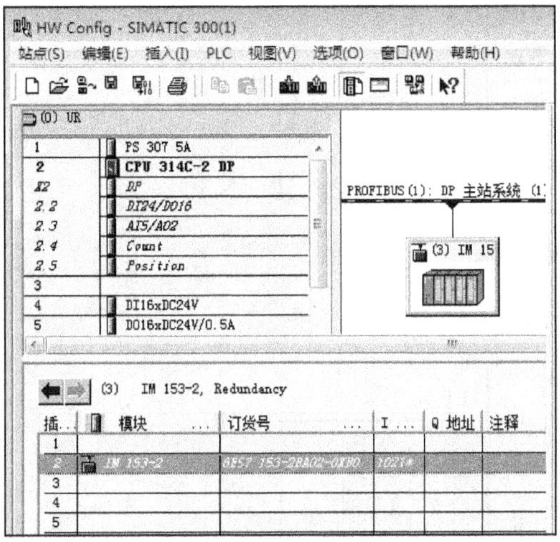

图 9-16　从站挂到了 PROFIBUS 网络上

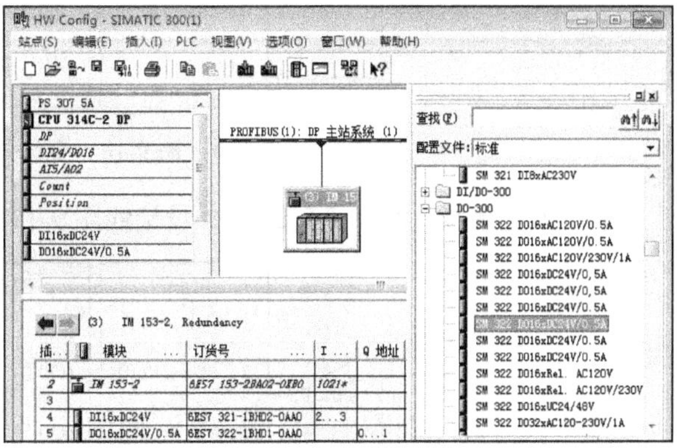

图 9-17　插入输入和输出模块

在硬件组态界面，单击“保存并编译”按钮。

步骤 5．下载网络组态及参数设置（参考项目 4 步骤 7）

通过 PC 适配器 USB 编程电缆，在硬件组态界面中，将主站硬件组态、网络组态及参数设置下载到对应 PLC 中，下载结束后关闭 PLC 电源。

重新打开 PLC 电源，观察 CPU 模板上 SF 和 BF 指示灯是否为红色。如果是红色，说明组态过程中可能存在错误，也可能是通信硬件配置连接问题等，需要检查，更正后，再保存编译，重新下载。SF 和 BF 指示灯不亮时，且 DC5V 和 RUN 指示灯为绿色，这一步骤就成功结束了。

步骤 6．输入/输出地址分配

主站 I/O 地址分配如表 9-2 所示。

表 9-2　输入/输出地址分配表

序号	输入信号器件名称	编程元件地址	序号	输出信号器件名称	编程元件地址
1	主站的启动按钮 SB1(常开触点)	I0.0	1	主站的指示灯 HL1	Q4.0
2	主站的停止按钮 SB2(常开触点)	I0.1	2	主站的报警灯 HL2	Q4.1

从站的 I/O 地址分配表 9-3 所示。

表 9-3　输入/输出地址分配表

序号	输入信号器件名称	编程元件地址	序号	输出信号器件名称	编程元件地址
1	从站的热继电器 FR（常闭触点）	I2.0	1	从站的电动机接触器 KM 线圈	Q0.0

步骤 7．输入/输出接线图

确保断电接线。主站外设接线图 9-18 所示。

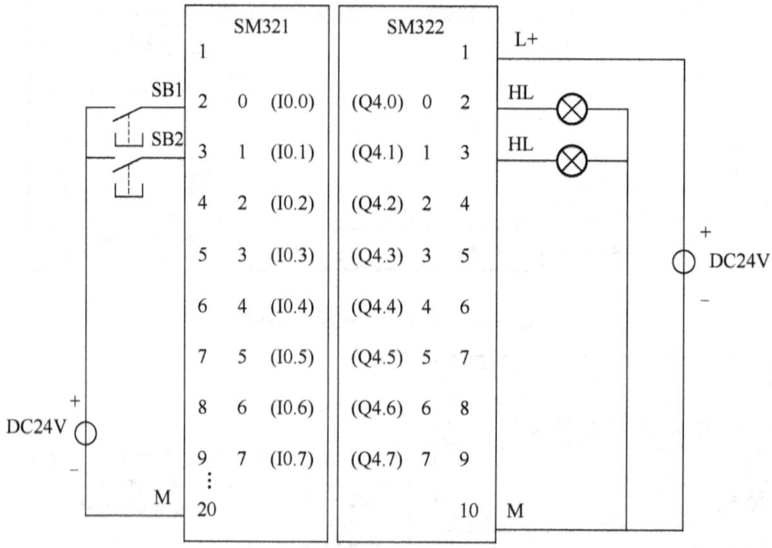

图 9-18　主站外设接线图

确保断电接线。从站 ET200M 外设接线图 9-19 所示。

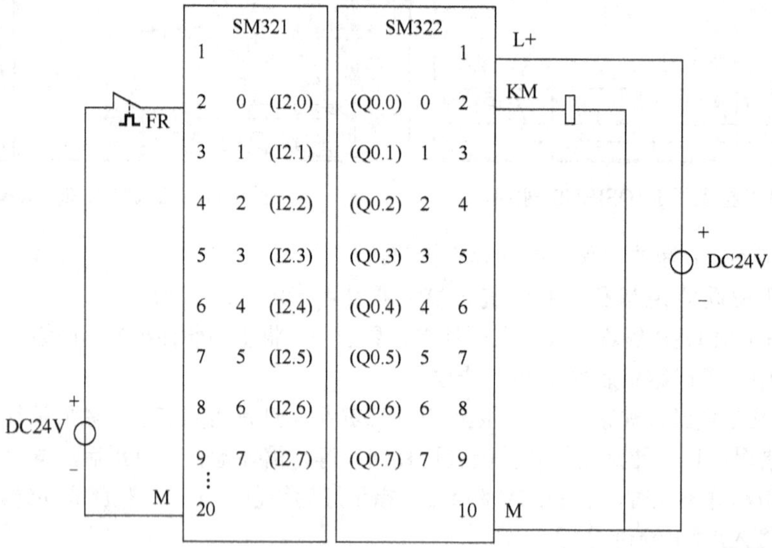

图 9-19　从站外设接线图

步骤 8．建立符号表

根据项目要求、地址分配，建立主站符号表如图 9-20 所示。

步骤 9．编写通信程序

根据项目要求、地址分配，编写主站程序如图 9-21 所示。

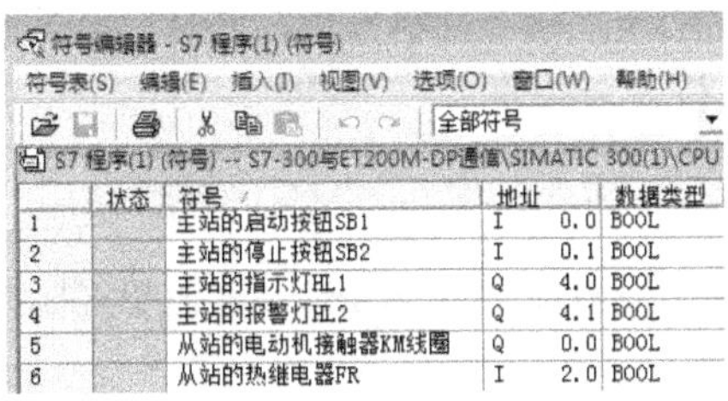

	状态	符号 /	地址		数据类型
1		主站的启动按钮SB1	I	0.0	BOOL
2		主站的停止按钮SB2	I	0.1	BOOL
3		主站的指示灯HL1	Q	4.0	BOOL
4		主站的报警灯HL2	Q	4.1	BOOL
5		从站的电动机接触器KM线圈	Q	0.0	BOOL
6		从站的热继电器FR	I	2.0	BOOL

图 9-20　主站符号表

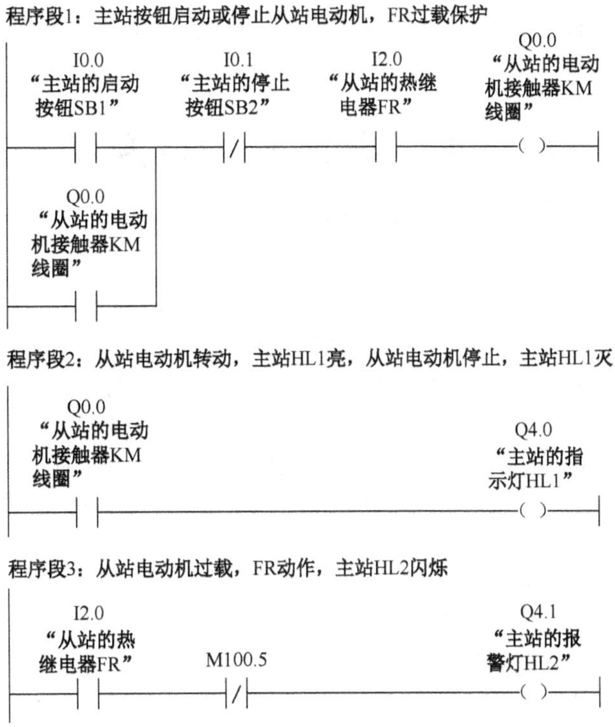

图 9-21　主站程序

步骤 10．中断处理

采用 PROFIBUS-DP 总线，所能连接从站个数与 CPU 类型有关，最多可以连接 125 个从站，为防止某一个从站掉电或者损坏，将产生不同的中断，并且调用相应的组织块，如果在程序中没有建立这些组织块，CPU 将停止运行，以保护人身和设备的安全，因此在主站右击“块”，插入 OB82、OB86 和 OB122 组织块，以便进行相应的中断处理，如果忽略这些故障让 CPU 继续运行，可以对这几个组织块不编写任何程序，只插入空的组织块。如图 9-22 所示。

图 9-22　插入空组织块 OB82、OB86、OB122

步骤 11．联机调试

确保接线正确的情况下，在 SIMATIC Manager 界面中，单击站点名称“主站”，单击“下载”按钮，将主站下载到对应 PLC 中。

（1）在主站按下启动按钮 SB1，看到从站 1 的电动机转动，主站指示灯 HL1 亮。在主站按下停止按钮 SB2，看到从站 1 的电动机停止，主站指示灯 HL1 灭。主站指示灯 HL1 监视到了从站 1 电动机的转动或停止状态。

（2）当从站 1 电动机过载时，热继电器 FR（常闭触点）动作，看到该电动机停止，并且看到主站报警指示灯 HL2 以 1Hz 闪烁。

满足上述情况，调试成功。如果不能满足，检查原因，纠正问题，重新调试，直到满足上述情况为止。

9.5 项目解决方法拓展（S7-300PLC 和 ET200S 的 PROFIBUS-DP 通信）

由一台 S7-300PLC 和一台 ET200S 组成的 PROFIBUS-DP 通信中，PLC 的 CPU 模块为 CPU314C-2DP。ET200S 为 IM151-1 Standard，订货号为 6ES7 151-1AA01-0AB0。S7-300PLC 是主站，ET200S 是从站，主站 DP 地址为 2，从站 DP 地址为 3。要求如下。

（1）在主站按下启动按钮 SB1，从站电动机转动，主站指示灯 HL1 亮。在主站按下停止按钮 SB2，从站电动机停止，主站指示灯 HL1 灭。主站指示灯 HL1 是用来监视从站电动机转动或停止状态。

（2）当从站电动机过载时，热继电器 FR（常闭触点）动作，该电动机停止，并且主站指示灯 HL2 以 1Hz 频率报警闪烁。

项目解决方法拓展，提示如下：

参考本项目解决步骤。

硬件配置有 ET200S 为 IM151-1 Standard，订货号为 6ES7 151-1AA01-0AB0，其他配置根据实际情况确定。

注意 ET200S 的 DP 地址设定，须保证硬件 DIP 拨码开关设置 DP 地址与 STEP7 软件下设置 DP 地址一致。

IM151-1 Standard 挂到 PROFIBUS 网络上，插入输入和输出模块，看到默认的从站外设输入和输出地址，如图 9-23 所示。输入地址：I2.0、I2.1、I3.0、I3.1、I4.0、I4.1。输出地址：Q0.0、Q0.1、Q1.0、Q1.1、Q2.0、Q2.1。

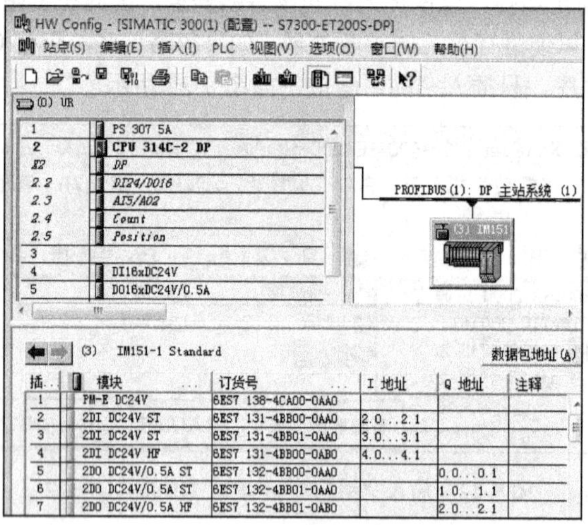

图 9-23 IM151-1 挂到网络上和默认的从站外设输入和输出地址

9.6 巩固练习

（1）由一台 S7-300PLC 和一个 ET200M 模块组成的 PROFIBUS-DP 通信中，PLC 的 CPU 模块为 CPU314C-2DP。ET200M 为 IM153-2。S7-300PLC 是主站，ET200M 是从站，主站 DP 地址为 2，从站 DP 地址为 5。要求如下。

① 在主站按下启动按钮 SB1，从站电动机转动，主站指示灯 HL1 亮。在主站按下停止按钮 SB2，从站电动机停止，主站指示灯 HL1 灭。主站指示灯 HL1 是用来监视从站电动机转动或停止状态。

② 当从站电动机过载时，热继电器 FR（常闭触点）动作，该电动机停止，并且主站指示灯 HL2 以 1Hz 频率报警闪烁。

③ 在从站按下启动按钮 SB1，主站电动机转动，从站指示灯 HL1 亮。在从站按下停止按钮 SB2，主站电动机停止，从站指示灯 HL1 灭。从站指示灯 HL1 是用来监视主站电动机转动或停止状态。

④ 当主站电动机过载时，热继电器 FR（常闭触点）动作，该电动机停止，并且从站指示灯 HL2 以 5Hz 频率报警闪烁。

（2）由 1 台 S7-300PLC 和两个 ET200M 模块组成一个主站两个从站的 PROFIBUS-DP 通信，主站地址为 2，从站 1 地址为 3。从站 2 地址为 4。

① 主站对从站 1 电动机进行启动或停止控制，主站指示灯 HL1 能监视从站 1 电动机的工作状态。

② 主站对从站 2 电动机进行启动或停止控制，主站指示灯 HL2 能监视从站 2 电动机的工作状态。

③ 从站 1 对主站电动机进行启动或停止控制，从站 1 指示灯 HL 能监视主站电动机的工作状态。

④ 从站 2 对主站电动机进行启动或停止控制，从站 2 指示灯 HL 能监视主站电动机的工作状态。

项目 10　CP342-5 作为从站的 PROFIBUS-DP 通信

10.1　项目要求

由两台 S7-300PLC 组成的 PROFIBUS-DP 通信中，主站 PLC 的 CPU 模块为 CPU314C-2DP，主站 DP 地址为 2，从站 PLC 的 CPU 模块为 CPU313C，从站的通信模块为 CP342-5，从站 DP 地址为 3。从站通过调用 FC1 和 FC2 指令实现 PROFIBUS-DP 通信。主站发送 2 字节给从站，从站发送 2 字节给主站，要求如下。

1. 在主站按下启动按钮 SB1，从站电动机转动。在主站按下停止按钮 SB2，从站电动机停止。
2. 在从站按下启动按钮 SB1，主站电动机转动。在从站按下停止按钮 SB2，主站电动机停止。

10.2　学习目标

1. 掌握 CP342-5 PROFIBUS 通信模块应用。
2. 掌握 FC1 和 FC2 指令的应用。
3. 理解 CP342-5 作为主站或者从站的 DP 通信含义。
4. 掌握 CP342-5 作为从站 PROFIBUS-DP 通信的硬件、软件配置。
5. 掌握 CP342-5 作为从站 PROFIBUS-DP 通信的硬件连接。
6. 主站和从站之间数据交换的地址分配。
7. 掌握 CP342-5 作为从站 PROFIBUS-DP 通信网络组态及参数设置。
8. 掌握 CP342-5 作为从站 PROFIBUS-DP 通信网络编程及调试。

10.3　相关知识

10.3.1　CP342-5 PROFIBUS 通信模块应用

CP342-5 是 S7-300 系列 PROFIBUS 通信模块，对于没有集成 PROFIBUS 通信端口的 CPU，例如 CPU313C，可以通过 CP342-5 来实现 PROFIBUS 通信。

CP342-5 可以作为主站或从站，但不能同时作为主站和从站，而且只能在 S7-300 的中央机架上使用，不能放在分布式从站（例如 ET200M）上使用。

CP342-5 与 CPU 集成的 DP 接口不一样，它对应的通信区不是 I 区和 Q 区，而是虚拟的通信区，且需要调用通信功能 FC1（DP-SEND）和 FC2(DP-RECV)。

CP342-5 通信模块很多，例如订货号为 6GK7 342-5DA03-0XE0 的 CP342-5 通信模块，如图 10-1 所示。

图 10-1　CP342-5 通信模块

10.3.2 FC1（DP-SEND）指令应用

FC1（DP-SEND）发送数据。在程序编辑器左侧目录中，单击库左边"+"，单击 SIMATIC_NET_CP 左边 "+"，单击 CP300 左边 "+"，双击 "FC1 DP_SEND CP_300"，在程序代码编辑区界面中出现如图 10-2 所示指令。

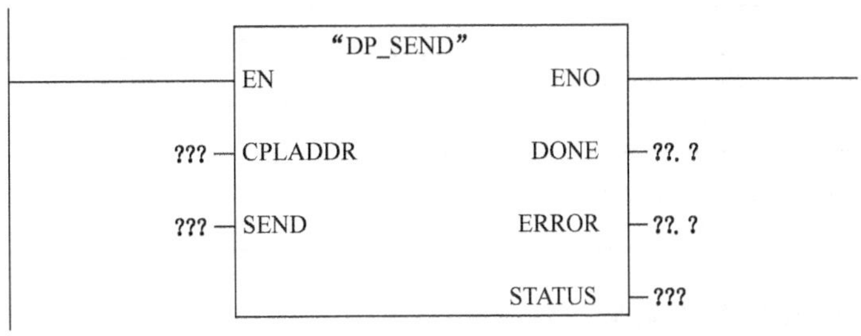

图 10-2 FC1 指令

FC1 指令的应用见表 10-1。

表 10-1 FC1 指令的应用

引脚	数据类型	应用说明
EN	BOOL	模块执行使能端
CPLADDR	WORD	CP342-5 模块的发送数据缓冲区的开始地址
SEND	ANY	指定发送数据的地址和长度
DONE	BOOL	该状态参数指示是否正确完成作业
ERROR	BOOL	错误代码
STATUS	WORD	状态代码
ENO	BOOL	模块输出使能

10.3.3 FC2（DP-RECV）指令应用

FC2（DP-RECV）接收数据。在程序编辑器左侧目录中，单击库左边"+"，单击 SIMATIC_NET_CP 左边 "+"，单击 CP300 左边 "+"，双击 "FC2 DP_RECV CP_300"，在程序代码编辑区界面中出现如图 10-3 所示的指令。

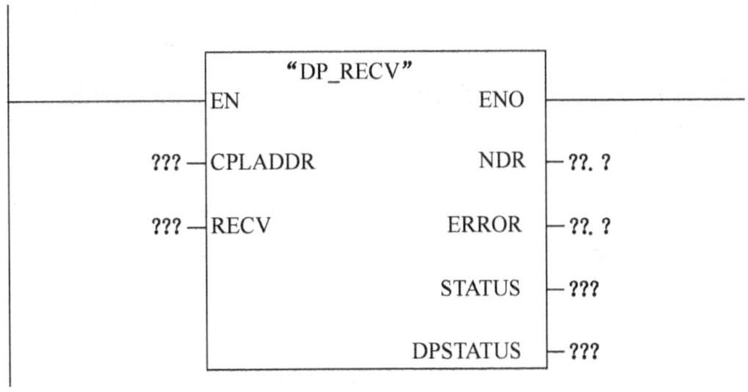

图 10-3 FC2 指令

FC 2 指令的应用见表 10-2。

表 10-2　FC2 指令的应用

引脚	数据类型	应用说明
EN	BOOL	模块执行使能端
CPLADDR	WORD	CP342-5 模块的接收数据的缓冲区开始地址
RECV	ANY	指定接收数据的地址和长度
NDR	BOOL	该状态参数指示是否接收新数据
ERROR	BOOL	错误代码
STATUS	WORD	状态代码
DPSTATUS	BYTE	DP 状态代码
ENO	BOOL	模块输出使能

10.4　项目解决步骤

步骤 1．通信的硬件和软件配置

硬件：

1．电源模块（PS307 5A）2 个。

2．紧凑型 S7-300CPU 模块（CPU314C-2DP）1 个。

3．MMC 卡 2 张。

4．导轨 2 根。

5．输入模块（DI16×DC24V）2 个。

6．输出模块（DO16×DC24V/0.5A）2 个。

7．PROFIBUS 电缆 1 根。

8．DP 头 2 个。

9．CPU 模块（CPU313C）1 个。

10．CP342-5 通信模块 1 个。

11．PC 适配器 USB 编程电缆 （S7-200/S7-300/S7-400 PLC 下载线）1 根。

12．装有 STEP7 编程软件的计算机 1 台。

软件：STEP7 V5.4 及以上版本编程软件。

步骤 2. CP342-5 作为从站通信的硬件连接

确保断电接线。将 PROFIBUS 电缆与 DP 头连接，将一个 DP 头插到 CPU 的 DP 口。另一个 DP 头插到 CP342-5 模块的 DP 口。因主站和从站的 DP 头处于网络终端位置，所以两个 DP 头开关设置为 ON，将 PC 适配器 USB 编程电缆的 RS-485 端口插 CPU 模块的 MPI 口，另一端插在编程器的 USB 口上。通信的硬件连接如图 10-4 所示。

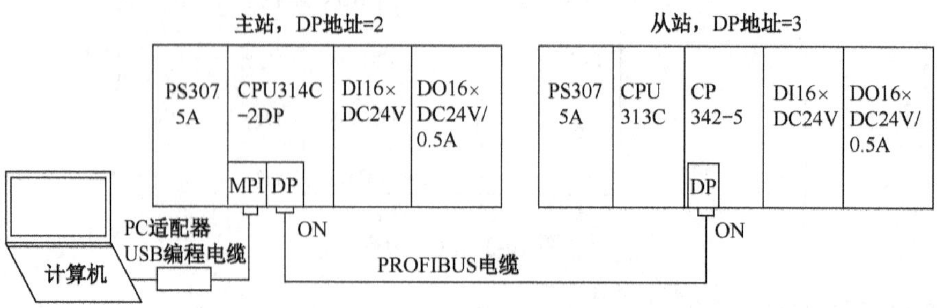

图 10-4　CP342-5 作为从站通信的硬件连接

步骤 3．新建项目

新建一个项目，命名为“CP342-5 从站--DP 通信”，然后插入 SIMATIC300 站点，如图 10-5 所示。

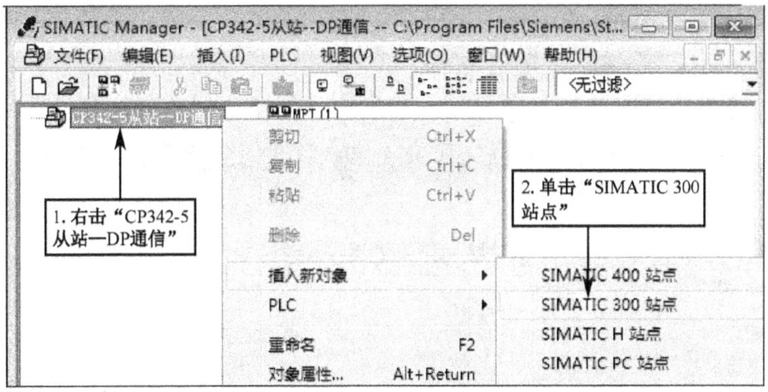

图 10-5　插入 SIMATIC300 站点

分别将插入的两个 SIMATIC300 站点重命名为“主站”和“从站”，如图 10-6 所示。

步骤 4．从站网络组态及参数设置

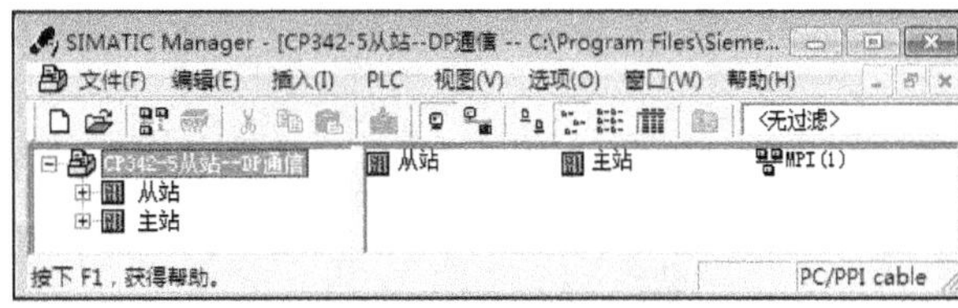

图 10-6　两个 SIMATIC300 站点重命名

（1）硬件组态。根据实际使用的硬件配置，通过 STEP 7 编程软件对从站进行硬件组态，注意与硬件模块上面印刷的订货号一致。在 SIMATIC Manager 界面中，双击从站的“硬件”图标，双击导轨“Rail”，在导轨 1 号插槽插入电源模块（PS307 5A）、2 号插槽插入 CPU 模块（CPU313C）、3 号插槽空闲、4 号插槽插入 CP342-5 通信模块，单击 SIMATIC 300 左边“+”→单击 CP-300 左边“+” →单击 PROFIBUS 左边“+”→单击 CP342-5 左边“+”→双击“6GK7 342-5DA03-0XE0 V6.0”，完成插入 CP342-5 模块、5 号插槽插入输入模块 DI16×DC24V、6 号插槽插入输出模块 DO16×DC24V/0.5A。如图 10-7 所示。

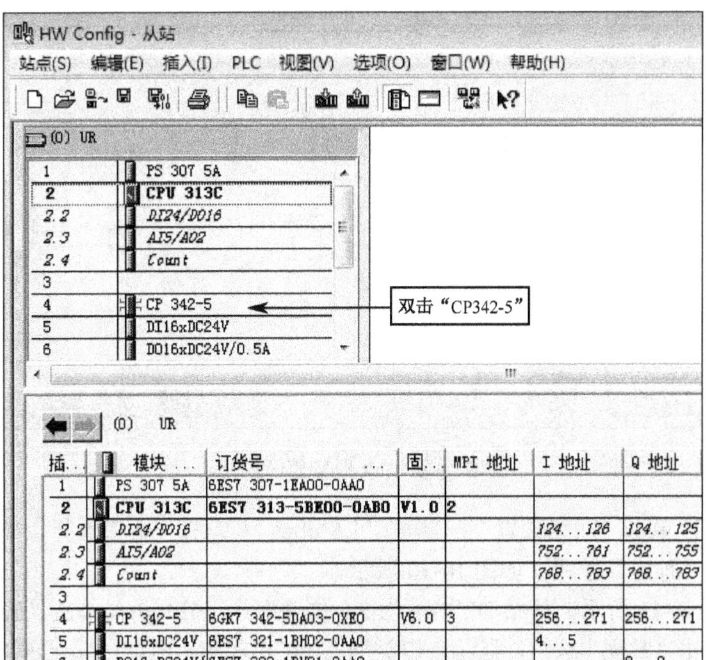

图 10-7　从站硬件组态

然后在图 10-7 中，双击“CP342-5”，产生如图 10-8 所示 CP342-5 属性界面。单击“属性”按钮。

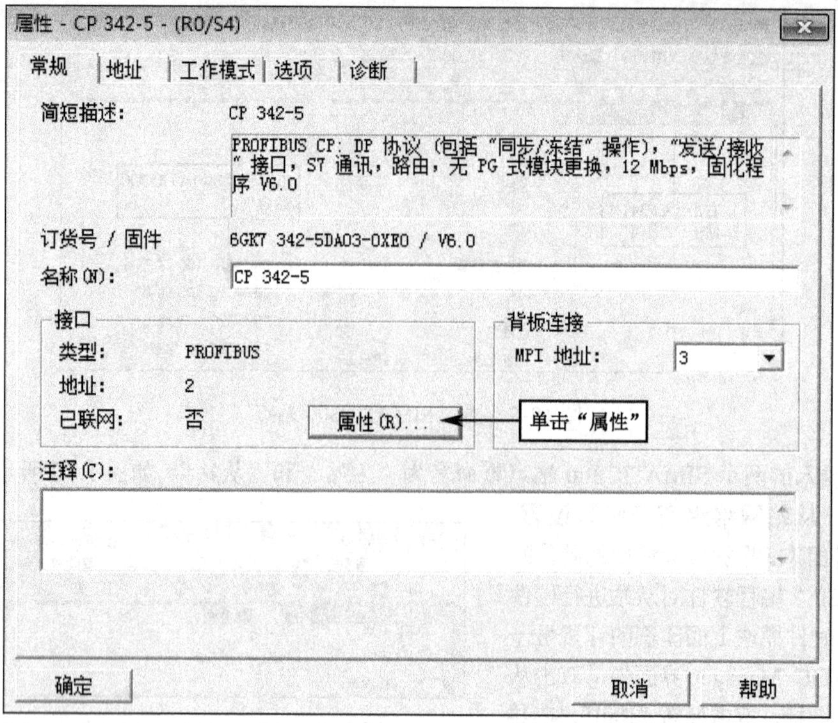

图 10-8　CP342-5 属性

（2）设置从站 DP 地址。单击“参数”，将 DP 地址更改为 3。单击“新建”按钮。如图 10-9 所示。

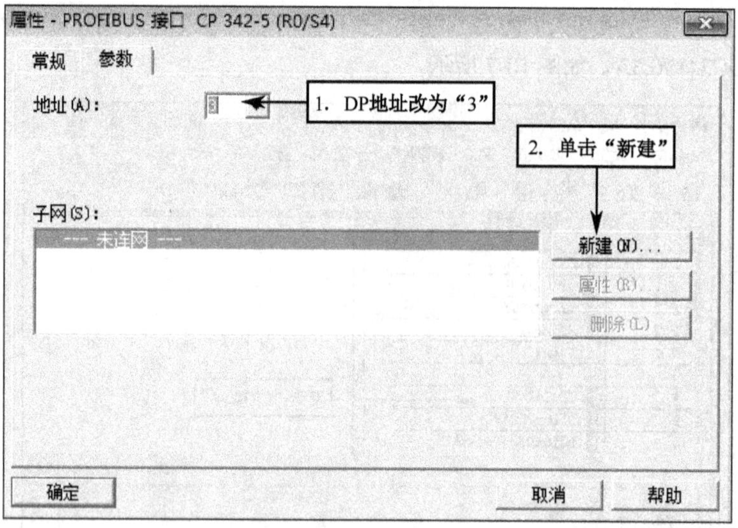

图 10-9　DP 地址更改为 3

（3）网络设置。单击“网络设置”→单击“1.5Mbps” 完成传输率选择，单击“DP” 完成配置文件选择，单击“确定”按钮。如图 10-10 所示。

于是显示如图 10-11 所示，从站 DP 地址为 3，传输率为 1.5Mbps，单击“确定”按钮。

属性窗口中单击“常规”按钮，显示接口类型：PROFIBUS；地址：3；已联网：是。如图 10-12 所示。

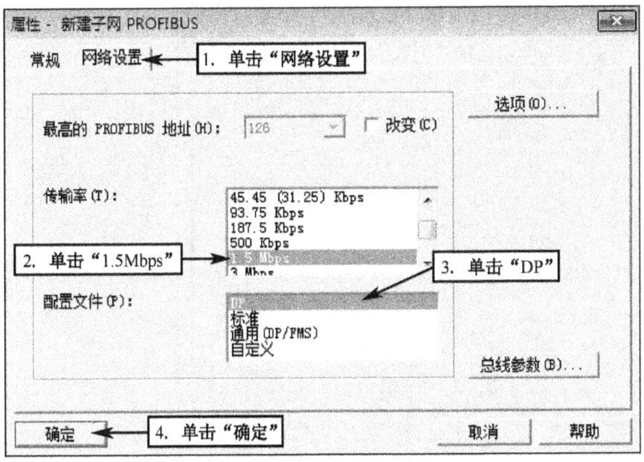

图 10-10　新建 PROFIBUS-DP 网

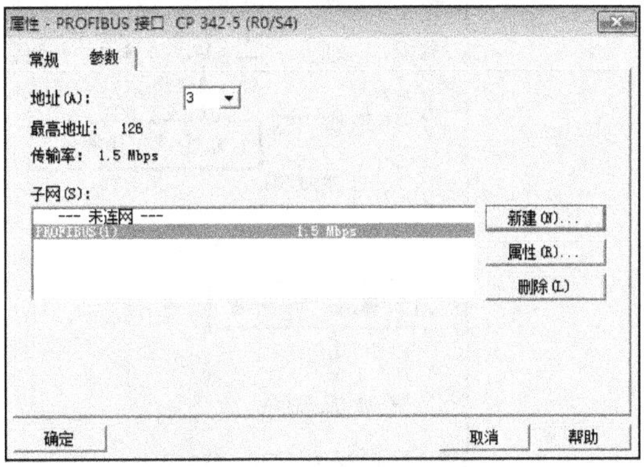

图 10-11　DP 地址与传输率

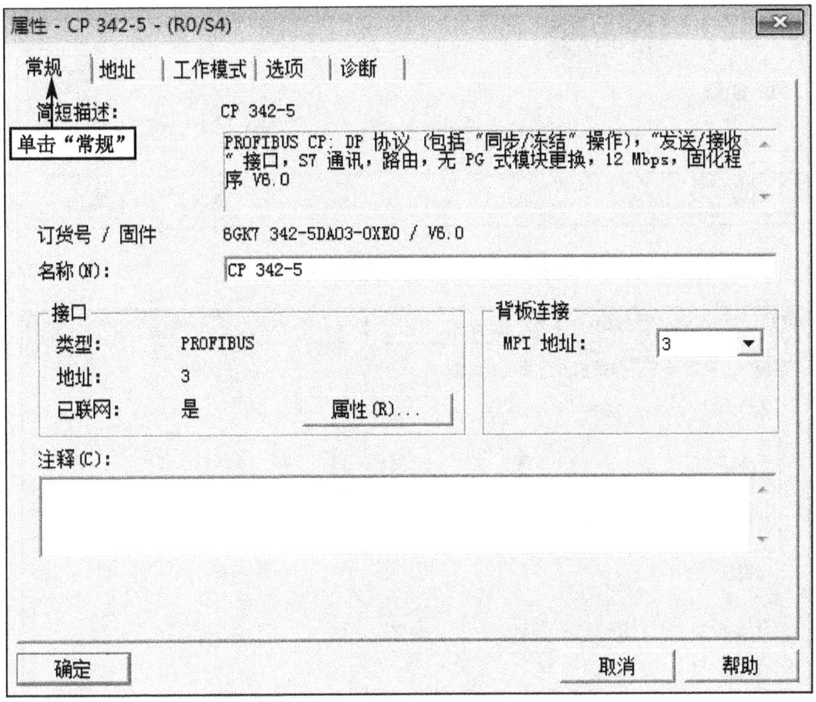

图 10-12　属性窗口

（4）工作模式选择从站。单击"工作模式"按钮，设置为 DP 从站，单击"DP 从站"，单击"确定"按钮，如图 10-13 所示。

（5）输入/输出缓冲区选择默认值。单击"地址"按钮，CP342-5 中 DP 数据缓冲区输入和输出开始地址为 256（16 进制为 100，表示为 W#16#100），长度为 16，即输入（接收）数据缓冲区 IB256~IB271，输出（发送）数据缓冲区 QB256~QB271，是默认值，如图 10-14 所示。这 16 字节长度的地址区是 CPU 分配给 CP342-5 的地址区，CPU 就是通过这个地址区访问 CP342-5 模块的。

返回到从站硬件组态界面，单击"保存并编译"按钮。

步骤 5．对主站进行网络组态及参数设置

（1）硬件组态。根据实际使用的硬件配置，通过软件对主站进行硬件组态，注意与硬件模块上面印刷的订货号一致。单击站点"主站"，双击"硬件"图标，然后双击导轨"Rail"，在导轨 1 号插槽插入电源模块（PS307 5A），2 号插槽插入 CPU 模块（CPU314C-2DP，V2.6），3 号插槽空闲，4 号插槽插入输入模块（DI16×DC24V），5 号插槽插入输出模块（DO16×DC24V/0.5A），如图 10-15 所示。

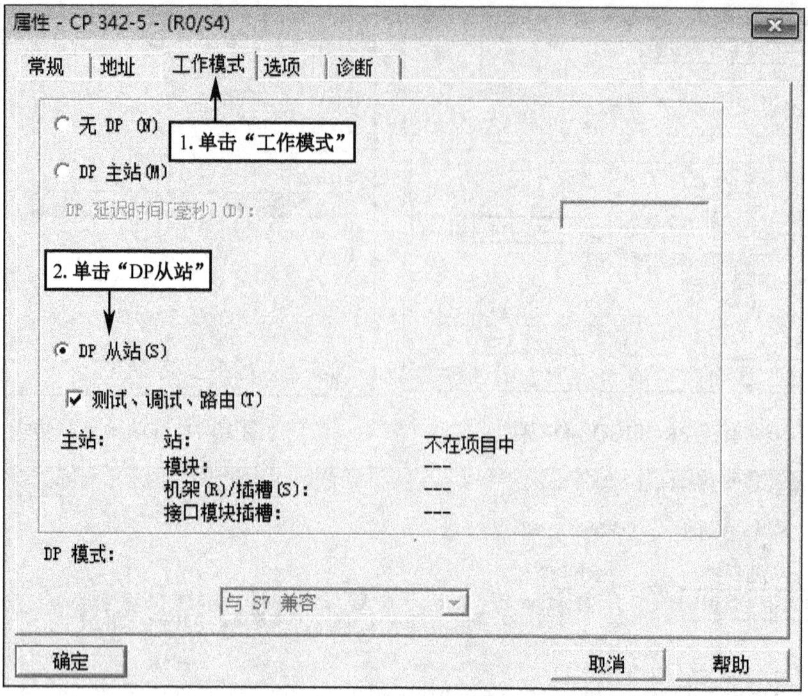

图 10-13　工作模式选择 DP 从站

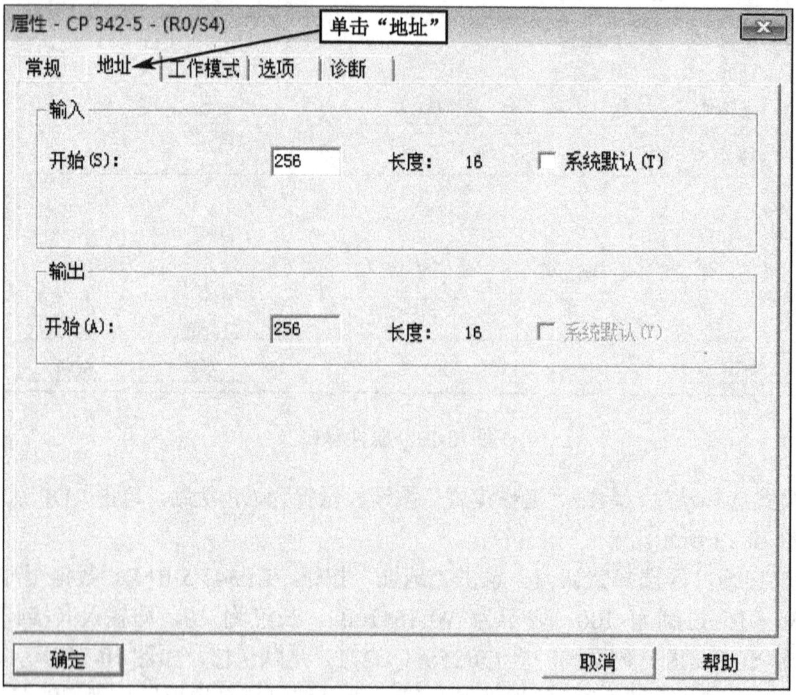

图 10-14　DP 数据缓冲区

（2）工作模式选择主站。然后在图 10-15 中，在 CPU314C-2DP 模块上双击“DP”，单击“工作模式”按钮，单击“DP 主站”，如图 10-16 所示。

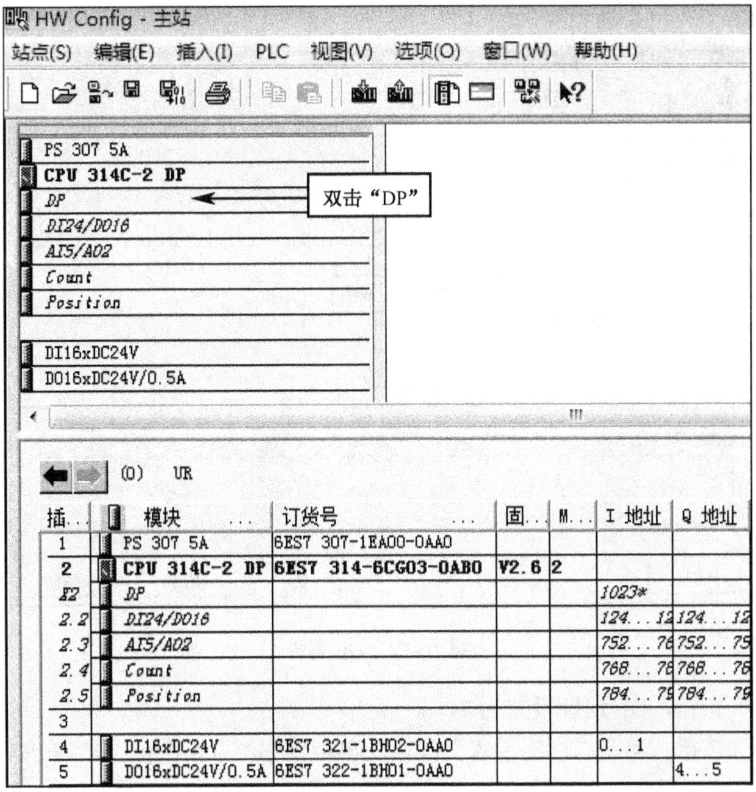

图 10-15　硬件组态

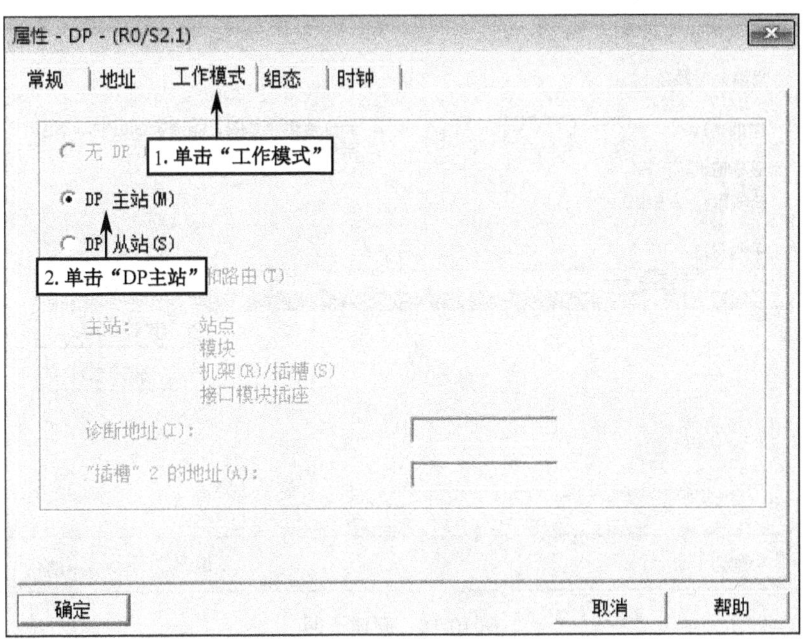

图 10-16　工作模式下选择 DP 主站

（3）新建子网。单击“常规”，单击“属性”按钮。如图 10-17 所示。

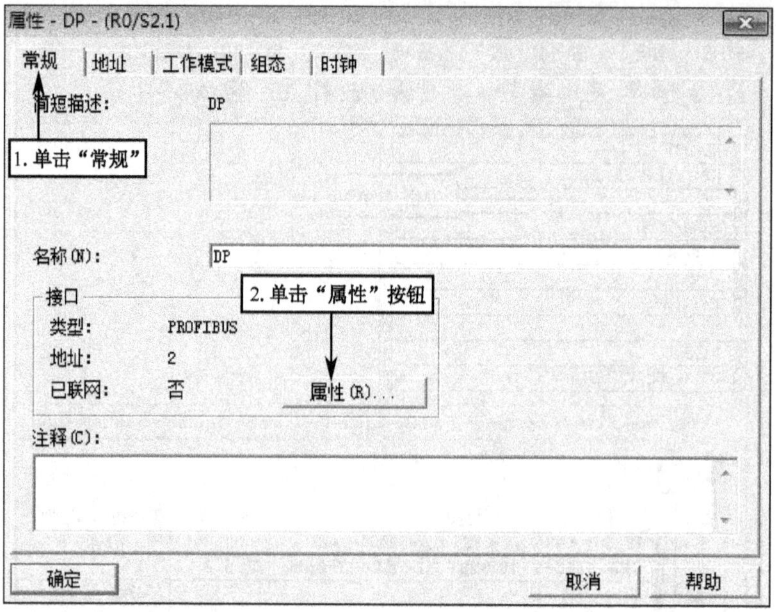

图 10-17　DP 属性

单击“参数”按钮，DP 地址设置为 2。

单击“新建”按钮，单击“网络设置”按钮，单击传输率 1.5Mbps 和配置文件 DP，单击“确定”按钮。

显示如图 10-18 所示，DP 地址为 2，子网 PROFIBUS 1.5Mbps，单“确定”按钮。

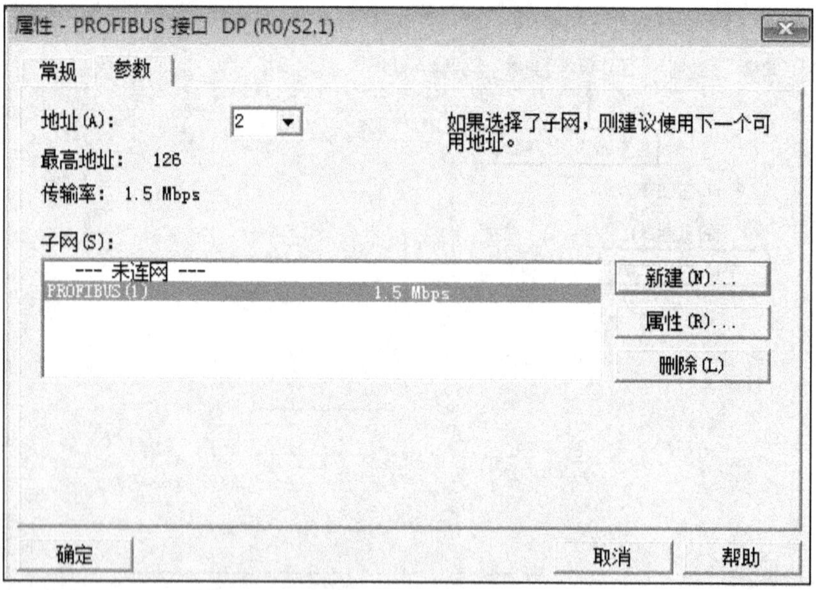

图 10-18　新建子网

可以看到接口类型：PROFIBUS。地址：2。已联网：是。

（4）从站 CP342-5 连接到主站。见图 10-19。单击 PROFIBUS DP 左边“+”→单击 Configured Stations 左边“+”→单击 S7-300 CP342-5 DP 左边“+”→单击 CP342-5 的订货号 6GK7 342-5DA03-0XE0 左边“+”→光标在 V6.0 上按住“左键”拖到 PROFIBUS（1）：DP 主站系统（1）线上，显示+号，然后松开“左键”。

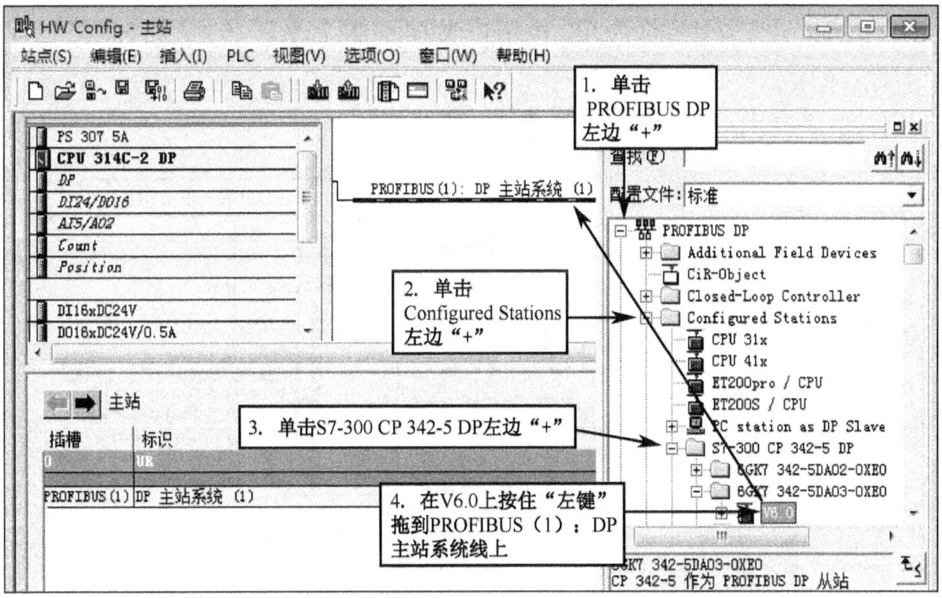

图 10-19 从站 CP342-5 连接到主站

显示如图 10-20 所示。单击“连接（C）”按钮→单击“确定”按钮。

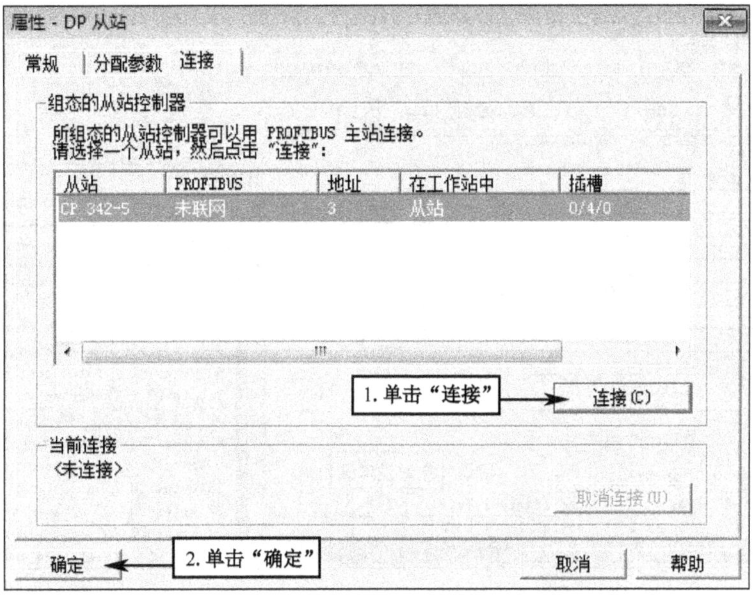

图 10-20 从站 CP342-5 连接到主站

显示如图 10-21 所示，要与 PROFIBUS 相连，单击“确定”按钮。

图 10-21 是否与 PROFIBUS 相连

（5）在从站中编辑主站接收区。单击从站“CP342-5 模块”，单击 V6.0 左边“+”号。双击“2 bytes

DI/Consistency 1 byte”，主站接收区为 IB2 和 IB3。如图 10-22 所示。

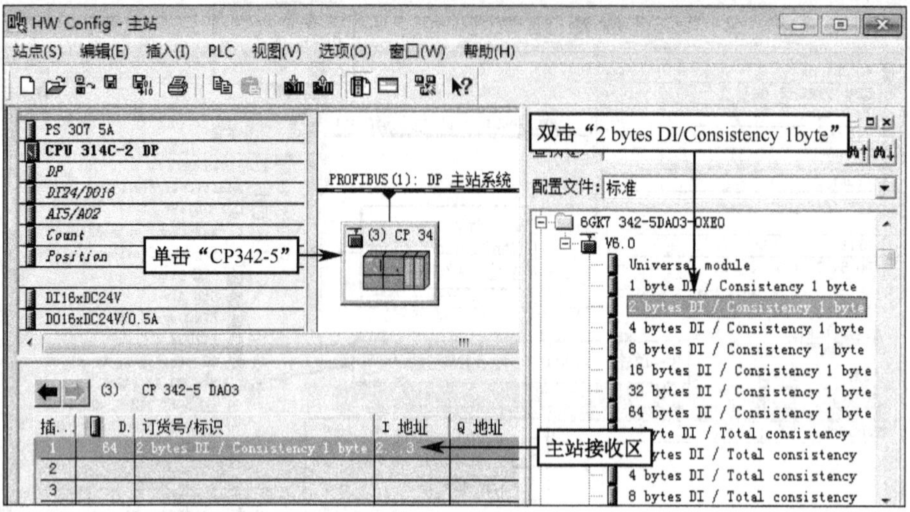

图 10-22　主站接收区

（6）在从站中编辑主站发送区。单击从站“CP342-5 模块”，单击 V6.0 左边“+”号。双击“2 bytes DO/Consistency 1 byte”，主站发送区为 QB0 和 QB1。如图 10-23 所示。

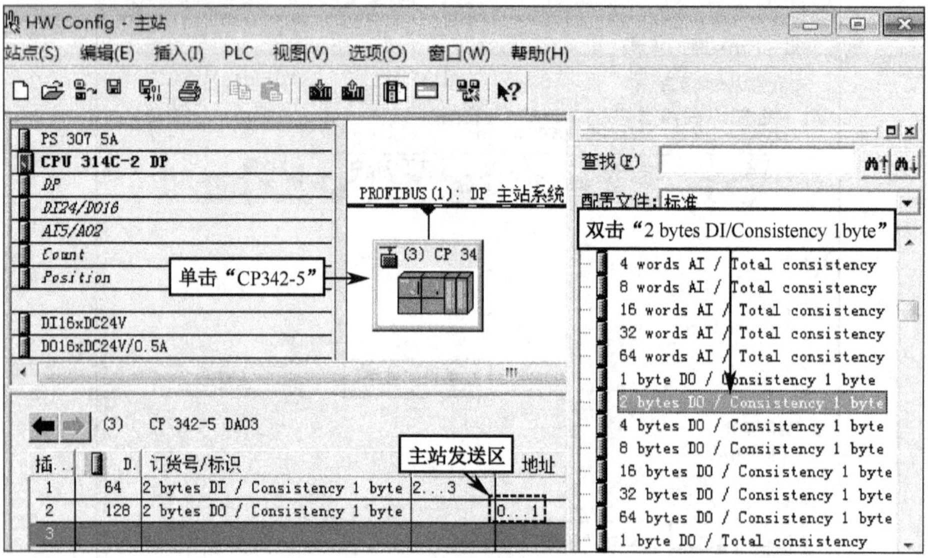

图 10-23　主站发送区

返回到主站硬件组态界面，单击“保存并编译”按钮，主站网络组态及参数设置结束。

说明：如果选择的输入/输出类型是“Total Length”，表示数据整体组装为一个数据包，要在主站 OB1 中调用 SFC14、SFC15，对传输的数据进行打包和解包。本项目中选择的输入/输出类型是“单位（Unit）”类型，即“2 bytes DI/Consistency 1byte”和“2 bytes DO/Consistency 1byte”，表示数据按单元（字节）组装数据包。不需要在主站 CPU 中调用 SFC14、SFC15 对数据包进行打包和解包。

见图 10-24，主站的接收区 IB2 和 IB3，主站的发送区 QB0 和 QB1。如果更改接收区或发送区地址，以更改接收区为例，双击“2 bytes DI/Consistency 1byte”。

显示如图 10-25 所示，在地址（A）下面直接填更改的地址数。注意该地址不能与主站外设输入端子地址重叠。

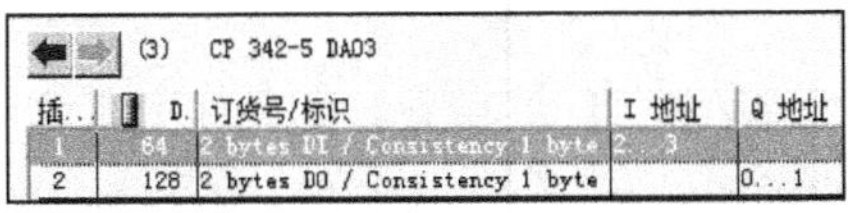

图 10-24 接收区与发送区

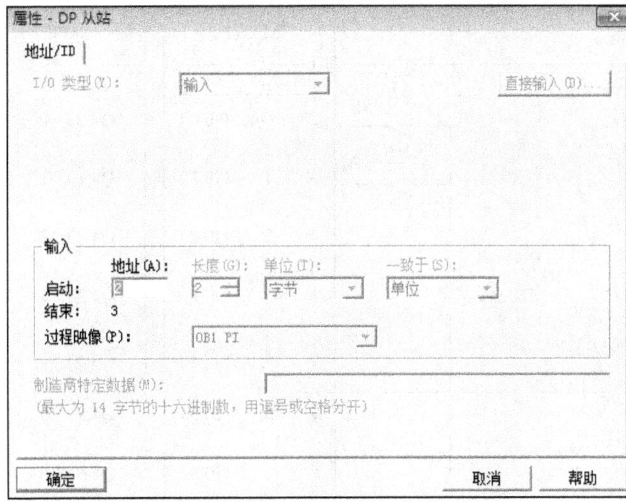

图 10-25 主站接收区

步骤 6. 下载网络组态及参数设置（参考项目 4 步骤 7）

通过 PC 适配器 USB 编程电缆，在硬件组态界面中，将主站、从站两个站的硬件组态、网络组态及参数设置分别下载到对应的 PLC 中，下载结束后关闭 PLC 电源。

重新打开 PLC 电源，观察 CPU 模板上 SF 和 BF 指示灯是否为红色，如果是红色，说明组态过程中可能存在错误，也可能是通信硬件连接问题等，需要检查，更正后，再保存编译，重新下载。SF 和 BF 指示灯不亮时，且 DC5V 和 RUN 指示灯为绿色，这一步骤就成功结束了。

注意：须在断电情况下，可以拔下或插上 PC 适配器 USB 编程电缆。

步骤 7. 输入/输出地址分配

（1）主站 I/O 地址分配如表 10-3 所示。

表 10-3 输入/输出地址分配表

序号	输入信号器件名称	编程元件地址	序号	输出信号器件名称	编程元件地址
1	启动从站电动机按钮 SB1(常开触点)	I0.0	1	主站电动机接触器 KM 线圈	Q4.0
2	停止从站电动机按钮 SB2(常开触点)	I0.1			

（2）从站 I/O 地址分配如表 10-4 所示。

表 10-4 输入/输出地址分配表

序号	输入信号器件号名称	编程元件地址	序号	输出信号器件名称	编程元件地址
1	启动主站电动机按钮 SB1(常开触点)	I4.0	1	从站电动机接触器 KM 线圈	Q8.0
2	停止主站电动机按钮 SB2(常开触点)	I4.1			

步骤 8. 输入/输出接线图

确保断电接线。主站外设接线图 10-26 所示。

确保断电接线。从站外设接线图 10-27 所示。

步骤 9. 主站和从站之间数据交换的地址分配

主站发送区 QB0 和 QB1，发送数据到从站接收数据缓冲区 IB256 和 IB257，通过调用 FC2（DP-RECV）指令，将数据存在 MB20 和 MB21 中。

从站发送的数据存在 MB10 和 MB11 中，通过调用 FC1（DP-SEND）指令，将数据传送给从站发送数据缓冲区 QB256 和 QB257，发送数据到主站接收区 IB2 和 IB3，如图 10-28 所示。

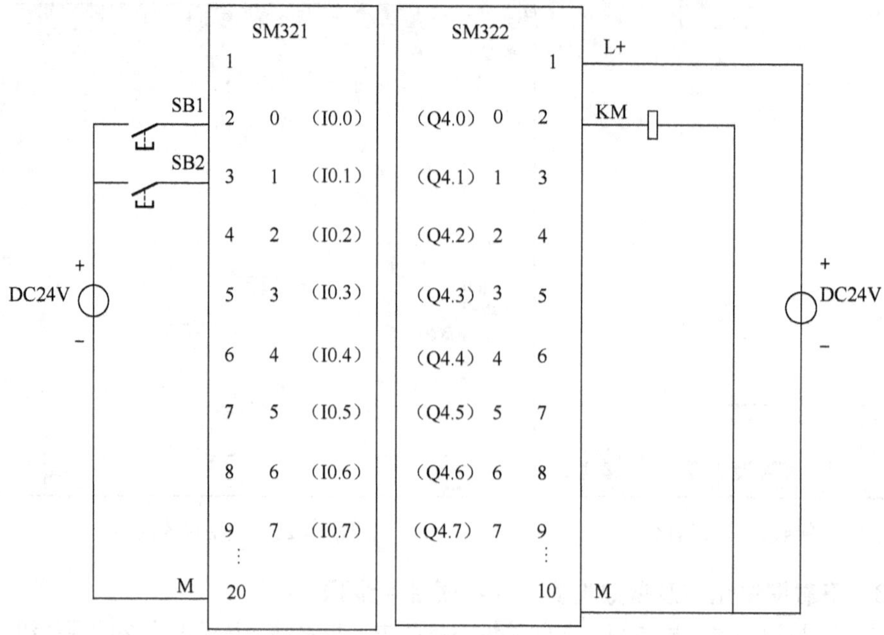

图 10-26　主站外设接线图

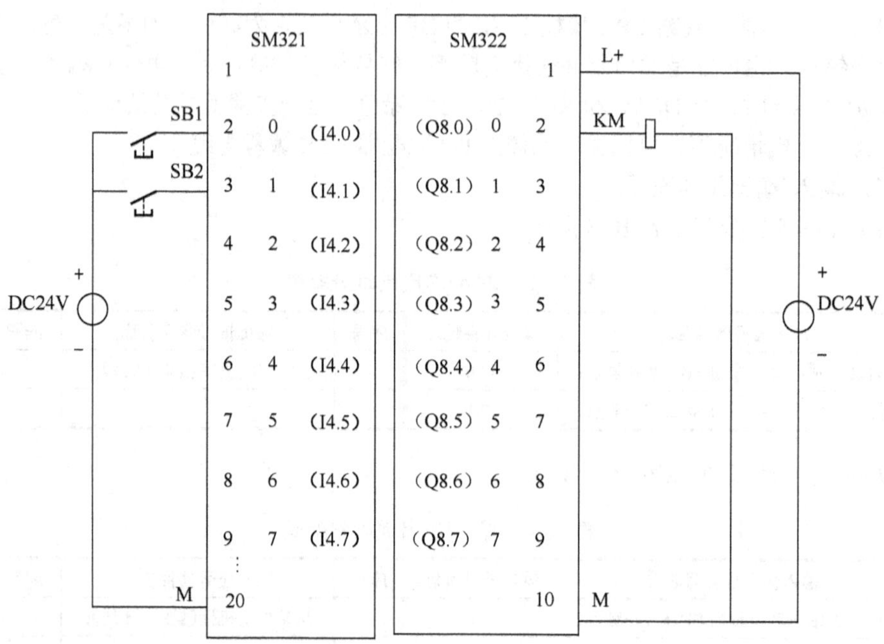

图 10-27　从站外设接线图

步骤 10．建立符号表

主站符号表如图 10-29 所示。

从站符号表如图 10-30 所示。

步骤 11．编写通信程序

根据项目要求、I/O 地址分配和主站和从站之间数据交换地址分配编写程序。

（1）主站程序

主站程序如图 10-31 所示。

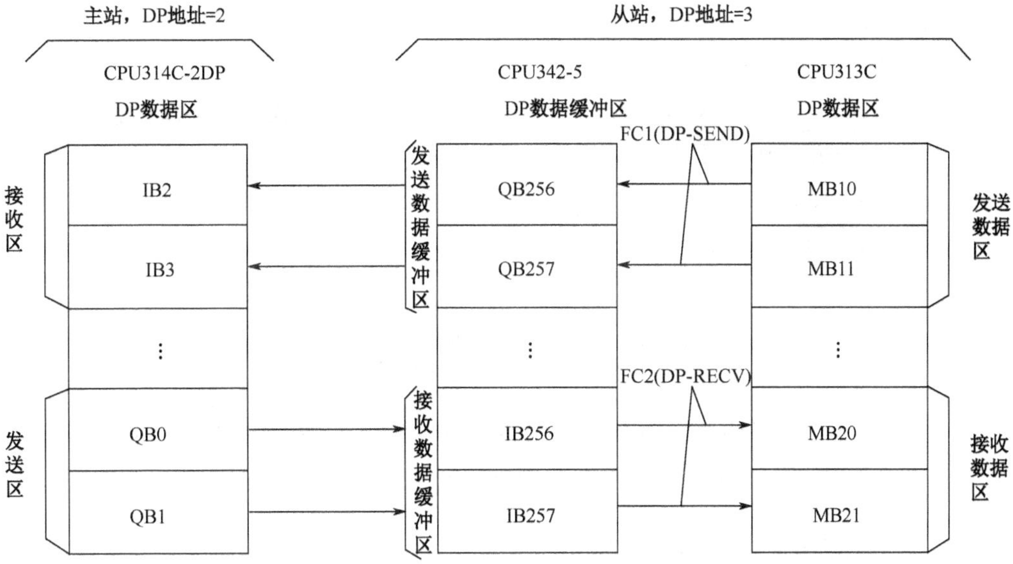

图 10-28　主站和从站之间数据交换的地址分配

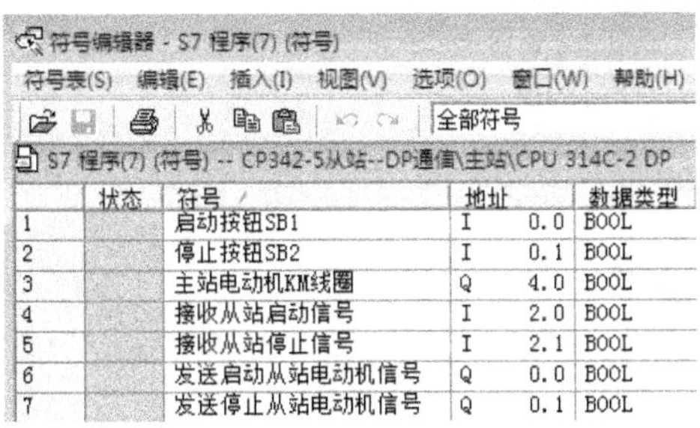

符号编辑器 - S7 程序(7) (符号)

S7 程序(7) (符号) -- CP342-5从站--DP通信\主站\CPU 314C-2 DP

	状态	符号	地址		数据类型
1		启动按钮SB1	I	0.0	BOOL
2		停止按钮SB2	I	0.1	BOOL
3		主站电动机KM线圈	Q	4.0	BOOL
4		接收从站启动信号	I	2.0	BOOL
5		接收从站停止信号	I	2.1	BOOL
6		发送启动从站电动机信号	Q	0.0	BOOL
7		发送停止从站电动机信号	Q	0.1	BOOL

图 10-29　主站符号表

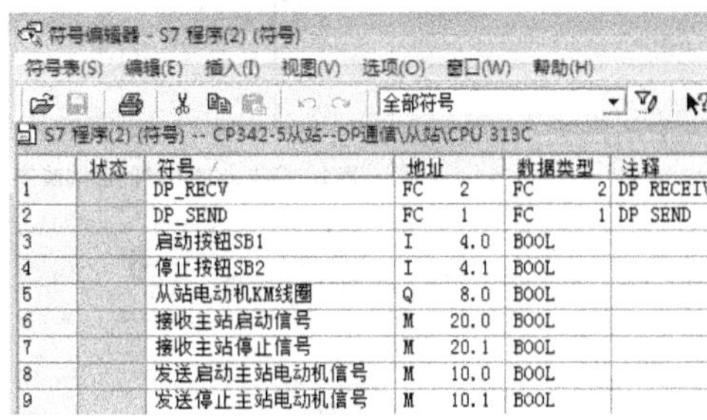

符号编辑器 - S7 程序(2) (符号)

S7 程序(2) (符号) -- CP342-5从站--DP通信\从站\CPU 313C

	状态	符号	地址		数据类型		注释
1		DP_RECV	FC	2	FC	2	DP RECEIVE
2		DP_SEND	FC	1	FC	1	DP SEND
3		启动按钮SB1	I	4.0	BOOL		
4		停止按钮SB2	I	4.1	BOOL		
5		从站电动机KM线圈	Q	8.0	BOOL		
6		接收主站启动信号	M	20.0	BOOL		
7		接收主站停止信号	M	20.1	BOOL		
8		发送启动主站电动机信号	M	10.0	BOOL		
9		发送停止主站电动机信号	M	10.1	BOOL		

图 10-30　从站符号表

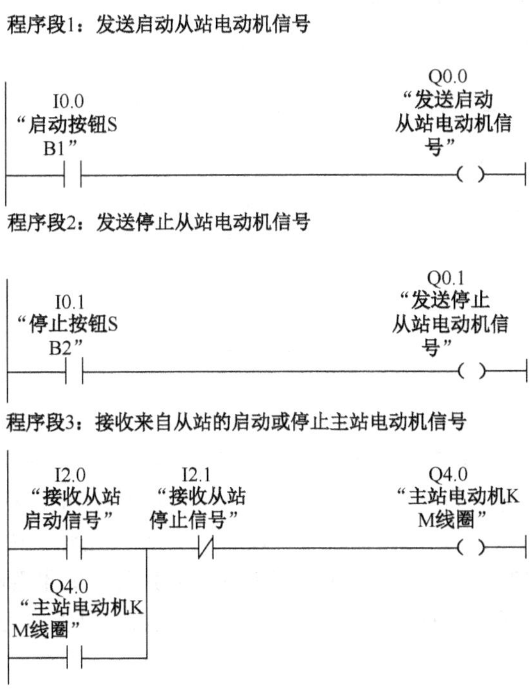

图 10-31　主站程序

（2）从站程序

从站程序如图 10-32 所示。

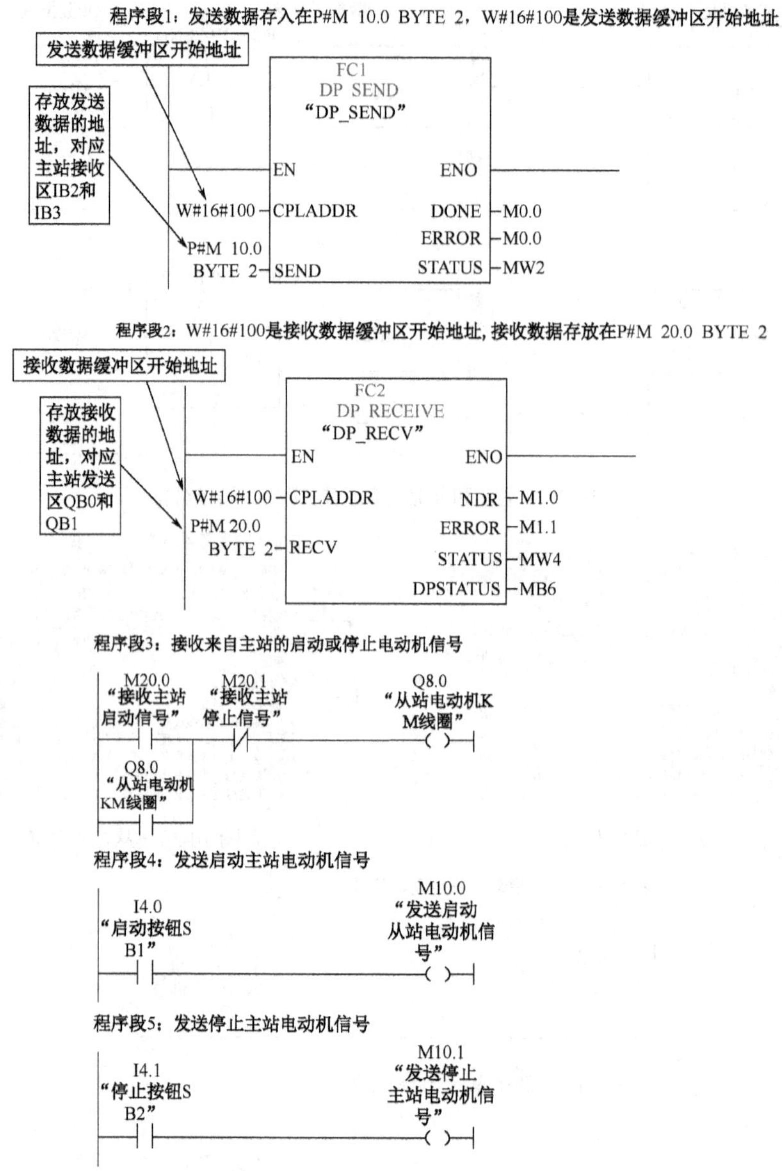

图 10-32　从站程序

步骤 12．中断处理

采用 PROFIBUS-DP 总线，所能连接从站个数与 CPU 类型有关，最多可以连接 125 个从站，为防止某一个从站掉电或者损坏，将产生不同的中断，并且调用相应的组织块，如果在程序中没有建立这些组织块，CPU 将停止运行，以保护人身和设备的安全，因此在主站和从站右击“块”，分别插入 OB82、OB86 和 OB122 组织块，以便进行相应的中断处理。如果忽略这些故障让 CPU 继续运行，可以对这几个组织块不编写任何程序，只插入空的组织块。以主站为例，如图 10-33 所示。

步骤 13．联机调试

确保接线正确的情况下，在 SIMATIC Manager 界面中，单击站点名称（主站或从站），单击“下载”按钮，将主站和从站分别下载到各自对应的 PLC 中。

在主站按下启动按钮 SB1，可以看到从站电动机转动。在主站按下停止按钮 SB2，可以看到从站电动机停止。

在从站按下启动按钮 SB1，看到主站电动机转动。在从站按下停止按钮 SB2，看到主站电动机停止。

满足上述情况，调试成功。如果不能满足，检查原因，纠正问题，重新调试，直到满足上述情况为止。

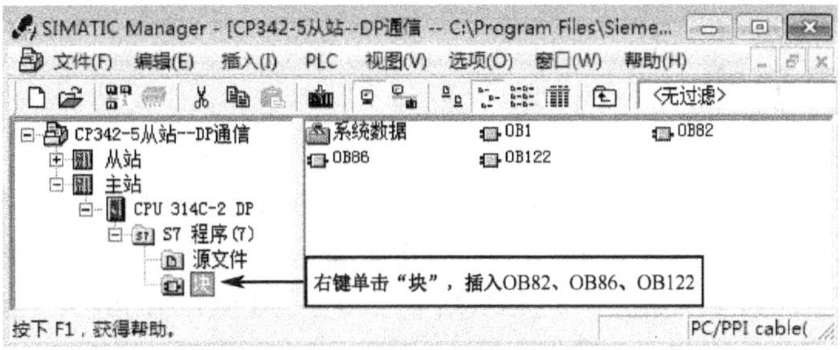

图 10-33 主站插入空的组织块

10.5 巩固练习

（1）由两台 S7-300PLC 组成的 PROFIBUS-DP 通信中，主站 PLC 的 CPU 模块为 CPU314C-2DP，主站 DP 地址为 3，从站 PLC 的 CPU 模块为 CPU313C，从站的通信模块为 CP342-5，从站 DP 地址为 4。通过 FC1 和 FC2 指令实现 PROFIBUS-DP 通信。主站发送 4 字节给从站，从站发送 4 字节给主站，要求如下。

① 主站完成对本站设备 A 及从站设备 B 的启动或停止控制，且能对设备 A 和设备 B 的工作状态进行监视。

② 从站完成对本站设备 B 及主站设备 A 的启动或停止控制，且能对设备 B 和设备 A 的工作状态进行监视。

（2）由三台 S7-300PLC 组成的 PROFIBUS-DP 通信中，主站 PLC 的 CPU 模块为 CPU314C-2DP，主站 DP 地址为 3，从站 1PLC 的 CPU 模块为 CPU313C，从站 1 的通信模块为 CP342-5，从站 1 的 DP 地址为 4。从站 2PLC 的 CPU 模块为 CPU313C，从站 2 的通信模块为 CP342-5，从站 2 的 DP 地址为 5。通过 FC1 和 FC2 指令实现 PROFIBUS-DP 通信。主站发送 4 字节给从站 1，从站 1 发送 4 字节给主站，主站发送 4 字节给从站 2，从站 2 发送 4 字节给主站，要求如下。

① 在主站按下开关 SA，开关闭合，主站将 1Hz 闪烁信号发送至从站 1 和从站 2，从站 1 和从站 2 指示灯 HL 闪烁。

② 在从站 1 按下开关 SA，开关闭合，从站 1 将 5Hz 闪烁信号发送至主站，主站指示灯 HL1 闪烁。

③ 在从站 2 按下开关 SA，开关闭合，从站 2 将 10Hz 闪烁信号发送至主站，主站指示灯 HL2 闪烁。

（3）由两台 S7-300PLC 组成的 PROFIBUS-DP 通信中，主站 PLC 的 CPU 模块为 CPU314C-2DP，主站 DP 地址为 4，从站 PLC 的 CPU 模块为 CPU313C，从站的通信模块为 CP342-5，从站 DP 地址为 5。通过 FC1 和 FC2 指令实现 PROFIBUS-DP 通信。主站发送 10 字节给从站，从站发送 10 字节给主站，要求如下。

① 在主站通过变量表写入 10 个字节数据，该数据从主站发送到从站，从站接收后通过变量表能显示该数据。

② 在从站通过变量表写入 10 个字节数据，该数据从从站发送到主站，主站接收后通过变量表能显示该数据。

项目 11　CP342-5 作为主站的 PROFIBUS-DP 通信

11.1　项目要求

由 1 台 S7-300PLC 和一个 ET200M 模块组成的 PROFIBUS-DP 通信中，主站 PLC 的 CPU 模块为 CPU313C，主站的通信模块为 CP342-5，主站 DP 地址为 2。从站为 ET200M 模块，从站 DP 地址为 3。主站通过调用 FC1 和 FC2 指令实现与从站 ET200M 的 PROFIBUS-DP 通信。主站发送 2 字节给从站，从站发送 2 字节给主站，要求如下。

（1）在主站按下启动按钮 SB1，从站电动机转动。在主站按下停止按钮 SB2，从站电动机停止。

（2）在从站按下启动按钮 SB1，主站电动机转动。在从站按下停止按钮 SB2，主站电动机停止。

11.2　学习目标

（1）巩固 CP342-5 PROFIBUS 通信模块应用。

（2）巩固 FC1 和 FC2 指令的应用。

（3）掌握 CP342-5 作为主站 PROFIBUS-DP 通信的硬件、软件配置。

（4）掌握 CP342-5 作为主站 PROFIBUS-DP 通信的硬件连接。

（5）掌握 CP342-5 作为主站 PROFIBUS-DP 通信网络组态及参数设置。

（6）理解主站与从站数据交换的原理及地址分配。

（7）掌握 CP342-5 作为主站 PROFIBUS-DP 通信网络编程及调试。

（8）巩固 ET200M（IM153-2）模块应用。

11.3　项目解决步骤

步骤 1．通信的硬件和软件配置

硬件：

（1）电源模块（PS307 5A）1 个。

（2）S7-300CPU 模块（CPU313C）1 个。

（3）MMC 卡 1 张。

（4）导轨 2 根。

（5）输入模块（DI16×DC24V）2 个。

（6）输出模块（DO16×DC24V/0.5A）2 个。

（7）PROFIBUS 电缆 1 根。

（8）DP 头 2 个。

（9）CP342-5 通信模块 1 个。

（10）ET200M 模块 1 个。

（11）PC 适配器 USB 编程电缆 （S7-200/S7-300/S7-400 PLC 下载线）1 根。

（12）装有 STEP7 编程软件的计算机 1 台。

软件：STEP7 V5.4 及以上版本编程软件。

步骤 2. CP342-5 作为主站通信的硬件连接

确保断电接线。将 PROFIBUS 电缆与 DP 头连接，将 1 个 DP 头插到 CP342-5 模块的 DP 口。另一个 DP 头插到 ET200M 的 DP 口。主站和从站的 DP 头处于网络终端位置，所以两个 DP 头开关设置为 ON，将 PC 适配器 USB 编程电缆的 RS-485 端口插 CPU 模块的 MPI 口，另一端插在编程器的 USB 口上。通信的硬件连接如图 11-1 所示。

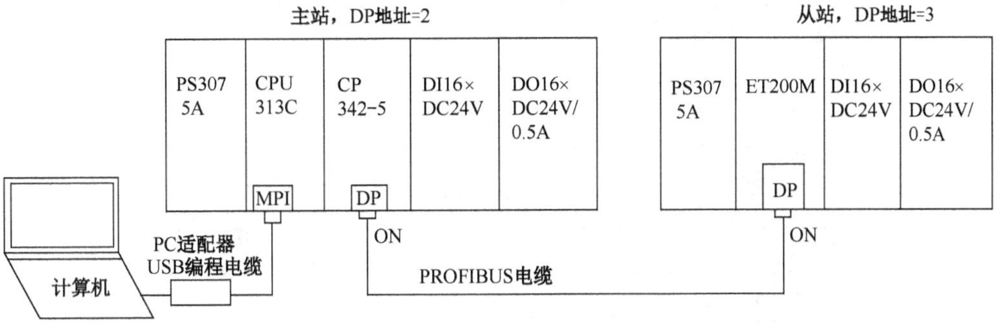

图 11-1　CP342-5 作为主站通信的硬件连接

步骤 3. 新建项目

新建一个项目，命名为“CP342-5-主站-DP 通信”，然后插入 SIMATIC300 站点，如图 11-2 所示。

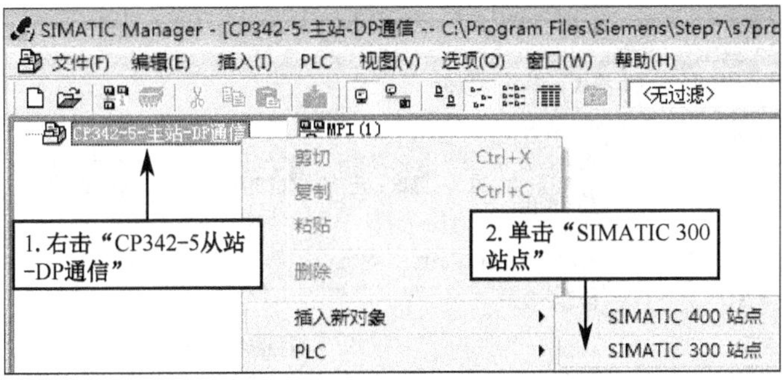

图 11-2　插入 SIMATIC300 站点

将插入的 SIMATIC300 站点重命名为“主站”。

步骤 4. 主站网络组态及参数设置

（1）硬件组态。根据实际使用的硬件配置，通过 STEP 7 编程软件对主站进行硬件组态，注意与硬件模块上面印刷的订货号一致。在 SIMATIC Manager 界面中，双击主站的“硬件”图标，双击导轨“Rail”插入导轨，在导轨 1 号插槽插入电源模块（PS307 5A）；2 号插槽插入 CPU 模块（CPU313C），3 号插槽空闲，4 号插槽插入 CP342-5 通信模块，单击 SIMATIC 300 左边“+”→单击 CP-300 左边“+”→单击 PROFIBUS 左边“+”→单击 CP342-5 左边“+”→双击“6GK7 342-5DA03-0XE0　V6.0”，完成插入 CP342-5 模块，5 号插槽插入输入模块 DI16×DC24V，6 号插槽插入输出模块 DO16×DC24V/0.5A，如图 11-3 所示。

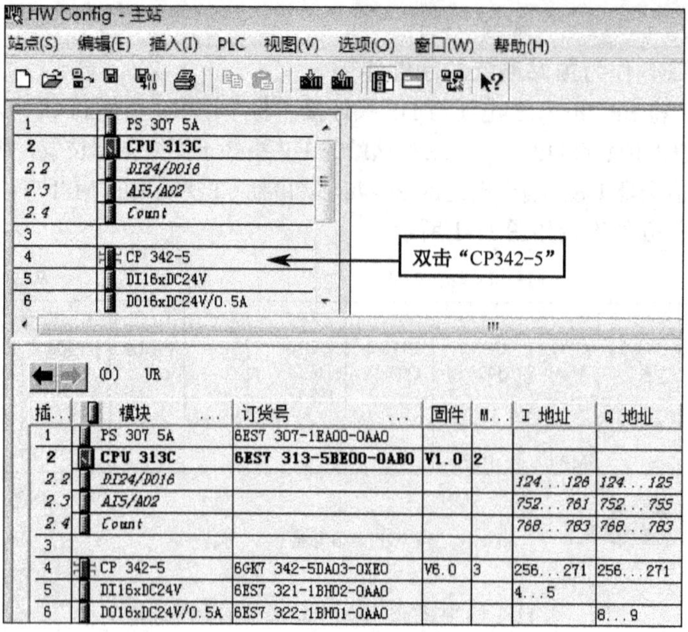

图 11-3　主站硬件组态

（2）设置主站 DP 地址。然后在图 11-3 上双击“CP342-5”，产生如图 11-4 所示 CP342-5 属性界面。单击“属性”按钮。

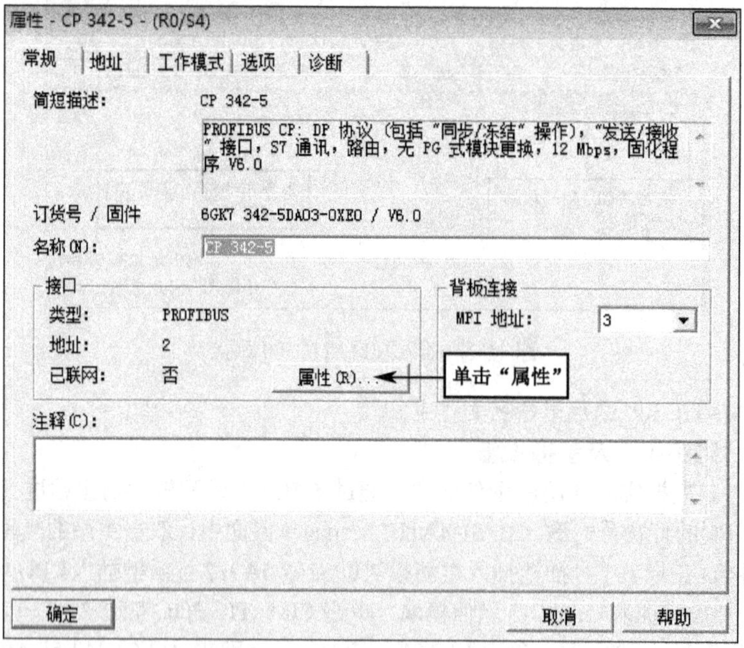

图 11-4　CP342-5 属性界面

单击“参数”，将 DP 地址更改为 2。单击“新建”按钮。如图 11-5 所示。

（3）网络设置。单击“网络设置”→单击“1.5Mbps” 完成传输率选择，单击“DP” 完成配置文件选择，单击“确定”按钮。如图 11-6 所示。

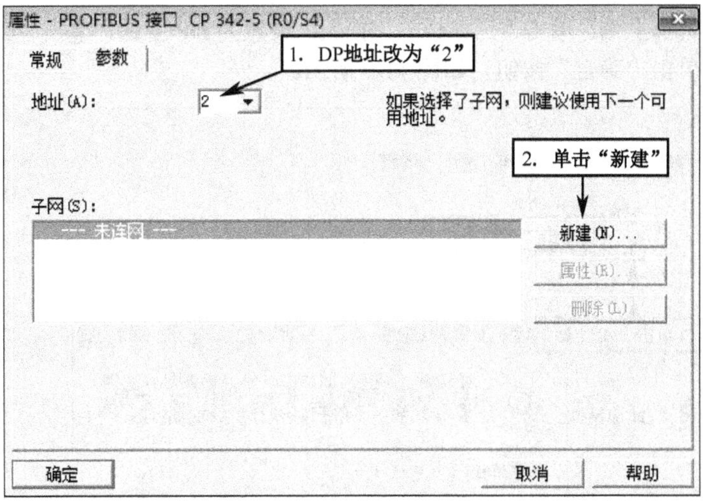

图 11-5　DP 地址更改为 2

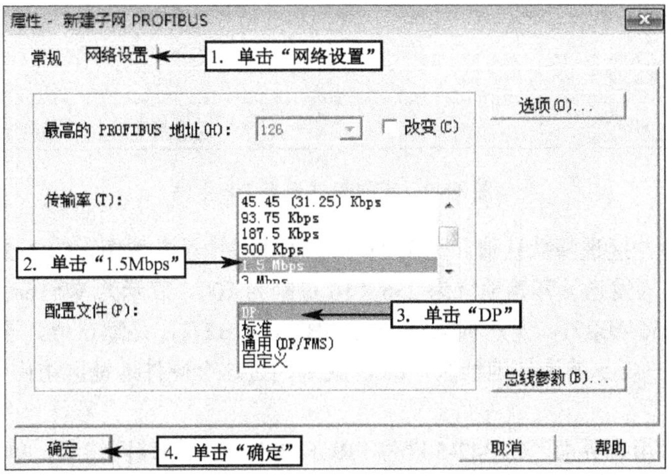

图 11-6　新建 PROFIBUS-DP 网

于是显示图 11-7，主站 DP 地址为 2，传输率为 1.5Mbps，单击"确定"按钮。

属性窗口中单击"常规"按钮，显示接口类型：PROFIBUS；地址：2；已联网：是。如图 11-8 所示。

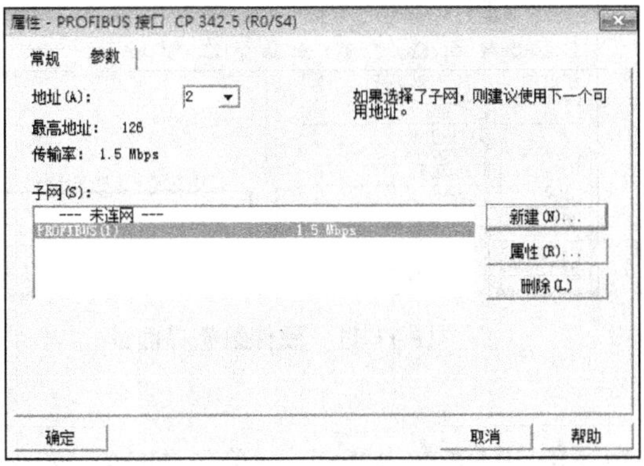

图 11-7　DP 地址与传输率

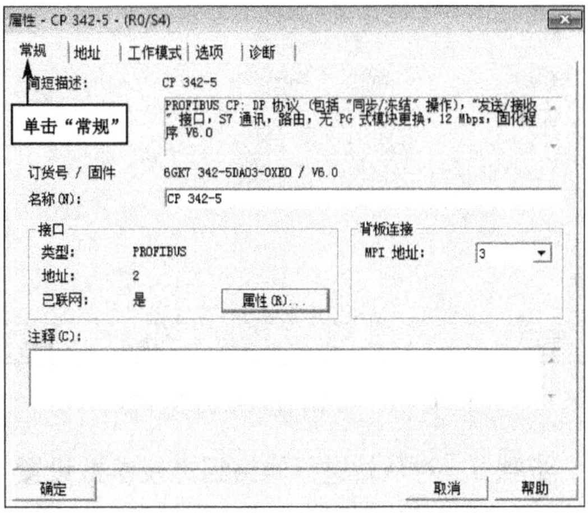

图 11-8　属性窗口

（4）工作模式选择主站。单击“工作模式”按钮，设置为 DP 主站，单击“DP 主站”，弹出“对象属性”对话框，单击“确定”按钮，如图 11-9 所示。

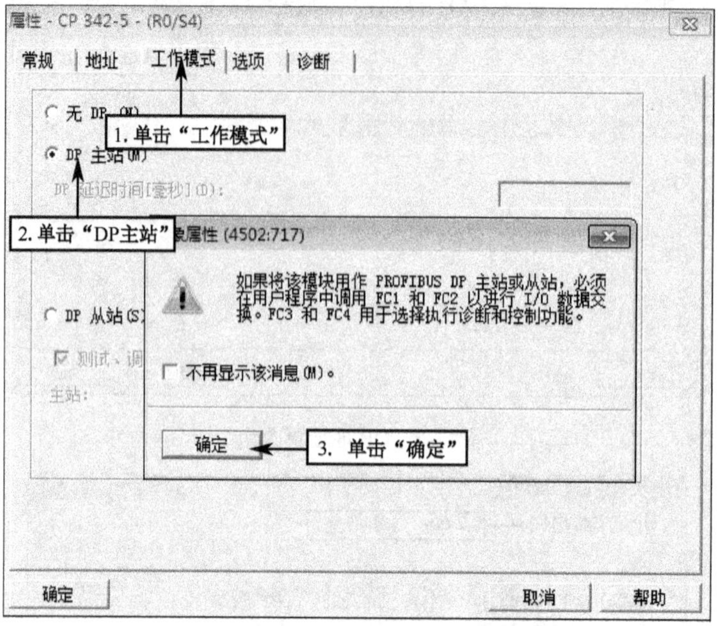

图 11-9　工作模式选择 DP 主站

（5）输入输出缓冲区选择默认值。见图 11-10，单击“地址”按钮，CP342-5 中 DP 数据缓冲区输入（接收）和输出（发送）开始地址为 256（16 进制为 100，表示为 W#16#100），长度为 16，即接收数据缓冲区 IB256~IB271，发送数据缓冲区 QB256~QB271，是默认值，这 16 字节长度的地址区是 CPU 分配给 CP342-5 的硬件地址区，CPU 就是通过这个硬件地址区访问 CP342-5 模块的。单击“确定”按钮。

返回到主站硬件组态界面，CP342-5 产生 PROFIBUS 主站系统网络线，单击“保存并编译”按钮，如图 11-11 所示。

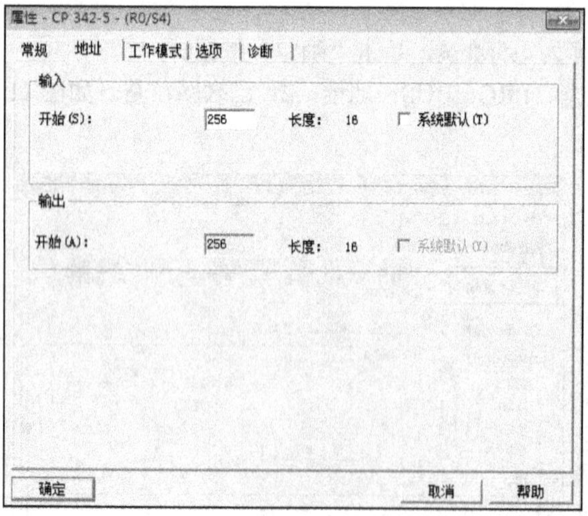

图 11-10　接收/发送数据缓冲区

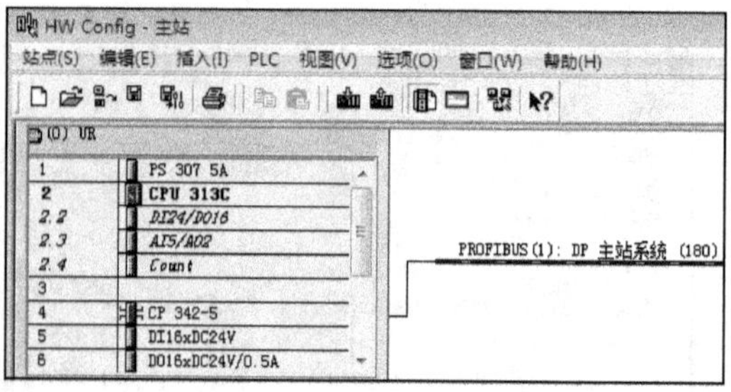

图 11-11　硬件组态界面

步骤 5．对从站进行网络组态及参数设置

（1）ET200M 连接到主站。见图 11-12。单击 PROFIBUS DP 左边“+”→单击 DP V0 slaves 左边“+”→ 单击 ET200M 左边“+”→光标在 ET200M 上按住“左键”拖到 PROFIBUS（1）：DP 主

站系统线上，显示+号时松开“左键”。

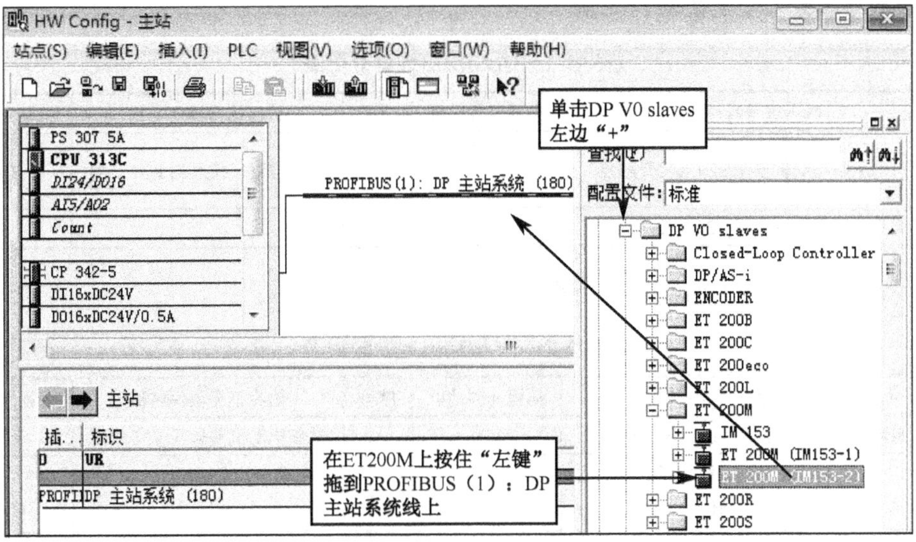

图 11-12　ET 200M 连接到主站

（2）DP 地址和网络设置。设置 DP 地址为 3。将 ET200M（IM153-2）上的“BUS　ADDRESS”拨码开关 PROFIBUS 的地址设定为 3，即把数字“1”和“2”左侧对应 DIP 开关拨向右侧。

见图 11-13。单击“参数”按钮，DP 地址更改为 3，单击“属性”，单击“网络设置”按钮，单击传输率“1.5Mbps”，单击配置文件“DP”，单击“确定”按钮。单击子网下“PROFIBUS（1）1.5Mbps”，单击“确定”按钮。

（3）在 ET200M 中插入输入和输出模块。在 4 号插槽插入输入模块 DI16×DC24V，输入端子地址默认为 IB0 和 IB1。5 号插槽插入输出模块 DO16×DC24V/0.5A，输出端子地址默认为 QB0 和 QB1，如图 11-14 所示。

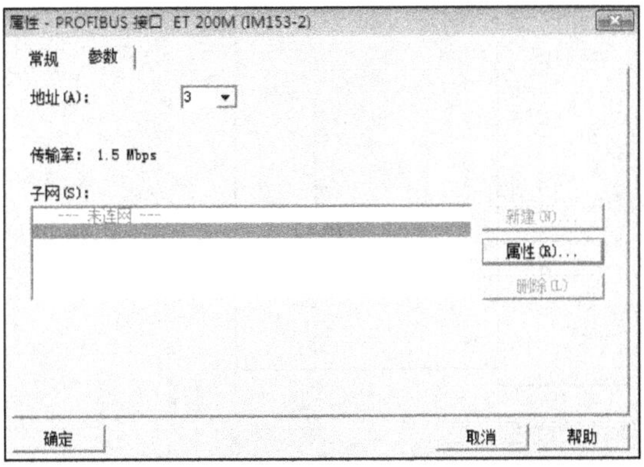

图 11-13　设置 DP 地址和新建子网

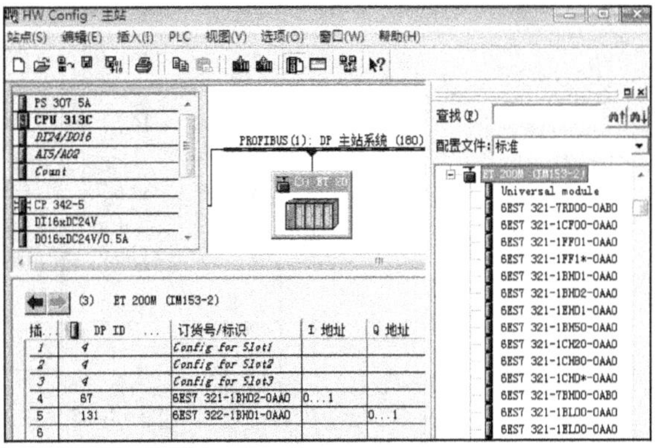

图 11-14　插入输入和输出模块

在主站硬件组态界面中，单击“保存并编译”按钮，从站网络组态及参数设置结束。

步骤 6．下载网络组态及参数设置（参考项目 4 步骤 7）

通过 PC 适配器 USB 编程电缆，在硬件组态界面中，将主站硬件组态、网络组态及参数设置下载到对应的 PLC 中，下载结束后关闭 PLC 电源。

重新打开 PLC 电源，观察 CPU 模板上 SF 和 BF 指示灯是否为红色，如果是红色，说明组态过程中可能存在错误，也可能是通信硬件连接问题等，需要检查，更正后，再保存编译，重新下载。SF 和 BF 指示灯不亮时，且 DC5V 和 RUN 指示灯为绿色，这一步骤就成功结束了。

步骤 7．输入/输出地址分配

（1）主站 I/O 地址分配如表 11-1 所示。

表 11-1　输入/输出地址分配表

序号	输入信号器件名称	编程元件地址	序号	输出信号器件名称	编程元件地址
1	启动从站电动机按钮 SB1（常开触点）	I4.0	1	主站电动机接触器 KM 线圈	Q8.0
2	停止从站电动机按钮 SB2（常开触点）	I4.1			

（2）从站 I/O 地址分配如表 11-2 所示。

表 11-2　输入/输出地址分配表

序号	输入信号器件号名称	编程元件地址	序号	输出信号器件名称	编程元件地址
1	启动主站电动机按钮 SB1（常开触点）	I0.0	1	从站电动机接触器 KM 线圈	Q0.0
2	停止主站电动机按钮 SB2（常开触点）	I0.1			

步骤 8．输入/输出接线图

确保断电接线。主站外设接线图 11-15 所示。

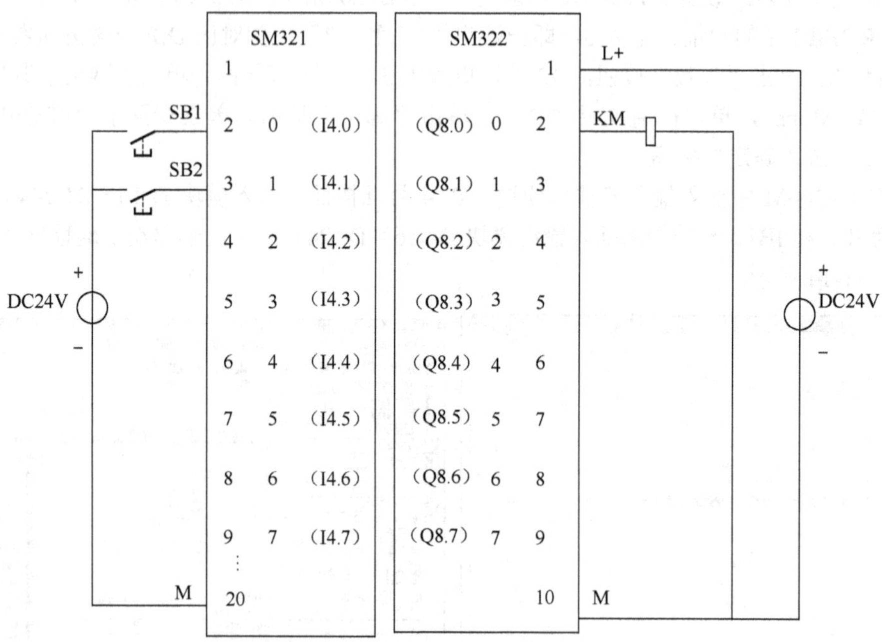

图 11-15　主站外设接线图

确保断电接线。从站外设接线图 11-16 所示。

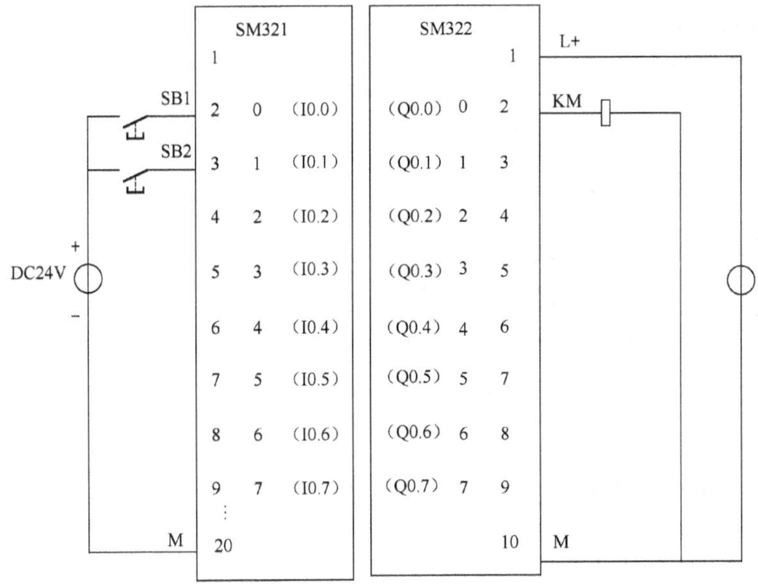

图 11-16 从站外设接线图

步骤 9．主站和从站之间进行数据交换的地址分配

CP342-5 作为 DP 主站时，它的 DP 主站系统中的 I/O 地址区是虚拟的地址映像区，由于 CP342-5 是通过调用 FC1 和 FC2 访问 DP 从站，而不是直接访问 I/O 区，所以 ET200 不能使用功能模块，例如 FM352 和 FM350-1 等。

CP342-5 有一个内部的输入（接收）数据缓冲区和输出（发送）数据缓冲区，用来存放所有 DP 从站的 I/O 数据，发送数据缓冲区的数据周期性地写到从站的输出端子地址上，周期性读取从站的输入端子地址数值存放在接收数据缓冲区，整个过程是 CP342-5 与 PROFIBUS 从站之间自动协调完成的，不需要编写程序。但是需要在主站 PLC 的用户程序中调用 FC1 和 FC2，来读写 CP342-5 内部的数据缓冲区。

主站 CPU 调用 FC1（DP-SEND），将参数 SEND 指定的发送数据区的数据传送到 CP342-5 的发送数据缓冲区，以便将数据发送到 DP 从站。

主站 CPU 调用 FC2（DP-RECV），将 CP342-5 的接收数据缓冲区中接收的来自从站分布式 I/O 的数据，存入参数 RECV 指定的 CPU 中的接收数据区。

参数 SEND 和 RECV 指定的 DP 数据区可以是过程映像区 I/O、位存储区 M、数据块 DB。输出参数 DONE 为 1，ERROR 和 STATUS 为 0 时，可以确认数据被正确地传送到了通信伙伴。

主站 OB1 中调用 FC1 将 MB50 和 MB51 打包后发送给从站 ET200M 的 QB0 和 QB1 中。调用 FC2 将从站 ET200M 的 IB0 和 IB1 的数据存放在 MB60 和 MB61 中。如图 11-17 所示。

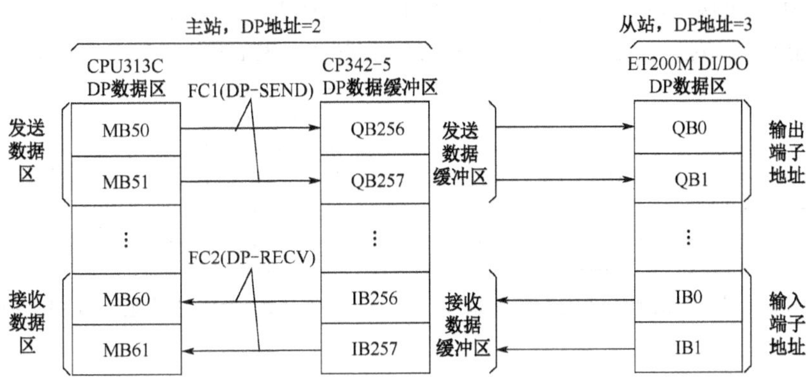

图 11-17 主站与从站之间数据交换

步骤 10. 建立符号表

主站符号表如图 11-18 所示。

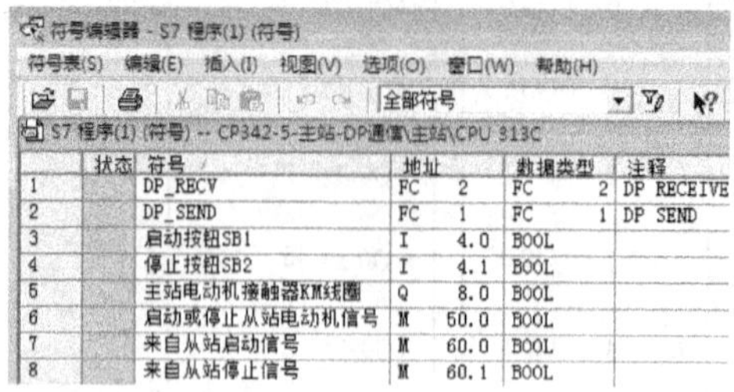

符号编辑器 - S7 程序(1) (符号)

S7 程序(1) (符号) -- CP342-5-主站-DP通信\主站\CPU 313C

	状态	符号	地址		数据类型		注释
1		DP_RECV	FC	2	FC	2	DP RECEIVE
2		DP_SEND	FC	1	FC	1	DP SEND
3		启动按钮SB1	I	4.0	BOOL		
4		停止按钮SB2	I	4.1	BOOL		
5		主站电动机接触器KM线圈	Q	8.0	BOOL		
6		启动或停止从站电动机信号	M	50.0	BOOL		
7		来自从站启动信号	M	60.0	BOOL		
8		来自从站停止信号	M	60.1	BOOL		

图 11-18 主站符号表

步骤 11. 编写通信程序

根据项目要求、I/O 地址分配、主站和从站之间数据交换地址分配编写主站程序，如图 11-19 所示。从站不用编写程序。

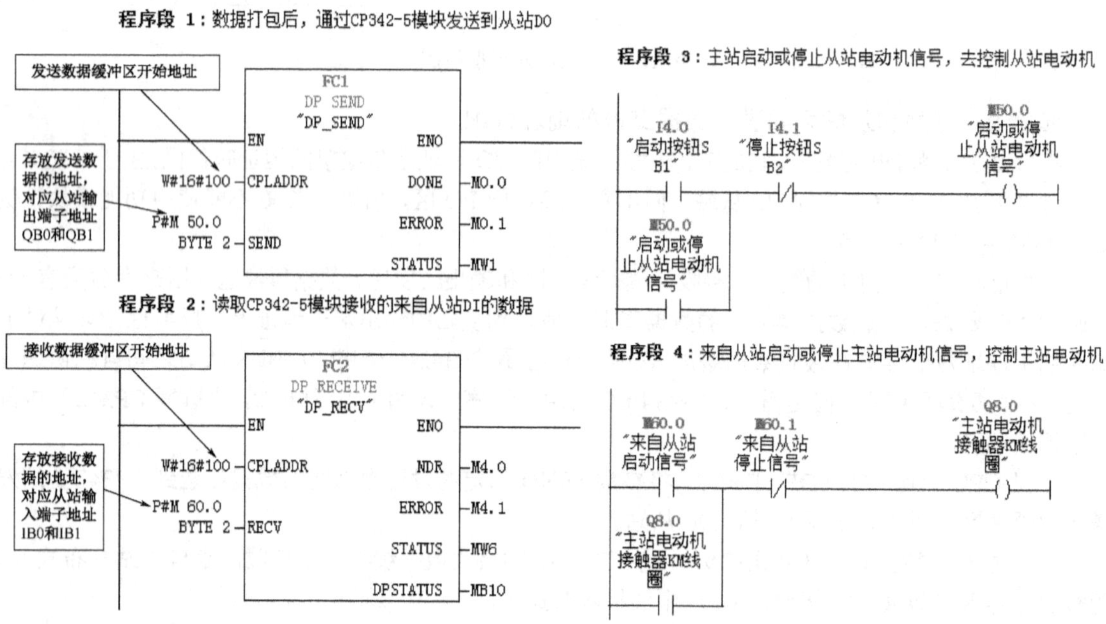

图 11-19 主站程序

CP342-5 的从站输入/输出端子默认起始地址为 0 号字节，一般采用默认地址。如果起始地址非 0，例如从站输出端子的地址为 QB1 和 QB2，FC1 的参数 SEND 的字节数为 3，即 P #M50.0 BYTE 3，由图 11-20 中输出端子默认起始地址 0 时“QB0 和 QB1”同“MB50 和 MB51”对应关系，变为图 11-21 中输出端子起始地址 1 时“QB1 和 QB2”同“MB51 和 MB52”对应关系。

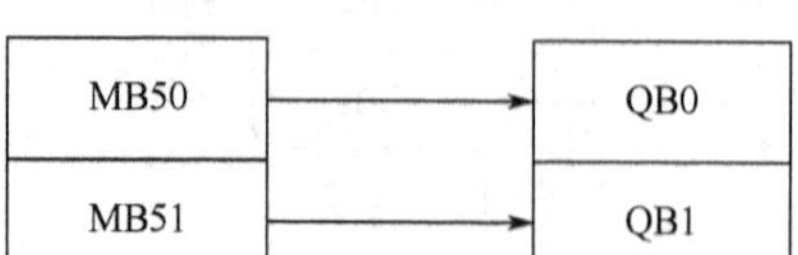

图 11-20 输出端子默认地址 0 的对应关系

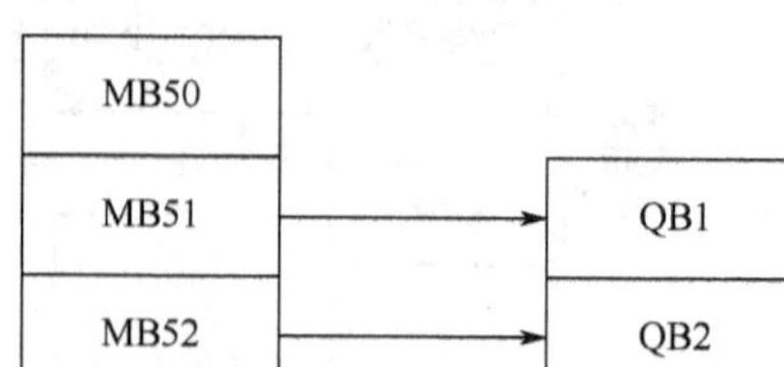

图 11-21 输出端子地址为 1 的对应关系

步骤 12．中断处理

采用 PROFIBUS-DP 总线，所能连接从站个数与 CPU 类型有关，最多可以连接 125 个从站，为防止某一个从站掉电或者损坏，将产生不同的中断，并且调用相应的组织块，如果在程序中没有建立这些组织块，CPU 将停止运行，以保护人身和设备的安全，因此在主站右击“块”，插入 OB82、OB86 和 OB122 组织块，以便进行相应的中断处理。如果忽略这些故障让 CPU 继续运行，可以对这几个组织块不编写任何程序，只插入空的组织块。如图 11-22 所示。

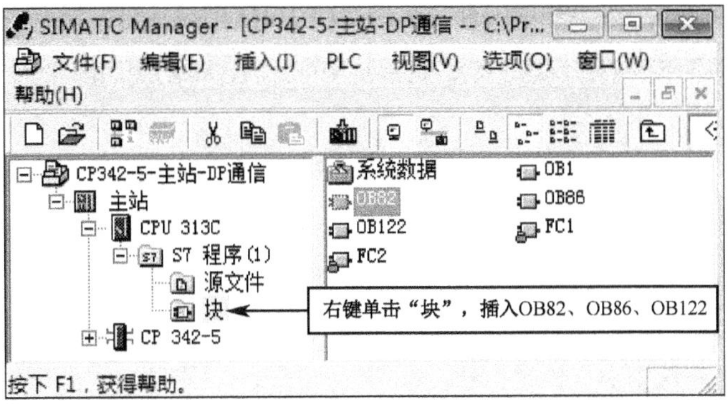

图 11-22　插入空的组织块

步骤 13．联机调试

确保接线正确的情况下，在 SIMATIC Manager 界面中，单击站点名称“主站”，单击“下载”按钮，将主站下载到 PLC 中。

在主站按下启动按钮 SB1，可以看到从站电动机转动。在主站按下停止按钮 SB2，可以看到从站电动机停止。

在从站按下启动按钮 SB1，看到主站电动机转动。在从站按下停止按钮 SB2，看到主站电动机停止。

满足上述情况，调试成功。如果不能满足，检查原因，纠正问题，重新调试，直到满足上述情况为止。

11.4　巩固练习

（1）由 1 台 S7-300PLC 和一个 ET200M 模块组成的 PROFIBUS-DP 通信中，主站 PLC 的 CPU 模块为 CPU313C，主站的通信模块为 CP342-5，主站 DP 地址为 2。从站为 ET200M 模块，从站 DP 地址为 3。主站通过调用 FC1 和 FC2 指令实现与从站 ET200M 的 PROFIBUS-DP 通信。主站发送 2 字节给从站，从站发送 2 字节给主站，要求如下。

① 主站完成对本站设备 A 及从站设备 B 的启动或停止控制，且能对设备 A 和设备 B 的工作状态进行监视。

② 从站完成对本站设备 B 及主站设备 A 的启动或停止控制，且能对设备 B 和设备 A 的工作状态进行监视。

（2）由一台 S7-300PLC 和两个 ET200M 模块组成的 PROFIBUS-DP 通信中，主站 PLC 的 CPU 模块为 CPU313C，主站的通信模块为 CP342-5，主站 DP 地址为 2。从站 1 为 ET200M 模块，从站 1 的 DP 地址为 3。从站 2 为 ET200M 模块，从站 2 的 DP 地址为 4。主站通过调用 FC1 和 FC2 指令实现与从站 1 的 ET200M 和从站 2 的 ET200M 的 PROFIBUS-DP 通信。主站发送 2 字节给从站 1，从站 1 发送 2 字节给主站，主站发送 2 字节给从站 2，从站 2 发送 2 字节给主站，要求如下。

① 在主站按下开关 SA，开关闭合，主站将 1Hz 闪烁信号发送至从站 1 和从站 2，从站 1 和从站 2 指示灯 HL 闪烁。

② 在从站 1 按下开关 SA，开关闭合，从站 1 将 5Hz 闪烁信号发送至主站，主站指示灯 HL1 闪烁。

③ 在从站 2 按下开关 SA，开关闭合，从站 2 将 10Hz 闪烁信号发送至主站，主站指示灯 HL2 闪烁。

项目 12　S7-300PLC 与变频器 MM420 之间 PROFIBUS-DP 通信

12.1　项目要求

利用一台 S7-300PLC，通过 PROFIBUS 现场总线通信修改 MM420 变频器 P2010 参数，将参数值修改为 6。

主站 DP 地址设置为 2，从站变频器 DP 地址设置为 3。通信速率为 1.5Mbps。

12.2　学习目标

（1）掌握 S7-300PLC 与变频器 MM420 之间 PROFIBUS-DP 通信的硬件与软件配置。

（2）掌握 S7-300PLC 与变频器 MM420 之间 PROFIBUS-DP 通信的硬件连接。

（3）掌握 S7-300PLC 与变频器 MM420 之间 PROFIBUS-DP 网络组态及参数设置。

（4）掌握 MM420 变频器参数设置。

（5）掌握 S7-300PLC 与变频器 MM420 之间 PROFIBUS-DP 通信程序编写。

12.3　相关知识

12.3.1　MM420 周期性数据通信报文

MM420 周期性数据通信报文有效数据区域由两部分构成，即 PKW 区和 PZD 区。如图 12-1 所示。

PKW 最多占用 4 个字，即 PKE 区（参数标识符，占用一个字）、IND（参数下标，占用一个字）PWE1 和 PWE2（参数数值，共占用两个字）。

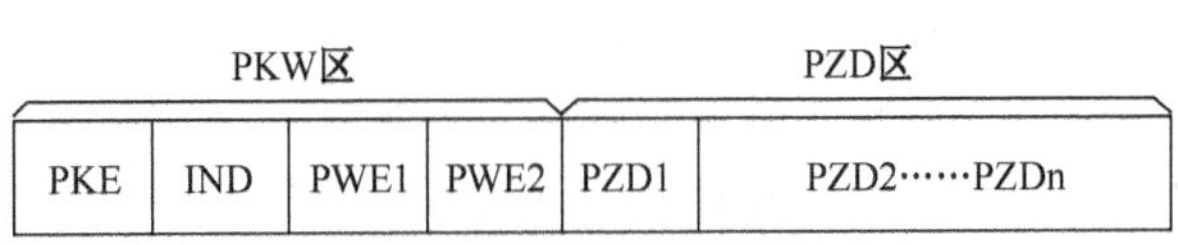

图 12-1　PKW 区和 PZD 区

(1)PKE 用来描述参数识别标识 ID 号。

（2）IND 描述参数的下标。

（3）PWE1 和 PWE2 用来描述参数值。PWE1 为高 16 位有效字，PWE2 为低 16 位有效字，共同组成了一个 32 位参数值。

在 PROFIBUS-DP 上可用周期性数据通信控制 MICROMASTER4，用于周期性数据通信的有效数据结构，称为参数过程数据对象（PPO）。有效数据结构被分为可用传送的 PKW 区和 PZD 区。PKW 用于读写参数值，PZD 用于控制字和设定状态信息和实际值等，如控制电动机的启动、停止等。

12.3.2　PROFIBUS 通信模板

MM420 变频器与 S7-300PLC 实现 DP 通信，需要在变频器上加装 DP 通信模板。

PROFIBUS 通信速度可达 12Mbit/s，基本操作面板（BOP）可以插在 PROFIBUS 通信模板上，提供操作显示。如图 12-2、图 12-3 所示。

图 12-2　基本操作面板（BOP）

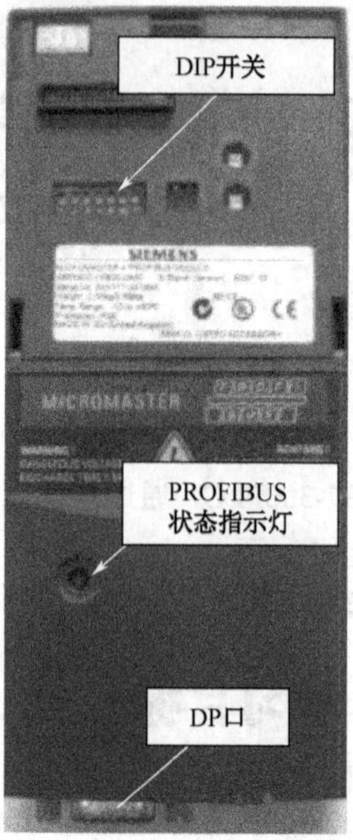

图 12-3　PROFIBUS 通信模板

12.4　项目解决步骤

步骤 1．通信的硬件和软件配置

硬件：

（1）电源模块（PS307 5A）1 个。

（2）CPU 模块（CPU314C-2DP）1 个。

（3）MMC 卡 1 张。

（4）导轨 1 根。

（5）MM420 变频器 1 台，且变频器含 PROFIBUS 通信模板，订货号： 6SE6400-1PB00-0AA0。

（6）PROFIBUS 电缆 1 根。

（7）DP 头 2 个。

（8）PC 适配器 USB 编程电缆 （S7-200/S7-300/S7-400 PLC 下载线）1 根。

（9）装有 STEP7 编程软件的计算机 1 台。

软件：STEP7 V5.4 及以上版本编程软件。

步骤 2．通信的硬件连接

通信的硬件连接如图 12-4 所示。

步骤 3．主站网络组态及参数设置

（1）根据实际使用的硬件配置，对主站进行硬件组态，注意与硬件模块上面印刷的订货号一致。单击“SIMATIC300”站点，双击“硬件”图标，然后双击导轨“Rail”插入导轨，在导轨 1 号插槽插入电源模块（PS307 5A）、2 号插槽插入 CPU 模块（CPU314C-2DP，V2.6），然后在 CPU314C-2DP 模块上双击“DP 行”，如图 12-5 所示。

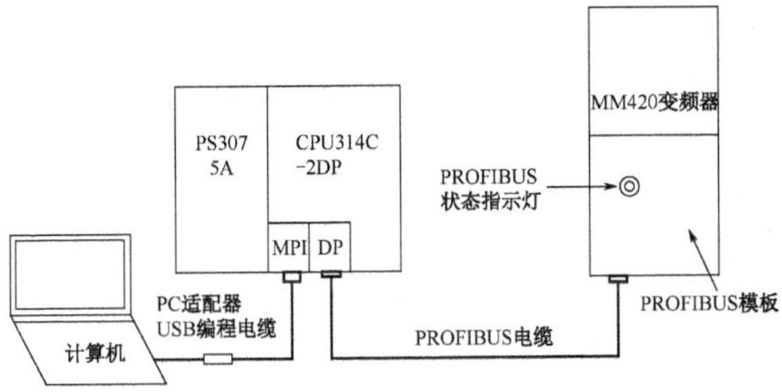

图 12-4　通信的硬件连接

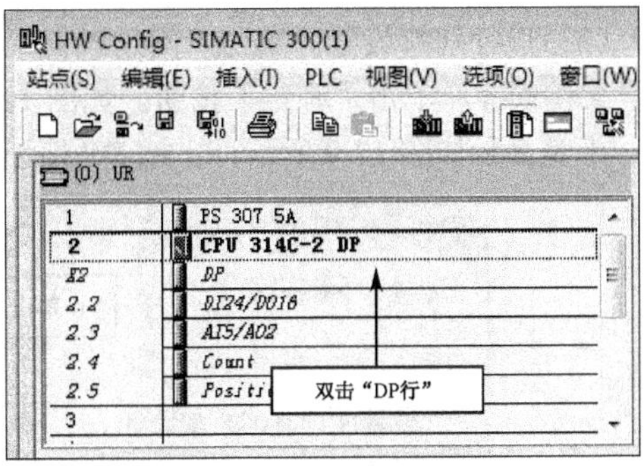

图 12-5　双击“DP 行”

弹出如图 12-6 所示界面，单击“常规”按钮，单击“属性”按钮。

（2）新建子网。项目要求主站地址设置为 2，于是将 DP 地址更改为 2。单击“新建”按钮。如图 12-7 所示。

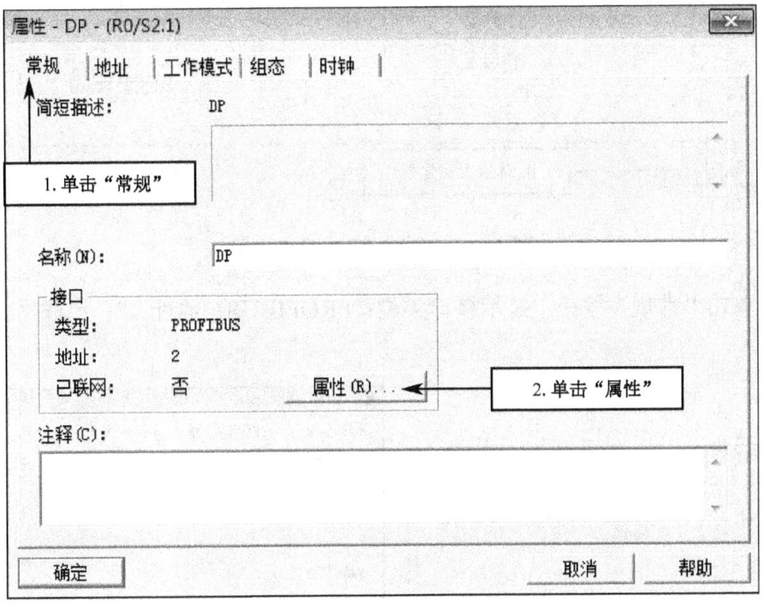

图 12-6　DP 属性界面

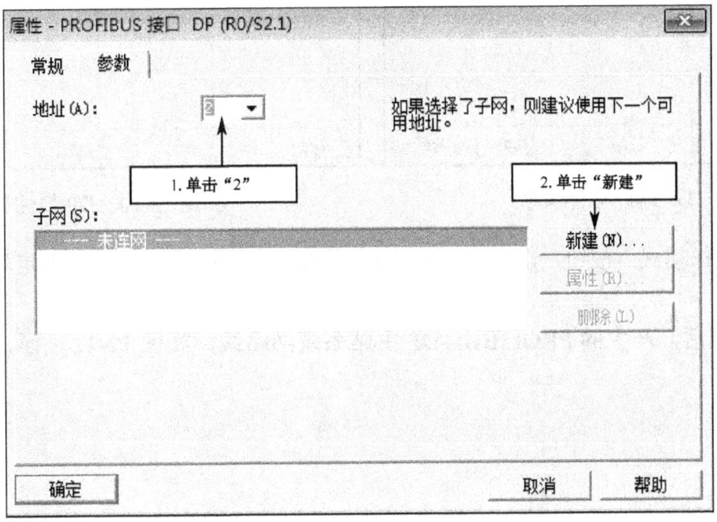

图 12-7　设置主站 DP 地址

（3）进行网络设置。单击“网络设置”→单击“1.5Mbps”完成传输率选择，单击“DP”完成配置文件选择，单击“确定”按钮。如图 12-8 所示。

于是显示如图 12-9 所示，主站 DP 地址为 2，传输率为 1.5Mbps，单击“确定”按钮。

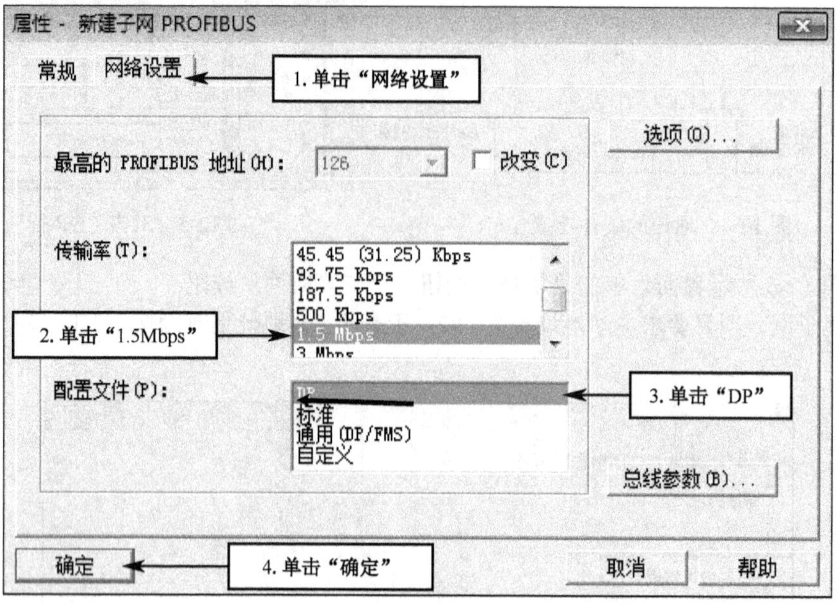

图 12-8　新建子网的网络设置

属性窗口中单击“常规”按钮，显示接口类型：PROFIBUS；地址：2；已联网：是。如图 12-10 所示。

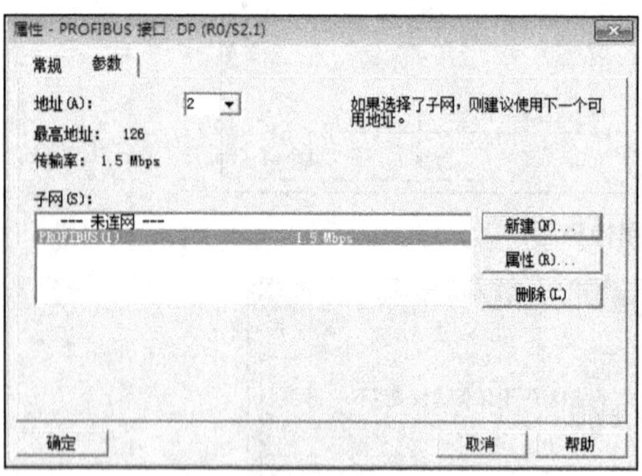

图 12-9　DP 地址与传输率

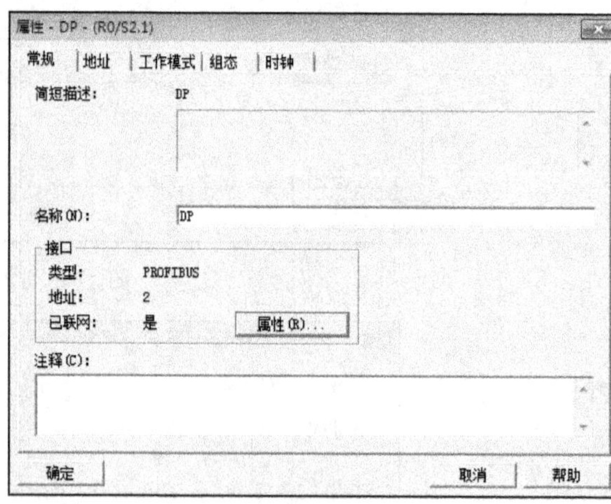

图 12-10　DP 属性界面

（4）单击“工作模式”按钮，设置为 DP 主站，单击“DP 主站”，单击“确定”按钮，如图 12-11 所示。

主站组态结束后，产生的 PROFIBUS-DP 主站系统网络线，如图 12-12 所示。

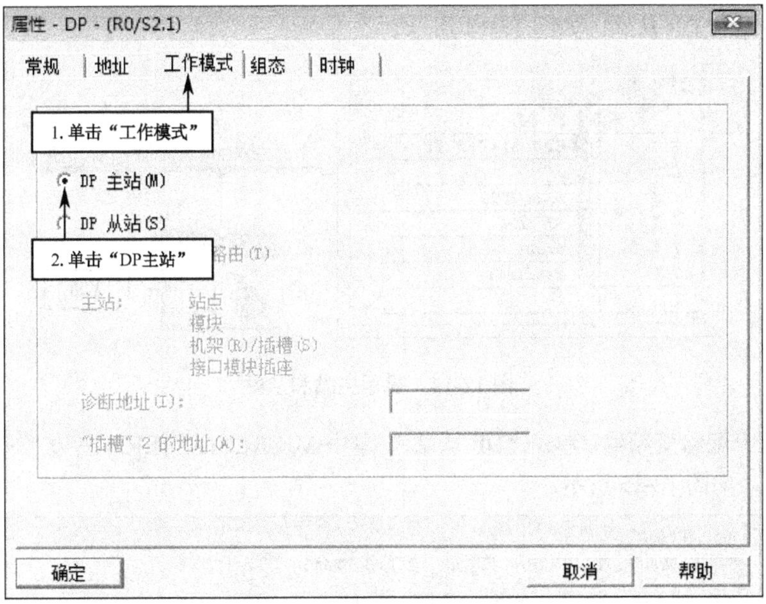

图 12-11 工作模式选择 DP 主站

步骤 4. 从站网络组态及参数设置

在 PROFIBUS-DP 网络上挂 MM420 变频器，并组态变频器的通信区。

（1）在主站硬件组态界面中，单击 PROFIBUS DP 左边“+”，单击 SIMOVERT 左边“+”，单击“PROFIBUS（1）：DP 主站系统（1）”线，该线变黑，双击“MICROMASTER 4”。弹出的属性界面中，设置从站 DP 地址为 3，新建子网为“PROFIBUS（1）1.5Mbps”，单击“确定”按钮。如图 12-13 所示。

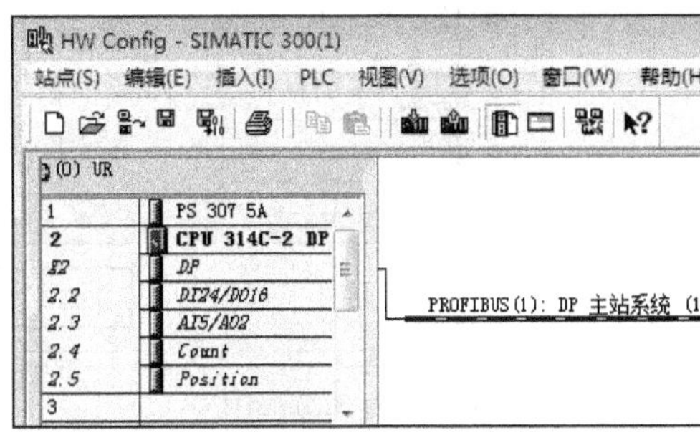

图 12-12 PROFIBUS-DP 主站系统网络线

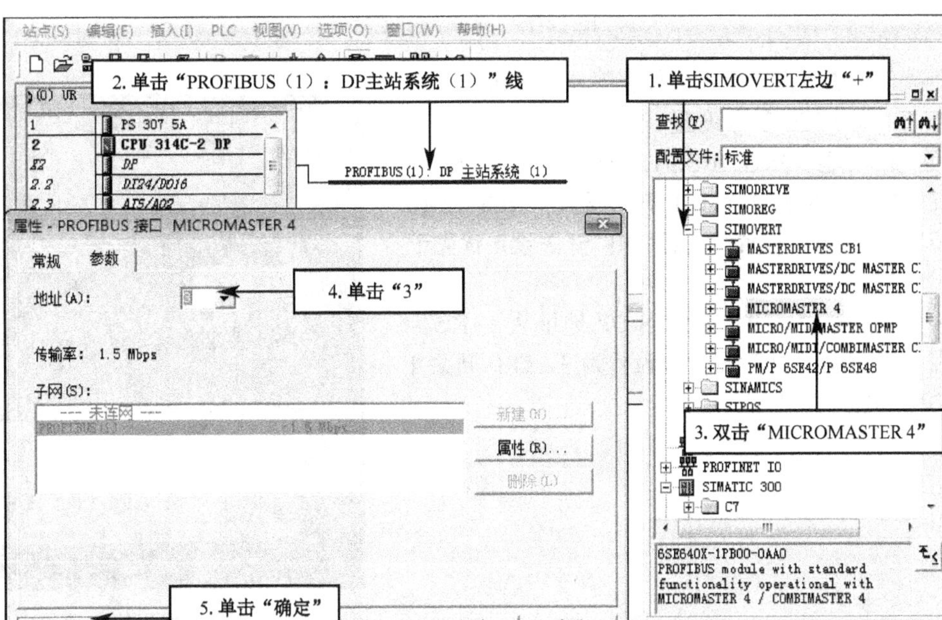

图 12-13 从站网络组态

显示 DP 主站和 DP 从站，如图 12-14 所示。

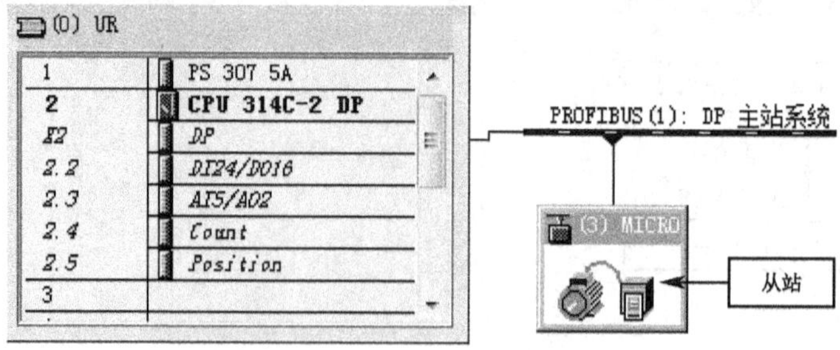

图 12-14　显示主站和从站

（2）将地址分配给变频器，单击“DP 从站”，单击 MICROMASTER 4 左边“+”，双击“4PKW，2PZD（PPO 1）”，如图 12-15 所示。

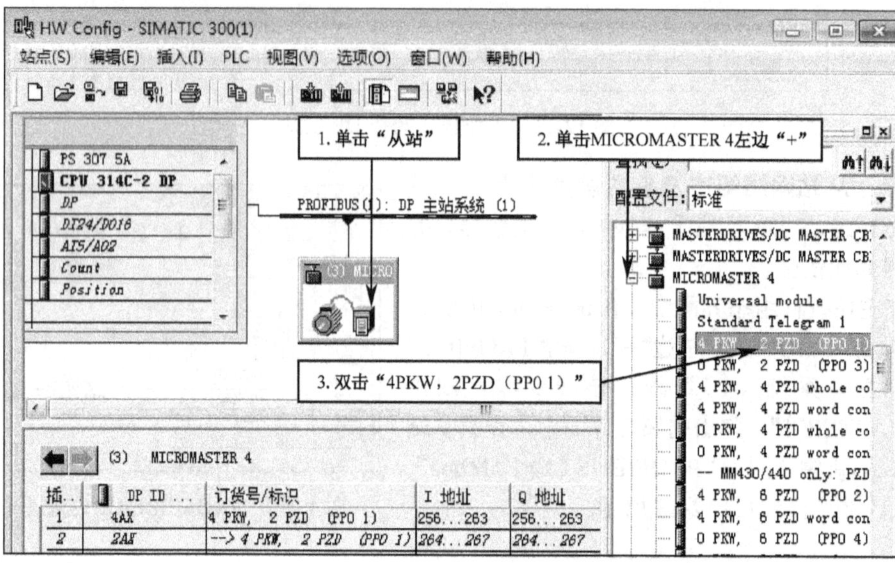

图 12-15　从站分配地址

回到硬件组态界面，单击“保存编译”按钮。

步骤 5．MM420 参数设置

从站变频器 PROFIBUS-DP 地址可以借助 PROFIBUS 通信模板的 7 个 DIP 开关设置，如图 12-16 所示，或通过 P0918 设置。注意 DIP 开关设定优先于 P0918。

DIP 开关能够设置 PROFIBUS-DP 地址从 1~125。方法如表 12-1 所示。本项目要求设置为 3，DIP 开关 1 和 2 为 ON，其余 OFF。

图 12-16　通信模板的 7 个 DIP 开关

表 12-1　PROFIBUS DP 地址

DIP 开关编号	1	2	3	4	5	6	7
开关代表地址	1	2	4	8	16	32	64
例如地址=3	ON	ON	OFF	OFF	OFF	OFF	OFF
例如地址=11	ON	ON	OFF	ON	OFF	OFF	OFF

为了让总线正常运行，变频器参数必须设置如表 12-2 所示。

表 12-2　变频器参数设置

参数	设置值	说明
P0918	3	设置 PROFIBUS 总线地址（硬件 DIP 开关设置优先）
P0719	0	命令和频率设定值的选择
P0700	6	快速选择命令源
P1000	6	快速选择频率设定
P0927	15	参数修改设置

P0927 参数修改设置用于更改参数的接口。默认值 15。如表 12-3 所示。

表 12-3　P0927 参数修改设置含义

Bit0	PROFIBUS-DP	0：不　　1：是
Bit0	BOP	0：不　　1：是
Bit0	BOP 链路的 USS	0：不　　1：是
Bit0	COM 链路的 USS	0：不　　1：是

步骤 6．编写程序

（1）在 SIMATIC 管理器界面，插入组织块 OB82、OB86、OB122、数据块 DB 1、变量表 VAT-1。如图 12-17 所示。

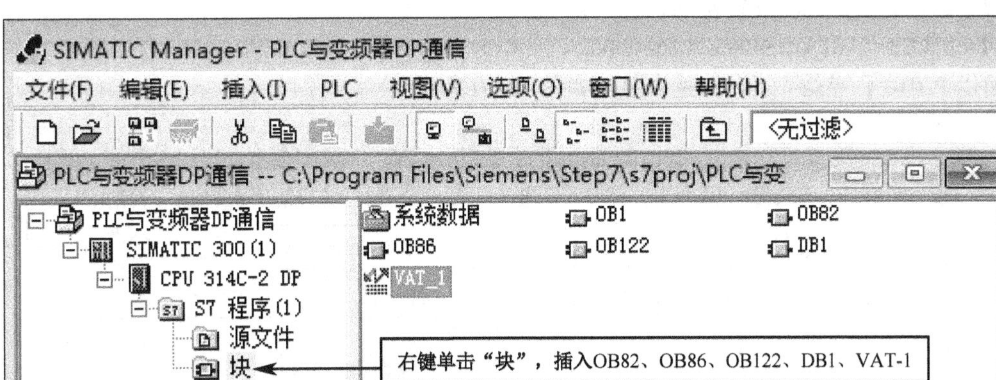

图 12-17　插入组织块、数据块 DB 1、变量表 VAT-1

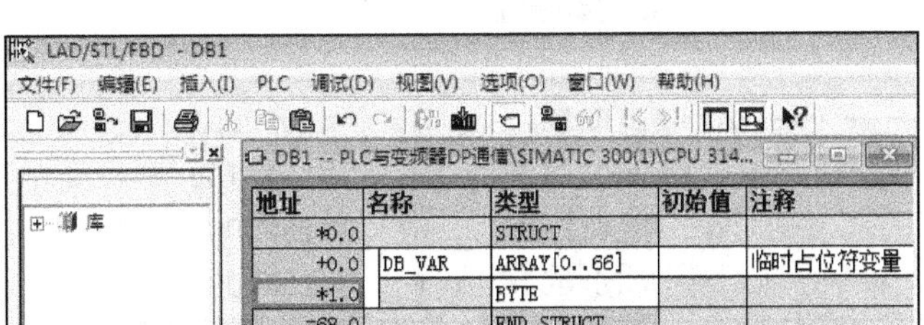

图 12-18　数据块中创建数组

（2）在数据块中创建数组。双击图 12-17 中数据块“DB1”，创建数组“DB-VAR”，如图 12-18 所示。

在 OB1 中调用 SFC15 和 SFC14（这两个指令的应用见本书中项目 7 相关知识），完成从站变频器的修改数据和读数据。SFC15 用于将数据写入 PROFIBUS

从站变频器，即修改从站变频器数据；SFC14 用于读 PROFIBUS 从站变频器的数据，即接收从站变频器数据。根据项目要求编写主站程序，如图 12-19 所示。

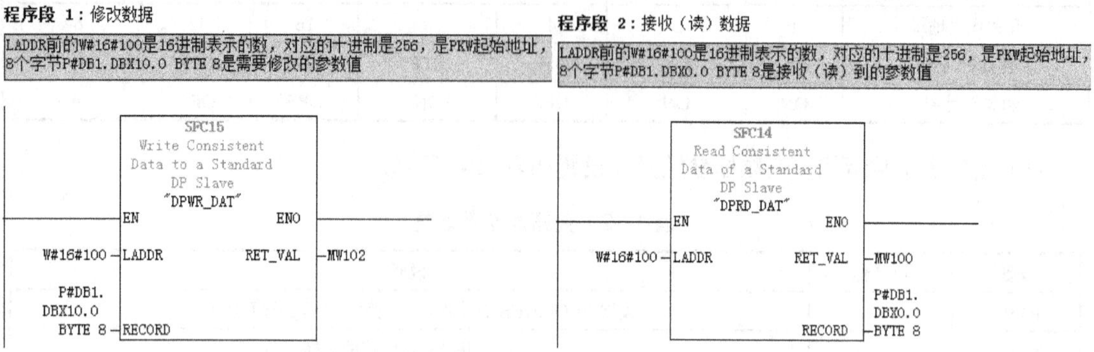

图 12-19　主站程序

步骤 7．联机调试

断电接线，确保接线正确，上电，主站程序下载。

修改参数 P2010=6 请求：

（1）PKE=DB1.DBW10=W# 16#200A，2 表示请求，A 表示基本参数地址为 10。

（2）IND= DB1.DBW12=W# 16#0180，01 表示参数下标为 1，8 表示参数号码相差 2000，即 2010 号参数。

（3）PWE1= DB1.DBW14=W# 16#0000，设定值高 16 位为 0。

（4）PWE2= DB1.DBW16=W# 16#0006，设定值低 16 位为 6。

单击"回车"，单击"监视变量"按钮，单击"修改变量"按钮。

修改参数后，以观察到变量表状态值如下：

（1）PKE=DB1.DBW0=W# 16#100A，返回 1 表示单字长。

（2）IND= DB1.DBW2=W# 16#0180。

（3）PWE1= DB1.DBW4=W# 16#0000。

（4）PWE2= DB1.DBW6=W# 16#0006。

所以 P2010 已经是 6 了，变量表监控如图 12-20 所示。

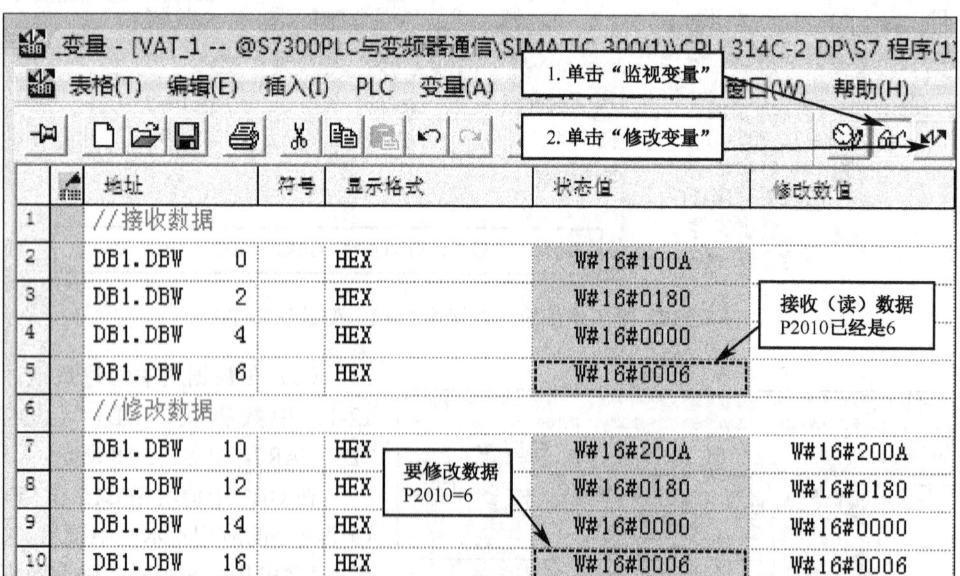

图 12-20　变量表监控

满足上述情况，调试成功。如果不能满足，检查原因，纠正问题，重新调试，直到满足上述情况为止。

12.5 巩固练习

利用一台 S7-300PLC，通过 PROFIBUS 现场总线通信修改 MM420 变频器参数，将 P701 由原来数值 1 修改成 2。主站 DP 地址设置为 4，从站变频器 DP 地址设置为 5。通信速率为 1.5Mbps。

第三篇　工业以太网技术

项目 13　认识工业以太网

13.1　项目要求及学习目标

（1）理解工业以太网定义。
（2）熟悉工业以太网通信介质。
（3）理解典型工业以太网的 4 类网络器件。
（4）了解工业以太网通信模块与带 PN 口 CPU 模块。
（5）理解工业以太网通信的类型。

13.2　相关知识

13.2.1　工业以太网简介、通信介质及双绞线连接

1．工业以太网简介

所谓工业以太网一般来讲是指技术上与商用以太网兼容，但在产品设计时，在材质的选用、产品的强度、适用性以及实时性、可互操作性、可靠性、抗干扰性和本质安全等方面满足工业现场需要的一种以太网。

随着以太网技术的发展，它很高的市场占有率，促使工控领域的各大厂商纷纷研发出适合自己工控产品且兼容性强的工业以太网。其中应用最为广泛的工业以太网之一是德国西门子公司研发的工业以太网。它提供了开放的、适用于工业环境下各种控制级别的通信系统。

西门子工业以太网提供了二种基本类型：10Mbps 以及 100Mbps 快速以太网技术。

2．西门子工业以太网通信介质

西门子工业以太网可以采用双绞线、光纤、无线方式进行通信。

四芯双绞线内部结构及名称如图 13-1 所示。四芯线夹 1 根非金属线。

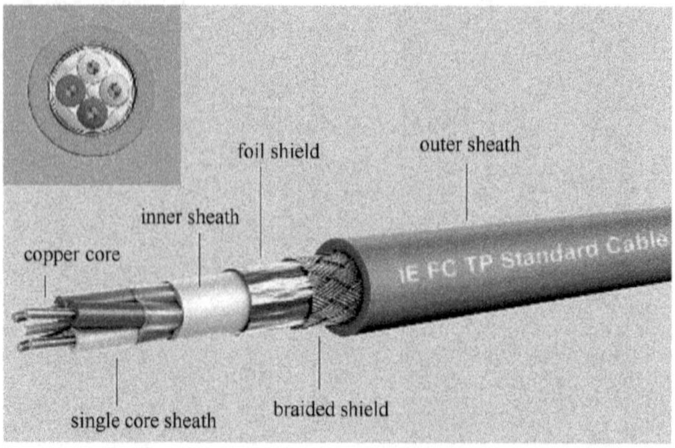

图 13-1　四芯双绞线

3. 四芯双绞线与 RJ45 接头连接过程

西门子以太网金属水晶接头（RJ45 接头）结构，如图 13-2 所示。

（1）在 RJ45 接头上量取四芯双绞线剥皮长度，大约 20mm 左右，如图 13-3 所示。

（2）四芯双绞线屏蔽层可以缠绕在 4 芯线周围，其余剪掉，如图 13-4 所示。

（3）按照四芯线颜色与水晶头孔上的颜色对应后，将四芯线插入到水晶头孔里，如图 13-5 所示。

（4）按下带有颜色标识的塑料盖，刀口会切破四芯线，产生与四芯线金属连接，屏蔽层压在金属尖位置。金属尖必须插入到屏蔽层中，使其保持良好接触，如图 13-6 所示。

（5）盖上金属盖，旋紧金属端，如图 13-7 所示。

图 13-2　RJ45 接头

图 13-3　量取四芯双绞线剥皮长度

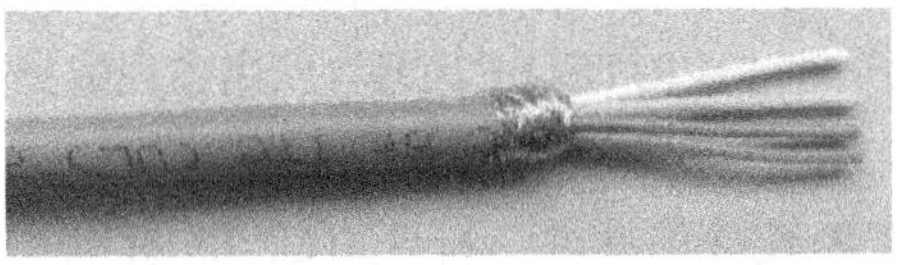

图 13-4　做完的四芯双绞线

图 13-5　四芯线插入到水晶头孔里

图 13-6　刀口切破四芯线与屏蔽层压在金属尖位置

图 13-7　盖上金属盖，旋紧金属端

13.2.2　典型工业以太网的 4 类网络器件

（1）连接部件包括 FC 快速连接插座、电气链接模块（ELM）、电气交换模块（ESM）、光纤交换模块（OSM）、光纤电气转换模块（MC TP11）。

（2）通信介质可以采用普通双绞线、快速连接双绞线、工业屏蔽双绞线、光纤及无线。

（3）CPU 集成 PN 接口和工业以太网通信模块用于将 PLC 连接到工业以太网。

（4）PG/PC 的工业以太网通信模块用于将 PG/PC 连接到工业以太网。

13.2.3　工业以太网通信模块与带 PN 口的 CPU 模块

（1）用于 PC 的工业以太网通信模块有 CP1616、CP1613 A2、CP1623。

（2）以太网通信模块（CP，Communication Processor）包括 CP243-1 系列、CP343-1 系列、CP443-1 系列。

CP243-1 是为 S7-200 系列 PLC 设计的工业以太网通信处理模块。通过 CP243-1 模块，用户可以很方便地将 S7-200 系列 PLC 通过工业以太网进行连接，并且支持使用 STEP7-Micro/WIN 软件，通过以太网对 S7-200 进行远程组态、编程和诊断。通过 CP243-1 模块，S7-200 也可以同 S7-300、S7-400 系列 PLC 以太网连接。

S7-300 系列 PLC 的以太网通信处理模块有 CP343-1 系列，按照所支持的协议不同，可分为

CP343-1、CP343-1 ISO、CP343-1 TCP、CP343-1 IT、CP343-1 PN、CP343-1 Advanced。

S7-400PLC 以太网通信处理模块有 CP443-1 系列，按照所支持的协议不同，可分为 CP443-1、CP443-1 ISO、CP443-1 TCP、CP443-1 IT。

(3)带 PROFINET 接口的 S7-300CPU 有 CPU314C-2PN/DP、CPU315/317-2PN/DP、CPU319- 3PN/DP 等。

13.2.4 工业以太网通信的类型

1. ISO 传输协议

ISO 传输连接用于 S5 站和 S7 站或 PC 站之间的数据交换(S5 兼容通信)。ISO 传输连接的属性：站间的通信是基于 MAC 地址的，使用数据块的数据传输适用于大量数据，可使用"SEND/RECEIVE"和"WRITE/ FETCH"应用实现数据传输。

2. ISO-on-TCP 传输协议

ISO-on-TCP 传输连接用来进行 S5 站和 S7 站或 PC 站之间的数据交换（S5 兼容通信）。ISO-on-TCP 连接的属性：站间的通信时基于 IP 地址的，符合 TCP/IP 标准的 FRC1006 扩展是与 ISO 参考模型的第 4 层相一致的，使用"SEND/RECEIVE"和"WRITE/ FETCH"应用实现数据传输。

3. TCP/IP 协议

通过 TCP 连接的配置实现站间的数据交换。TCP 连接的属性：符合 TCP/IP 标准，可使用"SEND/RECEIVE"和"WRITE/ FETCH"应用实现数据传输。操作系统中已存在的 TCP/IP 实现通常可用在 PC 上，数据可通过路由器（有路由功能的协议）传递。

4. UDP 传输协议

通过 UDP 连接的配置实现两站间的数据交换。UDP 连接的属性：UDP 协议，两站之间关联数据块的不可靠传输，支持组传输，组传输允许站组一起接收信息和发送信息到这个组，通过"SEND/RECEIVE"服务进行数据传输，数据可通过路由器（有路由功能的协议）传递。

5. S7 通信

通过 S7 连接的配置实现 S7 站间和 PC 站间的数据交换。S7 连接属性：该连接可用于所有 S7/M7 设备，可用于所有子网（MPI、PROFIBUS、工业以太网），SIMATICS7/M7-300/400 站之间数据的可靠传输（使用"BSEND/BRCV"或"PUT/GET"SFB），高速，可靠数据传输取决于对方与时间相关的操作（使用"USEND/URCV"SFB）。

6. IT 通信

IT 通信具有：E-mail 功能、HTML 功能、FTP 功能。

7. PG/OP 功能

通过以太网用 STEP7 编程和组态 S7 站。编程设备是连接到以太网的。

8. PROFINET 通信

PROFINET 是 PROFIBUS 用户组织（PNO）使用的标准，它定义了跨厂商通信和工程模型，适用于基于组件的自动化（CBA）环境中。

13.3 项目解决步骤

步骤 1．讲述工业以太网定义。

步骤 2．讲述工业以太网通信介质。

步骤 3．讲述典型工业以太网的 4 类网络器件。

步骤 4．讲述工业以太网通信模块与带 PN 口 CPU。

步骤 5．讲述工业以太网通信的类型。

13.4　巩固练习

（1）网上搜索工业以太网通信介质的图片并附上简短说明文字，用于课堂交流。

（2）网上搜索典型工业以太网的 4 类网络器件图片并附上简短说明文字，用于课堂交流。

（3）网上搜索工业以太网通信模块与带 PN 口 CPU 模块图片并附上简短说明文字，用于课堂交流。

（4）工业以太网通信的类型是什么？

项目 14　两台 S7-200PLC 之间的工业以太网通信

14.1　项目要求

通过两个 CP243-1 以太网通信模块组建 1 台 S7-200PLC 与另 1 台 S7-200PLC 的工业以太网通信。其中 1 台 S7-200PLC 为客户机，CPU 模块为 CPU226CN；另 1 台 S7-200PLC 为服务器，CPU 模块为 CPU226CN。要求如下。

在客户机端，通过编程软件的状态表，在地址 VB1000～MB1003 中输入 4 个字节数据。例如，“11”、“22”、“33”、“44”，单击“变量表监控”按钮，单击“全部写入”按钮，然后该数据被发送（写入）服务器端，在服务器端通过状态表地址 VB1100～VB1103 显示该数据。

在服务器端，通过编程软件的状态表，在地址 VB1300～MB1303 中输入 4 个字节数据。例如，“99”、“88”、“77”、“66”，单击“全部写入”按钮，然后该数据被发送（读取）至客户机端，在客户机端通过状态表地址 VB1400～VB1403 显示该数据。

14.2　学习目标

（1）掌握 S7-200PLC 与 S7-200PLC 之间工业以太网通信的硬件与软件配置。
（2）掌握 S7-200PLC 与 S7-200PLC 之间工业以太网通信的硬件连接。
（3）掌握 S7-200PLC 与 S7-200PLC 之间工业以太网通信参数设置。
（4）掌握 S7-200PLC 与 S7-200PLC 之间工业以太网通信编程及调试。
（5）掌握 CP243-1 以太网通信模块应用。
（6）掌握 ETH1-CTRL、ETH1-XFR 指令应用。

14.3　相关知识

14.3.1　S7-200PLC 之间工业以太网通信简介

客户机就是通信双方中发起数据的读写的一方，服务器为数据通信服务的一方，不会主动发起通信。

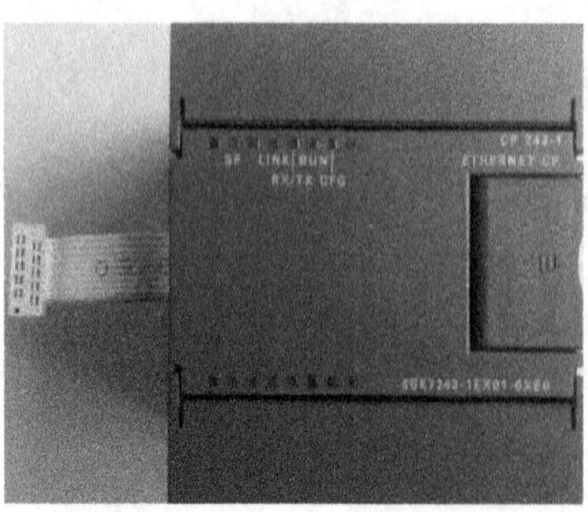

图 14-1　CP243-1 模块

S7-200 系列的部分 PLC 在工业以太网中既可以作为客户端，也可以作为服务器端。

S7-200 系列的部分 PLC 本身没有集成的以太网接口，不过它可以通过通信处理模块 CP243-1 连接到工业以太网上，CP243-1 提供了一个 RJ45 的网络接口。以 CP243-1 中的订货号 6GK7 243-1EX01-0XE0 为例，如图 14-1 所示。

通过 CP243-1 用户可以很方便地将 S7-200 系列 PLC 通过工业以太网进行连接，并且支持使用 STEP 7-Micro/WIN 软件，通过以太网对 S7-200 进行远程组态、编程和诊断。同时 S7-200 也可以同 S7-300、S7-400 系列 PLC 进行以太网连接。

14.3.2 ETH1-CTRL、ETH1-XFR 指令应用

ETH1_CTRL 是 CP243-1 模块控制子程序，经过以太网向导设置后，在程序编辑器左侧目录中，单击程序块左边“+”，单击向导左边“+”，双击“ETH1-CTRL”，在程序代码编辑区界面中出现如图 14-2 所示指令。

ETHx_CTRL 子程序用于启动和执行以太网模块错误检查。应当在每次扫描开始调用该子程序，且每个模块仅限使用一次子程序。

ETH1-CTRL 指令的应用见表 14-1。

表 14-1 ETH1-CTRL 指令的应用

引脚	数据类型	应用说明
EN	BOOL	模块执行使能端，每个扫描周期必须为“1”
CP_Ready	BOOL	显示 1 表示 CP243-1 模块准备就绪
Ch_Ready	WORD	显示 1 表示通道准备就绪
Error	WORD	输出发生错误的状态字

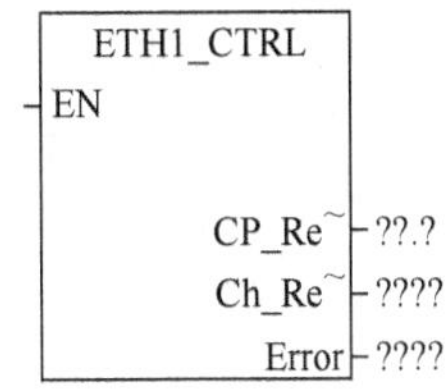

图 14-2 ETH1-CTRL 指令

ETH1-XFR 是数据传送子程序，在程序编辑器左侧目录中，单击程序块左边“+”，单击向导左边“+”，双击“ETH1-XFR”，在程序代码编辑区界面中出现如图 14-3 所示指令。

ETH1-XFR 指令的应用见表 14-2。

表 14-2 ETH1-XFR 指令的应用

引脚	数据类型	应用说明
EN	BOOL	模块执行使能端，每个扫描周期必须为“1”
START	BOOL	执行时需要判断 CP243-1 模块是否忙，若不忙，则通过 START 向其发送脉冲命令
Chan_ID	BYTE	客户机连接通道 ID 号
Data	BYTE	数据传送的标号
Abort	BOOL	异常中止
Done	BOOL	CP243-1 完成命令时为 1
Error	BYTE	发生错误的代码

注意：ETH1-CTRL 指令必须在 ETH1-XFR 指令之前调用。

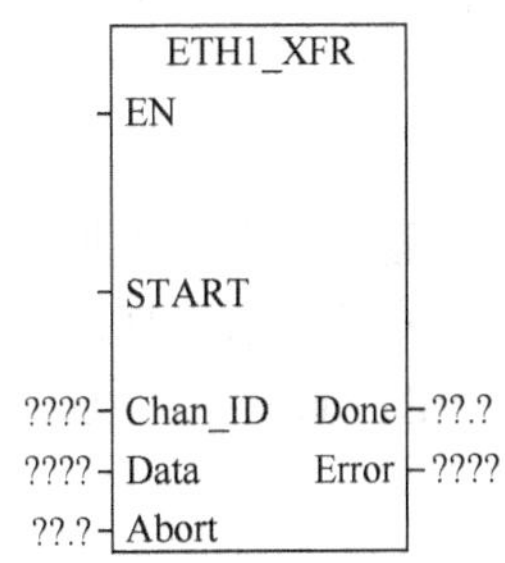

图 14-3 ETH1-XFR

14.4 项目解决步骤

步骤 1. 通信的硬件和软件配置

硬件：

（1）CPU226CN 模块 2 个。

（2）CP243-1 以太网通信模块 2 个。

（3）带水晶头的 4 芯双绞线 2 根（分别用于下述的方案 1 和方案 2）。

（4）8 口交换机 1 台，因只有两台 PLC 通信，也可以不用。

（5）USB/PPI 编程电缆（S7-200PLC 下载线）2 根。

（6）安装有 STEP 7-Micro/WIN V4.0 SP6 编程软件的计算机 2 台。

（7）导轨 2 根。

软件：

STEP7-Micro/WIN V4.0 SP6 及以上版本编程软件。

步骤 2．通信的硬件连接

以下两种方案任选一个。

方案 1：采用 8 口交换机，4 芯双绞线正线或者反线连接都可以，因交换机有自动交叉线功能，通信的硬件连接如图 14-4 所示。多个站的工业以太网通信可以采用交换机。两个站的工业以太网通信可以不用交换机。

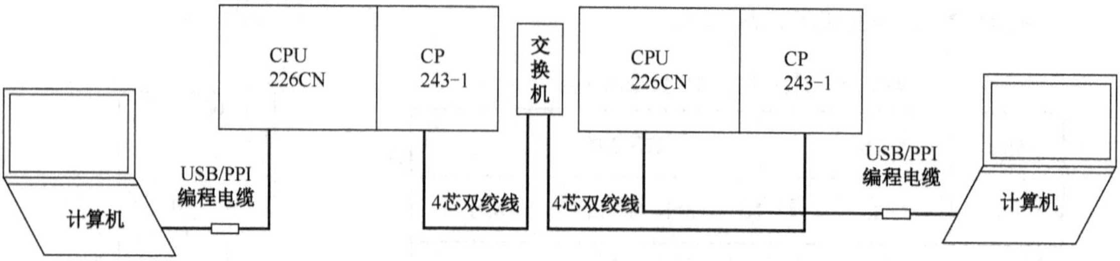

图 14-4　有交换机的通信硬件连接

方案 2：未采用 8 口交换机，4 芯双绞线必须正线连接，通信的硬件连接如图 14-5 所示。

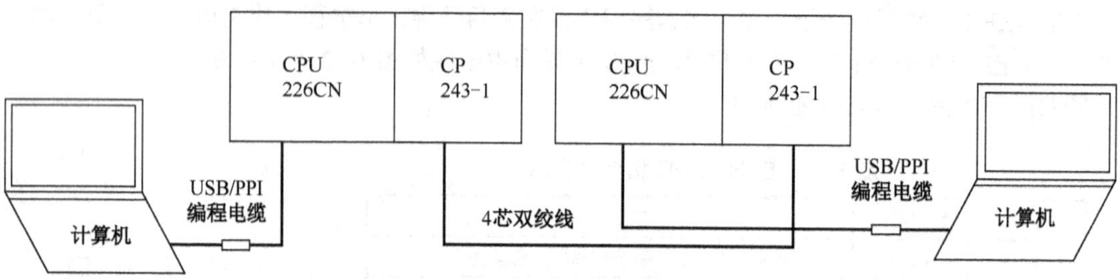

图 14-5　无交换机的通信硬件连接

步骤 3．通信区设置

客户机与服务器的通信区设置如图 14-6 所示。客户机发送区 VB1000～VB1003 对应服务器接收区 VB1100～VB1103，客户机接收区 VB1400～VB1403 对应服务器发送区 VB1300～VB1303。

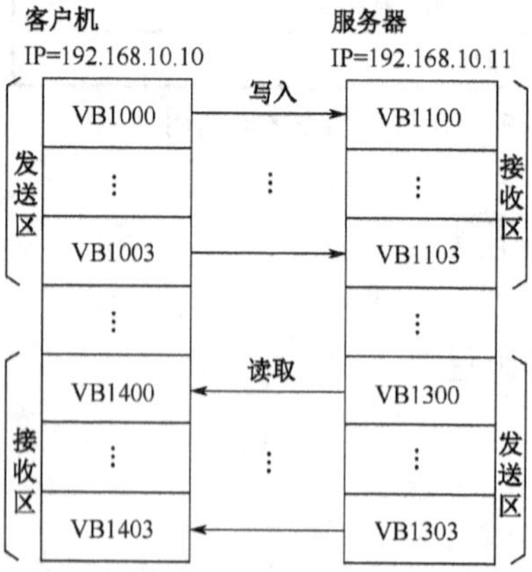

图 14-6　客户机与服务器的通信区设置

步骤 4．客户机端配置

（1）新建项目，打开“以太网向导”。 打开 STEP7-Micro/WIN，在菜单栏单击“工具”按钮，弹出下拉菜单，单击“以太网向导”按钮，如图 14-7 所示。

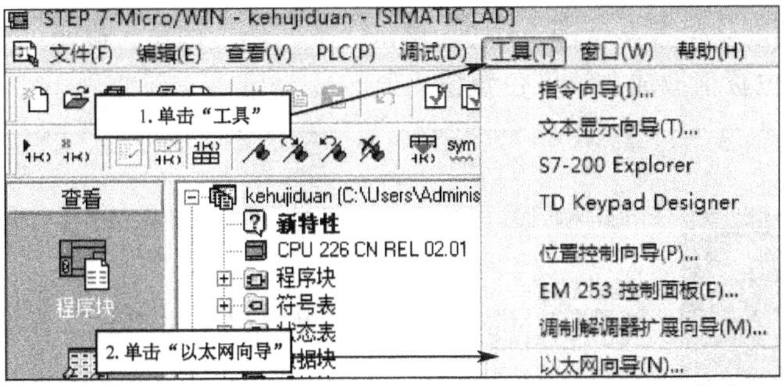

图 14-7　单击“以太网向导”按钮

显示以太网向导界面中，通过该向导，帮助配置 CP243-1 通信处理模块，以便将 S7-200PLC 连接到工业以太网上。单击“下一步”按钮，如图 14-8 所示。

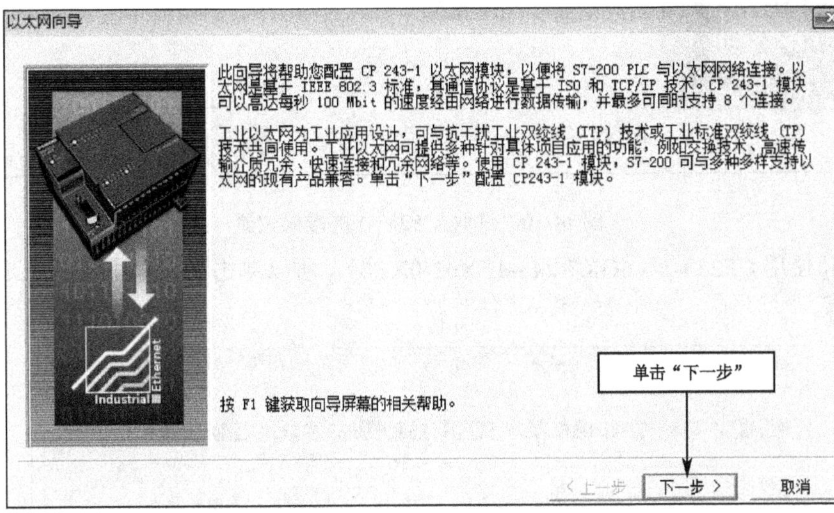

图 14-8　单击“下一步”按钮

（2）读取 CP243-1 模块位置号。可以指定 CP243-1 在机架上相对 PLC 的位置，直接与 PLC 通过扩展总线连接的模块处于 0 号位置，紧随其后的依次为 1 号、2 号等。对于本项目的客户端，由于 CP243-1 直接连接在 CPU226 后面，所以其模块位置号为 0。单击“读取模块”按钮，读取 CP243-1 的所处位置，如图 14-9 所示。

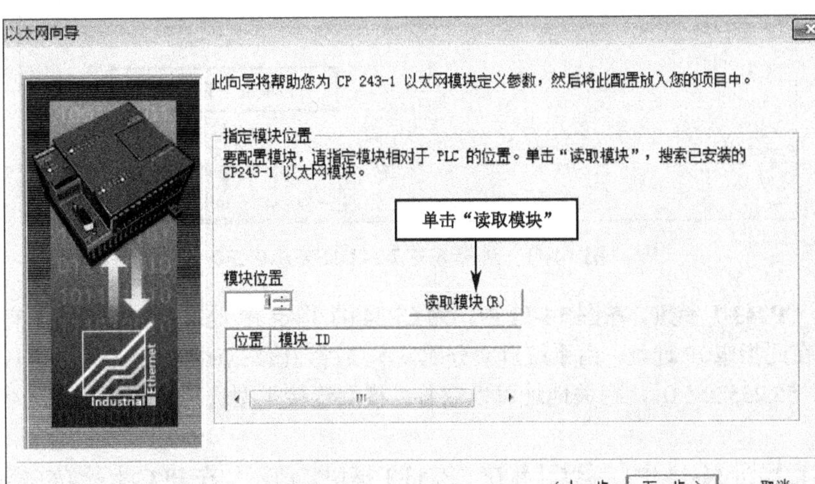

图 14-9　读取 CP243-1 所处位置

读取 CP243-1 的准确位置显示图 14-10。单击“下一步”按钮。说明：如果读取位置值与模块位置值不一致，模块位置值改成与读取位置值一致。

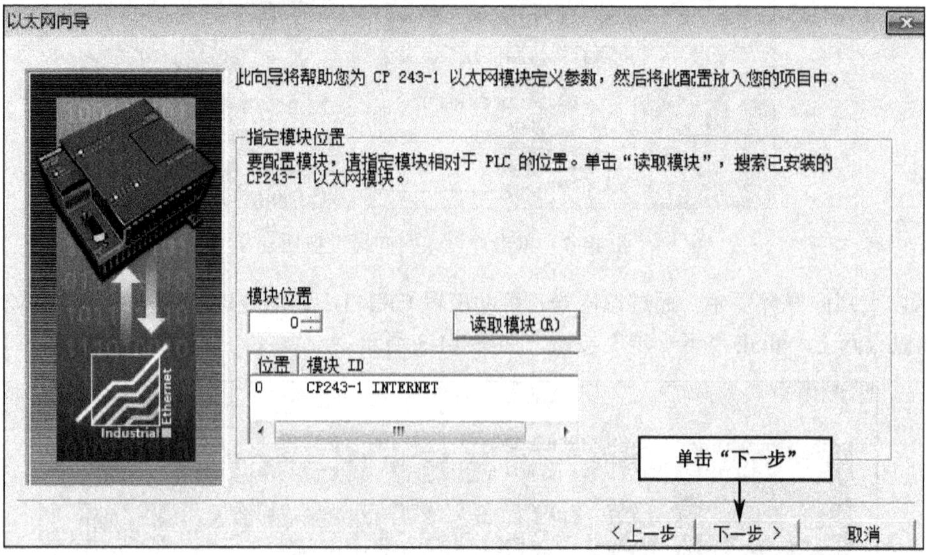

图 14-10　读取 CP243-1 的准确位置

因为实际使用 CP243-1（6GK7 243-1EX01-0XE0），所以单击它。单击“下一步”按钮，如图 14-11 所示。

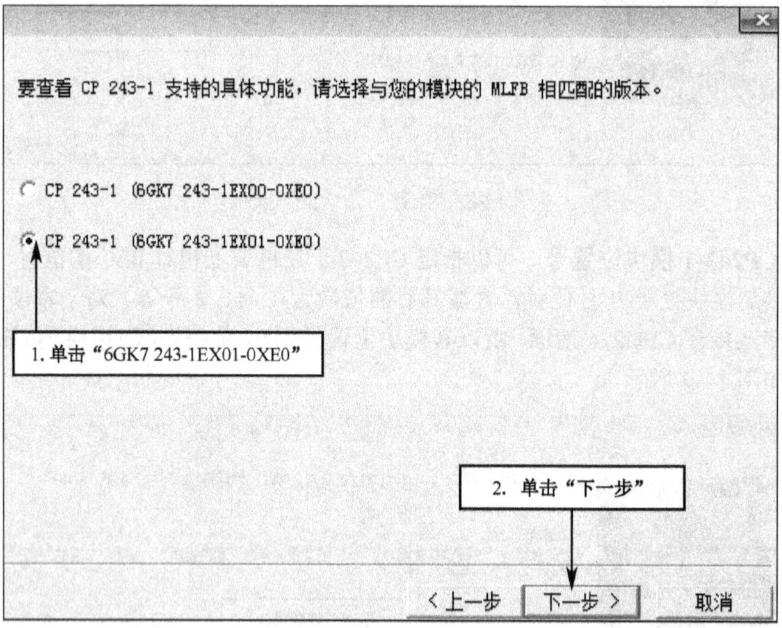

图 14-11　选择 6GK7 243-1EX01-0XE0

（3）配置 CP243-1 参数。在图 14-12 中，为 CP243-1 指定 IP 地址。如果网络内有 BOOTP 服务器，则不需要在此指定 IP 地址，由系统自动分配。本项目为该站点配置 IP 地址为“192.168.10.10”，子网掩码为“255.255.255.0”，网关地址可以空着。模块连接类型选择“自动检测通信”，单击“下一步”按钮。

在弹出对话框图 14-13 中，通过计算在 CP243-1 模块之前附加在 PLC 上的 I/O 模块使用的字节数目，确定 Q 地址。因为只有 2 个模块，此模块配置的连接数目为“1”。单击“下一步”按钮。

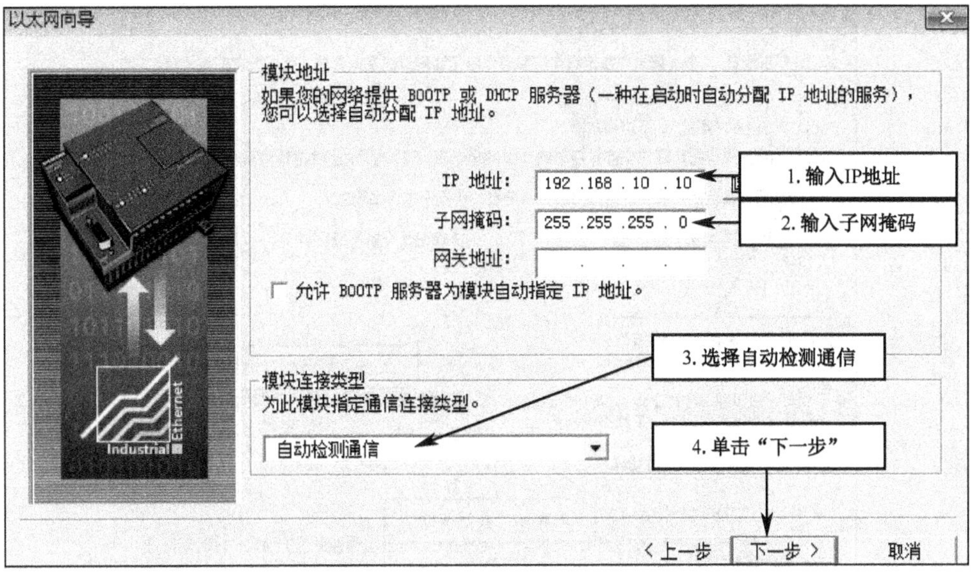

图 14-12　分配 CP243-1 的 IP 地址

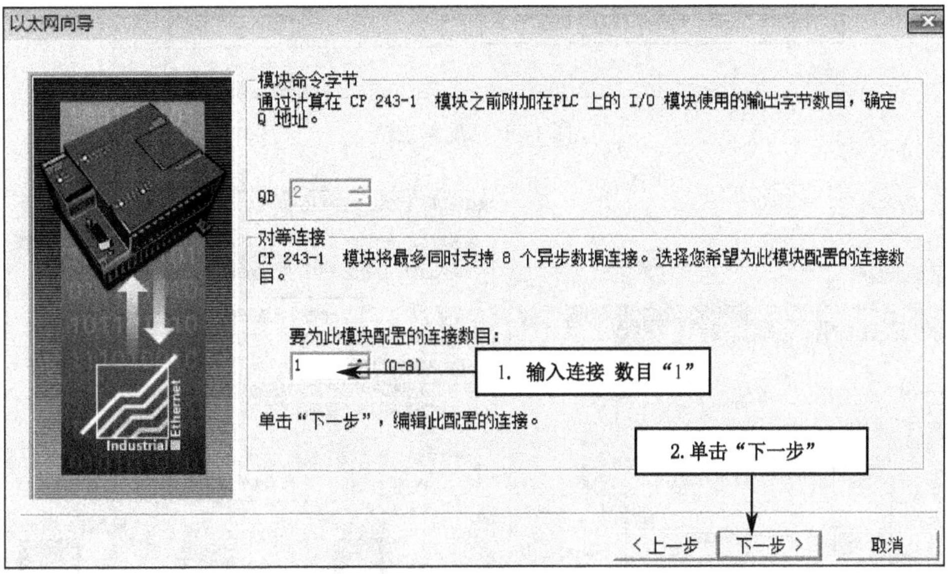

图 14-13　配置的连接数目

（4）配置连接。图 14-14 中，单击“此为客户机连接”，由于本项目中客户机与服务器的 CP243-1 处于 0 号位置，TSAP 值的小数点后为 0，所以本地客户机填入 10.00，远程的 TSAP 填入 10.00，指定服务器的 IP 地址，这里填写 192.168.10.11。选择“使能此连接的保持活动功能”，自动生成符号名 Connection0-0。

实现数据通信，建立数据传输通道，可以建立 32 个数据传输，包括读、写操作。在图 14-15 中，单击“数据传输”按钮，要配置 CPU 至 CPU 数据传输，单击“新传输”按钮。要添加一个新数据传输吗？单击“是”按钮。

根据通信区设置，定义数据传输写。选择“将数据写入远程服务器连接”，设置“应当向服务器写入 4 个字节数据”。客户机发送区 VB1000～VB1003 对应服务器接收区 VB1100～VB1103，自动生成符号名“PeerMessage00-1”将在后面编程使用，该符号名表示数据写入远程服务器。单击“新传输”按钮。如图 14-16 所示。

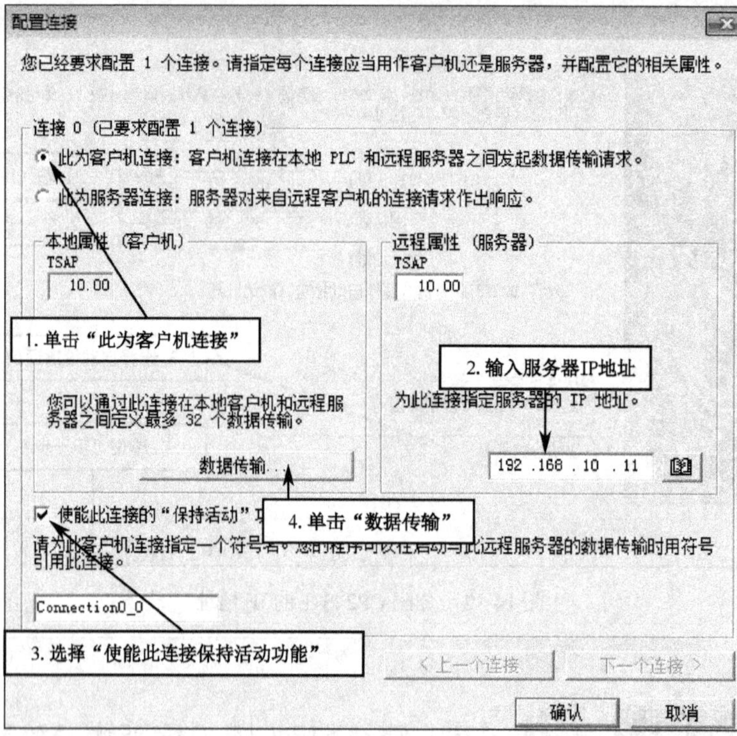

图 14-14　配置连接

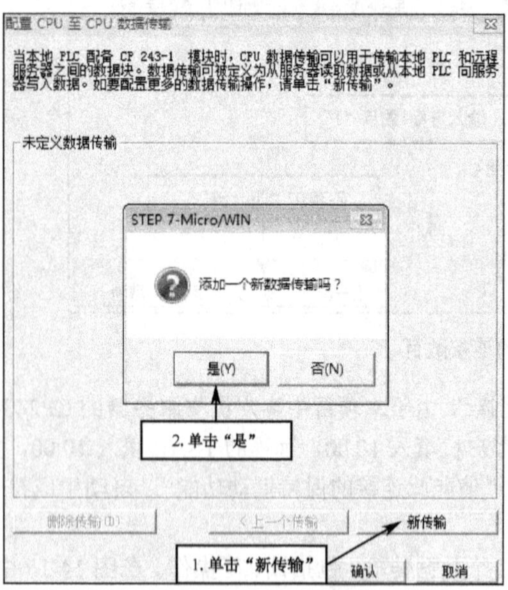

图 14-15　添加新传输

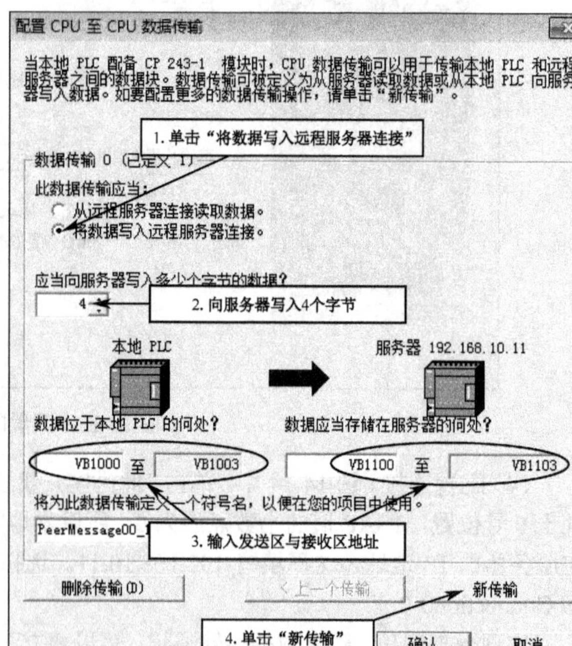

图 14-16　将数据写入远程服务器连接

选择“从远程服务器连接读取数据”，如图 14-17 所示。根据项目要求及通信区设置，应当从服务器读取 4 个字节数据，选择“4”。客户机接收区 VB1400～VB1403 对应服务器发送区 VB1300～VB1303。自动生成符号名“PeerMessage00-2”将在后面编程使用，该符号名表示从远程读取数据。

（5）生成 CRC 保护及分配内存。 CRC 保护可以保护模块配置不会被意外的存储区访问覆盖，但同时也阻止用户程序在运行时修改配置，单击“是”按钮，生成 CRC 保护，单击“下一步”按钮，如图 14-18 所示。

用户可以指定参数存储区的起始地址，整个存储区的大小由系统自动计算，不需要干预。这里默认从 VB0 开始，单击“下一步”按钮，该地址区间 VB0～VB199 不能再作为其他用途使用，如图 14-19 所示。

如图 14-20 所示，单击“完成”按钮，由系统生成 ETH0-CTRL 控制子程序，ETH0-XFR 数据传送子程序，ETH0-SYM 全局符号表。在程序中调用 ETH0-CTRL 和 ETH0-XFR 来完成数据发送与接收。

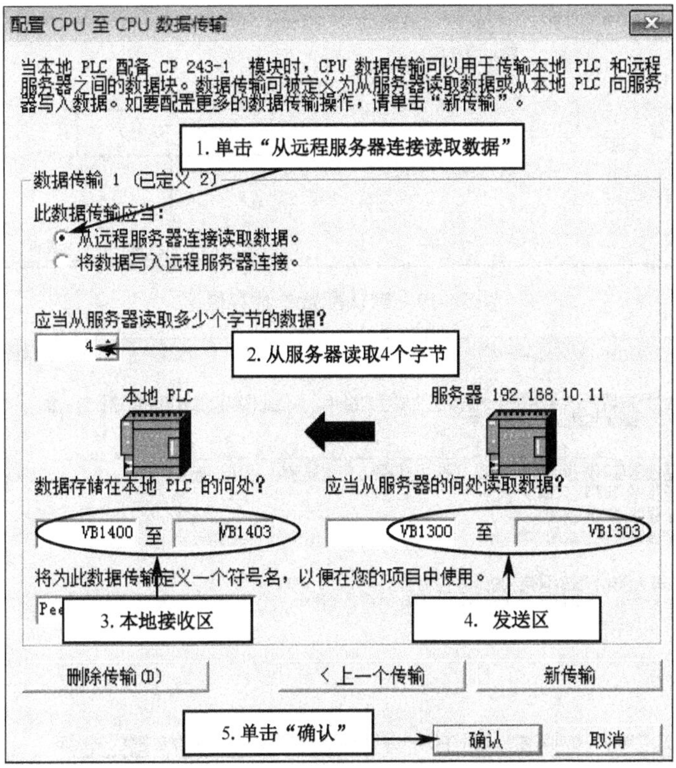

图 14-17　从远程服务器连接读取数据

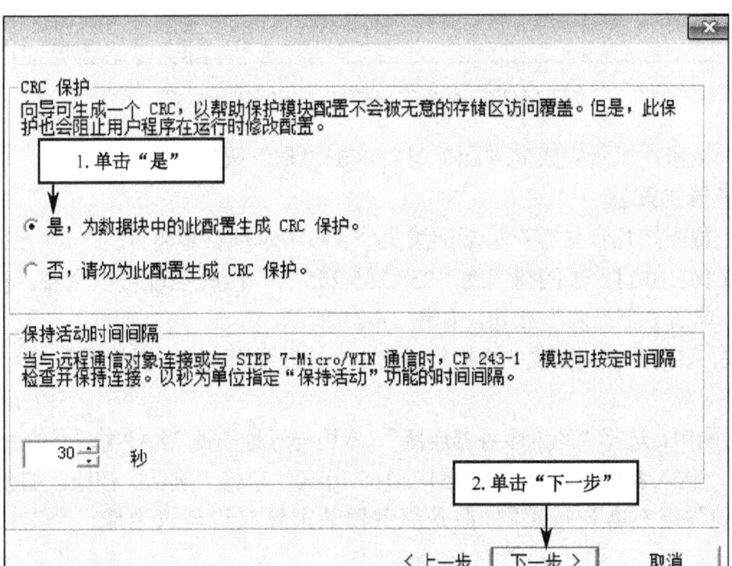

图 14-18　生成 CRC 保护

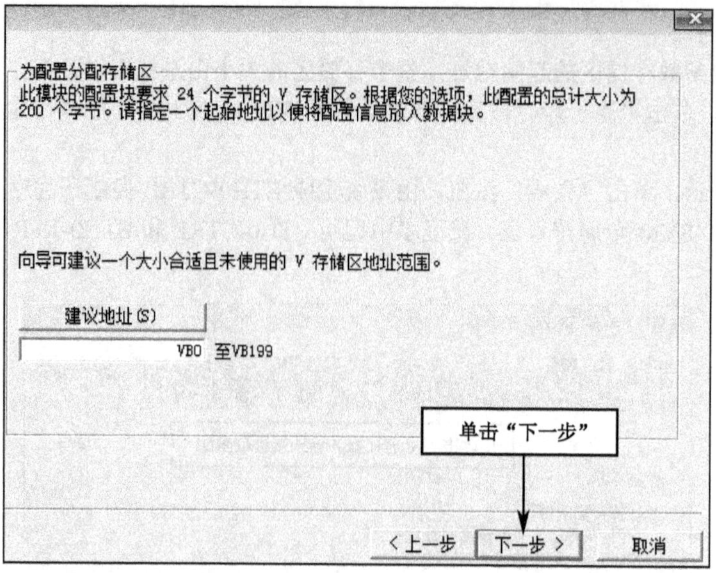

图 14-19　默认配置参数存储区

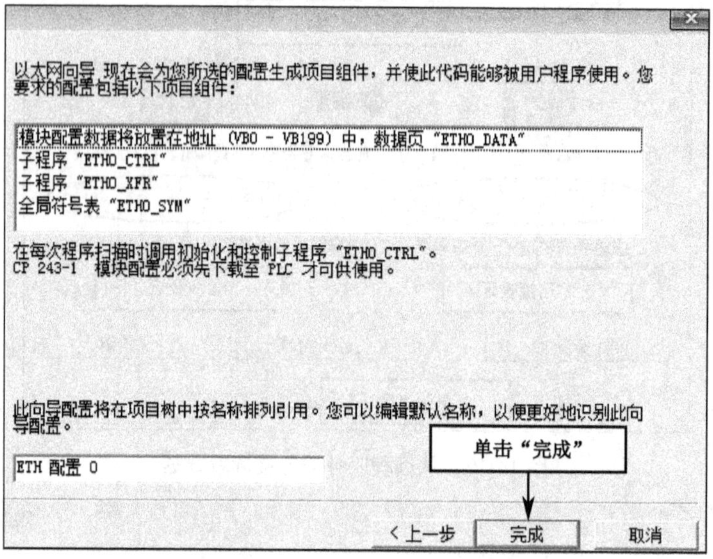

图 14-20　系统生成控制、初始化子程序

单击“完成”按钮，显示完成向导配置吗？单击“是”按钮。

步骤 5．服务器端配置

服务器端的配置开始几步与客户机端配置类似（参考本项目步骤 4 图 14-7 至图 14-11），服务器 IP 地址设置为 192.168.10.11，子网掩码为“255.255.255.0”，网关地址可以空着。模块连接类型选择“自动检测通信”，单击“下一步”按钮，如图 14-21 所示。

只有两个模块，要为此模块配置的连接数目为 1 个，设置为“1”，单击“下一步”按钮，如图 14-22 所示。

在配置连接界面中，选择“此为服务器连接”，本地与远程属性 TSAP 修改为 10.00，仅从以下客户机接受连接请求中，输入客户机端的 IP 地址 192.168.10.10。单机“确认”按钮，如图 14-23 所示。

接下来的步骤与组态客户端相同，但是服务器端配置完成后只生成一个 ETH1-CTRL 控制子程序。

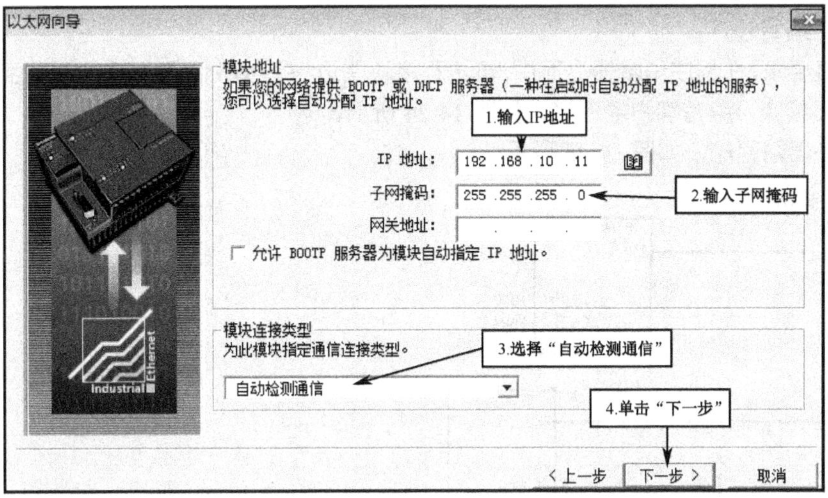

图 14-21　分配服务器端 IP 地址

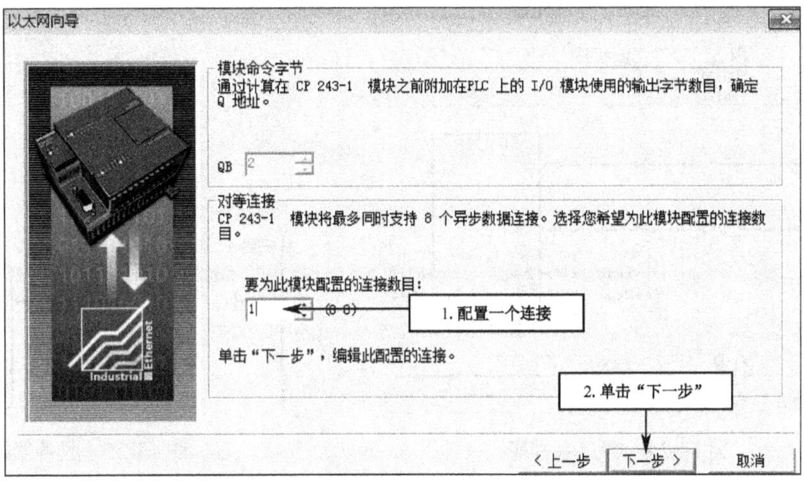

图 14-22　配置一个连接

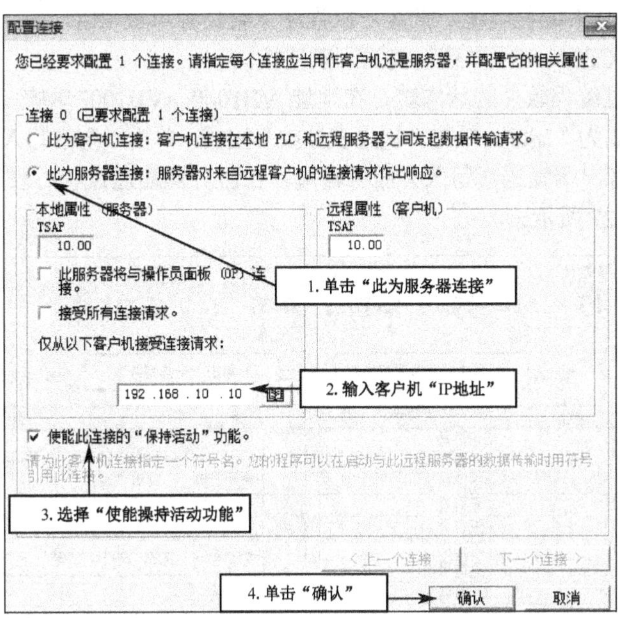

图 14-23　配置服务器连接

步骤 6．编写程序

根据项目要求，在程序编辑器界面中，单击程序块左边“+”，单击向导左边“+”，找到 ETH0-CTRL 及 ETH0-XFR 指令，编写客户端程序，如图 14-24 所示。

编写服务器端程序，如图 14-25 所示。

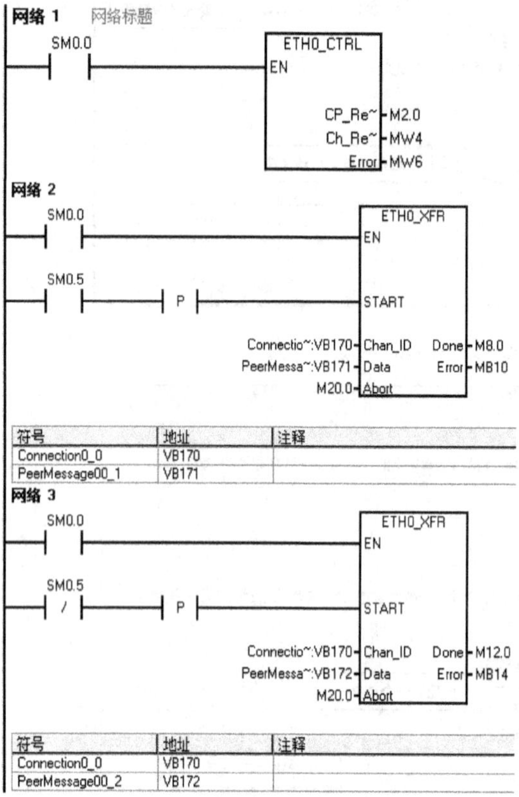

图 14-24　客户端程序

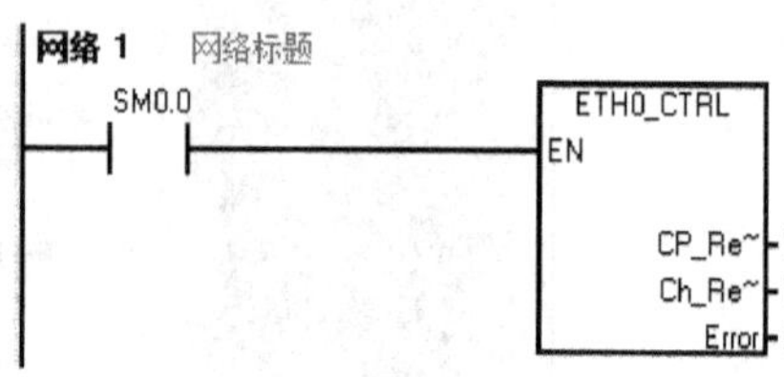

图 14-25　服务器端程序

步骤 7．联机调试

通过下载线 USB/PPI 编程电缆，把客户机程序下载到客户机 PLC 中，服务器程序下载到服务器 PLC 中，确保两个 CP243-1 用屏蔽双绞线正确连接。

在客户机端，通过编程软件的状态表，在地址 VB1000～VB1003 中输入 4 个字节数据，“1”、“2”、“3”、“4”，**M20.0 为“2#0”**，单击“状态表监控”按钮，单击“全部写入”按钮，如图 14-26 所示。然后该数据通过客户端发送（写入）服务器端，在服务器端通过状态表地址 VB1100～VB1103 显示该数据，如图 14-27 所示。

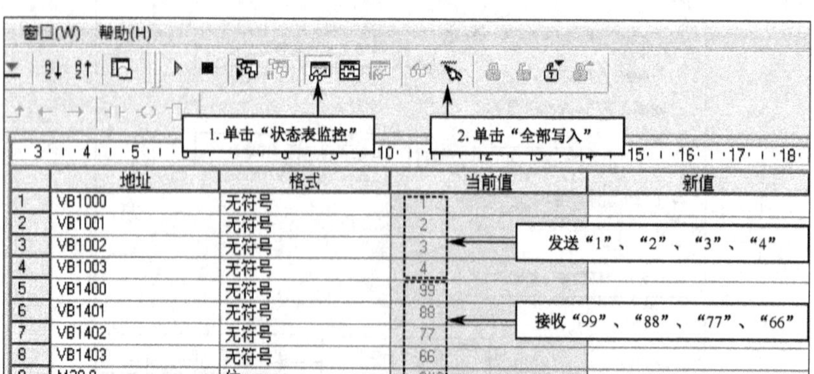

图 14-26　客户端状态表调试

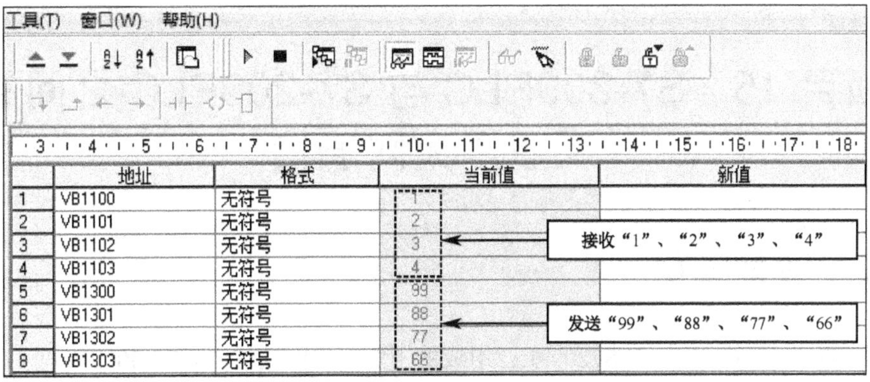

图 14-27 服务器端状态表调试

在服务器端，通过编程软件的状态表，在地址 VB1300～VB1303 中输入 4 个字节数据，例如“99”、“88”、“77”、“66”，单击“状态表监控”按钮，单击“全部写入”按钮，如图 14-27 所示。然后该数据被发送（读取）至客户机端，在客户机端通过状态表地址 VB1400～VB1403 显示该数据，如图 14-26 所示。

满足上述情况，调试成功。如果不能满足，检查原因，纠正问题，重新调试，直到满足上述情况为止。

14.5 巩固练习

（1）通过两个 CP243-1 以太网通信模块组建 1 台 S7-200PLC 与另 1 台 S7-200PLC 的工业以太网通信。其中 1 台 S7-200PLC 为客户机，CPU 模块为 CPU 226CN；另 1 台 S7-200PLC 为服务器，CPU 模块为 CPU 226CN。要求如下。

客户机通过状态表在 VB1000～VB1015 中写入 16 个字节数据，该数据被写入服务器，服务器再把该数据通过 MOVE 指令传送到本服务器的发送区，然后该数据被读到客户机中，客户机通过状态表在 VB1200～VB1215 中显示该数据。

（2）通过两个 CP243-1 以太网通信模块组建 1 台 S7-200PLC 与另 1 台 S7-200PLC 的工业以太网通信。其中 1 台 S7-200PLC 为客户机，CPU 模块为 CPU 226CN；另 1 台 S7-200PLC 为服务器，CPU 模块为 CPU 226CN。要求如下。

① 在客户机端按下启动按钮 SB1，服务器端的电动机转动，客户机端指示灯 HL 亮。在客户机端按下停止按钮 SB2，服务器端的电动机停止转动，客户机端指示灯 HL 灭。

② 在服务器端按下启动按钮 SB1，客户机端的电动机转动，服务器端指示灯 HL 亮。在服务器端按下停止按钮 SB2，客户机端的电动机停止转动，服务器端指示灯 HL 灭。

项目 15　S7-300PLC 与 S7-200PLC 之间的工业以太网通信

15.1　项目要求

由 1 台 S7-300PLC 与 1 台 S7200PLC 组成的工业以太网通信中，S7-300PLC 的 CPU 模块为 CPU314C-2PN/DP，S7-200PLC 的 CPU 模块为 CPU226CN。S7-200PLC 为客户机，S7-300PLC 为服务器。要求如下。

在客户机端，通过编程软件的状态表，在 VB1100 和 VB1101 中键入 2 个字节数据，然后该数据被发送（写入）服务器端，在服务器端通过变量表在 MB70 和 MB71 显示该数据。

在服务器端，通过变量表，在 MB60 和 MB61 中键入 2 个字节数据，然后该数据被发送（读取）至客户机端，在客户机端通过状态表在 VB1000 和 VB1001 显示该数据。

15.2　学习目标

（1）掌握 S7-300PLC 与 S7-200PLC 之间工业以太网通信的硬件与软件配置。
（2）掌握 S7-300PLC 与 S7-200PLC 之间工业以太网通信的硬件连接。
（3）掌握 S7-300PLC 与 S7-200PLC 之间工业以太网通信参数设置。
（4）掌握 S7-300PLC 与 S7-200PLC 之间工业以太网通信编程及调试。
（5）巩固 CP243-1 以太网通信模块应用。
（6）巩固 ETH1-CTRL、ETH1-XFR 指令应用。

15.3　项目解决步骤

步骤 1．通信的硬件和软件配置

硬件：

（1）CPU226CN 模块 1 个。
（2）CP243-1 以太网通信模块 1 个。
（3）电源模块（PS307 5A）1 个。
（4）CPU 模块（CPU314C-2PN/DP）1 个。
（5）MMC 卡 1 张。
（6）导轨 2 根。
（7）带水晶头 4 芯双绞线 1 根（用于两台 PLC 组网）。
（8）带水晶头 4 芯双绞线 1 根（以太网下载线）。
（9）USB/PPI 编程电缆（S7-200PLC 下载线）1 根。
（10）安装有 STEP 7-Micro/WIN V4.0 SP6 编程软件的计算机 1 台。
（11）安装有 STEP7 V5.4 及以上版本编程软件的计算机 1 台。

软件：

（1）STEP7-Micro/WIN V4.0 SP6 及以上版本编程软件。
（2）STEP7 V5.4 及以上版本编程软件。

步骤 2．通信的硬件连接

确保断电接线。通信的硬件连接如图 15-1 所示。

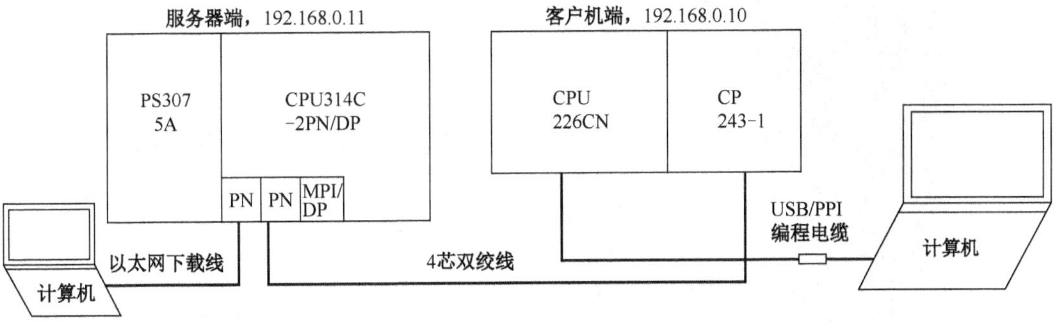

图 15-1　通信硬件连接

步骤 3．客户机端配置

（1）新建项目，打开“以太网向导”。打开 STEP7-Micro/WIN，在菜单栏单击“工具”按钮，弹出下拉菜单，单击“以太网向导”。

显示以太网向导界面中，通过该向导，帮助配置 CP243-1 通信处理模块，以便将 S7-200PLC 连接到工业以太网上。单击“下一步”按钮。

（2）读取 CP243-1 模块位置号。可以指定 CP243-1 在机架上相对 PLC 的位置，直接与 PLC 通过扩展总线连接的模块处于 0 号位置，紧随其后的依次为 1 号、2 号等。对于本项目的客户端，由于 CP243-1 直接连接在 CPU226 后面，所以其模块位置号为 0。单击“读取模块”按钮，读取 CP243-1 的准确位置。单击“下一步”按钮。**说明：如果读取位置值与模块位置值不一致，模块位置值改成与读取位置值一致。**因为实际使用 CP243-1（6GK7 243-1EX01-0XE0），所以单击它。单击“下一步”按钮。

（3）配置 CP243-1 参数。在图 15-2 中，为 CP243-1 指定 IP 地址。如果网络内有 BOOTP 服务器，则不需要在此指定 IP 地址，有系统自动分配。本项目为该站点配置 IP 地址为“192.168.0.10”，子网掩码为“255.255.255.0”，网关地址可以空着。模块连接类型选择“自动检测通信”，单击“下一步”按钮。

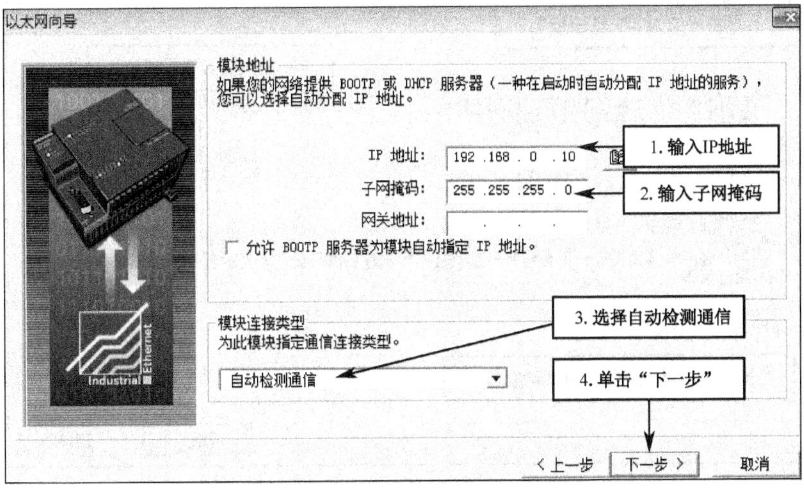

图 15-2　分配 CP243-1 的 IP 地址

在弹出对话框（图 15-3）中，通过计算在 CP243-1 模块之前附加在 PLC 上的 I/O 模块使用的字节数目，确定 Q 地址。因为只有 2 个模块，此模块配置的连接数目为“1”。单击“下一步”按钮。

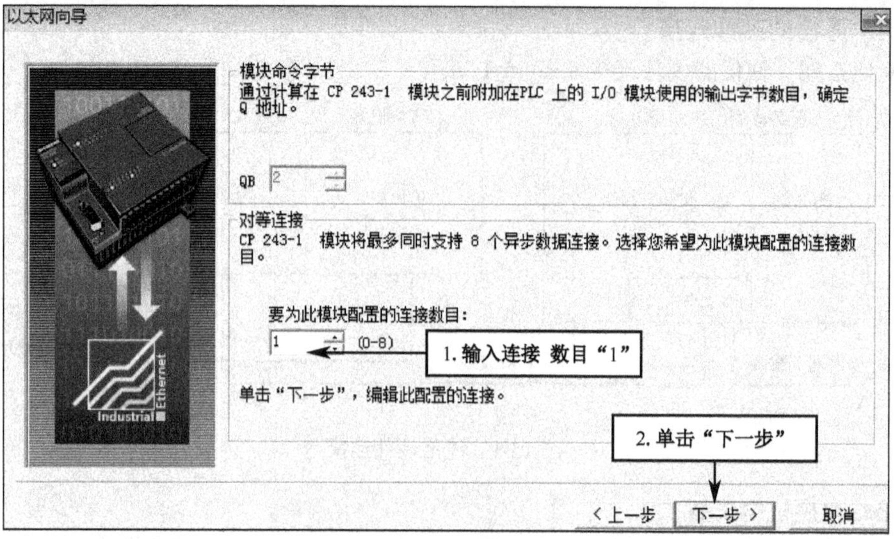

图 15-3　配置的连接数目

（4）配置连接。在图 15-4 中，单击“此为客户机连接”，由于本项目中客户机的 CP243-1 处于 0 号位置，TSAP 值的小数点后为 0，所以本地客户机填入 10.00，远程服务器为 S7-300PLC，TSAP 填入 03.02，指定服务器的 IP 地址，这里填写 192.168.0.11。选择“使能此连接的保持活动功能”，自动生成符号名 Connection0-0。

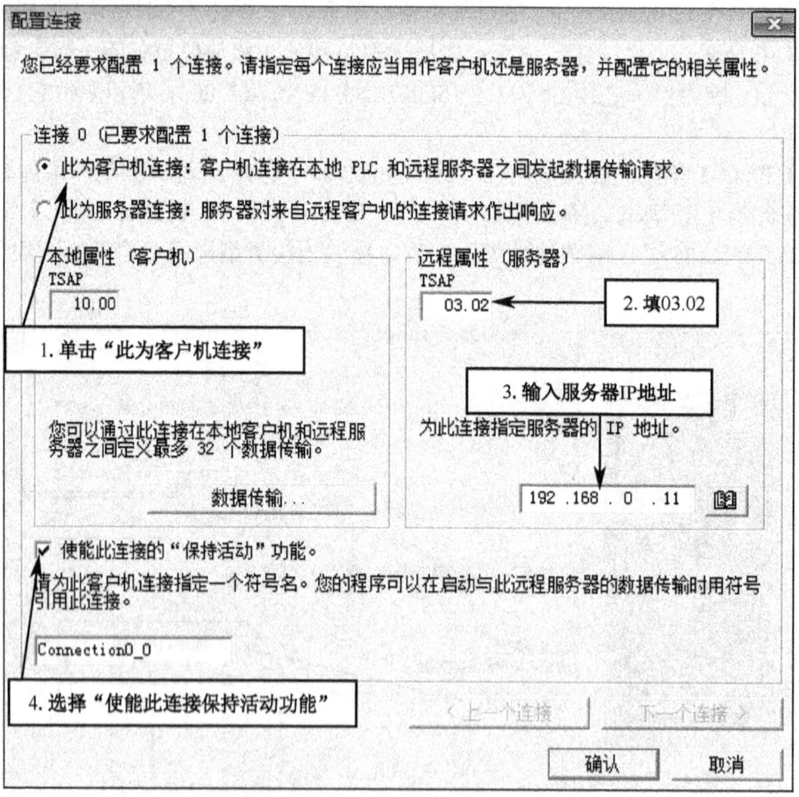

图 15-4　填写 TSAP 和 IP 地址

实现数据通信，建立数据传输通道，可以建立 32 个数据传输，包括读、写操作。在图 15-4 中，单击“数据传输”按钮，要配置 CPU 至 CPU 数据传输，单击“新传输”按钮。要添加一个新数据传输吗？单击“是”按钮。

根据项目要求，定义数据传输写。选择“将数据写入远程服务器连接”，设置“应当向服务器写入 2 个字节数据”。客户机发送区 VB1100 和 VB1101 对应服务器接收区 MB70 和 MB71，自动生成符号名“PeerMessage00-1”在后面编程使用，该符号名表示数据写入远程服务器。单击“新传输”按钮，如图 15-5 所示。

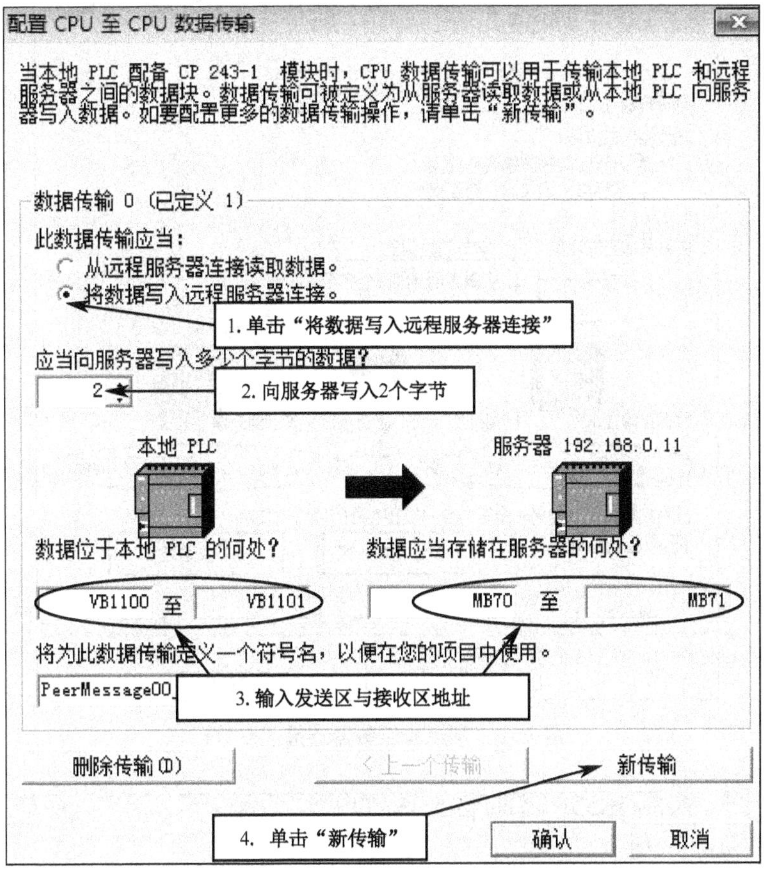

图 15-5　将数据写入远程服务器连接

选择“从远程服务器连接读取数据”，如图 15-6 所示。根据项目要求，应当从 S7-300PLC 服务器读取 2 个字节数据，选择“2”。客户机接收区 VB1000 和 VB1001 对应服务器发送区 MB60 和 MB61。自动生成符号名“PeerMessage00-2”将在后面编程使用，该符号名表示从远程读取数据。

（5）生成 CRC 保护及分配内存。 CRC 保护可以保护模块配置不会被无意的存储区访问覆盖，但同时也阻止用户程序在运行时修改配置，单击“是”按钮，生成 CRC 保护，单击“下一步”按钮。用户可以指定参数存储区的起始地址，整个存储区的大小由系统自动计算，不需要干预。这里默认从 VB0 开始，单击“下一步”按钮，该地址区间 VB0～VB195 不能再作为其他用途使用。

单击“完成”按钮，由系统生成 ETH0-CTRL 控制子程序，ETH0-XFR 数据传送子程序，ETH0-SYM 全局符号表。在程序中调用 ETH0-CTRL 和 ETH0-XFR 来完成数据发送与接收。

单击“完成”按钮，显示完成向导配置吗？单击“是”按钮。

步骤 4．服务器端配置

根据实际使用的硬件配置，通过 STEP 7 编程软件对服务器进行硬件组态，注意与硬件模块上面印刷的订货号一致。在 SIMATIC Manager 界面中，新建项目，插入 SIMATIC300 站点，双击服务器的“硬件”图标，双击导轨“Rail”插入导轨，在导轨 1 号插槽插入电源模块（PS307 5A），2 号插槽插入 CPU 模块（CPU314C-2PN/DP），会弹出一个属性-Ethernet 接口对话框，单击“参数”按钮，IP 地址设置为 192.168.0.11，子网掩码设置为 255.255.255.0。单击“新建”按钮，如图 15-7 所示。

新建子网名称“Ethernet(1)”，单击“确定”按钮。

在属性-Ethernet 接口界面中，单击“Ethernet(1)”，单击“确定”按钮。如图 15-8 所示。

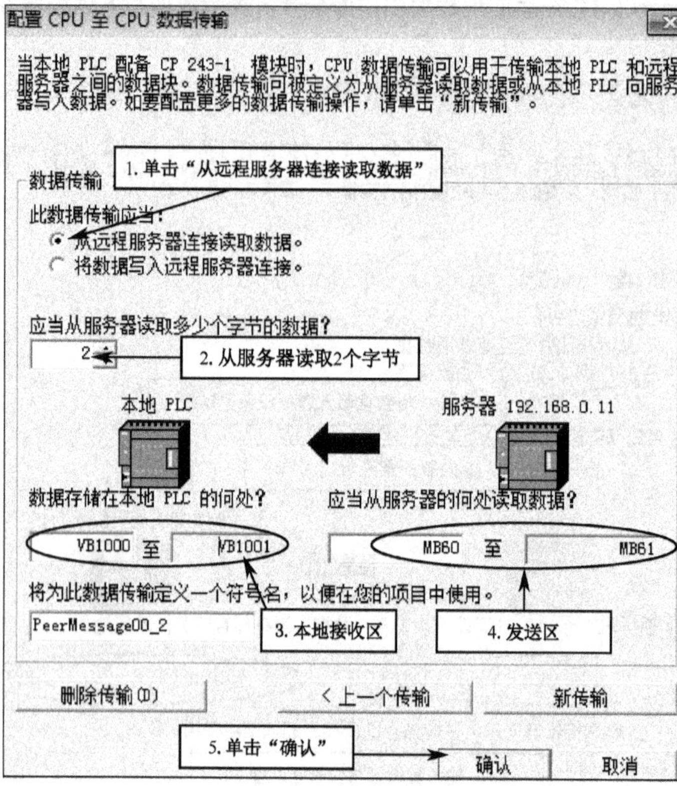

图 15-6　从远程服务器连接读取数据

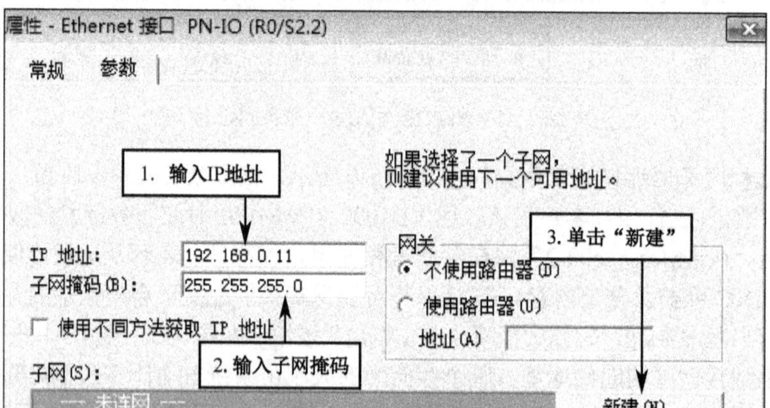

图 15-7　属性-Ethernet 接口

回到硬件组态界面中，单击“保存并编译”按钮。

步骤 5．服务器端与客户端下载

服务器端采用以太网方式下载，注意：编程器的 IP 地址和 PLC 站的 IP 地址在同一个子网内，例如编程器 IP 地址=192.168.0.100，末尾数不能与 PLC 站的 IP 地址末尾数相同。将服务器端硬件组态及参数设置下载到对应的 PLC 中。客户端 S7-200PLC 采用 USB/PPI 编程电缆下载。

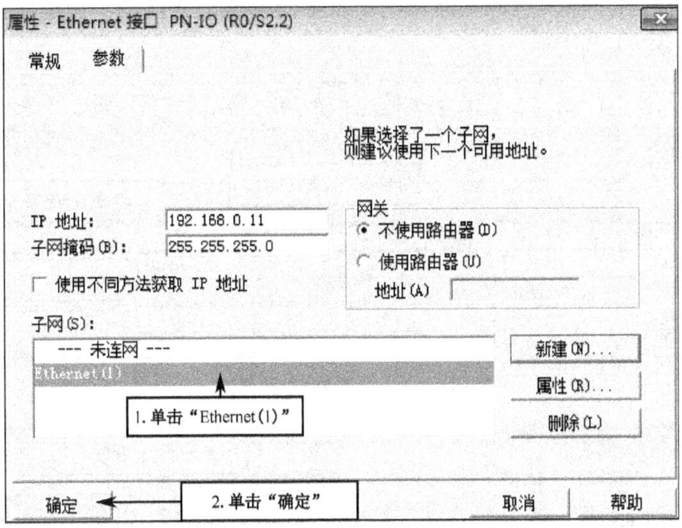

图 15-8　属性-Ethernet 接口

步骤 6．编写程序

根据项目要求，在程序编辑器界面中，单击程序块左边"+"，单击向导左边"+"，找到 ETH0-CTRL 及 ETH0-XFR 指令，编写客户端程序，如图 15-9 所示。服务器端 S7-300PLC 不编程序。

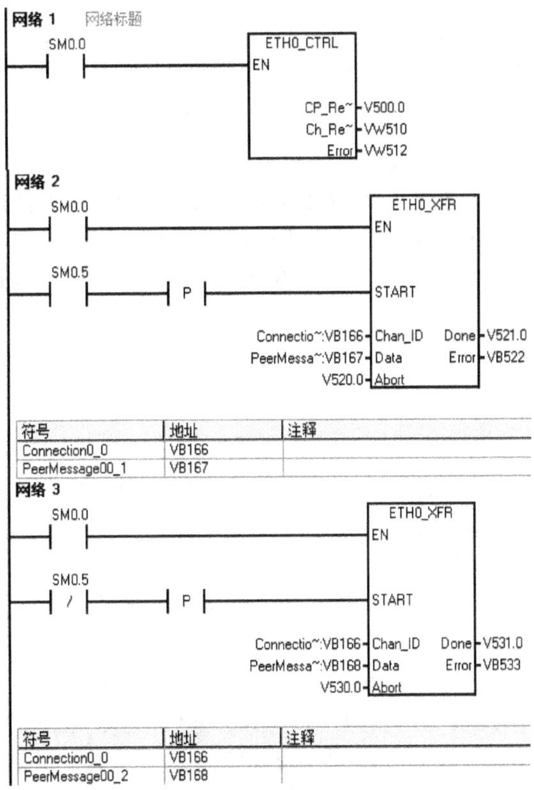

图 15-9　客户端程序

步骤 7．联机调试

通过下载线 USB/PPI 编程电缆，把客户机程序下载到客户机 PLC 中。通过以太网下载线，服务器程序下载到服务器 PLC 中。在客户机端，通过编程软件的状态表，在地址 VB1100 和 VB1101 中输入 2 个字节数据（"6"、"6"），单击"状态表监控"按钮，单击"全部写入"按钮，如图 15-10

所示。然后该数据通过客户端发送服务器端，在服务器端通过变量表，在地址 MB70 和 MB71 显示该数据，如图 15-11 所示。

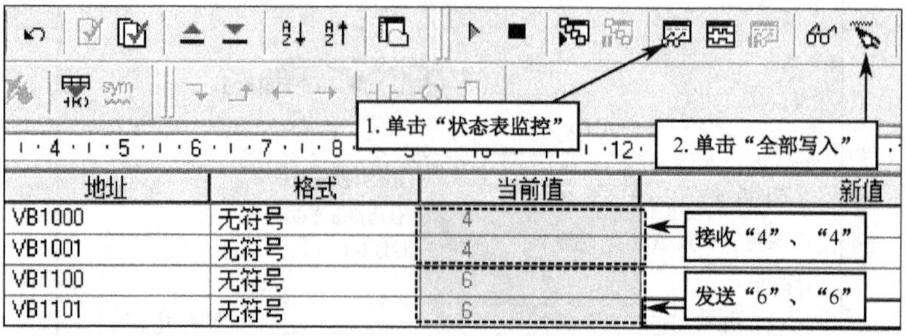

图 15-10　客户端状态表调试

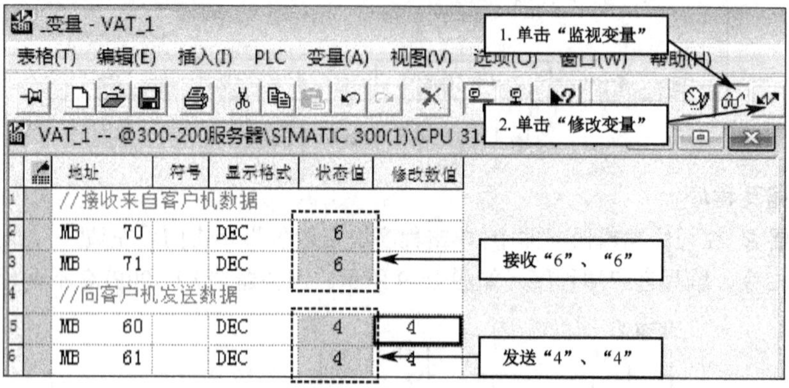

图 15-11　服务器端变量表调试

在服务器端，通过变量表，在 MB60 和 MB61 中键入 2 个字节数据，例如“4”、“4”，单击“监视变量”按钮，单击“修改变量”按钮，如图 15-11 所示。然后该数据被发送至客户机端，在客户机端通过状态表地址 VB1000 和 VB1001 显示该数据，如图 15-10 所示。

满足上述情况，调试成功。如果不能满足，检查原因，纠正问题，重新调试，直到满足上述情况为止。

15.4　巩固练习

（1）通过两个 CP243-1 以太网通信模块，组建两台 S7-200PLC 位客户机，CPU 模块为 CPU 226CN。1 台 S7-300PLC 为服务器，CPU 为 CPU314C-2PN/DP。要求如下。

客户机 1 发送 4 个字节数据到服务器，通过变量表可以显示该数据。客户机 2 发送 4 个字节数据到服务器，通过变量表可以显示该数据。服务器发送 4 个字节数据到客户机 1 和客户机 2 中，分别通过状态表可以显示该数据。

（2）由 1 台 S7-300PLC 与 1 台 S7200PLC 组成的工业以太网通信中，S7-300PLC 为服务器，CPU 模块为 CPU314C-2PN/DP。S7-200PLC 为客户机，S7-200PLC 为 CPU226CN。要求如下。

① 在客户机端按下启动按钮 SB1，服务器端的电动机转动，客户机端指示灯 HL 亮。在客户机端按下停止按钮 SB2，服务器端的电动机停止，客户机端指示灯 HL 灭。

② 在服务器端按下启动按钮 SB1，客户机端的电动机转动，服务器端指示灯 HL 亮。在服务器端按下停止按钮 SB2，客户机端的电动机停止，服务器端指示灯 HL 灭。

项目 16　两台 S7-300PLC 之间的 TCP 连接工业以太网通信

16.1　项目要求

由两台 S7-300PLC 组成的工业以太网通信中，PLC 的 CPU 模块为 CPU314C-2DP，以太网通信模块为 CP343-1。其中 1 台 PLC 命名为 SIMATIC300（1）站，另 1 台 PLC 命名为 SIMATIC300（2）站，采用连接方式为 TCP 连接。要求如下。

（1）在 SIMATIC300（1）站按下启动按钮 SB1，SIMATIC300（2）站电动机转动，SIMATIC300（1）站指示灯 HL1 亮。在 SIMATIC300（1）站按下停止按钮 SB2，SIMATIC300（2）站电机停止转动，SIMATIC300（1）站指示灯 HL1 灭。

（2）当 SIMATIC300（2）站电动机过载时，热继电器 FR（常闭触点）动作，该电动机停止转动，并且 SIMATIC300（1）站指示灯 HL2 以 1Hz 频率报警闪烁。

16.2　学习目标

（1）掌握两台 S7-300PLC 之间的 TCP 连接工业以太网通信的硬件与软件配置。

（2）掌握两台 S7-300PLC 之间的 TCP 连接工业以太网通信硬件连接。

（3）掌握两台 S7-300PLC 之间的 TCP 连接工业以太网通信硬件组态及参数设置。

（4）掌握两台 S7-300PLC 之间的 TCP 连接工业以太网通信的编程及调试。

（5）掌握 FC5 和 FC6 指令。

（6）掌握 ISO-on-TCP 连接、ISO 传输连接及 UDP 连接。

（7）熟悉 FB14 和 FB15 指令。

16.3　相关知识

16.3.1　以太网通信模块 CP343-1

CP 343-1 通信处理器用于通过 TCP 和 ISO 等连接，将 SIMATIC S7-300 连接至工业以太网。例如以太网通信模块 CP343-1 订货号 6GK7 343-1EX30-0XE0，正面外形如图 16-1 所示。

图 16-1　以太网通信模块 CP 343-1 正面外形

16.3.2　FC5（AG-SEND）指令应用

FC5（AG-SEND）发送数据。在程序编辑器左侧目录中，单击库左边“+”，单击 SIMATIC_NET_CP 左边“+”，单击 CP300 左边“+”，双击“FC5 AG_SEND CP_300”，在程序代码编辑区界面中出现 FC5 指令，见图 16-2。注意：这是使用以太网模块寻找指令的路径。

FC5 指令的应用见表 16-1。

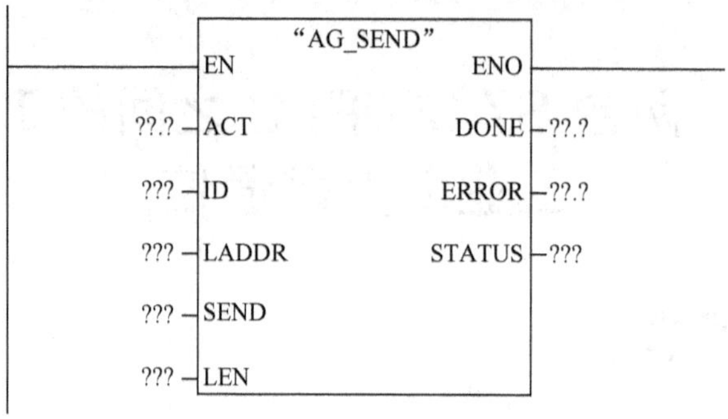

图 16-2　FC5 指令

表 16-1　FC5 指令的应用

引脚	数据类型	应用说明
EN	BOOL	模块执行使能端
ACT	BOOL	触发发送，该参数为“1”时发送数据
ID	INT	指定连接 ID 号
LADDR	WORD	CP 模块的起始地址
SEND	ANY	发送数据区，为位存储器或数据块
LEN	INT	被发送数据的长度
DONE	BOOL	是否正确完成作业，为“1”时，发送完成
ERROR	BOOL	错误代码，为“1”时，有故障发生
STATUS	WORD	状态代码
ENO	BOOL	模块输出使能

16.3.3　FC6（AG-RECV）指令应用

FC6（AG-RECV）接收数据。在程序编辑器左侧目录中，单击库左边“+”，单击 SIMATIC_NET_CP 左边“+”，单击 CP300 左边“+”，双击“FC6 AG_RECV CP_300”，在程序代码编辑区界面中出现 FC6 指令，见图 16-3。注意：这是使用以太网模块寻找指令的路径。

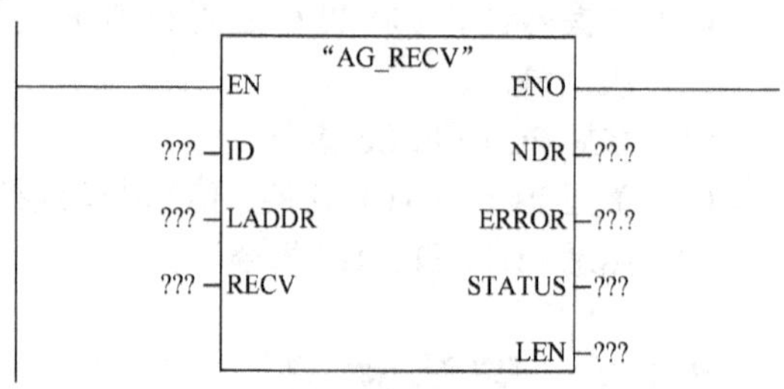

图 16-3　FC6 指令

FC6 指令的应用见表 16-2。

表 16-2　FC6 指令的应用

引脚	数据类型	应用说明
EN	BOOL	模块执行使能端
ID	INT	指定连接 ID 号
LADDR	WORD	CP 模块的起始地址
RECV	ANY	接收数据区，为位存储器或数据块
NDR	BOOL	为“1”时，接收到新数据
ERROR	BOOL	错误代码，为“1”时，有故障发生
STATUS	WORD	状态代码
LEN	INT	接收到的数据的长度
ENO	BOOL	模块输出使能

16.4 项目解决步骤

步骤 1. 通信的硬件和软件配置

硬件：

（1）电源模块（PS307 5A）2 个。

（2）紧凑型 S7-300CPU 模块（CPU314C-2DP）2 个。

（3）MMC 卡 2 张。

（4）导轨 2 根。

（5）输入模块（DI16×DC24V）2 个。

（6）输出模块（DO16×DC24V/0.5A）2 个。

（7）带水晶头的 4 芯双绞线 1 根。

（8）以太网模块 CP343-1 两个。

（9）PC 适配器 USB 编程电缆（S7-200/S7-300/S7-400 PLC 下载线）1 根。

（10）装有 STEP7 编程软件的计算机 1 台。

软件：STEP7 V5.4 及以上版本编程软件。

步骤 2. 工业以太网通信的硬件连接

确保断电接线。通信的硬件连接如图 16-4 所示。

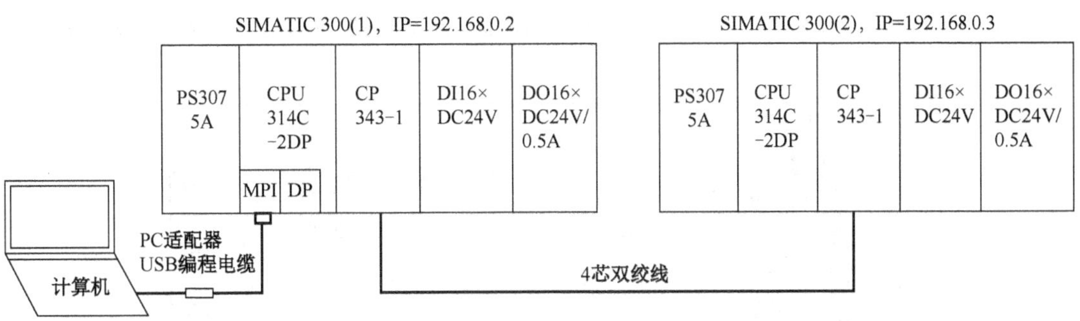

图 16-4　通信的硬件连接

步骤 3. 新建项目

新建一个项目，命名为“两台 PLC 之间以太网通信”，然后鼠标在项目上右击插入 SIMATIC300（1）和 SIMATIC300（2）站点，如图 16-5 所示。

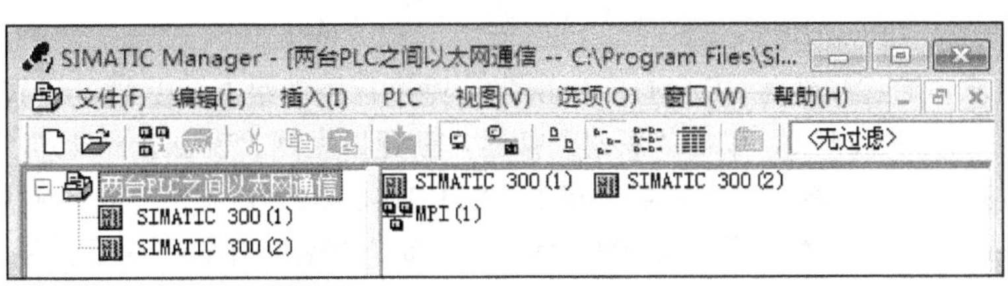

图 16-5　新建项目

步骤 4. 两个站硬件组态及参数设置

（1）硬件组态。根据实际使用的硬件配置，通过软件对 SIMATIC 300（1）站进行硬件组态，注意与硬件模块上面印刷的订货号一致。在 SIMATIC Manager 界面中，双击主站的“硬件”图标，双击导轨“Rail”插入导轨，在导轨 1 号插槽插入电源模块（PS307 5A），2 号插槽插入 CPU 模块（CPU314C-2DP），3 号插槽空闲，4 号插槽插入 CP343-1 以太网通信模块，单击 SIMATIC 300 左边“+”→单击 CP-300 左边“+”→单击 Industrial Ethernet 左边“+”→单击 CP343-1 左边“+”→双击“6GK7 343-1EX30-0XE0　V2.2”，插入 CP343-1 模块，会弹出一个属性-Ethernet 接口对话框，单击“参数”按钮，IP 地址设置为 192.168.0.2，子网掩码设置为 255.255.255.0。单击“新建”按钮，新建以太网“Ethernet（1）”，单击“确定”按钮，如图 16-6 所示。

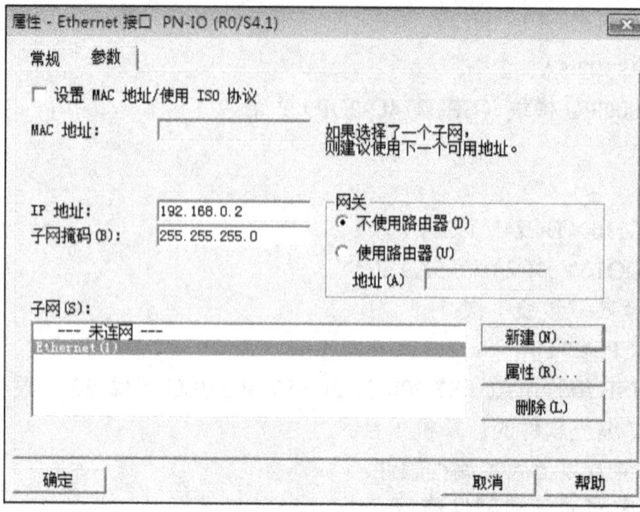

图 16-6　Ethernet 接口属性

5 号插槽插入输入模块 DI16×DC24V，6 号插槽插入输出模块 DO16×DC24V/0.5A，如图 16-7 所示。

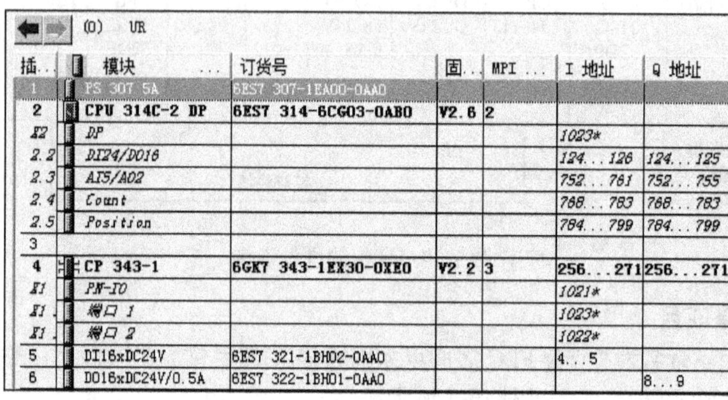

(0)　UR

插...	模块	订货号	固...	MPI ...	I 地址	Q 地址
1	PS 307 5A	6ES7 307-1EA00-0AA0				
2	CPU 314C-2 DP	6ES7 314-6CG03-0AB0	V2.6	2		
X2	DP				1023*	
2.2	DI24/DO16				124...126	124...125
2.3	AI5/AO2				752...761	752...755
2.4	Count				768...783	768...783
2.5	Position				784...799	784...799
3						
4	CP 343-1	6GK7 343-1EX30-0XE0	V2.2	3	256...271	256...271
X1	PN-IO				1021*	
X1...	端口 1				1023*	
X1...	端口 2				1022*	
5	DI16xDC24V	6ES7 321-1BH02-0AA0			4...5	
6	DO16xDC24V/0.5A	6ES7 322-1BH01-0AA0				8...9

图 16-7　硬件组态信息

用同样的方法，通过软件对 SIMATIC 300（2）站进行硬件组态，IP 地址设置为 192.168.0.3，子网掩码设置为 255.255.255.0，单击“新建”按钮，新建以太网“Ethernet（1）”，单击“确定”按钮。在硬件组态界面中，设置时钟存储器，双击“CPU314C-2DP”，单击“周期/时钟存储器”，单击勾选时钟存储器，然后存储器字节键入 100，单击“确定”按钮，单击“保存并编译”按钮。

分别将 SIMATIC 300（1）站点和 SIMATIC 300（2）站点下载到对应 PLC 中。

（2）网络参数设置。在 SIMATIC Manager 界面中，双击“Ethernet（1）”图标，出现“NetPro”界面，此时看到两台 PLC 已经挂到工业以太网中，对 SIMATIC 300（1）站点，右击“CPU314C-2DP”，弹出下拉菜单，单击“插入新连接”，如图 16-8 所示。

在插入新连接界面中，单击 SIMATIC 300（2）下的“CPU314C-2DP”，连接类型选择“TCP 连接”，单击“确定”按钮，如图 16-9 所示。

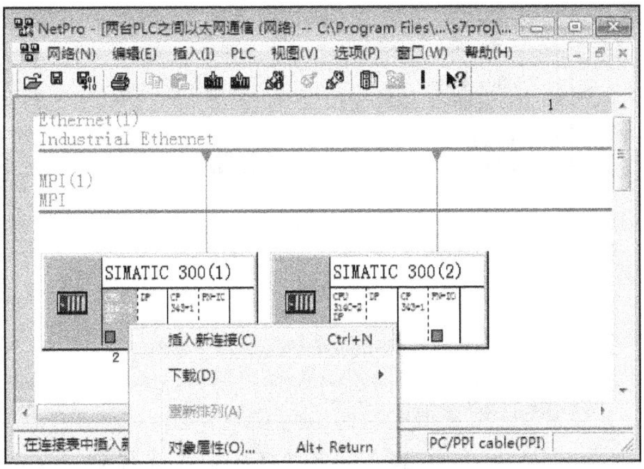

图 16-8　插入新连接

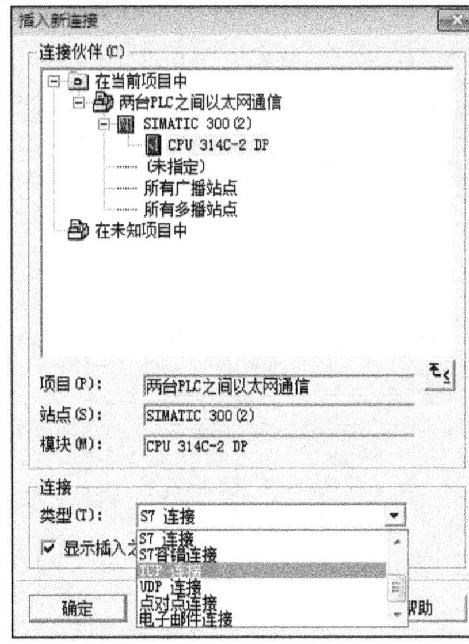

图 16-9　TCP 连接（1）

单击“常规信息”按钮，标识号 ID 为“1”是通信的连接号，LADDR 为 W#16#0100 是 CP 模块的地址，这两个参数编程时会用到。在“激活连接的建立”前打勾，以便在通信连接初始化中起到主动连接的作用。另 1 台 PLC 不必激活此项。如图 16-10 所示。单击“地址”按钮，可以看到通信双方的 IP 地址、端口号。端口号可以修改，也可以采用默认值。注意：IP 地址必须唯一。如图 16-11 所示。

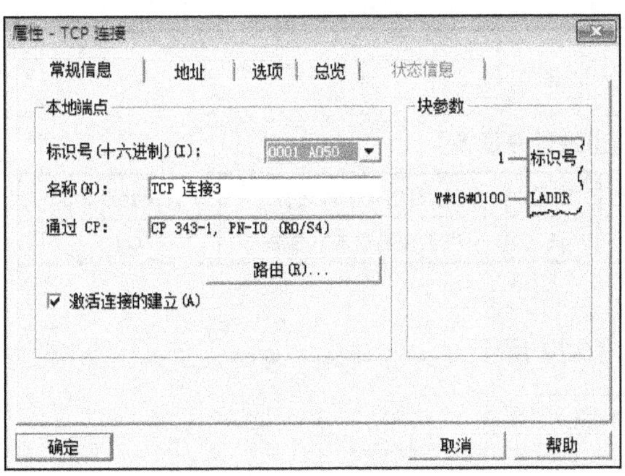

图 16-10　TCP 连接（2）

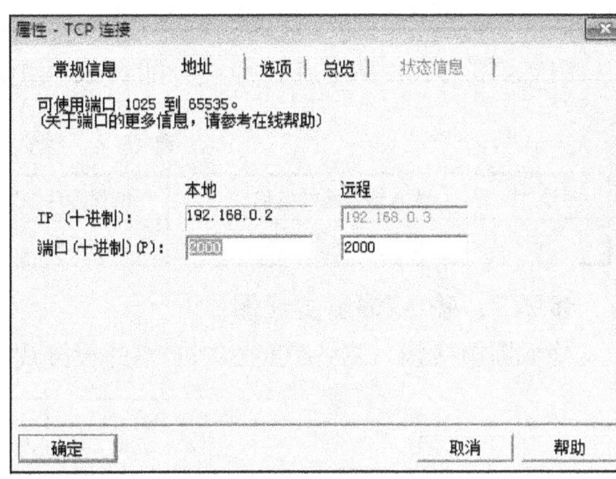

图 16-11　TCP 连接（3）

参数设置好后，单击“保存并编译”，在保存并编译界面中，选择“编译并检查全部”，单击“确定”按钮，如图 16-12 所示。看到检查无错误，关闭对话框。

步骤 5. 下载硬件组态与参数设置（参考项目 4 步骤 7）

通过 PC 适配器 USB 编程电缆，在硬件组态界面中，将两个站的硬件组态及参数设置分别下载到对应的 PLC 中。

观察 CPU 模块指示灯是否有红色灯亮，如果有，说明硬件组态及参数设置过程中可能存在错误，也可能是通信硬件连接问题等，需要检查，更正后，再保存编译，重新下载。直到无红色指示灯亮，这一步骤就成功结束了。

注意：须在断电情况下，拔下或插上 PC 适配器 USB 编程电缆。

另外，FC5 和 FC6 最大数据通信量为 240 字节，如果用户数据大于 240 字节，则需要通过硬件组态在 CP 模块硬件属性中设置数据长度大于 240 字节，最大为 8KB，如果数据长度小于 240 字节，不要激活此选项以减少网络负载，如图 16-13 所示。

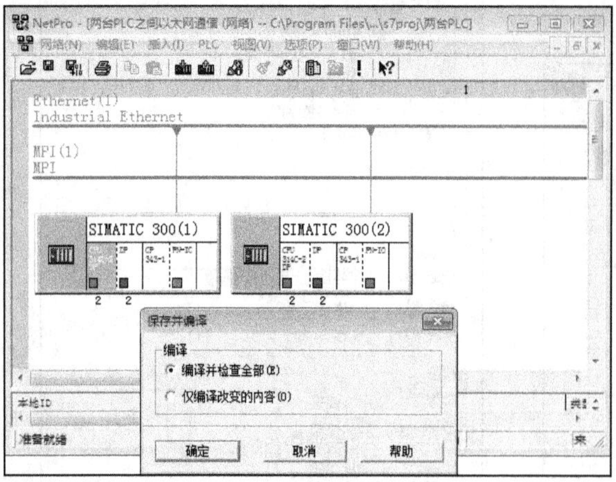

图 16-12　保存并编译

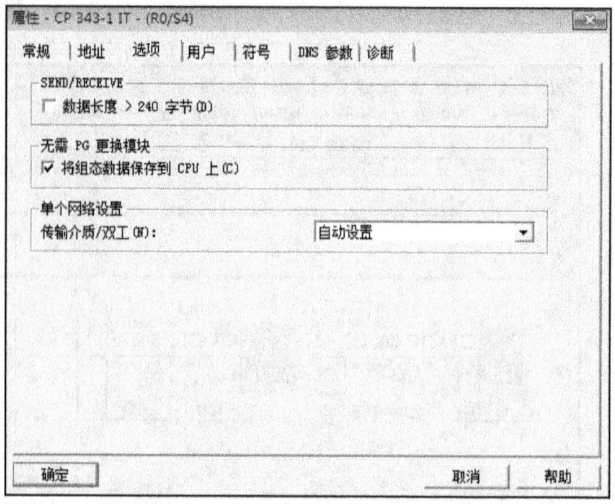

图 16-13　属性-CP343-1 IT 界面

步骤 6．输入/输出地址分配

SIMATIC 300(1)站 I/O 地址分配如表 16-3 所示。

表 16-3　输入/输出地址分配表

序号	输入信号器件名称	编程元件地址	序号	输出信号器件名称	编程元件地址
1	启动按钮 SB1(常开触点)	I4.0	1	指示灯 HL1	Q8.0
2	停止按钮 SB2(常开触点)	I4.1	2	报警灯 HL2	Q8.1

SIMATIC 300(2)站的 I/O 地址分配表 16-4 所示。

表 16-4　输入/输出地址分配表

序号	输入信号器件名称	编程元件地址	序号	输出信号器件名称	编程元件地址
1	热继电器 FR（常闭触点）	I4.0	1	电机接触器 KM 线圈	Q8.0

步骤 7．输入/输出接线图

确保断电接线。SIMATIC 300(1)站外设接线图 16-14 所示。

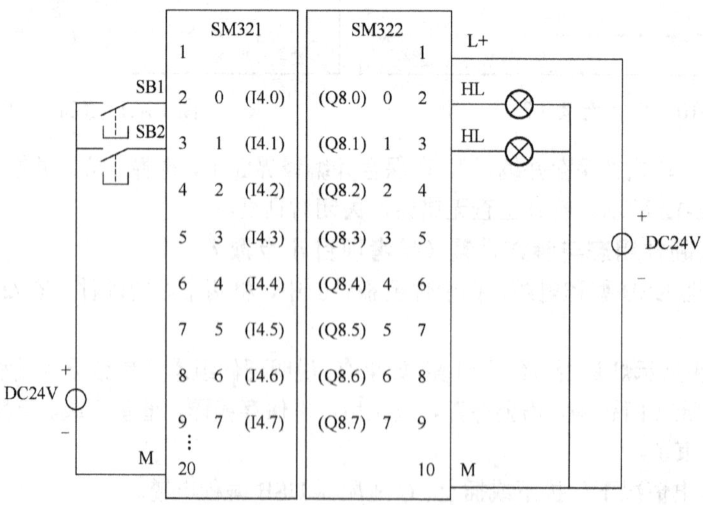

图 16-14　SIMATIC 300(1)站外设接线图

确保断电接线。SIMATIC 300(2)站外设接线图 16-15 所示。

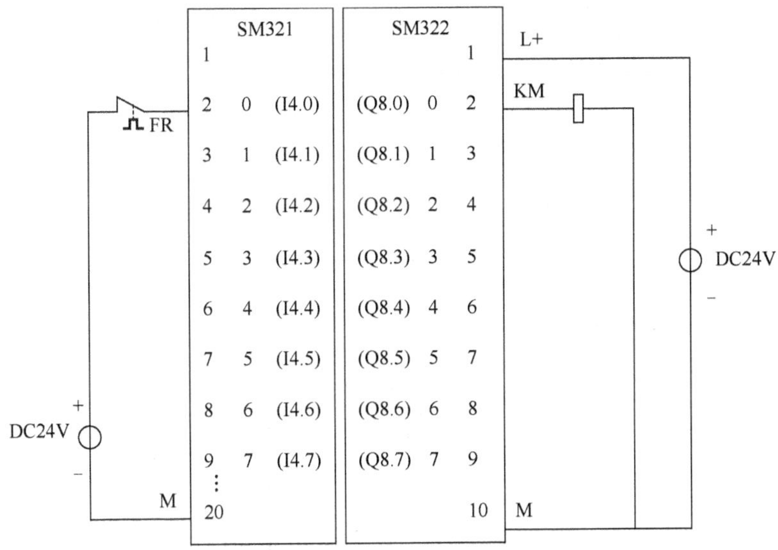

图 16-15　SIMATIC 300(2)站外设接线图

步骤 8．建立符号表

根据项目要求、地址分配，建立 SIMATIC 300(1)站符号表如图 16-16 所示。

根据项目要求、地址分配，建立 SIMATIC 300(2)站符号表如图 16-17 所示。

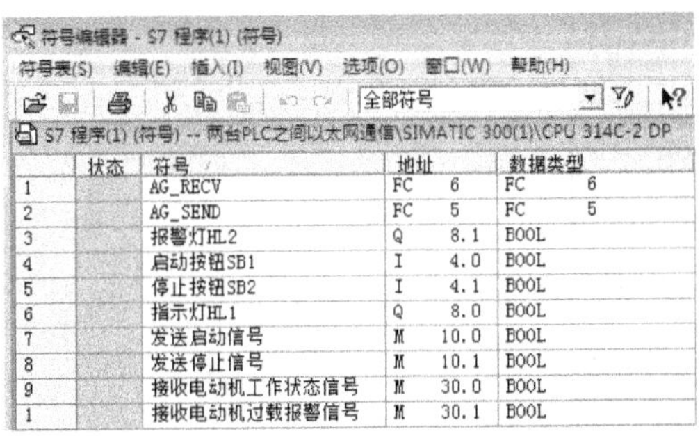

符号编辑器 - S7 程序(1) (符号)

符号表(S) 编辑(E) 插入(I) 视图(V) 选项(O) 窗口(W) 帮助(H)

全部符号

S7 程序(1) (符号) -- 两台PLC之间以太网通信\SIMATIC 300(1)\CPU 314C-2 DP

	状态	符号	地址	数据类型
1		AG_RECV	FC 6	FC 6
2		AG_SEND	FC 5	FC 5
3		报警灯HL2	Q 8.1	BOOL
4		启动按钮SB1	I 4.0	BOOL
5		停止按钮SB2	I 4.1	BOOL
6		指示灯HL1	Q 8.0	BOOL
7		发送启动信号	M 10.0	BOOL
8		发送停止信号	M 10.1	BOOL
9		接收电动机工作状态信号	M 30.0	BOOL
1		接收电动机过载报警信号	M 30.1	BOOL

图 16-16　SIMATIC 300(1)站符号表

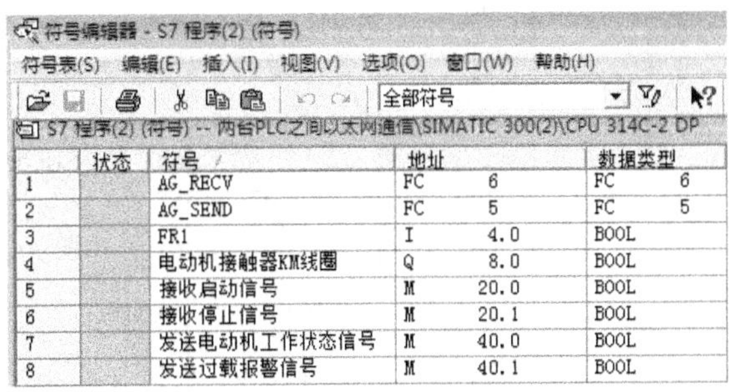

符号编辑器 - S7 程序(2) (符号)

符号表(S) 编辑(E) 插入(I) 视图(V) 选项(O) 窗口(W) 帮助(H)

全部符号

S7 程序(2) (符号) -- 两台PLC之间以太网通信\SIMATIC 300(2)\CPU 314C-2 DP

	状态	符号	地址	数据类型
1		AG_RECV	FC 6	FC 6
2		AG_SEND	FC 5	FC 5
3		FR1	I 4.0	BOOL
4		电动机接触器KM线圈	Q 8.0	BOOL
5		接收启动信号	M 20.0	BOOL
6		接收停止信号	M 20.1	BOOL
7		发送电动机工作状态信号	M 40.0	BOOL
8		发送过载报警信号	M 40.1	BOOL

图 16-17　SIMATIC 300(2)站符号表

步骤 9．编写通信程序

为编写程序，设置两个站发送与接收数据地址区，如图 16-18 所示。

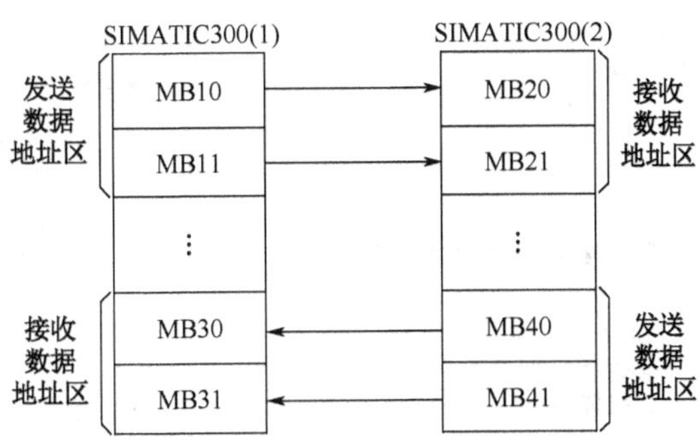

图 16-18　两个站发送与接收数据地址区

根据项目要求、地址分配及图 16-18，编写 SIMATIC 300(1)站程序如图 16-19 所示。

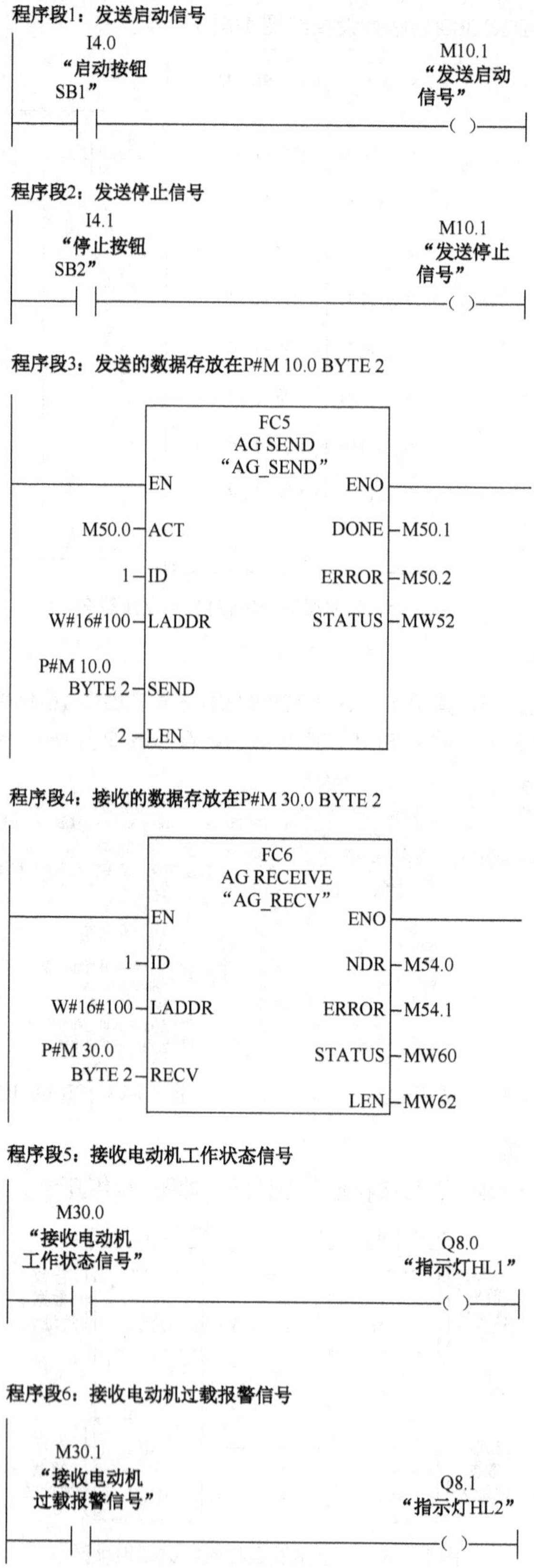

图 16-19　SIMATIC 300(1)站程序

根据项目要求、地址分配及图 16-18，编写 SIMATIC 300(2)站程序如图 16-20 所示。

程序段1：接收的数据存放在P#M 20.0 BYTE 2中

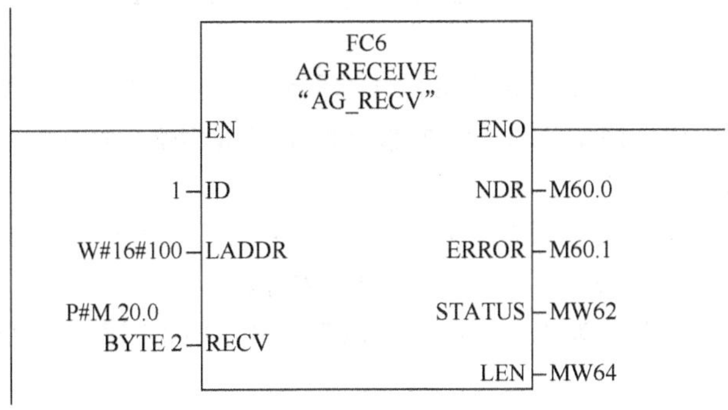

程序段2：接收启或者停止电动机信号

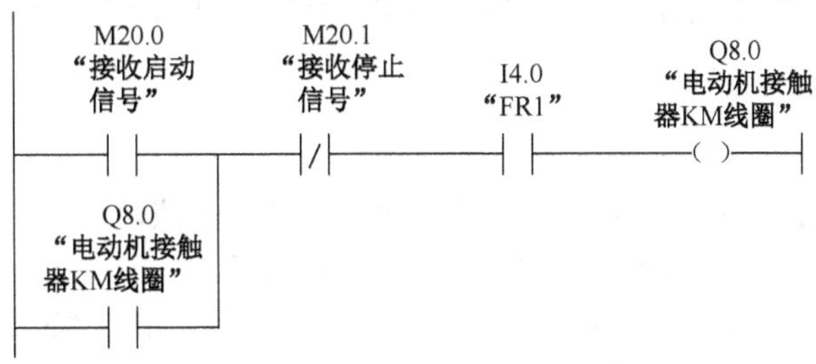

程序段3：发送电动机工作状态信号

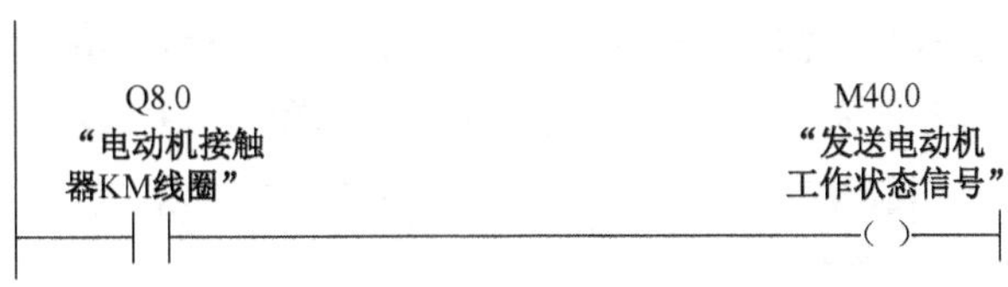

程序段4：发送过载报警信号

程序段5：发送的数据存放在P#M 40.0 BYTE 2中

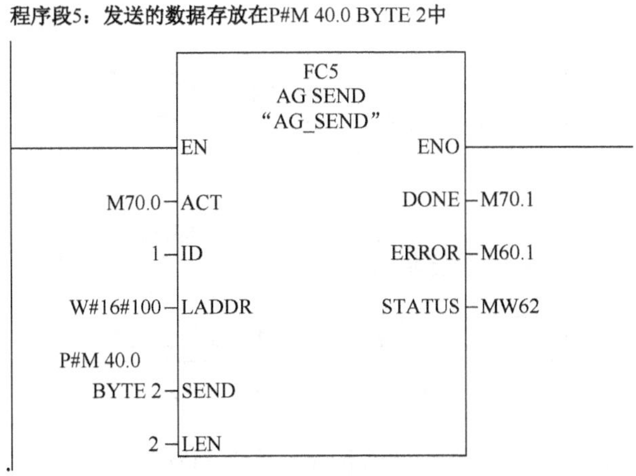

图 16-20　SIMATIC 300(2)站程序

步骤 10．联机调试

确保接线正确的情况下，在 SIMATIC Manager 界面中单击站点，即 SIMATIC 300(1)站或

SIMATIC 300(2)站，单击“下载”按钮，分别将两个站下载到对应 PLC 中。可以通过变量表分别使 M50.0 和 M 70.0 为“1”。

（1）在 SIMATIC 300(1)站按下启动按钮 SB1，看到 SIMATIC 300(2)站的电动机转动，SIMATIC 300(1)站指示灯 HL1 亮。在 SIMATIC 300(1)站按下停止按钮 SB2，看到 SIMATIC 300(2)站的电动机停止，SIMATIC 300(1)站指示灯 HL1 灭。

（2）当 SIMATIC 300(2)站电动机过载时，热继电器 FR（常闭触点）动作，看到该电动机停止，并且看到 SIMATIC 300(1)站报警指示灯 HL2 以 1Hz 闪烁。

满足上述情况，调试成功。如果不能满足，检查原因，纠正问题，重新调试，直到满足上述情况为止。

16.5 项目解决方法拓展（ISO-on-TCP、ISO 传输、UDP 连接）

采用 ISO-on-TCP 连接或 ISO 传输连接或 UDP 连接方法完成项目 16，除了网络参数设置与项目 16 中有不同外，其他类似地方不再赘述，不同的地方如下。

在 SIMATIC Manager 界面中，双击“Ethernet（1）”图标，出现“NetPro”界面，此时看到两台 PLC 已经挂到工业以太网中，对 SIMATIC 300（1）站点，右击“CPU314C-2DP”，弹出下拉菜单，单击“插入新连接”。

（1）采用 ISO-on-TCP 连接。在插入新连接界面中，单击 SIMATIC 300（1）下的“CPU314C-2DP”，连接类型选择“ISO-on-TCP 连接”，单击“确定”按钮，如图 16-21 所示。

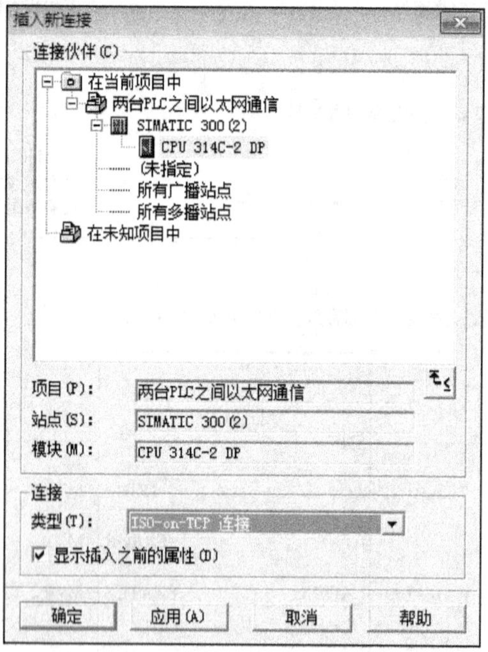

图 16-21　ISO-on-TCP 连接

（2）采用 ISO 传输连接。在插入新连接界面中，单击 SIMATIC 300（1）下的“CPU314C-2DP”，连接类型选择“ISO 传输连接”，单击“确定”按钮。

（3）采用 UDP 连接。单击 SIMATIC 300（1）下的“CPU314C-2DP”，连接类型选择“UDP 连接”，单击“确定”按钮。

16.6 知识拓展

16.6.1 FB14（GET）指令应用

在 S7 连接属性界面中，在本地连接端点下方，在“单向”左侧打勾，选择了单边通信，如图 16-22 所示。需要调用 FB14（GET），读取通信对方数据，调用 FB15（PUT），向通信对方发送数据。

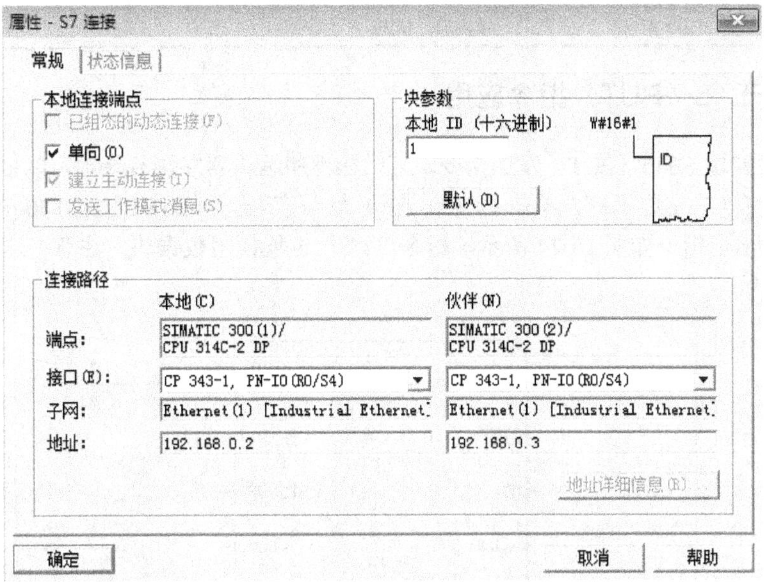

图 16-22　S7 连接属性

单边通信功能块 FB14（GET）读取指令，可以在程序编辑器左侧目录中，单击库左边“+”，单击 SIMATIC_NET_CP 左边“+”，单击 CP300 左边“+”，双击“FB14 GET CP300PBK”，在程序代码编辑区界面中出现指令如图 16-23 所示。指令“???”位置使用数据块。注意：这是使用以太网模块寻找指令的路径。

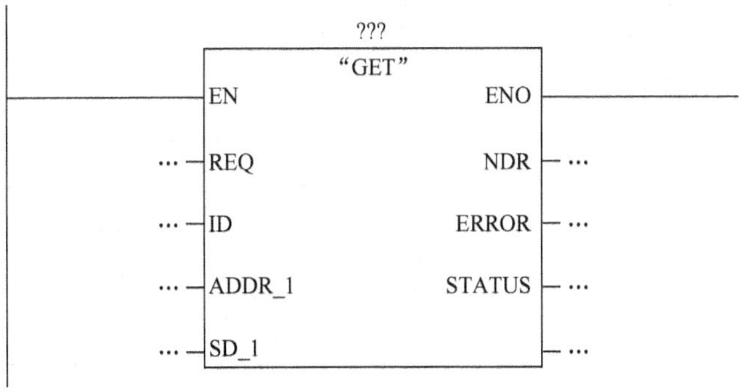

图 16-23　FB14（GET）

FB14 指令的应用如表 16-5 所示。

表 16-5　FB14 指令的应用

引脚	数据类型	应用说明
EN	BOOL	模块执行使能端
REQ	BOOL	上升沿触发工作

续表

引脚	数据类型	应用说明
ID	WORD	寻址参数 ID
NDR	BOOL	为“1”时，读取到新数据
ERROR	BOOL	与 STATUS 配合使用，通信的报错状态
STATUS	WORD	用数字表示通信错误类型
ADDR-1	ANY	从通信对方的数据地址区中读取数据
RD-1	ANY	本地 S7 站接收数据区
ENO	BOOL	模块输出使能

16.6.2 FB15（PUT）指令应用

单边通信功能块 FB15（PUT）发送指令，可以在程序编辑器左侧目录中，单击库左边“+”，单击 SIMATIC_NET_CP 左边“+”，单击 CP300 左边“+”，双击“FB15 PUT CP300PBK”，在程序代码编辑区界面中出现指令如图 16-24 所示。指令“???”位置使用数据块。注意：这是使用以太网模块寻找指令的路径。

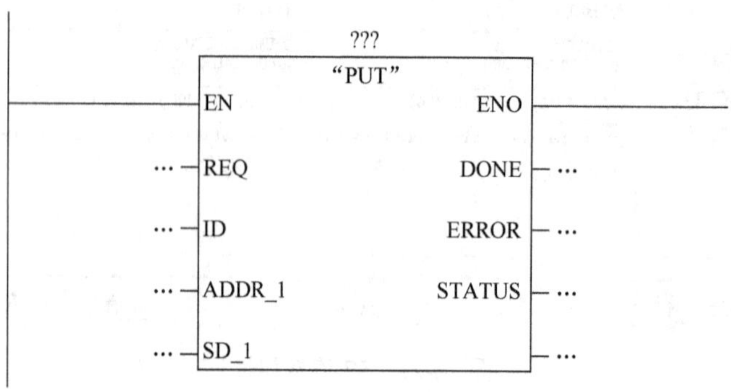

图 16-24 FB15（PUT）

FB15 指令的应用如表 16-6 所示。

表 16-6 FB15 指令的应用

引脚	数据类型	应用说明
EN	BOOL	模块执行使能端
REQ	BOOL	上升沿触发工作
ID	WORD	寻址参数 ID
DONE	BOOL	为“1”时，发送完成
ERROR	BOOL	与 STATUS 配合使用，通信的报错状态
STATUS	WORD	用数字表示通信错误类型
ADDR-1	ANY	通信对方的数据接收区
SD-1	ANY	本地 S7 站发送数据区
ENO	BOOL	模块输出使能

16.7 巩固练习

（1）由两台 S7-300PLC 组成的工业以太网通信中，PLC 的 CPU 模块为 CPU314C-2DP，以太网模块为 CP343-1。其中 1 台 PLC 命名为甲站，另 1 台 PLC 命名为乙站，采用连接方式 TCP/IP。要求如下。

在甲站通过变量表写入 8 个字节数据，甲站发送该数据至乙站，乙站接收到这个数据后再把它发送甲站，在甲站通过变量表可以显示该数据。

（2）由两台 S7-300PLC 组成的工业以太网通信中，PLC 的 CPU 模块为 CPU314C-2DP，以太网模块为 CP343-1。其中 1 台 PLC 命名为甲站，另 1 台 PLC 命名为乙站，采用连接方式为 ISO 传输。要求如下。

① 在甲站发送 1Hz 闪烁信号到乙站，乙站接收到信号并且指示灯 HL 闪烁。

② 在乙站发送 5Hz 闪烁信号到甲站，甲站接收到信号并且指示灯 HL 闪烁。

项目 17　两台 S7-300PLC 之间的 S7 连接工业以太网通信

17.1　项目要求

由两台 S7-300PLC 组成的工业以太网通信中，PLC 的 CPU 模块均为 CPU314C-2PN/DP，通过 CPU 集成的 PN 口连接网络。把两台 PLC 分别命名为甲站、乙站，采用连接方式为 S7 连接。要求如下。

在甲站通过变量表 MB80～MB83 中写入 4 个字节的数据，例如"1A"、"2B"、"3C"、"4D"，然后该数据被发送到乙站，在乙站接收到该数据后通过变量表 MB90～MB93 中显示该数据。

17.2　学习目标

（1）掌握两台 S7-300PLC 之间的 S7 连接工业以太网通信的硬件与软件配置。
（2）掌握两台 S7-300PLC 之间的 S7 连接工业以太网通信硬件连接。
（3）掌握两台 S7-300PLC 之间的 S7 连接工业以太网通信硬件组态及参数设置。
（4）掌握两台 S7-300PLC 之间的 S7 连接工业以太网通信的编程及调试。
（5）掌握 FB12（BSEND）发送和 FB13（BRCV）接收指令应用。

17.3　相关知识

17.3.1　带 PN 口 CPU 模块外形

以 CPU 314C-2 PN/DP 为例，有两个集成 PN 接口，一个 MPI/DP 接口，通过软件选择使用 MPI 接口或者 DP 接口，其正面外形如图 17-1 所示。

图 17-1　CPU314C-2PN/DP 正面外形

17.3.2　FB12（BSEND）发送指令应用

寻找双边通信功能块 FB12（BSEND）发送指令，在程序编辑器左侧目录中，单击库左边"+"，单击 Standard Library 左边"+"，单击 Communication Blocks 左边"+"，双击"FB12 BSEND CPU-300"，如图 17-2 所示。**注意：这是 CPU 集成 PN 口的指令寻找路径。**

在程序代码编辑区界面中出现 FB12（BSEND）发送指令如图 17-3 所示。指令“???”位置使用数据块。

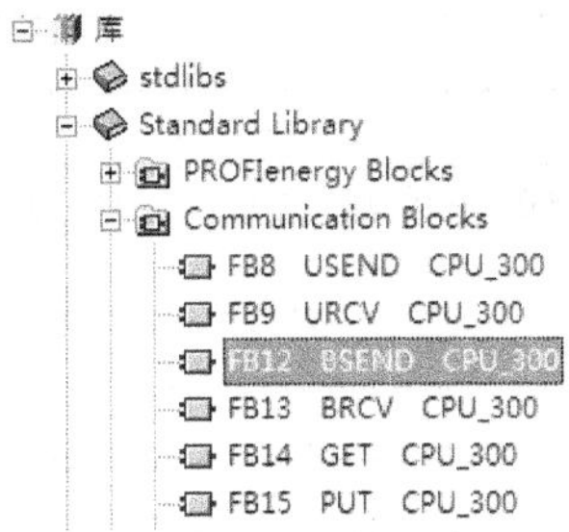

图 17-2　指令路径

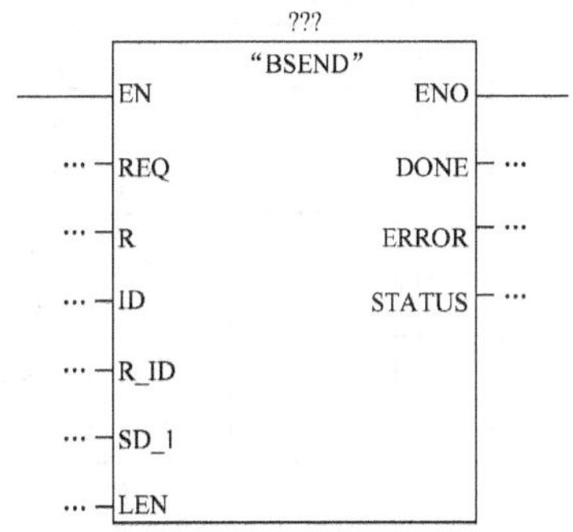

图 17-3　FB12（BSEND）发送指令

FB12（BSEND）发送指令的应用如表 17-1 所示。

表 17-1　FB12（BSEND）发送指令的应用

引脚	数据类型	应用说明
EN	BOOL	模块执行使能端，为 1 时，模块准备发送
REQ	BOOL	上升沿触发数据发送
R	BOOL	上升沿触发停止数据发送
ID	WORD	连接 ID 号。WORD 型数据
R-ID	DWORD	发送与接收数据包的连接通道号，发送端与接收端功能块指令连接通道号相同。DWORD 型数据
DONE	BOOL	数据发送作业状态，为“1”时，发送完成，为“0”时，未发送完
ERROR	BOOL	与 STATUS 配合使用，通信的报错状态
STATUS	WORD	用数字表示通信错误类型
SD-1	ANY	发送数据存储区，可使用指针，可用位存储器或数据块
LEN	WORD	发送数据的长度例如是发送几个字节
ENO	BOOL	模块输出使能

17.3.3　FB13（BRCV）接收指令应用

寻找双边通信功能块 FB13（BRCV）接收指令，在程序编辑器左侧目录中，单击库左边“+”，单击 Standard Library 左边“+”，单击 Communication Blocks 左边“+”，双击“FB13 BRCV CPU-300”，如图 17-4 所示。**注意：这是 CPU 集成 PN 口的指令寻找路径。**

在程序代码编辑区界面中出现 FB13（BRCV）接收指令如图 17-5 所示。指令“???”位置使用数据块。

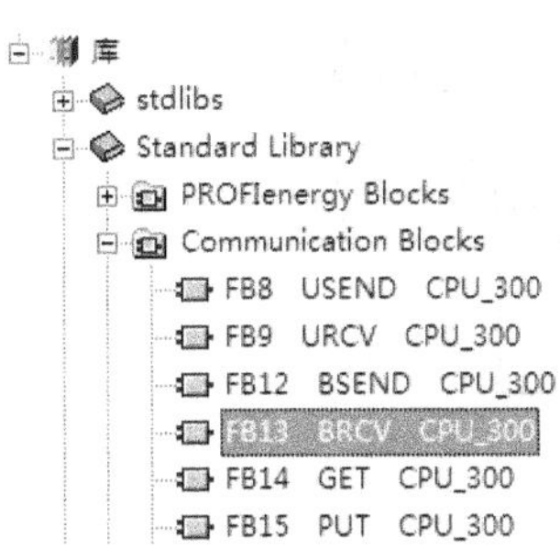

图 17-4　指令路径

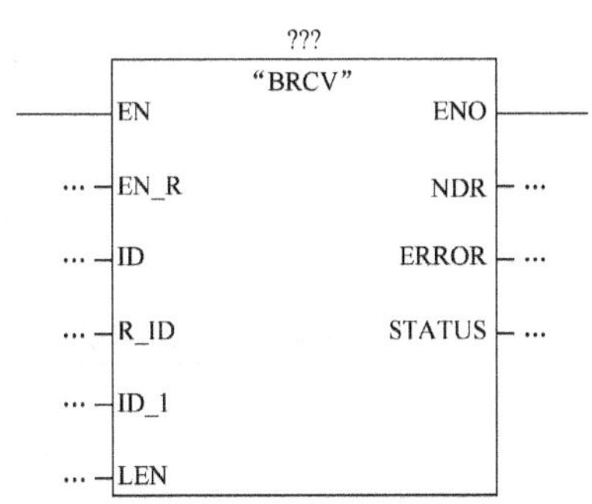

图 17-5　FB13（BRCV）接收指令

FB13（BRCV）接收指令的应用如表 17-2 所示。

表 17-2　FB13 接收（BRCV）指令的应用

引脚	数据类型	应用说明
EN	BOOL	模块执行使能端，为 1 时，模块才能接收
EN-R	BOOL	为“1”时，准备接收数据
ID	INT	连接 ID 号
R-ID	DWORD	发送与接收数据包的连接通道号，发送端与接收端功能块指令连接通道号相同。DWORD 型数据
NDR	BOOL	作业启动与否标志
ERROR	BOOL	与 STATUS 配合使用，通信的报错状态
STATUS	WORD	用数字表示通信错误类型
RD-1	ANY	接收数据存储区，可使用指针，可用位存储器或数据块
LEN	WORD	接收到的数据长度
ENO	BOOL	模块输出使能

另外，R-ID 连接通道号在通信双方必须相同，否则不能通信，这个值可由用户自己设定。ID 号在通信双方可能相同，也可能不同，取决于通信时采用的是哪一条连接通道。一旦连接通道确定下来，则编程的时候双方的 ID 号就已经定下来了。

17.4　项目解决步骤

步骤 1．通信的硬件和软件配置

硬件：

（1）电源模块（PS307 5A）2 个。

（2）CPU 模块（CPU314C-2PN/DP）2 个。

（3）MMC 卡 2 张。

（4）导轨 2 根。

（5）用于组网的带水晶头的 4 芯双绞线 1 根。

（6）用于以太网下载的带水晶头 4 芯双绞线 1 根（也可以选择 PC 适配器 USB 编程电缆 2 根）。

（7）装有 STEP7 V5.4 及以上版本编程软件的计算机 1 台。

软件：STEP7 V5.4 及以上版本编程软件。

步骤 2．通信的硬件连接

确保断电接线。通信的硬件连接如图 17-6 所示。

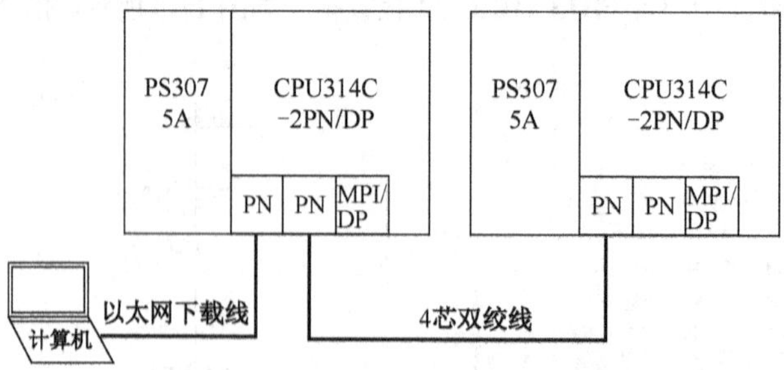

图 17-6　通信的硬件连接

步骤 3．新建项目

新建一个项目，命名为“两台-S7 连接双边以太网”，然后鼠标在项目上右击插入 SIMATIC300（1）、SIMATIC300（2）站点，分别重新命名为甲站、乙站，如图 17-7 所示。

步骤 4．甲站、乙站硬件组态及参数设置

图 17-7　新建项目及重命名

（1）甲站硬件组态及参数设置。根据实际使用的硬件配置，通过 STEP7 编程软件对甲站进行硬件组态，注意与硬件模块上面印刷的订货号一致。在 SIMATIC Manager 界面中，双击甲站的“硬件”图标，双击导轨“Rail”插入导轨，在导轨 1 号插槽插入电源模块（PS307 5A）；2 号插槽插入 CPU 模块（CPU314C-2PN/DP），会弹出一个属性-Ethernet 接口对话框，单击“参数”按钮，IP 地址设置为 192.168.0.4，子网掩码设置为 255.255.255.0。单击“新建”按钮。如图 17-8 所示。

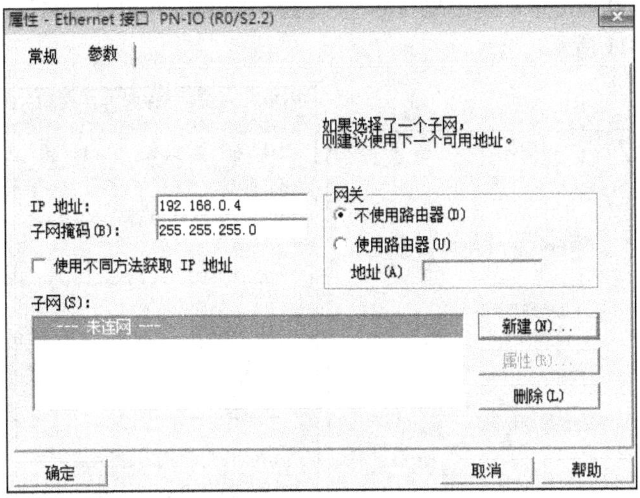

图 17-8　以太网属性接口界面

新建子网名称“Ethernet（1）”，单击“确定”按钮。

在以太网属性接口界面中，单击“Ethernet(1)”。单击“确定”按钮。如图 17-9 所示。

回到硬件组态界面，双击“CPU314C-2PN/DP”，单击“周期/时钟存储器”图标，勾选时钟存储器，存储器字节修改为 100，单击“确定”按钮。

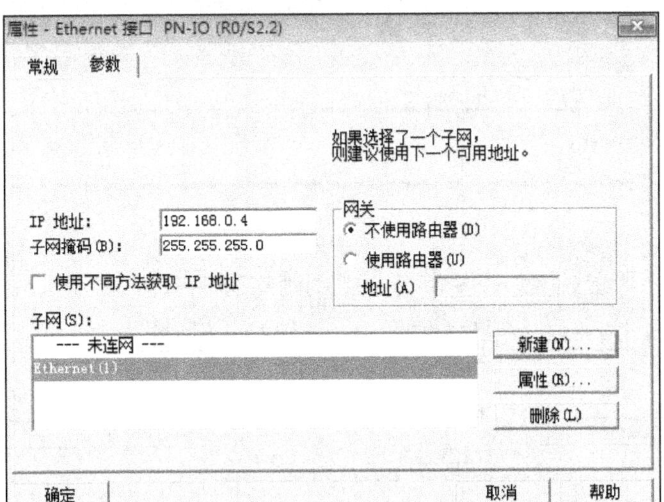

图 17-9　以太网属性接口界面

在硬件组态界面，单击“保存并编译”按钮。

（2）乙站硬件组态及参数设置。据实际使用的硬件配置，通过 STEP7 编程软件对乙站进行硬件组态，注意与硬件模块上面印刷的订货号一致。在 SIMATIC Manager 界面中，双击乙站的“硬件”图

标，双击导轨“Rail”插入导轨，在导轨 1 号插槽插入电源模块（PS307 5A）；2 号插槽插入 CPU 模块（CPU314C-2PN/DP），会弹出一个属性-Ethernet 接口对话框，单击“参数”按钮，IP 地址设置为 192.168.0.5，子网掩码设置为 255.255.255.0。单击“Ethernet（1）”，单击“确定”按钮，如图 17-10 所示。

回到硬件组态界面，双击“CPU314C-2PN/DP”，单击“周期/时钟存储器”图标，勾选时钟存储器，存储器字节修改为 100，单击“确定”按钮。

在硬件组态界面，单击“保存并编译”按钮。

步骤 5．组态网络，建立 S7 连接

在 SIMATIC 管理器界面中，单击项目名称“两台-S7 连接双边以太网”，单击“Ethernet(1)”图标，出现界面如图 17-11 所示。

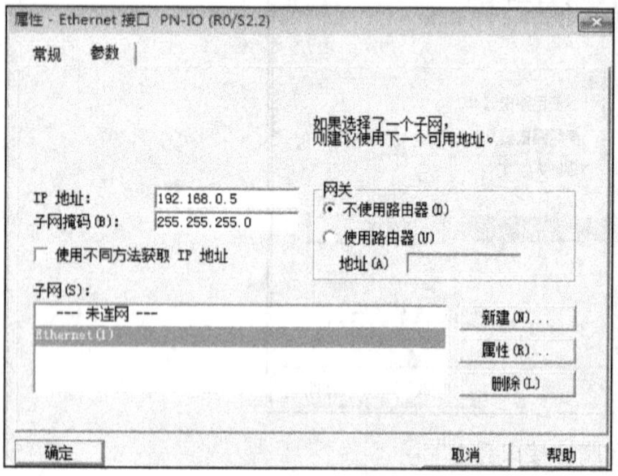

图 17-10　以太网属性接口界面

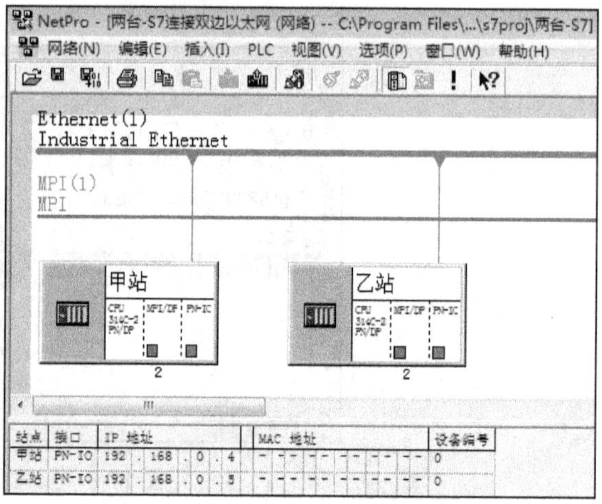

图 17-11　甲站与乙站连到以太网

在 NetPro 界面中，右击甲站“CPU314C-2PN/DP”，单击“插入新连接”，如图 17-12 所示。

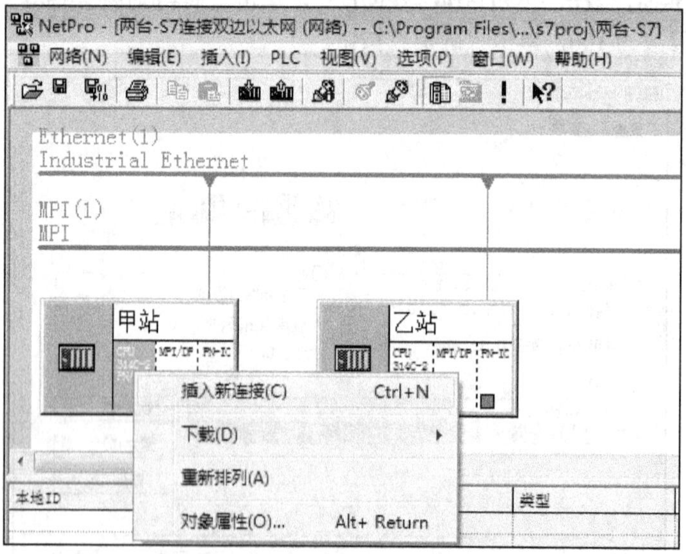

图 17-12　通过甲站插入新连接

在插入新连接界面中，显示乙站，将甲站与乙站建立连接，单击乙站的“CPU314C-2PN/DP”，连接类型选择“S7 连接”，单击“确定”按钮。如图 17-13 所示。

在 S7 连接属性界面中，本地连接端点选择“建立主动连接”，注意“本地 ID（十六进制）”采用默认，并且要记住，后面编程要用到。在连接路径中，本地端口为甲站，伙伴端口为乙站，甲站 IP 地址为 192.168.0.4，乙站 IP 地址为 192.168.0.5。单击“确定”按钮。如图 17-14 所示。为了不产生混乱，ID 号以后都采用默认值。

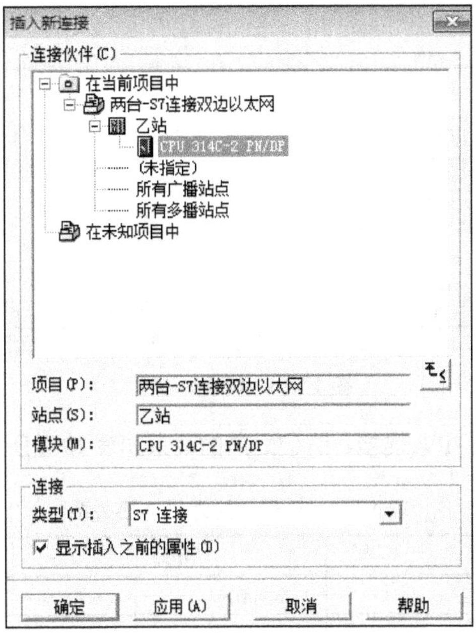

图 17-13　与乙站 S7 连接

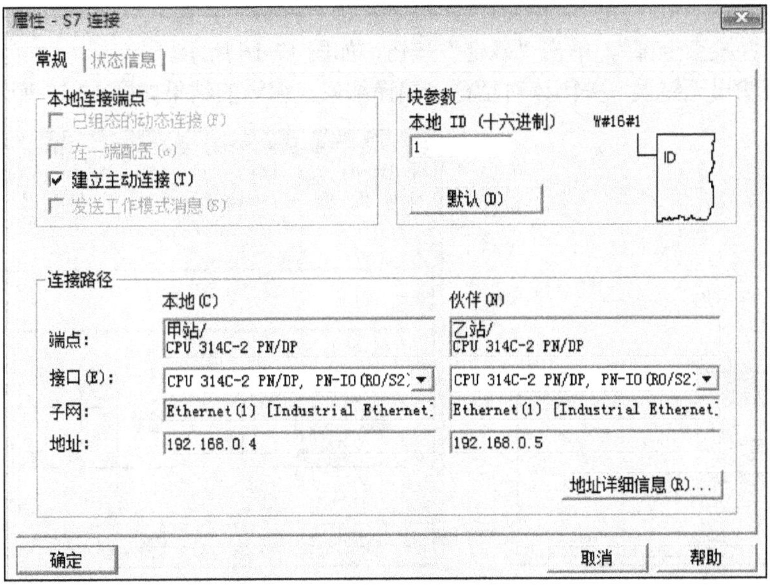

图 17-14　S7 连接属性界面

回到 NetPro 界面中，单击甲站“CPU314C-2PN/DP”，可以显示该站所建立的连接情况。包括 ID 号、通信双方站点、连接类型等。用户可以双击某个连接以便修改该连接的参数。

单击“保存并编译”按钮，如图 17-15 所示。

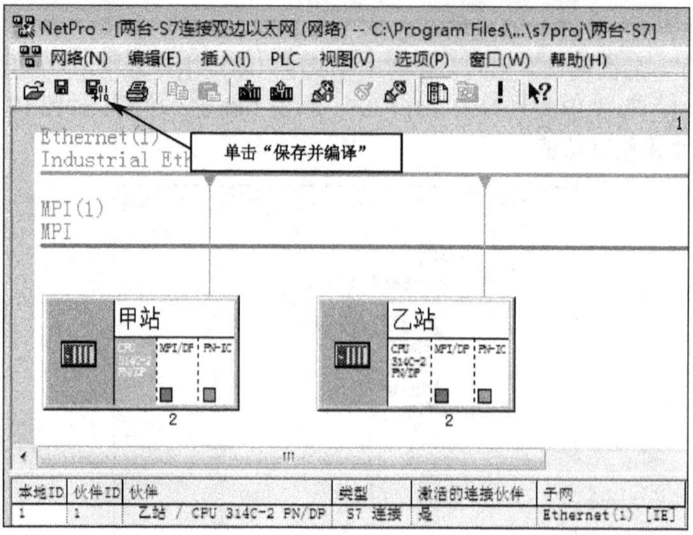

图 17-15　NetPro 界面

到此为止，网络内建立了 1 条连接，它们之间的关系如表 17-3 所示。

表 17-3　ID 号与站之间连接关系

站名	甲站	乙站
ID 号	本地 ID=1	伙伴 ID=1
站之间连接关系		
R-ID	甲站与乙站 R-ID 为 1	

选择“编译并检查全部”，单击“确定”按钮，如图 17-16 所示。

一致性检查输出无错误，关闭该对话框，编译结束。编译的结果如图 17-17 所示。

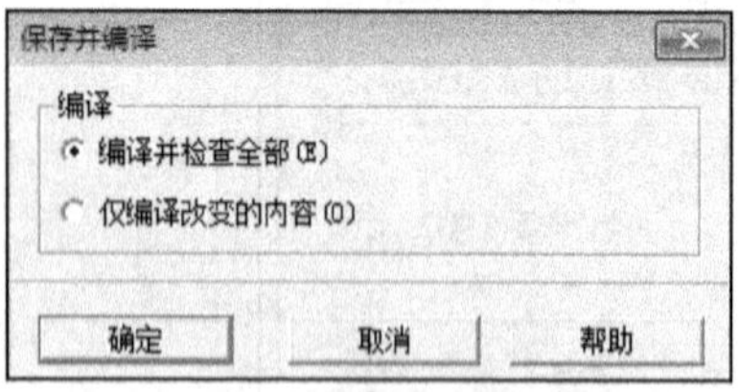

图 17-16　保存并编译界面

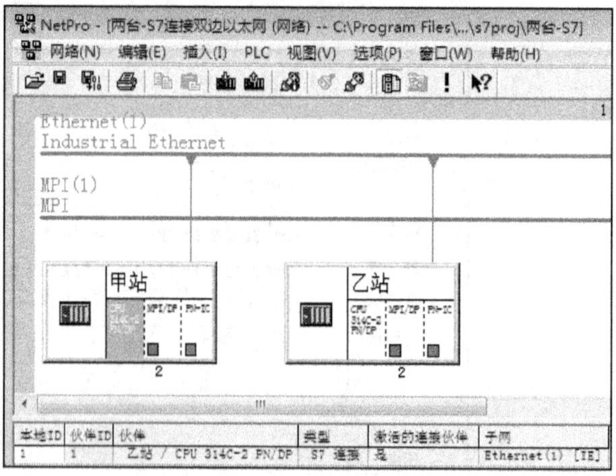

图 17-17　保存并编译后界面

如果编译有错误，则根据报错信息，找出错误所在并改正，直到编译无错误为止。

步骤 6．下载硬件组态及参数设置

在硬件组态界面，通过以太网方式下载，注意：编程器的 IP 地址和 PLC 站的 IP 地址在同一个子网内，例如编程器 IP 地址=192.168.0.100，两台 PLC 的 IP 地址分别为 192.168.0.4 和 192.168.0.5，就是说 IP 地址前 3 位数相同，最后 1 位数不相同。将两个站的硬件组态及参数设置分别下载到对应的 PLC 中。

步骤 7. 编写通信程序

根据项目要求，编写甲站程序如图 17-18 所示。

根据项目要求，编写乙站程序如图 17-19 所示。

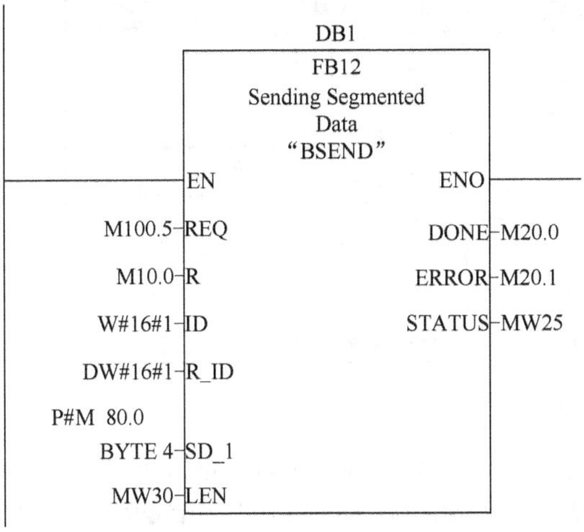

图 17-18 甲站程序

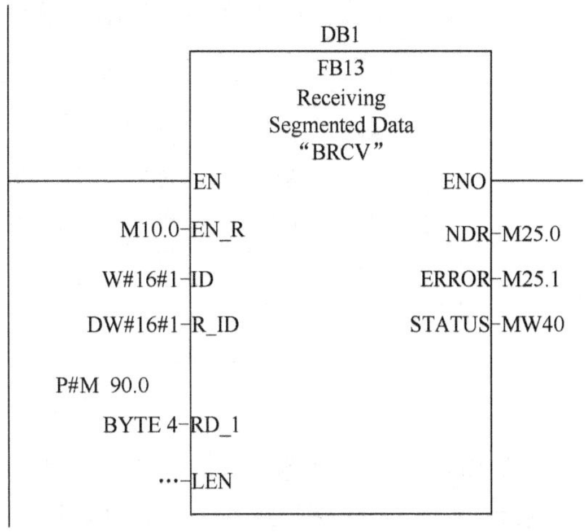

图 17-19 乙站程序

注意：在发送指令中，REQ 的引脚连 M100.5，它可以发出频率为 1Hz 的脉冲，在脉冲的上升沿触发数据发送，而在 EN-R 端用的是常闭触点，或者引脚连接存储区为“1”，使得 FB13 指令处于准备接收状态。R-ID 在通信双方必须相同，否则不能通信，这个值可由用户自己设定。ID 号在通信双方可能相同，也可能不同，ID 号取决于通信时采用的是哪一条连接关系，一旦连接关系定下来，则编程双方的 ID 号就确定下来了。例如甲站与乙站的连接关系，甲站 ID=1，乙站 ID=1。

步骤 8. 联机调试

确保接线正确的情况下，在 SIMATIC Manager 界面中，甲站与乙站分别插入 OB80、OB82、OB85、OB86、OB87、OB121、OB122 及变量表，如图 17-20 所示。

通过以太网下载方式下载，将甲站、乙站两个站的硬件组态、参数设置和程序等分别下载到各自对应的 PLC 中。

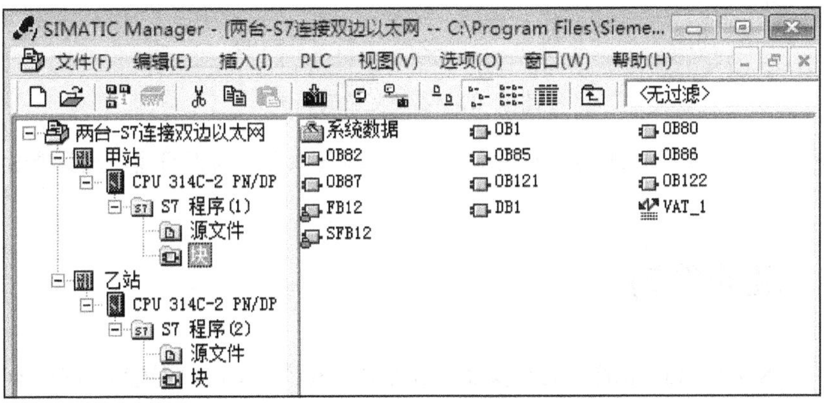

图 17-20 插入块及变量表

在 SIMATIC 管理器下，双击甲站变量表，插入注释行，甲站通过变量表在 MB80～MB83 中输入 4 个字节的数据，分别为“1A”、“2B”、“3C”、“4D”，MW30=W#16#0004 单击“监视变量”，单击“修改变量”，甲站把 4 个字节数据发送到乙站，如图 17-21 所示。

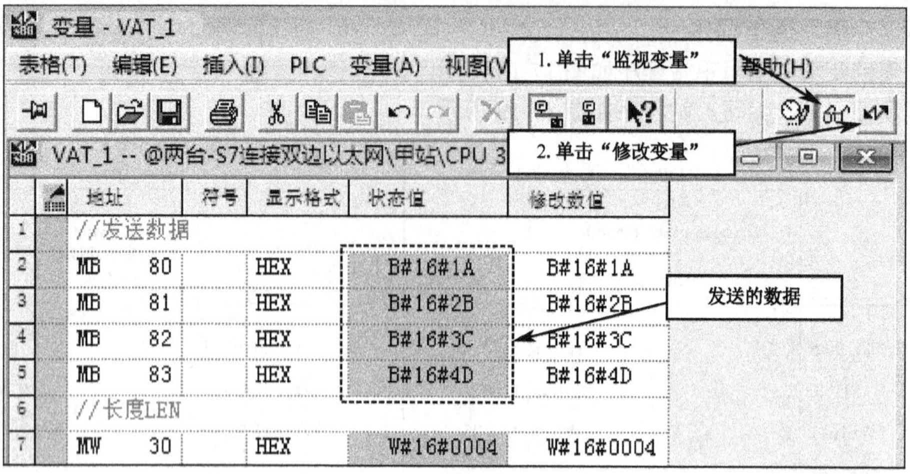

图 17-21 甲站变量表调试

在 SIMATIC 管理器下，双击乙站变量表，插入注释行，设置 M10.0=1，单击"监视变量"，单击"修改变量"，乙站接收到 4 个字节数据后，通过变量表在 MB90～MB93 中显示该数据"1A"、"2B"、"3C"、"4D"，如图 17-22 所示。

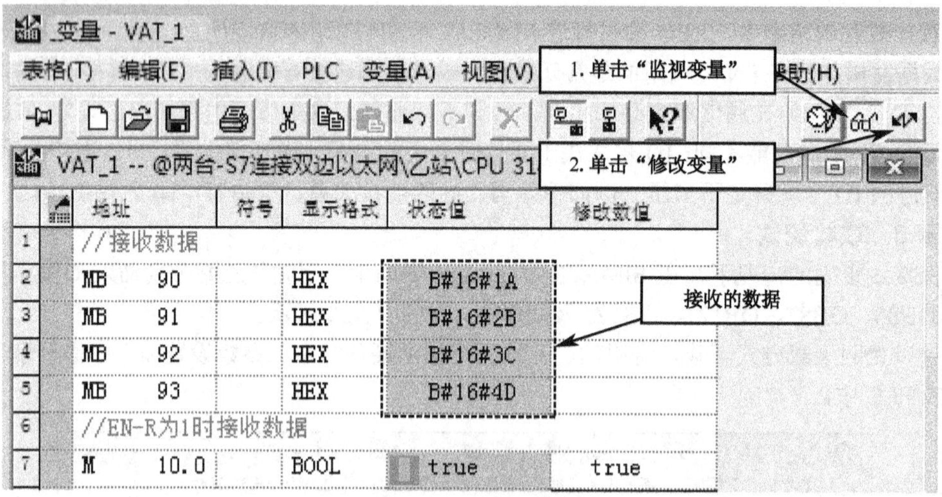

图 17-22 乙站变量表调试

满足上述情况，联机调试成功。如果不能满足，检查原因，纠正问题，重新调试，直到满足上述情况为止。

17.5 巩固练习

（1）由两台 S7-300PLC 组成的工业以太网通信中，PLC 的 CPU 模块为 CPU314C-2PN/DP。其中 1 台 PLC 命名为甲站，另 1 台 PLC 命名为乙站，采用连接方式 S7 连接。要求如下。

在甲站通过变量表写入 8 个字节数据，甲站发送该数据至乙站，乙站接收到这个数据后再把它发送甲站，在甲站通过变量表可以显示该数据。

（2）由两台 S7-300PLC 组成的工业以太网通信中，PLC 的 CPU 模块为 CPU314C-2PN/DP。其中 1 台 PLC 命名为甲站，另 1 台 PLC 命名为乙站，采用连接方式 S7 连接。要求如下。

① 在甲站发送 1Hz 闪烁信号到乙站，乙站接收到信号并且指示灯 HL 闪烁。

② 在乙站发送 5Hz 闪烁信号到甲站，甲站接收到信号并且指示灯 HL 闪烁。

（3）由三台 S7-300PLC 组成的工业以太网通信中，PLC 的 CPU 模块均为 CPU314C-2PN/DP，通过 CPU 集成的 PN 口连接网络。把三台 PLC 分别命名为甲站、乙站。丙站，采用连接方式为 S7 连接。要求如下。

甲站通过变量表在 MB0～MB3 中写入 4 个字节的数据，甲站把该数据发送到乙站，乙站接收到该数据后，把它发送到丙站，丙站接收到该数据后把它发送给甲站，甲站通过变量表在 MB90～MB93 中显示该数据。

项目 18　多台 S7-300PLC 之间的 S7 连接工业以太网通信

18.1　项目要求

由三台 S7-300PLC 组成的工业以太网通信中，PLC 的 CPU 模块均为 CPU314C-2PN/DP，通过 CPU 集成的 PN 口连接网络。把三台 PLC 分别命名为甲站、乙站。丙站，采用连接方式为 S7 连接。要求如下：

甲站通过变量表在 MB70 和 MB71 中写入 2 个字节的数据，然后该数据被发送到乙站，乙站接收到该数据后通过变量表在 MB80 和 MB81 中显示该数据。

乙站通过变量表在 MB120 和 MB121 中写入 2 个字节的数据，乙站把该数据发送到丙站，丙站接收到该数据后，通过变量表在 MB110 和 MB111 中显示该数据。

丙站通过变量表在 MB90 和 MB91 中写入 2 个字节的数据，丙站把该数据发送到甲站，甲站接收到该数据后，通过变量表在 MB130 和 MB131 中显示该数据。

18.2　学习目标

（1）掌握三台 S7-300PLC 之间的 S7 连接工业以太网通信硬件与软件配置。
（2）掌握三台 S7-300PLC 之间的 S7 连接工业以太网通信硬件连接。
（3）掌握三台 S7-300PLC 之间的 S7 连接工业以太网通信硬件组态及参数设置。
（4）掌握三台 S7-300PLC 之间的 S7 连接工业以太网通信的编程及调试。
（5）提高 FB12 和 FB13 指令应用能力。

18.3　项目解决步骤

步骤 1．通信的硬件和软件配置

硬件：

（1）电源模块（PS307 5A）3 个。
（2）CPU 模块（CPU314C-2PN/DP）3 个。
（3）MMC 卡 3 张。
（4）导轨 3 根。
（5）用于组网的两根带水晶头的 4 芯双绞线。
（6）用于以太网下载的带水晶头 4 芯双绞线 1 根（也可以选择 PC 适配器 USB 编程电缆）。
（7）装有 STEP7 编程软件的计算机 1 台。

软件：STEP7 V5.4 及以上版本编程软件。

步骤 2．通信的硬件连接

确保断电接线。通信的硬件连接如图 18-1 所示。

步骤 3．新建项目

新建一个项目，命名为“多台 PLC 之间以太网通信”，然后鼠标在项目上右击插入 SIMATIC300（1）、SIMATIC300（2）、SIMATIC300（3）站点，分别重新命名为甲站、乙站、丙站，如图 18-2 所示。

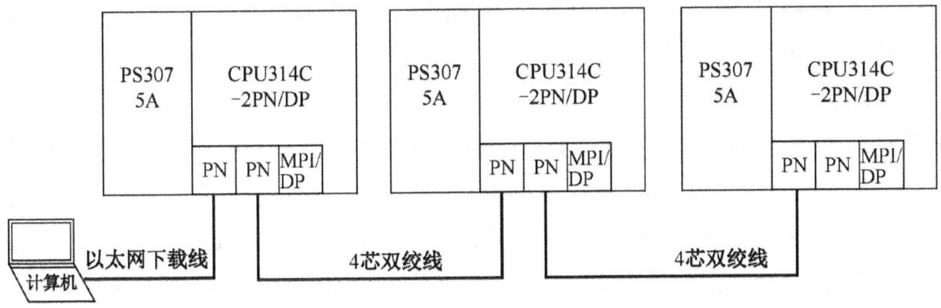

图 18-1　通信的硬件连接

图 18-2　新建项目

步骤 4．甲站、乙站、丙站的硬件组态及参数设置

（1）甲站硬件组态及参数设置。根据实际使用的硬件配置，通过 STEP7 编程软件对甲站进行硬件组态，注意与硬件模块上面印刷的订货号一致。在 SIMATIC Manager 界面中，双击甲站的“硬件”图标，双击导轨“Rail”插入导轨，在导轨 1 号插槽插入电源模块（PS307 5A），2 号插槽插入 CPU 模块（CPU314C-2PN/DP），会弹出一个属性-Ethernet 接口对话框，单击“参数”按钮，IP 地址设置为 192.168.0.4，子网掩码设置为 255.255.255.0。单击“新建”按钮，如图 18-3 所示。

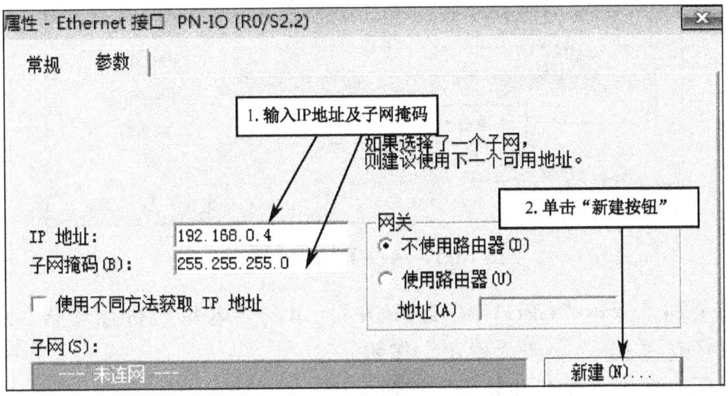

图 18-3　属性-Ethernet 接口

新建子网名称“Ethernet(1)”，单击“确定”按钮。

在以太网属性接口界面中，单击“Ethernet(1)”，单击“确定”按钮，如图 18-4 所示。

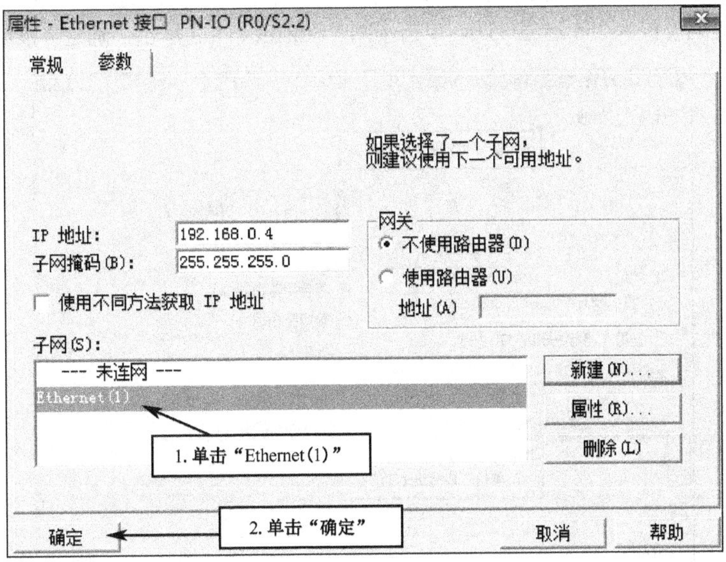

图 18-4　属性-Ethernet 接口

回到硬件组态界面，双击“CPU314C-2PN/DP”，单击“周期/时钟存储器”图标，勾选时钟存储器，存储器字节修改为100，单击“确定”按钮。

在硬件组态界面，单击“保存并编译”按钮。

（2）乙站硬件组态及参数设置。根据实际使用的硬件配置，通过STEP7编程软件对乙站进行硬件组态，注意与硬件模块上面印刷的订货号一致。在SIMATIC Manager界面中，双击乙站的“硬件”图标，双击导轨“Rail”插入导轨，在导轨1号插槽插入电源模块（PS307 5A），2号插槽插入CPU模块（CPU314C-2PN/DP），会弹出一个属性-Ethernet接口对话框，单击“参数”按钮，IP地址设置为192.168.0.5，子网掩码设置为255.255.255.0。单击“Ethernet（1）”，单击“确定”按钮，如图18-5所示。

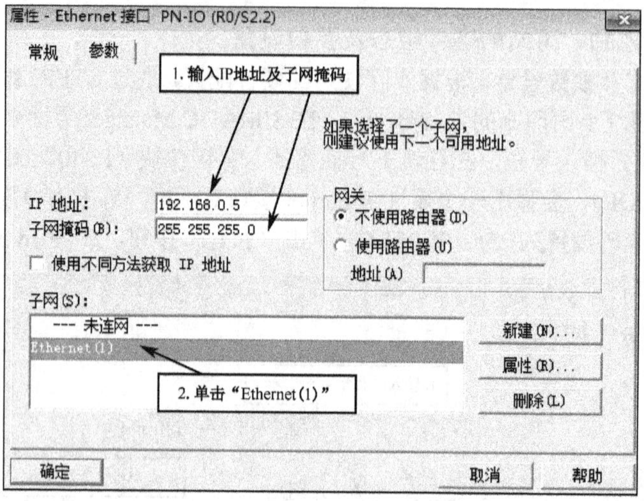

图18-5 属性-Ethernet接口

回到硬件组态界面，双击“CPU314C-2PN/DP”，单击“周期/时钟存储器”图标，勾选时钟存储器，存储器字节修改为100，单击“确定”按钮。

在硬件组态界面，单击“保存并编译”按钮。

（3）丙站硬件组态及参数设置。据实际使用的硬件配置，通过STEP7编程软件对乙站进行硬件组态，注意与硬件模块上面印刷的订货号一致。在SIMATIC Manager界面中，双击乙站的“硬件”图标，双击导轨“Rail”插入导轨，在导轨1号插槽插入电源模块（PS307 5A），2号插槽插入CPU模块（CPU314C-2PN/DP），在插入CPU315-2PN/DP时，会弹出以太网属性接口对话框，IP地址设置为192.168.0.6，子网掩码设置为255.255.255.0，单击子网“Ethernet(1)”，单击“确定”按钮，如图18-6所示。

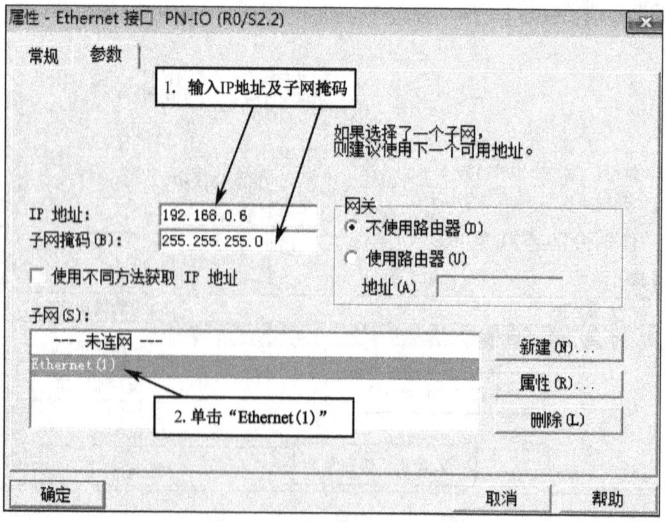

图18-6 属性-Ethernet接口

回到硬件组态界面，双击“CPU314C-2PN/DP”，单击“周期/时钟存储器”图标，勾选时钟存储器，存储器字节修改为 100，单击“确定”按钮。

在硬件组态界面，单击“保存并编译”按钮。

步骤 5．组态网络，建立 S7 连接

在 SIMATIC 管理器界面中，单击项目名称“多台 S7-300PLC 以太网通信”，双击“Ethernet(1)”图标。在 NetPro 界面中，右击甲站“CPU314C-2PN/DP”，单击“插入新连接”，如图 18-7 所示。

在插入新连接界面中，显示丙站和乙站，将甲站与乙站建立连接，单击乙站的“CPU314C-2PN/DP”，连接类型选择“S7 连接”，单击“确定”按钮。如图 18-8 所示。

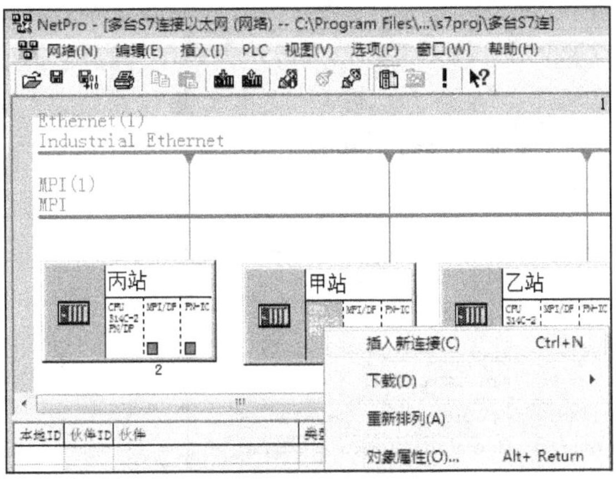

图 18-7　插入新连接

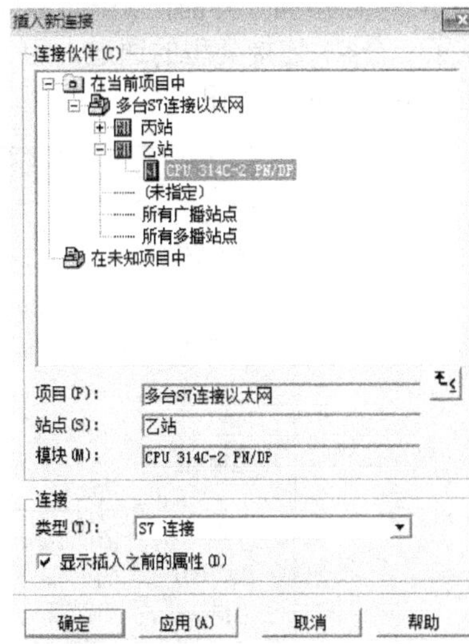

图 18-8　S7 连接

在 S7 连接属性界面中，本地连接端点选择“建立主动连接”，注意“本地 ID（十六进制）”采用默认，并且要记住，后面编程要用到。在连接路径中，本地端口为甲站，伙伴端口为乙站，甲站 IP 地址为 192.168.0.4，乙站 IP 地址为 192.168.0.5。单击“确定”按钮。如图 18-9 所示。为了不产生混乱，ID 号以后都采用默认值。

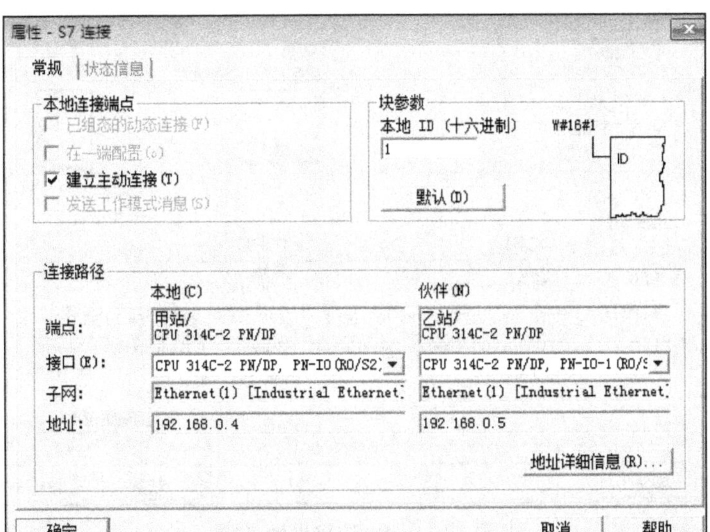

图 18-9　S7 连接属性

在 NetPro 界面中，右击乙站“CPU314C-2PN/DP”，单击“插入新连接”。显示“插入新连接”

界面，将乙站与丙站建立连接，单击丙站的“CPU314C-2PN/DP”，连接类型选择“S7 连接”，单击“确定”按钮。

显示 S7 连接属性界面，如图 18-10 所示。本地连接端点选择“建立主动连接”，乙站与丙站之间建立了一个 S7 连接类型的通道，即“乙站 ID=2 与丙站 ID=1”的连接通道。单击“确定”按钮。

在 NetPro 界面中，右击丙站“CPU314C-2PN/DP”，单击“插入新连接”。显示“插入新连接”界面，将丙站与甲站建立连接，单击甲站的“CPU314C-2PN/DP”，连接类型选择“S7 连接”，单击“确定”按钮。

显示 S7 连接属性界面，如图 18-11 所示，本地连接端点选择“建立主动连接”，丙站与甲站之间建立了一个 S7 连接类型的通道，用 ID 号来标记这条通道，即“丙站 ID=2 与甲站 ID=2”的连接通道。单击“确定”按钮。

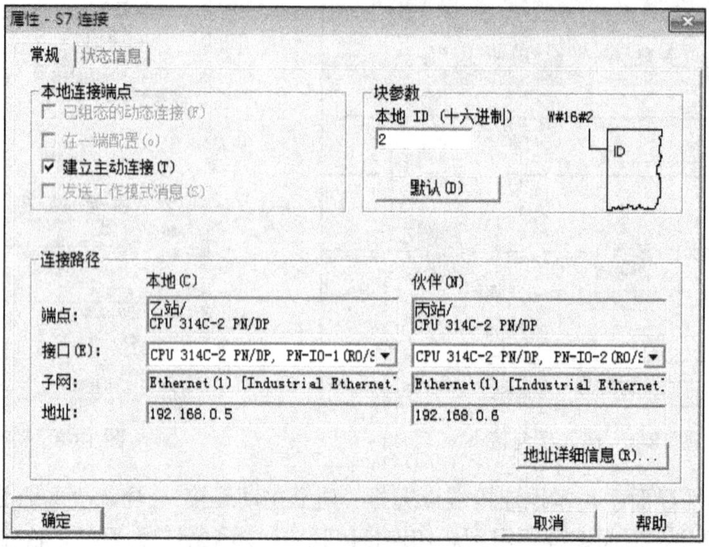

图 18-10　S7 连接属性（1）

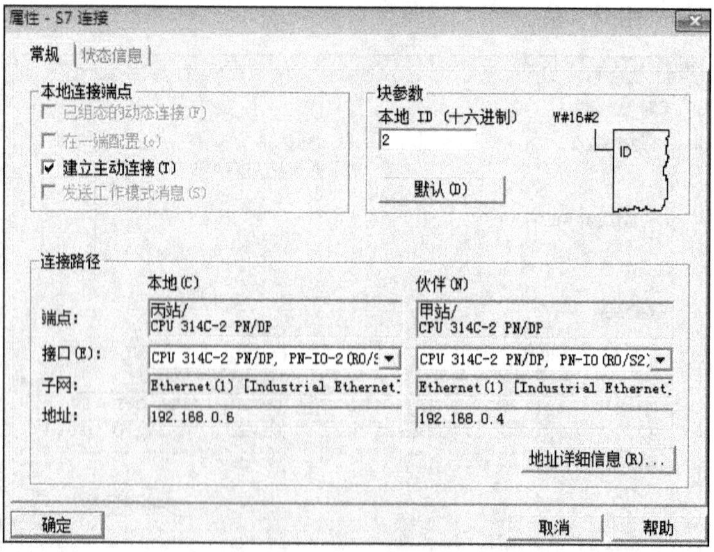

图 18-11　S7 连接属性（2）

回到 NetPro 界面中，单击甲站“CPU314C-2PN/DP”，可以显示该站所建立的连接情况。包括 ID 号、通信双方站点、连接类型等。用户可以双击某个连接修改该连接的参数。单击乙站与丙站

"CPU314C-2PN/DP"也可以看到站建立的连接情况。

单击"保存并编译"按钮，如图 18-12 所示。

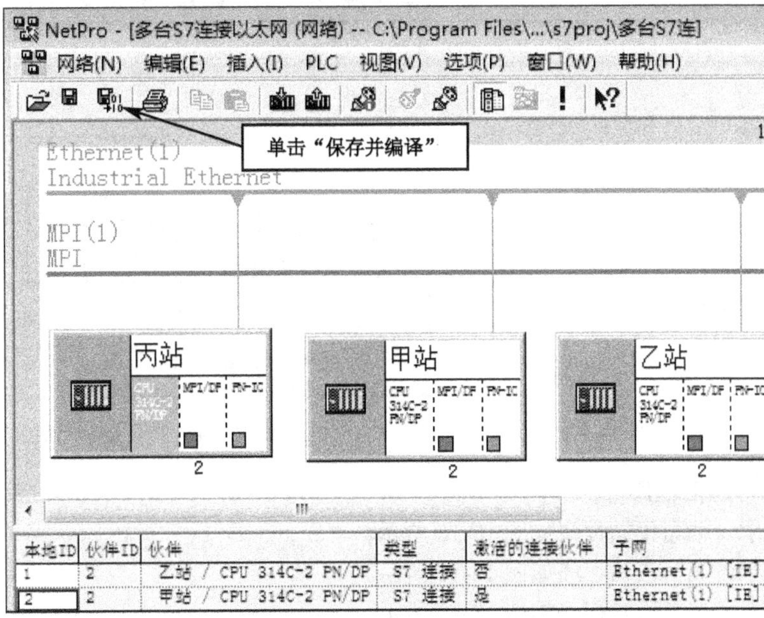

图 18-12　NetPro 界面

到此为止，网络内建立了 3 条连接，它们之间的连接关系如表 18-1 所示。

表 18-1　ID 号与站之间连接关系

站名	甲站	乙站	丙站
ID 号	本地 ID=1	伙伴 ID=1	
站之间连接关系	←————→		
R-ID	甲站与乙站 R-ID 为 1		
ID 号		本地 ID=2	伙伴 ID=1
站之间连接关系		←————→	
R-ID		乙站与丙站 R-ID 为 2	
ID 号	伙伴 ID=2		本地 ID=2
站之间连接关系	←————————→		
R-ID	甲站与丙站 R-ID 为 3		

选择"编译并检查全部"，单击"确定"按钮，如图 18-13 所示。

一致性检查输出无错误，关闭该对话框，编译结束。编译的结果如图 18-14 所示。

如果编译有错误，则根据报错信息，找出错误所在并改正，直到编译无错误为止。

步骤 6. 下载硬件组态及参数设置

通过以太网方式下载，注意：编程器的 IP 地址和 PLC 站的 IP 地址在同一个子网内，例如编程器 IP 地址=192.168.0.100，末尾数不能与 PLC 站的 IP 地址末尾数相同。将三个站的硬件组态及参数设置分别下载到对应的 PLC 中。

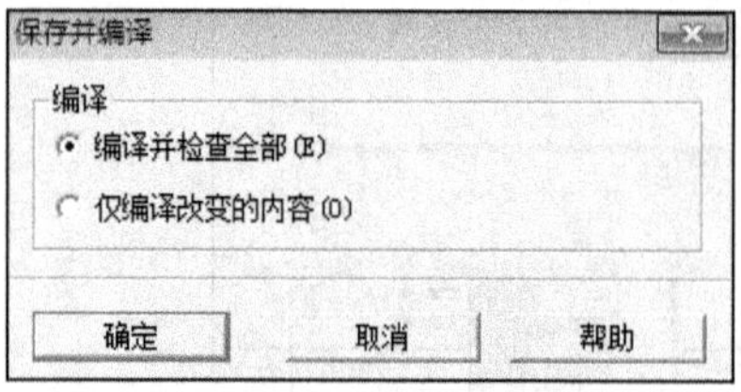

图 18-13　保存并编译界面

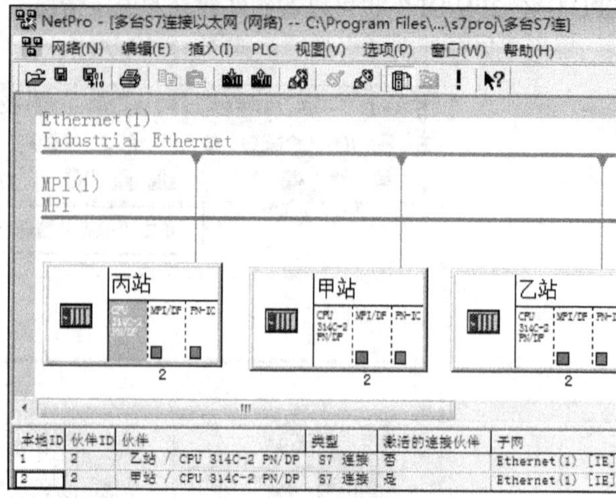

图 18-14　保存并编译后界面

步骤 7．编写通信程序

根据项目要求，编写甲站程序如图 18-15 所示。

根据项目要求，编写乙站程序如图 18-16 所示。

根据项目要求，编写丙站程序如图 18-17 所示。

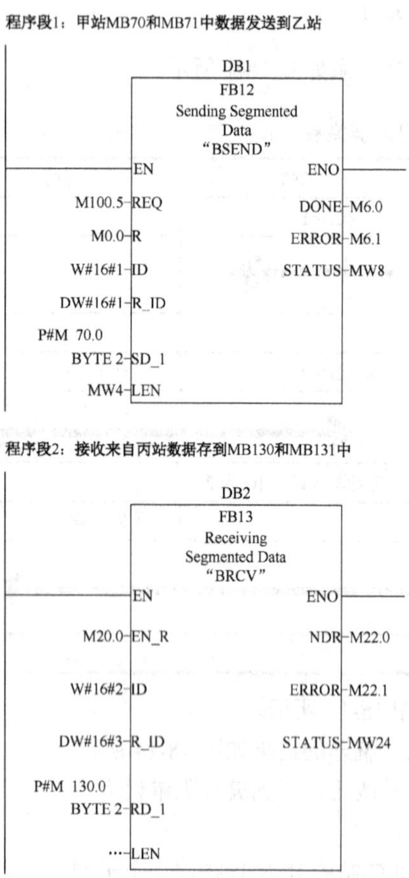

图 18-15　甲站程序

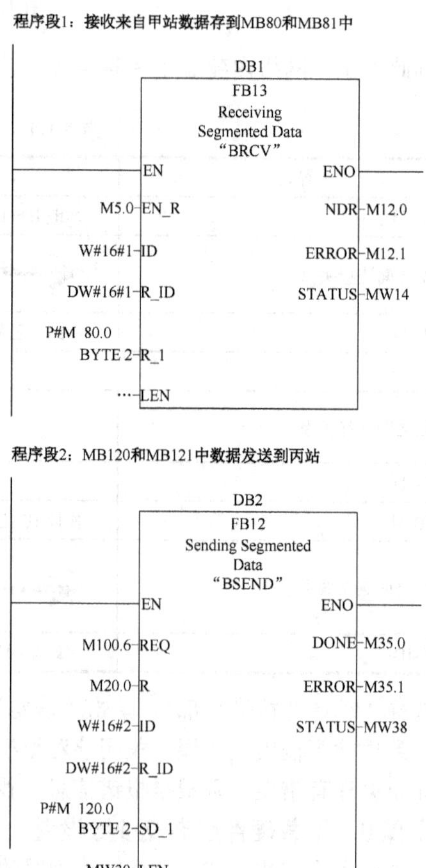

图 18-16　乙站程序

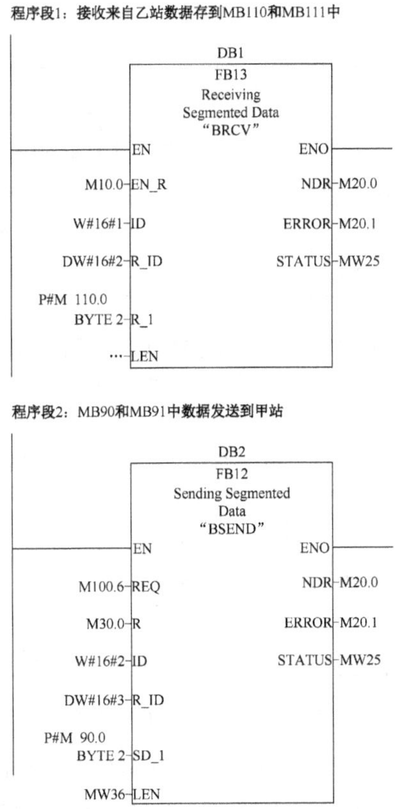

图 18-17　丙站程序

注意：在发送指令中，REQ 的引脚在脉冲的上升沿触发数据发送，而在 EN-R 端用的是常闭触点，或者引脚连接存储区为“1”，使得 FB13 指令处于准备接收状态。R-ID 在通信双方必须相同，否则不能通信，这个值可由用户自己设定。ID 号在通信双方可能相同，也可能不同，ID 号取决于通信时采用的是哪一条连接关系，一旦连接关系定下来，则编程双方的 ID 号就确定下来了。

步骤 8．联机调试

在 SIMATIC Manager 界面中，甲站、乙站、丙站分别插入 OB80、OB82、OB85、OB86、OB87、OB121、OB122 及变量表，如图 18-18 所示。

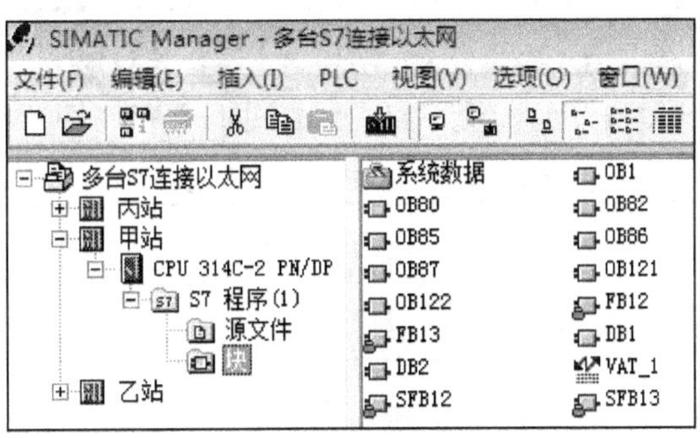

图 18-18　插入块及变量表

确保接线正确的情况下，在 SIMATIC Manager 界面中，通过以太网方式下载，将甲站、乙站、丙站三个站的硬件组态、参数设置及程序等分别下载到各自对应的 PLC 中。

在 SIMATIC 管理器下，双击甲站变量表，插入注释行，甲站通过变量表在 MB70 和 MB71 中写入 2 个字节的数据，分别为“1A”、“2B”，MW=W#16#0002，单击“监视变量”，单击“修改变量”，如图 18-19 所示。该数据被发送到乙站，乙站接收到该数据后通过变量表在 MB80 和 MB81 中

显示该数据，如图 18-20 所示，

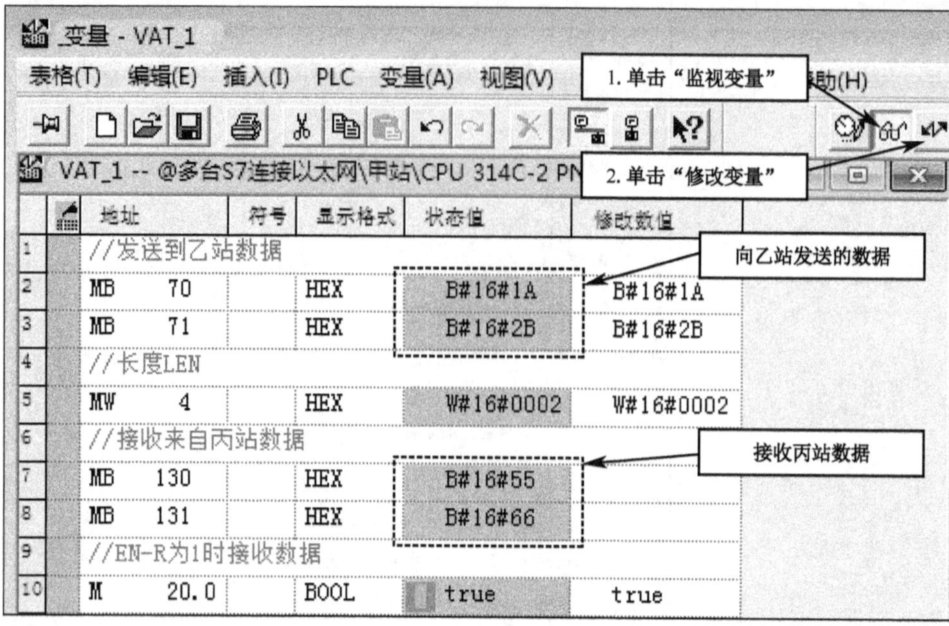

图 18-19　甲站变量表调试

在 SIMATIC 管理器下，双击乙站变量表，插入注释行，乙站通过变量表在 MB120 和 MB121 中写入 2 个字节的数据，分别为“3C”、“4D”，MW30=W#16#0002，单击“监视变量”，单击“修改变量”，如图 18-20 所示。乙站把该数据发送到丙站，丙站接收到该数据后，通过变量表在 MB110 和 MB111 中显示该数据，如图 18-21 所示。

在 SIMATIC 管理器下，双击丙站变量表，插入注释行，丙站通过变量表在 MB90 和 MB91 中写入 2 个字节的数据，分别为“55”、“66”，MW36=W#16#0002，单击“监视变量”，单击“修改变量”。将数据发向甲站，如图 18-21 所示。甲站接收到该数据后，通过变量表在 MB130 和 MB131 中显示该数据，如图 18-19 所示。

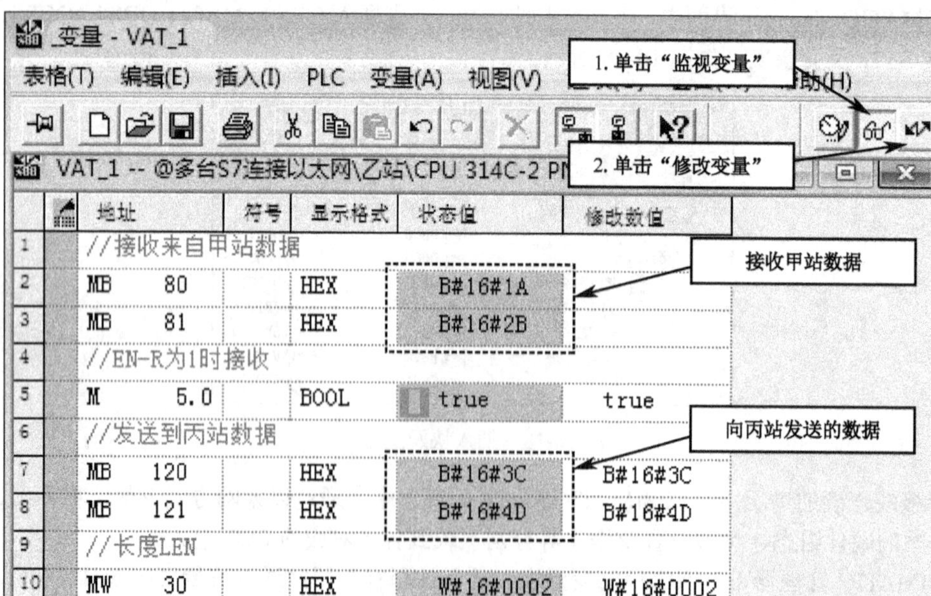

图 18-20　乙站变量表调试

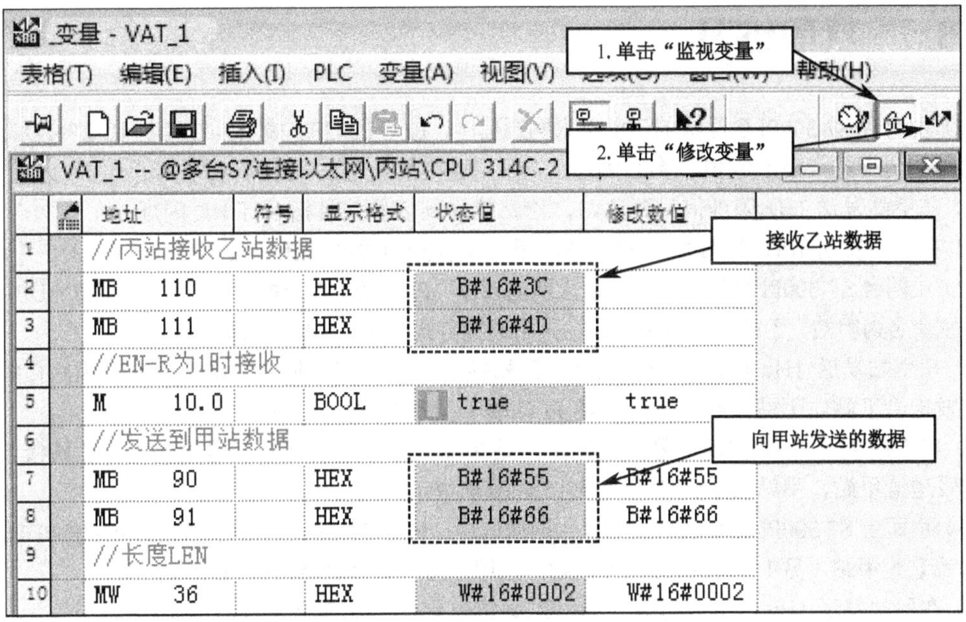

图 18-21 丙站变量表调试

满足上述情况，调试成功。如果不能满足，检查原因，纠正问题，重新调试，直到满足上述情况为止。

18.4 知识拓展（以太网与嵌入式 Web Server 的控制器开发介绍）

伴随着以太网进军工业自动化，嵌入式 Web 技术逐渐兴起。嵌入式 Web 是指将于 Web 相关技术，如 Web Server、传输协议以及操作界面等嵌入到系统当中。目前，以太网在工业自动化信息层已经得到广泛应用。嵌入式快速发展正不断将以太网推进到工业自动化控制层以至设备层。嵌入式系统已经广泛应用于工业与民用各个领域，Web 技术与嵌入式系统有机结合，大大拓展了以太网应用空间。

具体设计中，控制器包括了常规的模拟量输入输出电路、数字量输入输出电路以及串行通信、网络通信和键盘显示接口电路。控制器硬件可以分为五个部分：A/D、D/A、DI、DO；RCM2200 处理器核心模块；键盘和显示接口；串行通信及编程接口；电源及掉电保护电路。控制器要实现的主要功能包括数据采集、PID 控制、数字量输入/输出、上位机监控和以太网通信。要进行 A/D 转换及其接口电路设计，D/A 转换及其接口电路设计，DI、DO 接口电路设计。

控制器以嵌入式 Web Server 技术为基础，结合实时数据采集能力，应用了 HTTP、ForM 表单技术、CGI、Java Applet 等，将采集到的现场数据通过网页提供给远程用户访问，从而达到远程监控和廉价 HMI 的目的。CGI 是一段运行在 Web 服务器上的程序，浏览器与 Web 服务器交互是通过 CGI 程序来完成。在基于以太网与嵌入式 Web Server 的控制系统实现中，主干网 PC 和控制器之间的通信主要由 CGI 程序来实现。

在信息和家电等应用系统中，侧重研究如何把 Web 浏览器相关技术集成到嵌入式系统中，称为嵌入式浏览器。在工业自动化领域，主要把 Web Server 集成到嵌入式系统，使传统仪表系统支持 TCP/IP、HTTP 等通信协议，能生成监控 Web 页面。

18.5 巩固练习

（1）由两台 S7-300PLC 组成的工业以太网通信中，PLC 的 CPU 模块为 CPU314C-2PN/DP。其中 1 台 PLC 命名为甲站，另 1 台 PLC 命名为乙站，采用连接方式为 S7 连接。要求如下。

① 在甲站发送 1Hz 闪烁信号到乙站，乙站接收到信号并且指示灯 HL 闪烁。

② 在乙站发送 10Hz 闪烁信号到甲站，甲站接收到信号并且指示灯 HL 闪烁。

（2）由四台 S7-300PLC 组成的工业以太网通信中，PLC 的 CPU 模块为 CPU314C-2PN/DP。把四台 PLC 分别命名为甲站、乙站、丙站及丁站，采用连接方式为 S7 连接。要求如下。

① 在甲站发送 1Hz 闪烁信号到乙站，乙站接收到信号并且把它发送给丙站，丙站接收到该信号把它发送给丁站，丁站接收到信号后使 PLC 端子指示灯闪烁。

② 在丁站发送 5Hz 闪烁信号到丙站，丙站接收到信号并且把它发送给乙站，乙站接收到该信号把它发送给甲站，甲站接收到信号后使 PLC 端子指示灯闪烁。

（3）由两台 S7-300PLC 组成的工业以太网通信中，PLC 的 CPU 模块为 CPU314C-2PN/DP。其中 1 台 PLC 命名为甲站，另 1 台 PLC 命名为乙站，采用连接方式为 S7 连接。要求如下。

① 在甲站发送 1Hz 闪烁信号到乙站，乙站接收到信号并使指示灯 HL1 闪烁。

② 在甲站发送 5Hz 闪烁信号到乙站，乙站接收到信号并使指示灯 HL2 闪烁。

项目 19　S7-300PLC 与 ET200S 的 PROFINET 通信

19.1　项目要求

由 1 台 S7-300PLC 与 1 个 ET200S 模块组成的 PROFINET 通信中，PLC 的 CPU 模块为 CPU314C-2PN/DP。采用连接方式 PROFINET。要求如下：

在 I/O 控制器端，按下启动按钮 SB1，远程 I/O 设备电机转动，I/O 控制器端的指示灯 HL 亮。在 I/O 控制器端，按下停止按钮 SB2，远程 I/O 设备电机停止，I/O 控制器的指示灯 HL 灭。

19.2　学习目标

（1）掌握 S7-300PLC 与 ET200S 的 PROFINET 通信硬件与软件配置。
（2）掌握 S7-300PLC 与 ET200S 的 PROFINET 通信硬件连接。
（3）掌握 S7-300PLC 与 ET200S 的 PROFINET 通信硬件组态及参数设置。
（4）掌握 S7-300PLC 与 ET200S 的 PROFINET 通信的编程及调试。

19.3　相关知识

19.3.1　PROFINET 简介

PROFINET 是 PROFIBUS 国际组织（PI）推出的基于工业以太网的开发的现场总线标准（IEC61158 中的类型 10）。使用 PROFINET 可以将分布式 I/O 设备直接连接到工业以太网。PROFINET 可以用于对实时性要求较高的自动化解决方案。

PROFINET 吸纳了多年积累的 PROFIBUS 和工业以太网的技术诀窍，采用开发的 IT 标准，与以太网的 TCP/IP 标准兼容，并提供了实时功能，能满足所有自动化的需求。PROFINET 能与现有的总线系统（例如 PROFIBUS）有机地集成。

PROFINET 已经在诸如汽车工业、食品、饮料及烟草工业和物流工业等各种行业领域得到了广泛的应用。在相当长的时间内，PROFIBUS 和 PROFINET 将会并存，并不是用 PROFINET 完全代替 PROFIBUS，因为并不是所有的工业场合都需要 PROFINET 这样先进的技术，它更多地用于基础性工业和需要复杂应用的工业控制场合。

19.3.2　PROFINET 中的术语

PROFINET IO 与 PROFIBUS-DP 术语比较，如表 19-1 所示。

表 19-1　术语比较

名称	PROFINET IO	PROFIBUS-DP
子网名称	以太网	PROFIBUS
子系统名称	I/O 系统	DP 主系统
主站设备名称	I/O 控制器	DP 主站

续表

名称	PROFINET IO	PROFIBUS-DP
从站设备名称	I/O 设备	DP 从站
硬件目录	PROFINET IO	PROFIBUS DP
编号	设备编号	PROFIBUS 地址
操作参数与诊断地址	在插槽 0 中接口模块的对象属性中列出	在站的对象属性中列出

19.3.3 PROFINET IO 控制器和 PROFINET IO 设备

1．PROFINET IO 控制器

（1）CPU314C-2DP/PN、CPU315-2DP/PN、CPU317-2DP/PN 和 CPU319-3DP/PN：用于处理过程信号和直接将现场设备连接到工业以太网。

（2）CP343-1/CP343-1 Advanced 和 CP443-1 Advanced：用于将 S7-300 和 S7-400 连接到 PROFINET。CP443-1 Advanced 带有集成的 Web 服务器和集成的交换机。

（3）IE/PB LINK PN IO：将现有的 PROFIBUS 设备透明地连接到 PROFINET 代理设备。

（4）IWLAN/PB LINK PN IO：通过无线方式将 PROFIBUS 设备透明地连接到 PROFINET 的代理设备。I/O 控制器可以通过代理设备来访问 DP 从站，就像访问 I/O 设备一样。

（5）IE/AS-i LinK：将 AS-i 设备连接到 PROFINET 的代理设备。

（6）CP1616：用于将 PC 连接到 PROFINET，是带有集成的 4 端口交换机的通信处理器。支持同步实时模式，可以用于运动控制领域对时间要求严格的同步闭环控制。

（7）SOFT PN IO：作为 IOPLC，在编程器或 PC 上运行的通信软件。

2．PROFINET IO 设备

（1）接口模块为 IM151-3PN 的 ET200S。

（2）接口模块为 IM153-4PN 的 ET200M。

（3）接口模块为 IM154-4PN 的 ET200pro。

（4）ET200eco PN。

（5）SIMATIC HMI。

19.3.4 PROFINET I/O 系统

PROFINET 是实现模块化、分布式应用的通信标准。PROFINET I/O 具有标准的接口，可以将分布式现场 I/O 设备直接连接到工业以太网。

PROFINET I/O 系统由 I/O 控制器和 I/O 设备组成。I/O 控制器是 PROFINET 上的主动节点，它与 I/O 设备进行循环数据交换。I/O 设备是 PROFINET 上的被动站点。

组态时将现场 I/O 设备分配给一个 I/O 控制器。可以使用有代理功能的 PROFINET 设备（例如 IE/PB 链接器），将现有的 PROFIBUS 系统无缝地集成到 PROFINET 中，以保护现有的系统投资，如图 19-1 所示。

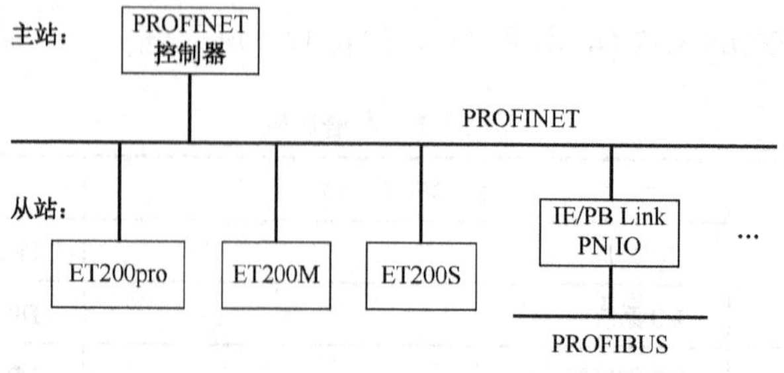

图 19-1　PROFINET I/O 系统

关于集成 PN 口 S7CPU 的 PROFINET 通信，就像集成了 DP 口的 S7CPU 可以直接访问标准 DP 从站一样，带 PN 口的 S7CPU 可以直接访问 PROFINET I/O 设备。与使用 PROFINET CP 模块的方案相比，使用集成 PN 口的 CPU 作为 I/O 控制器的硬件成本低、通信编程工作量少，应作为 PROFINET 控制器首选。

19.4 项目解决步骤

步骤 1. 通信的硬件和软件配置

硬件：

（1）电源模块（PS307 5A）1 个。

（2）CPU 模块（CPU314C-2PN/DP）1 个。

（3）MMC 卡 1 张。

（4）导轨 2 根。

（5）输入模块（DI16×DC24V）1 个。

（6）输出模块（DO16×DC24V/0.5A）1 个。

（7）ET200S（IM151-3PN FO V4.0 ）模块 1 个。

（8）电源模块（PM-E DC24V）1 个。

（9）输入模块（8DI DC24V） 1 个。

（10）输出模块（8DO DC24V/0.5A ）1 个。

（11）用于组网的带两个金属水晶头的 4 芯双绞线 1 根。

（12）用于以太网下载的带有两个水晶头的 4 芯双绞线 1 根。

（13）装有 STEP7 V5.4 及以上版本编程软件的计算机 1 台。

软件：STEP7 V5.4 及以上版本编程软件 1 套。

步骤 2. 通信的硬件连接

确保断电接线。通信的硬件连接如图 19-2 所示。

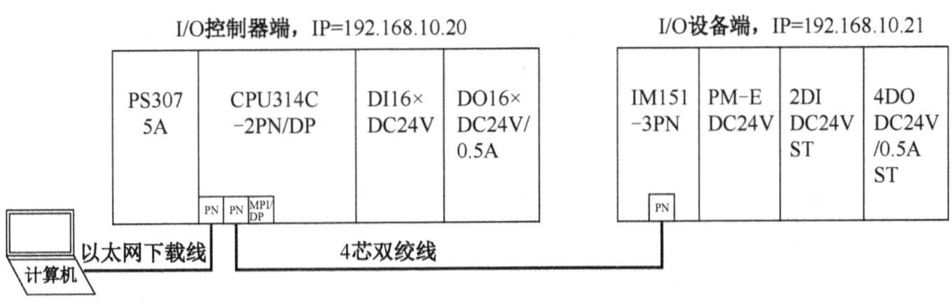

图 19-2 通信的硬件连接

步骤 3. 硬件组态及参数设置

新建一个项目，命名为“PLC-ET200S-PROFINET 通信”，鼠标在项目名称上，右击插入 SIMATIC300（1）站点，根据实际使用的硬件配置，通过 STEP7 编程软件对 PROFINET IO 控制器进行硬件组态，注意与硬件模块上面印刷的订货号一致。在 SIMATIC Manager 界面中，双击“硬件”图标，双击导轨“Rail”插入导轨，在导轨 1 号插槽插入电源模块（PS307 5A），2 号插槽插入 CPU 模块（CPU314C-2PN/DP），会弹出一个属性-Ethernet 接口对话框，单击“参数”按钮，IP 地址设置为 192.168.10.20，子网掩码设置为 255.255.255.0。单击“新建”按钮，如图 19-3 所示。

新建子网名称“Ethernet（1）”，单击“确定”按钮。在以太网属性接口界面中，单击“Ethernet(1)”，单击“确定”按钮，如图 19-4 所示。可以看到 CPU314C-2PN/DP 引出一条 PROFINET -IO-System 网络线，如图 19-5 所示。在 4 号插槽插入输入模块和 5 号插槽插入输出模块。

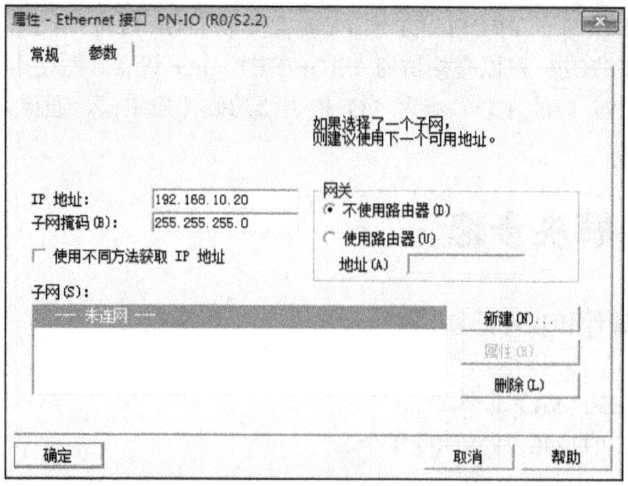

图 19-3　属性-Ethernet 接口界面

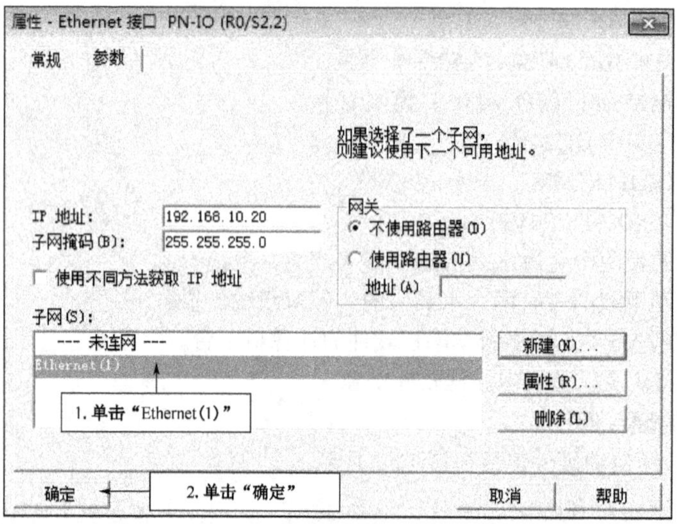

图 19-4　属性-Ethernet 接口界面

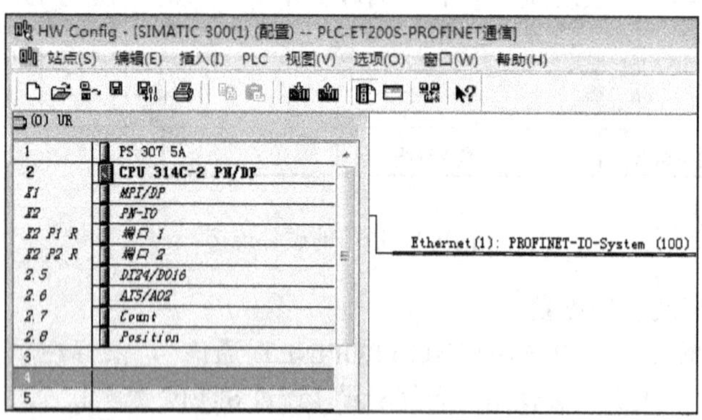

图 19-5　引出一条 PROFINET-IO-System 网络线

用鼠标左键按住 ET200S 中的“IM151-3 PN FO V4.0”，拖放到 PROFINET -IO-System 网络线上，产生+号后松开左键，如图 19-6 和图 19-7 所示。

插入模块。单击 PROFINET-IO-System 网络线下方的“IM151”模块，在 1 号槽位插入电源模块（PM-E DC24V），2 号槽位插入输入模块（8DI DC24V），3 号槽位插入输出模块（8DO DC24V/0.5A），如图 19-8 所示。

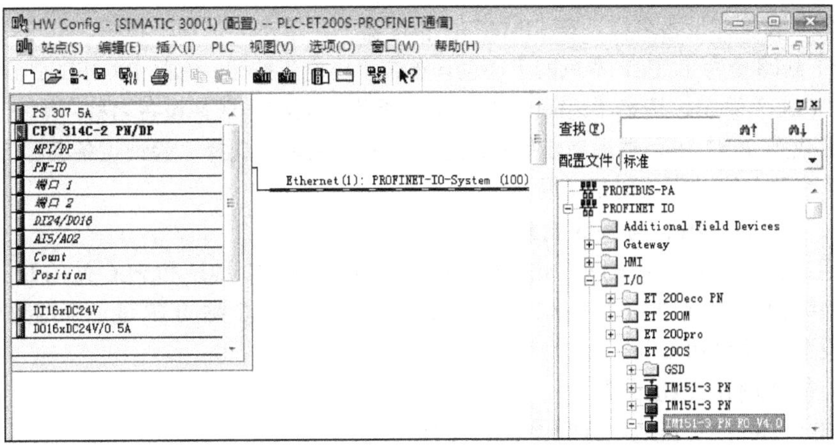

图 19-6　按住 ET200S 中的"IM151-3 PN FO V4.0

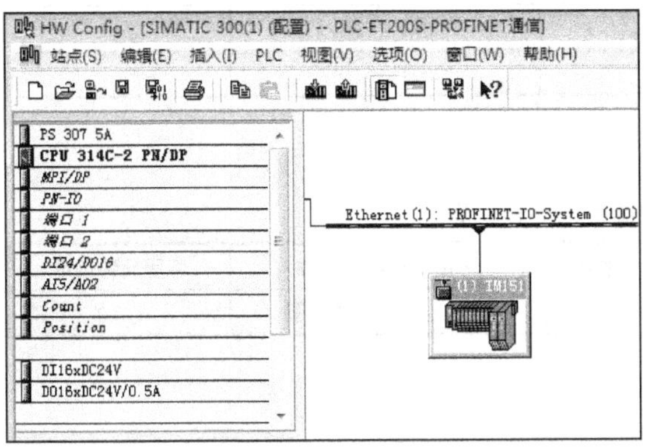

图 19-7　拖放到 PROFINET -IO-System 网络线上

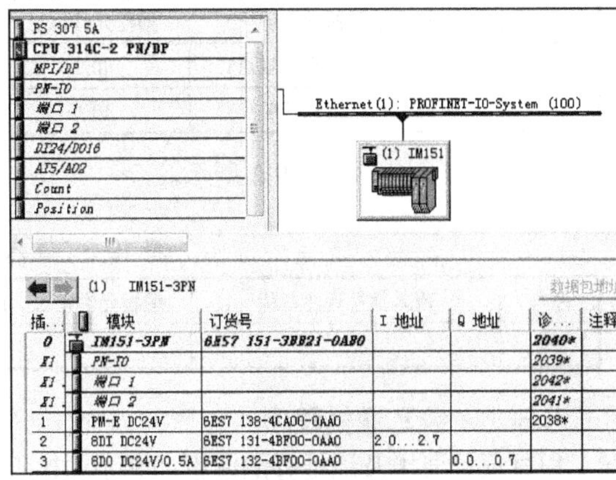

插...	模块	订货号	I 地址	Q 地址	诊...	注释
0	IM151-3PN	6ES7 151-3BB21-0AB0			2040*	
X1	PN-IO				2039*	
X1	端口 1				2042*	
X1	端口 2				2041*	
1	PM-E DC24V	6ES7 138-4CA00-0AA0			2038*	
2	8DI DC24V	6ES7 131-4BF00-0AA0	2.0...2.7			
3	8DO DC24V/0.5A	6ES7 132-4BF00-0AA0		0.0...0.7		

图 19-8　插入模块

双击模块"IM151-3PN"，单击"以太网"按钮，IP 地址设置 192.168.10.21，单击"新建"按钮，建立子网，单击"确定"，结果如图 19-9 所示。

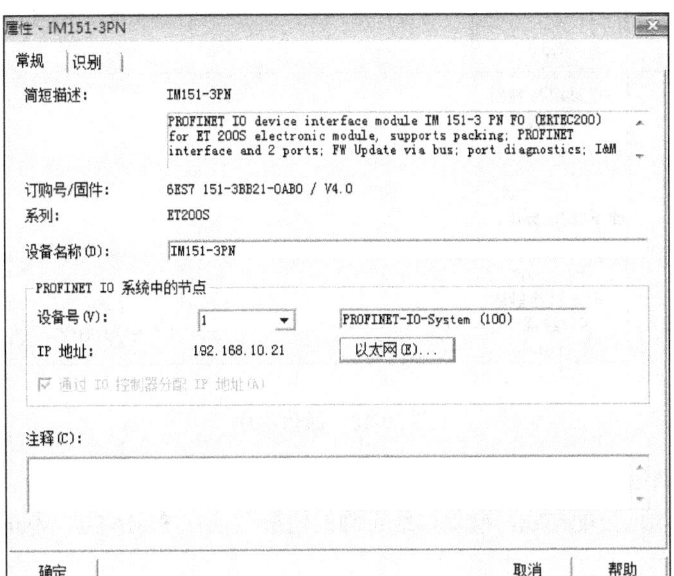

图 19-9　设置 IP 地址与建子网

分配设备名和验证设备名称。在 SIMATIC 管理器下，单击“选项”按钮，单击 “设置 PG/PC 接口”，选择下载路径为 TCP/IP 本机网卡驱动，单击“确定”按钮。选择 PROFINET -IO-System 网络线，单击“PLC”菜单，选择“Ethernet”下的分配设备名称。选择设备名称，单击“分配名称”，将硬件组态下载到 PLC 中，然后单击硬件组态“PLC”菜单，选择“验证设备名称”，在状态栏，出现勾。设备名称是刚才组态时的名称。

步骤 4．下载硬件组态与参数设置

在硬件组态界面，通过以太网方式下载，注意：编程器的 IP 地址和 PLC 站的 IP 地址在同一个子网内，例如编程器 IP 地址=192.168.10.100，末尾数不能与 PLC 站的 IP 地址末尾数相同。将硬件组态及参数设置下载到 PLC 中。

步骤 5．输入/输出地址分配

PROFINET　IO 控制器地址分配如表 19-2 所示。

表 19-2　输入/输出地址分配表

序号	输入信号器件名称	编程元件地址	序号	输出信号器件名称	编程元件地址
1	启动按钮 SB1(常开触点)	I0.0	1	指示灯 HL	Q4.0
2	停止按钮 SB2(常开触点)	I0.1			

I/O 设备地址分配表 19-3 所示。

表 19-3　输入/输出地址分配表

序号	输入信号器件名称	编程元件地址	序号	输出信号器件名称	编程元件地址
—	—	—	1	电机接触器 KM 线圈	Q0.0

步骤 6．编写通信程序

根据项目要求及地址分配编程如图 19-10 所示

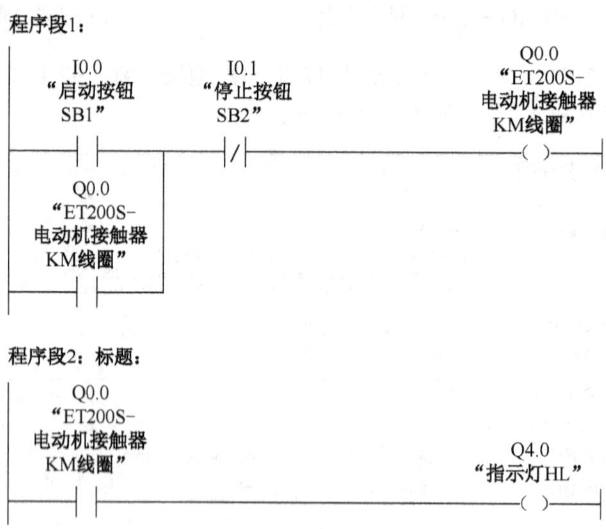

图 19-10　通信程序

步骤 7．联机调试

根据输入/输出地址分配接线，确保接线正确的情况下，在 SIMATIC Manager 界面中，将“主站”下载到 PLC 中。

在 PROFINET IO 控制器端，按下启动按钮 SB1，远程 I/O 设备电机转动，I/O 控制器端的指示灯 HL 亮。在 I/O 控制器端，按下停止按钮 SB2，远程 I/O 设备电机停止，I/O 控制器的指示灯

HL 灭。

满足上述情况，调试成功。如果不能满足，检查原因，纠正问题，重新调试，直到满足上述情况为止。

19.5 巩固练习

由 1 台 S7-300PLC 与 2 个 ET200S 模块组成的 PROFINET 通信中，PLC 的 CPU 模块为 CPU314C-2PN/DP。采用连接方式 PROFINET。要求如下。

（1）在 I/O 控制器端，按下启动按钮 SB1，远程 I/O 设备 1 电动机转动，I/O 控制器端的指示灯 HL1 亮。在 I/O 控制器端，按下停止按钮 SB2，远程 I/O 设备 1 电动机停止，I/O 控制器的指示灯 HL1 灭。

（2）在 I/O 控制器端，按下启动按钮 SB3，远程 I/O 设备 2 电动机转动，I/O 控制器端的指示灯 HL2 亮。在 I/O 控制器端，按下停止按钮 SB4，远程 I/O 设备 2 电动机停止，I/O 控制器的指示灯 HL2 灭。

第四篇　MPI 通信

项目 20　两台 S7-300PLC 之间的全局数据 MPI 通信

20.1　项目要求

由两台 S7-300PLC 组成的全局数据 MPI 网络通信中，其中 1 台 S7-300PLC 为甲站，MPI 地址为 2。另 1 台 S7-300PLC 为乙站，MPI 地址为 3。要求如下。

（1）在甲站按下启动按钮 SB1，乙站水泵转动，甲站指示灯 HL 亮。在甲站按下停止按钮 SB2，乙站水泵停止，甲站指示灯 HL 灭。甲站指示灯 HL 用来监视乙站水泵的转动或停止状态。

（2）在乙站按下启动按钮 SB1，甲站风机转动，乙站指示灯 HL 亮。在乙站按下停止按钮 SB2，甲站风机停止，乙站指示灯 HL 灭。乙站指示灯 HL 用来监视甲站风机的转动或停止状态。

20.2　学习目标

（1）了解 MPI 通信的基础知识。

（2）了解 MPI 通信三种方式。

（3）掌握两台 S7-300PLC 之间的全局数据 MPI 通信硬件与软件配置。

（4）掌握两台 S7-300PLC 之间的全局数据 MPI 通信硬件连接。

（5）掌握两台 S7-300PLC 之间的 MPI 通信网络组态及参数设置。

（6）掌握两台 S7-300PLC 之间的 MPI 网络程序的编写及调试。

20.3　相关知识

20.3.1　MPI 通信简介

MPI 是多点接口（Multi Point Interface）的简称，MPI 通信对通信速率要求不高，通信数据量不大，可以采用的一种简单经济的通信方式。MPI 通信可以使用西门子 S7-200PLC、S7-300PLC、S7-400PLC、操作面板 TP/OP 等，MPI 网络的通信速率为 19.2kbps～12Mbps，通常默认速率设置为 187.5 kbps。

西门子 S7-200/ S7-300/S7-400CPU 上的 RS-485 接口不仅是编程接口，同时也是 MPI 通信接口。其网络上的节点通常包括 S7 PLC、TP/OP、PG/PC、ET200S、RS-485 中继器等网络元器件。

通过中继器来扩展 MPI 长度，两个站之间没有其他站，MPI 站到中继器距离最长为 50 米，两个中继器之间的距离最长为 1000 米，如图 20-1 所示。最多可以连接 10 个中继器，所以两个站之间的最长距离为 9100 米。如果在两个中继器中间也有 MPI 站，那么每个中继器只能扩展 50 米。

MPI 网络使用 DP 头和 PROFIBUS 电缆。位于网络终端的站，应将其 DP 头上的终端电阻开关拨到 ON 位置，网络中间的站应将 DP 头上的终端电阻拨到 OFF 位置。

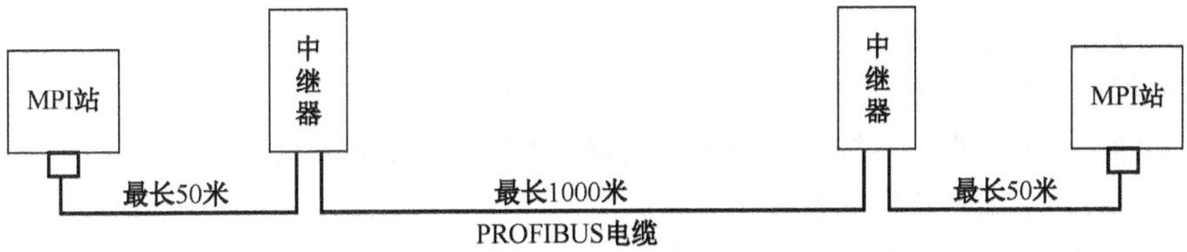

图 20-1　通过中继器扩展 MPI 网络

20.3.2　MPI 通信的三种方式（全局数据、双边、单边）

PLC 与 PLC 之间的 MPI 通信有三种方式：全局数据通信、无组态双边通信、无组态单边通信。

（1）全局数据通信：设置发送区与接收区，全局数据包的通信方式配置在 PLC 硬件中，组态所要通信的 PLC 站之间的发送区与接收区，适合 S7-300/S7-400CPU 之间通信。

（2）无组态双边 MPI 通信：通信的双方都需要编程序，一方调用 SFC65（X-SEND）发送数据，另一方就要用 SFC66（X-RCV）就接收数据。双边适用于 S7-300 之间、S7-400 之间、S7-300 与 S7-400 之间。

SFC65 和 SFC66 必须组合使用。单次传输数据量最多为 76 字节。这种通信方式不能与全局数据通信方式混合使用。

（3）无组态单边 MPI 通信：与双边 MPI 通信方式不同，无组态单边 MPI 通信只在 PLC 的一边编程，编写程序的一边为客户端，另一端不需要编写程序的一方 PLC 为服务器端。客户机通过调用块的方法来访问服务器，适用于 S7-200/S7-300/S7-400PLC 之间的通信，S7-300/S7-400 既可以作为客户端，也可以作为服务器端，但是 S7-200 只能作为服务器端。无组态单边 MPI 通信不能与全局数据通信方式混合使用。

S7-200 与 S7-300 之间 MPI 通信，只能采用无组态单边通信。

20.3.3　全局数据通信

GD 通信原理：在 MPI 分支网上实现全局数据共享的两个或多个 CPU 中，至少有一个是数据的发送方，有一个或多个是数据的接收方。发送或接收的数据称为全局数据，或称为全局数。具有相同 Sender/Receiver（发送者/接收者）的全局数据，可以集合成一个全局数据包（GD Packet）一起发送。每个数据包用数据包号码（GD Packet Number）来标识，其中的变量用变量号码（Variable Number）来标识。参与全局数据包交换的 CPU 构成了全局数据环（GD Circle）。每个全局数据环用数据环号码来标识（GD Circle Number）。

应用 GD 通信，就要在 CPU 中定义全局数据块，这一过程也称为全局数据通信组态。

20.4　项目解决步骤

步骤 1．通信的硬件和软件配置

硬件：

（1）电源模块（PS307 5A）2 个。

（2）CPU 模块 CPU314C-2DP　2 个。

（3）MMC 卡 2 张。

（4）输入模块（DI16×DC24V）2 个。

（5）输出模块（DO16×DC24V/0.5A）2 个。

（6）导轨 2 根。

（7）PROFIBUS 电缆 1 根。

（8）带编程口的 DP 头 2 个。

（9）PC 适配器 USB 编程电缆（S7-200/S7-300/S7-400 PLC 下载线）1 根。

（10）装有 STEP7 编程软件的计算机 1 台。

说明：本书中选用了输入模块、输出模块。读者可以不选，而使用 CPU314C-2DP 集成的输入和输出点。无组态单边与双边也可以这样选择。

软件：STEP7 V5.4 及以上版本编程软件 1 套。

步骤 2．通信的硬件连接

通信的硬件连接如图 20-2 所示。

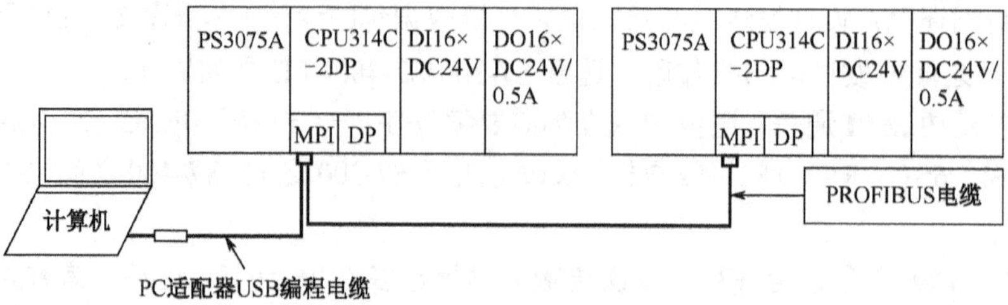

图 20-2　通信的硬件连接

步骤 3．通信区设置

通信区设置如图 20-3 所示。

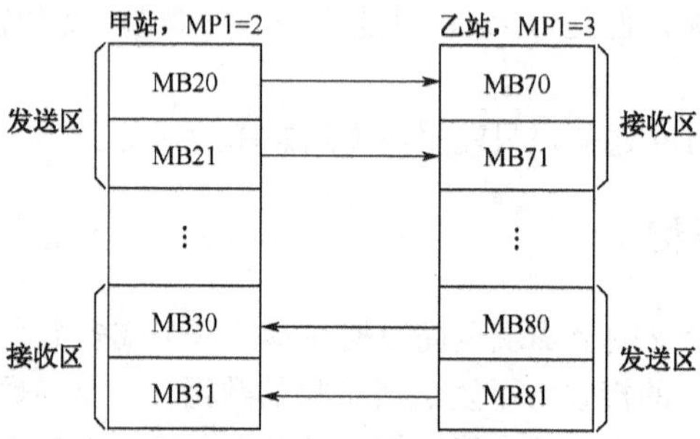

图 20-3　通信区设置

甲站通信区设置为 2 个字节发送区和乙站通信区设置为 2 个字节接收区。现在甲站只取 1 个字节发送区，乙站只取 1 个字节接收区，表达发送与接收关系，如图 20-4 所示。

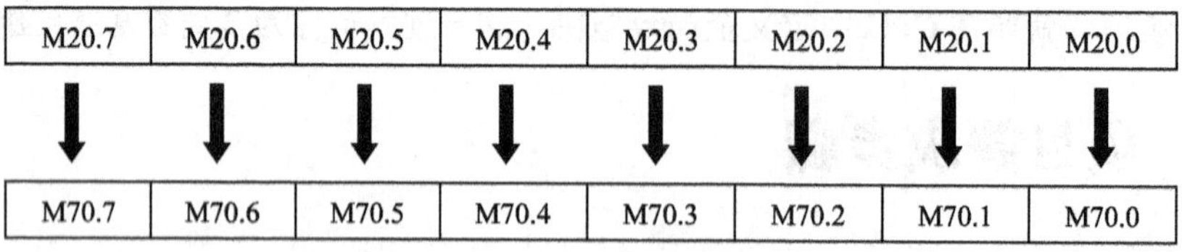

图 20-4　甲站发送区乙站接收区

乙站站通信区设置为 2 个字节发送区和甲站通信区设置为 2 个字节接收区。现在只取 1 个字节为例，乙站只取 1 个字节发送区，甲站只取 1 个字节接收区，表达发送与接收关系，如图 20-5 所示。

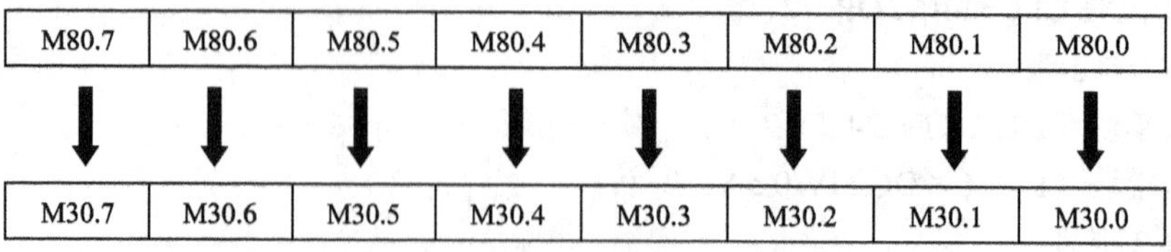

图 20-5　乙站发送区甲站接收区

步骤 4. 网络组态及参数设置

（1）在计算机桌面上双击图标打开 SIMATIC 管理器，出现 STEP7 向导界面，可以不用 STEP7 向导新建项目，单击“取消”按钮，如图 20-6 所示。

（2）新建项目命名。单击“新建项目”图标，出现新建项目界面中，给新建项目命名，于是在名称（M）下输入“全局数据 MPI 通信”，单击“确定”按钮。如图 20-7 所示。

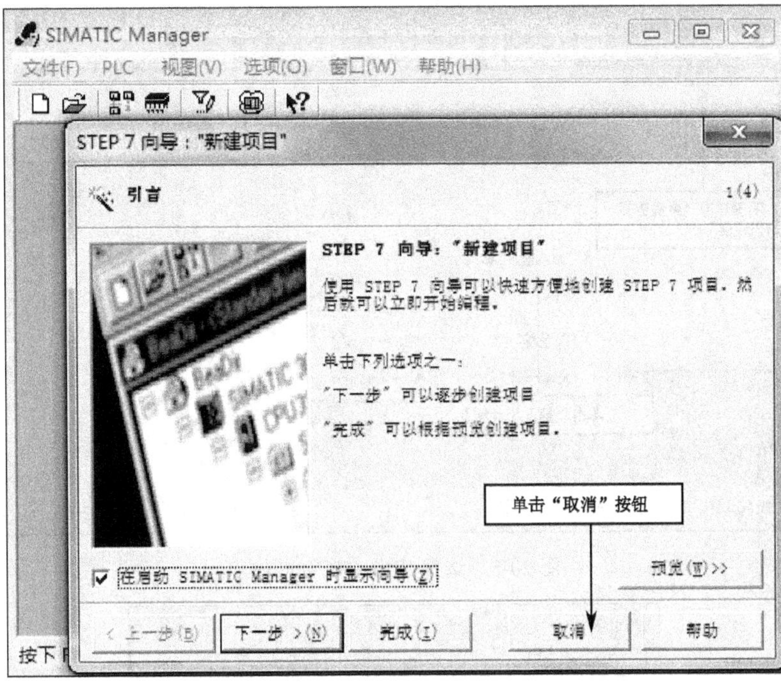

图 20-6 取消 STEP7 向导

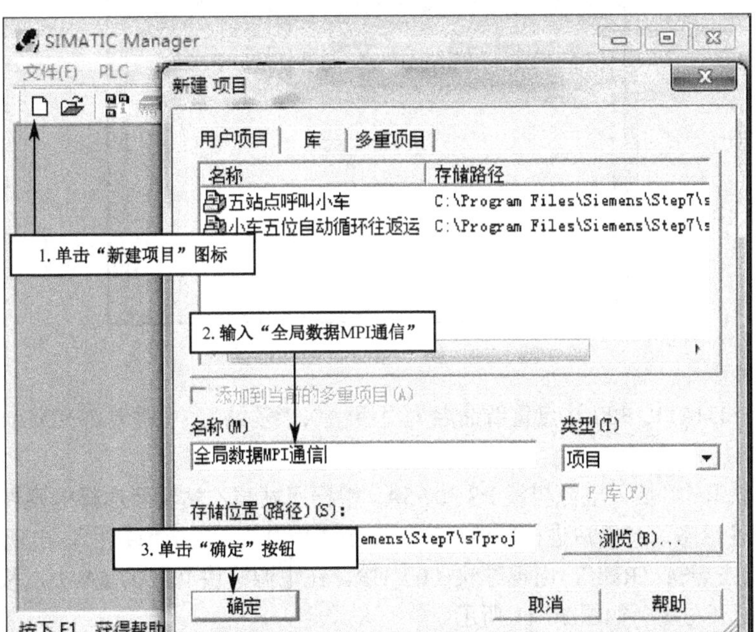

图 20-7 新建项目命名

（3）选择 SIMATIC 300 站点。右键单击“全局数据 MPI 通信”，单击“插入新对象”，单击“SIMATIC

300 站点”。如图 20-8 所示。

再次右键单击“全局数据 MPI 通信”，单击“插入新对象”，单击“SIMATIC 300 站点”。此时出现两个 SIMATIC 300 站点。如图 20-9 所示。

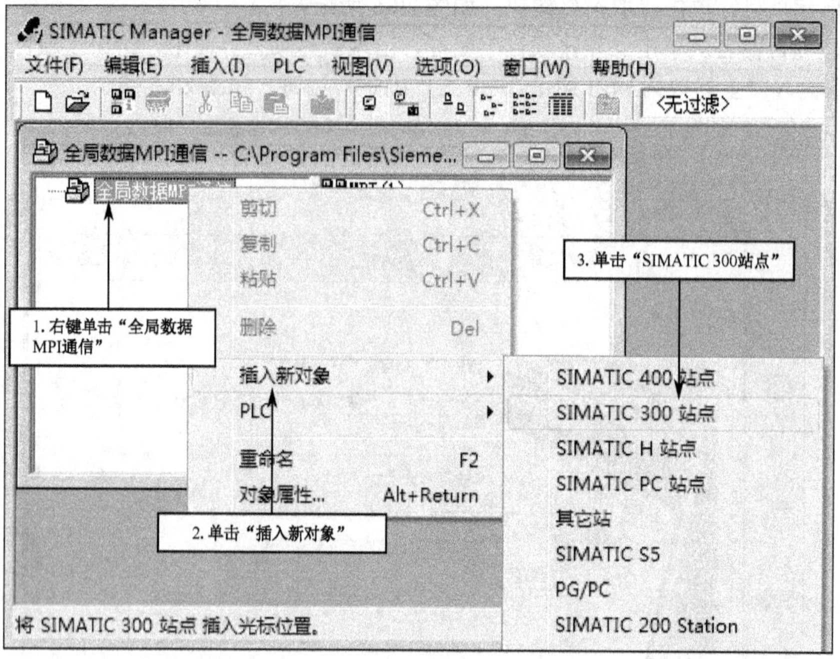

图 20-8　选择 SIMATIC 300 站点

图 20-9　两个 SIMATIC 300 站点

（4）将两个 SIMATIC 300 站点重新命名为“甲站”、“乙站”。右键单击 SIMATIC 300 站点，重新命名。如图 20-10 所示。

（5）插入导轨 Rail，插入电源模板 PS 307 5A。根据甲站与乙站实际选择的硬件配置进行 STEP7 软件操作下的硬件组态，对甲站进行硬件组态，单击“甲站”，双击“硬件”，出现 HW Config-甲站（配置）界面，双击导轨“Rail”，出现导轨（0）UR。在电源模块 PS 307 5A 上，按住鼠标左键拖到 1 号插槽位置，松开左键。如图 20-11 所示。

（6）插入 CPU 模块。在 CPU 模块 CPU314C-2DP 的 V2.6 上，按住左键拖到 2 号插槽位置，松开左键。在属性-PROFIBUS 接口界面中，单击“确定”按钮。如图 20-12 所示。

（7）用于连接扩展机架的接口模板 IM，安装在 3 号槽位上，由于不用扩展，所有将其空闲。插入输入模块。在信号模板 SM 中的输入模块 SM321 DI16×DC24V 上，按住左键拖到 4 号插槽位置，松开左键。如图 20-13 所示。

图 20-10　重新命名为“甲站”、“乙站”

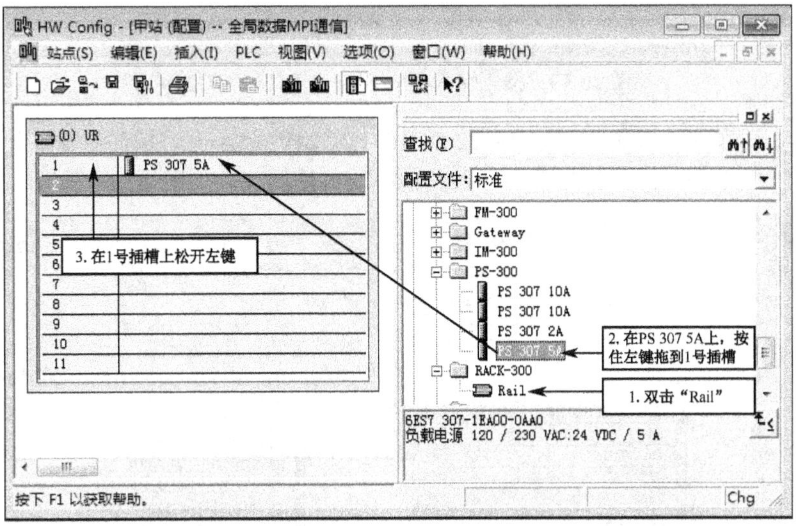

图 20-11　插入导轨 Rail，插入电源模块 PS 307 5A

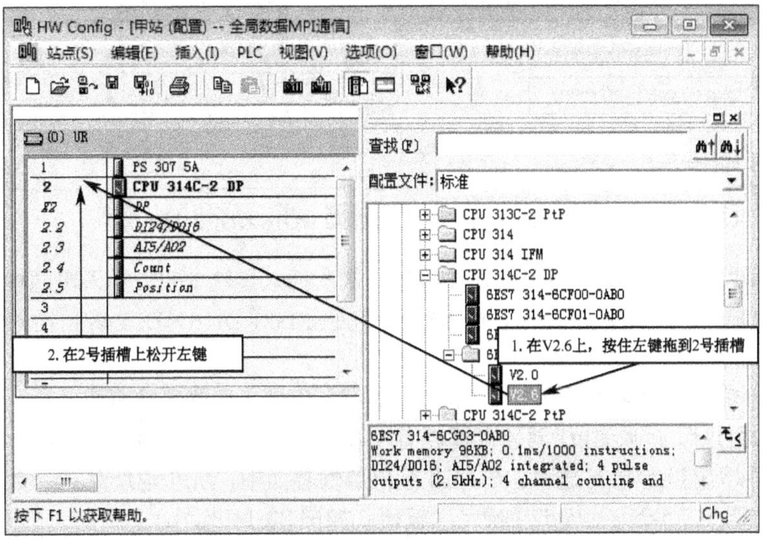

图 20-12　插入 CPU 模块 CPU314C-2DP V2.6 版本

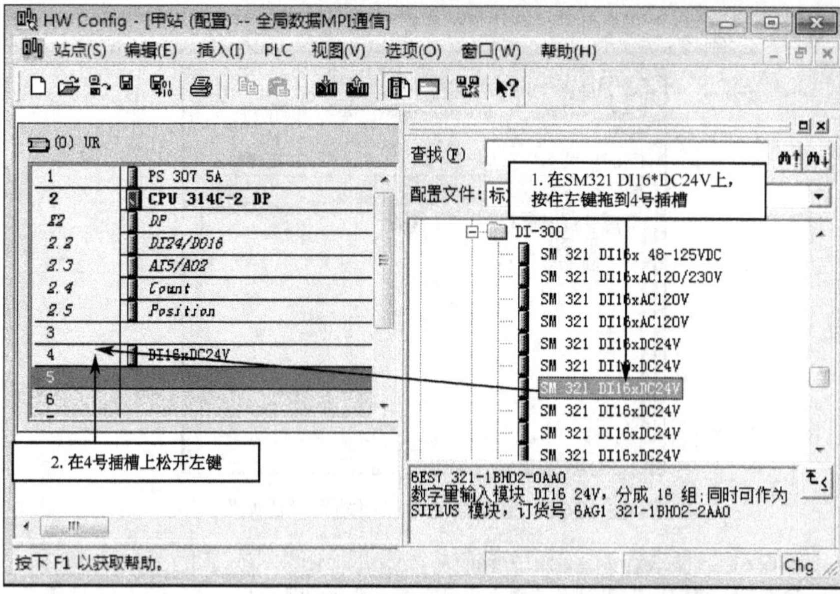

图 20-13　插入输入模块 SM321 DI16×DC24V

（8）插入输出模块。在输出模块 SM322 DO16×DC24V/0.5A 上，按住左键拖到 5 号插槽位置，松开左键。单击“保存和编译”。如需要插入其他模块方法同理。如图 20-14 所示。

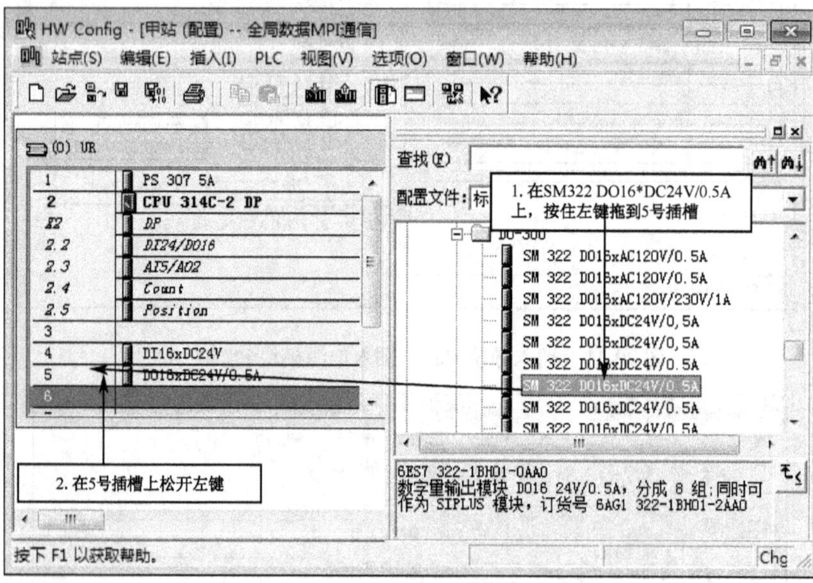

图 20-14　插入输出模块 SM322 DO16×DC24V/0.5A

（9）乙站硬件组态。方法等同甲站硬件组态。依次插入导轨 Rail，插入电源模块 PS 307 5A，插入 CPU 模块 CPU314C-2DP 的 V2.6，插入输入模块 SM321 DI16×DC24V，插入输出模块 SM322 DO16×DC24V/0.5A。保存和编译。

（10）准备对甲站 MPI 参数设置。进入 HW Config-甲站（配置）界面中，双击 2 号槽位的 CPU 模块“CPU314C-2DP”，进入 CPU 属性设置界面，单击 MPI 接口的“属性”按钮，如图 20-15 所示。

（11）设置甲站 MPI 地址与速率。在 MPI 接口属性界面中，MPI 地址默认为 2，可以不用修改。单击默认 MPI 速率 187.5kbps，单击“确定”按钮。如图 20-16 所示。

出现 CPU 属性界面，见图 20-17。接口类型：MPI；地址：2；已联网：是；单击“确定”按钮，甲站连接到了 MPI 网络中。

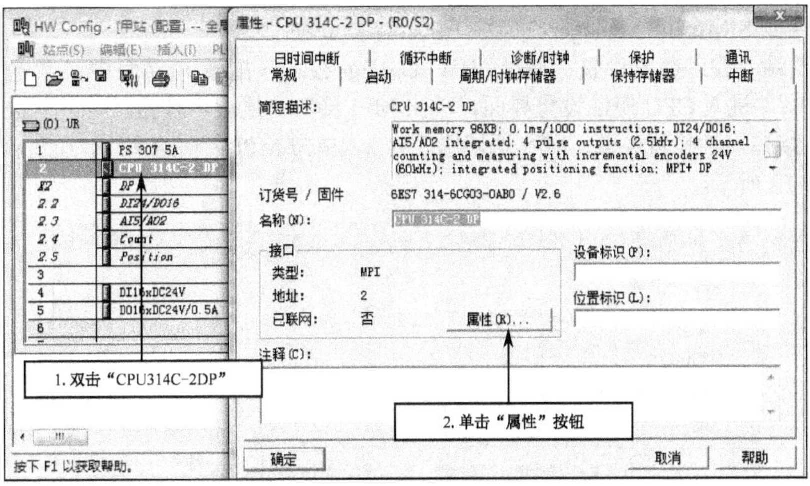

图 20-15　准备对甲站 MPI 参数设置

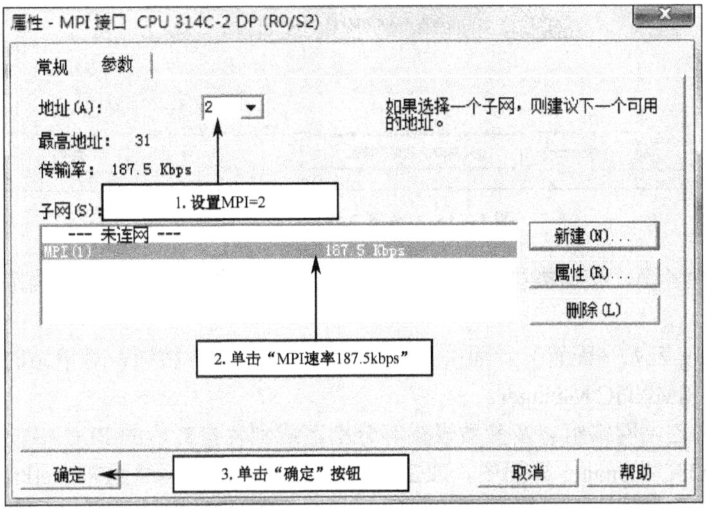

图 20-16　设置 MPI 地址与速率

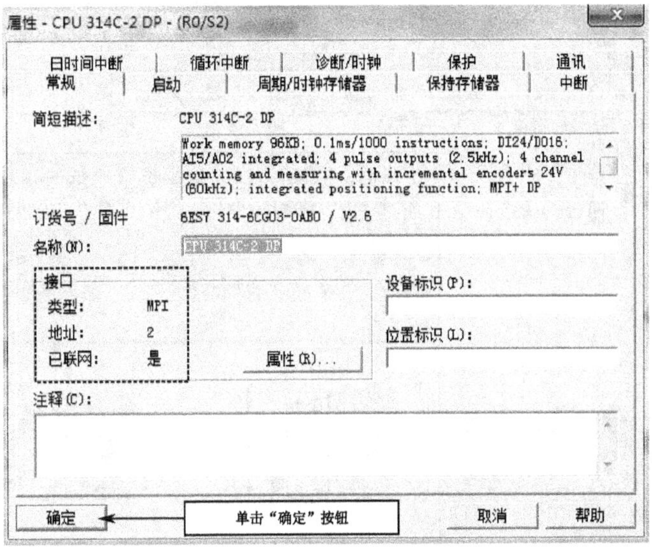

图 20-17　CPU 属性界面

回到 HW Config-甲站（配置）界面中，单击“保存和编译”按钮，对甲站的硬件配置进行保存和编译，然后回到 SIMATIC Manager。

（12）对乙站 MPI 参数设置。进入 HW Config-乙站（配置）界面中，双击 CPU 模块的“CPU314C-2DP”，进入 CPU 属性设置界面，单击 MPI 接口“属性”按钮。

进入 MPI 接口属性设置界面，MPI 地址修改为 3，单击 MPI 通信速率 187.5kbps，单击“确定”按钮。如图 20-18 所示。

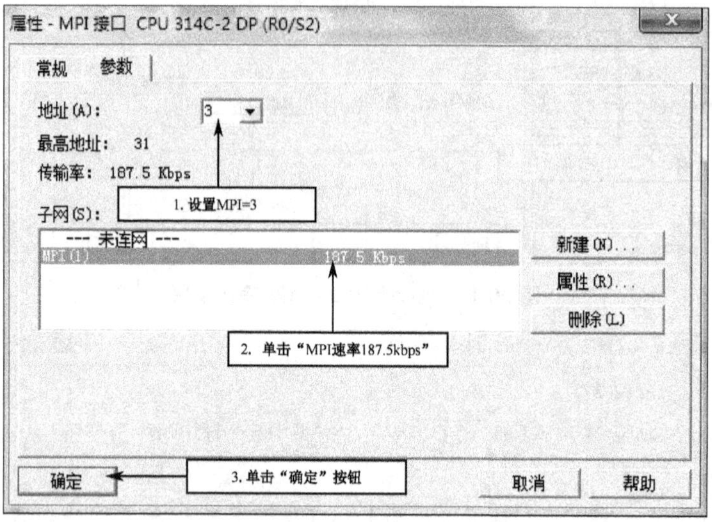

图 20-18　设置 MPI 地址与速率

出现 CPU 属性界面，接口类型：MPI。地址：3。已联网：是。单击“确定”按钮，乙站连接到了 MPI 网络中。

回到 HW Config-乙站（配置）界面中，单击“保存和编译”按钮，对甲站的硬件配置进行保存和编译，然后回到 SIMATIC Manager。

（13）将甲站和乙站网络组态及参数设置等分别下载到各自对应的 PLC 中。

（14）在 SIMATIC Manager 界面中，双击“MPI（1）”，出现网络组态 NetPro 画面，如图 20-19 所示。

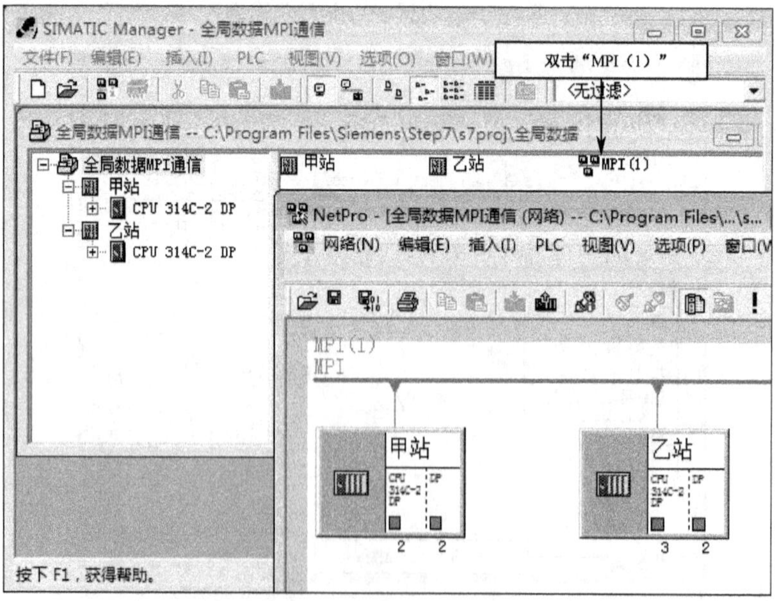

图 20-19　网络组态 NetPro 画面

（15）在 NetPro 界面中，单击“红色 MPI 网络线”，红线变粗，然后在菜单栏中单击“选项”，在下拉菜单中单击“定义全局数据”，进行 MPI 发送区和接收区组态。如图 20-20 所示。

（16）出现全局数据表，将进行 MPI 全局数据组态，如图 20-21 所示。

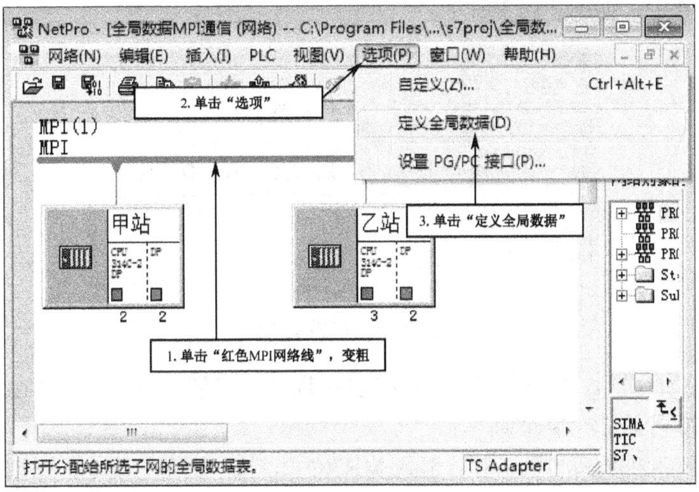

图 20-20　选择定义全局数据

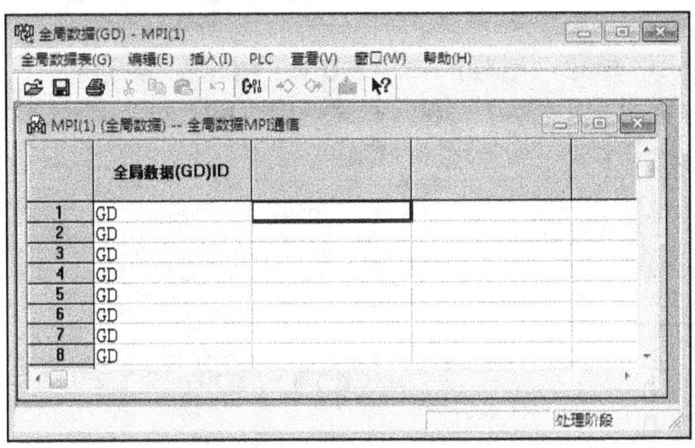

图 20-21　MPI 全局数据表

（17）双击全局数据（GD）ID 右边第一列“灰色长方形”，单击“甲站”，单击甲站“CPU314C-2DP”，选择要组态的甲站和 CPU，单击“确定”按钮。如图 20-22 所示。

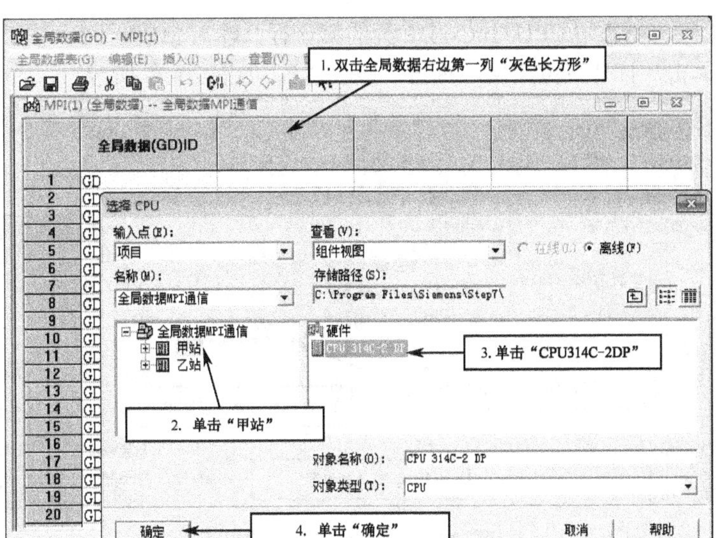

图 20-22　组态甲站和 CPU

（18）用同样的方法，双击全局数据（GD）ID 右边第二列“灰色长方形”，单击“乙站”，单击乙站“CPU314C-2DP”，选择要组态的乙站和 CPU，单击“确定”按钮。两个要进行的 MPI 通信的站出现在全局数据表中，如图 20-23 所示。

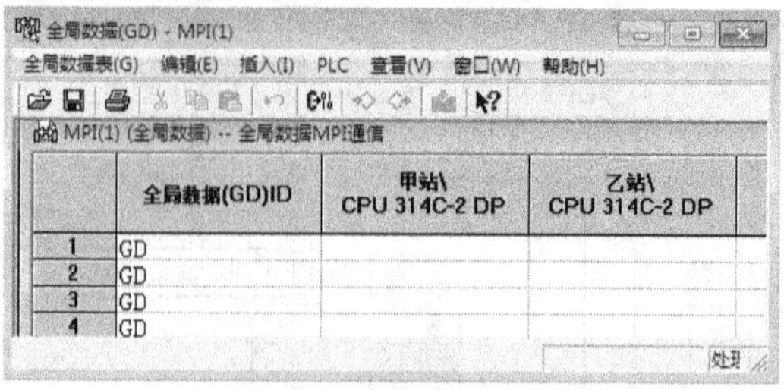

图 20-23　MPI 通信站

（19）组态甲站发送区。**根据本项目解决步骤中通信区设置**，将甲站从 MB20 开始 2 个字节，发送到乙站从 MB70 开始 2 个字节。

在甲站/CPU314C-2DP 列的第一行，输入 MB20：2，按“回车”确定，在该长方格上右键单击，打开下拉菜单，单击“发送器”。如图 20-24 所示。

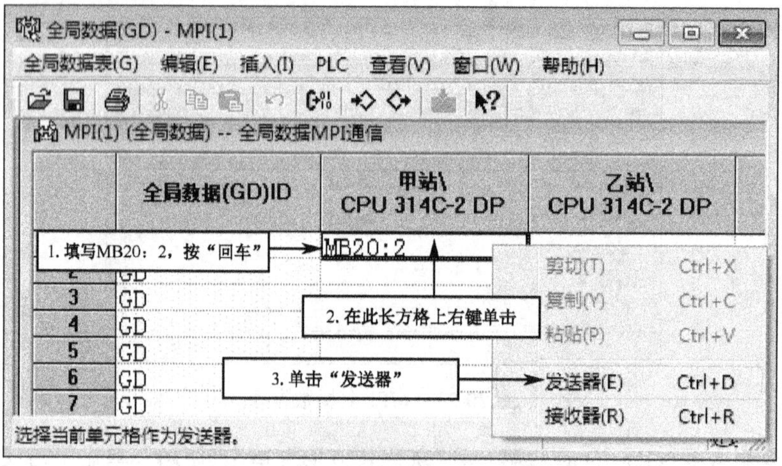

图 20-24　组态甲站发送区

组态乙站接收区。在乙站/CPU314C-2DP 列的第一行，输入 MB70：2，按“回车”确定，在该“长方格”上右键单击，打开下拉菜单，单击“接收器”。如图 20-25 所示。

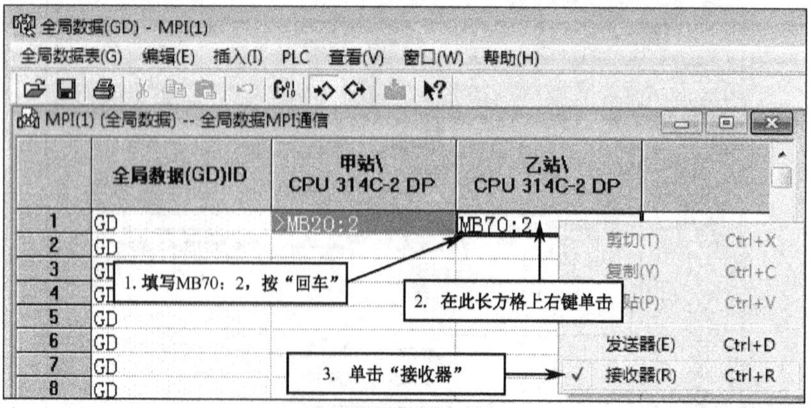

图 20-25　组态乙站接收区

按照上述方法，组态甲站接收区 MB30：2，组态乙站发送区 MB 80：2。

（20）单击编译按钮进行编译，如图 20-26 所示。

出现编译成功完成，如图 20-27 所示，单击“保存”按钮。然后再单击“关闭”按钮。系统自动生成 ID 号，如图 20-28 所示。

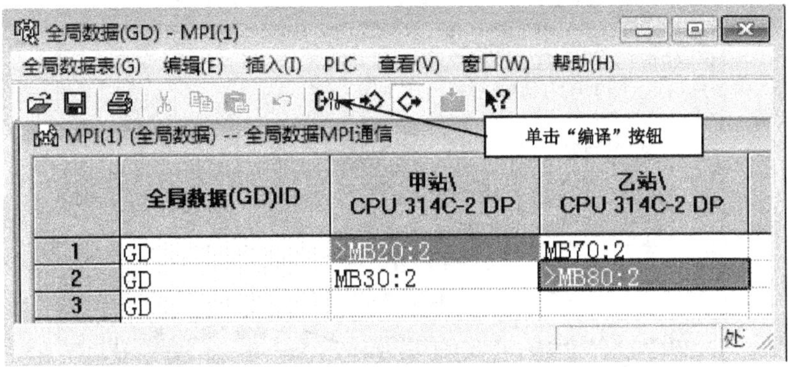

图 20-26　进行编译

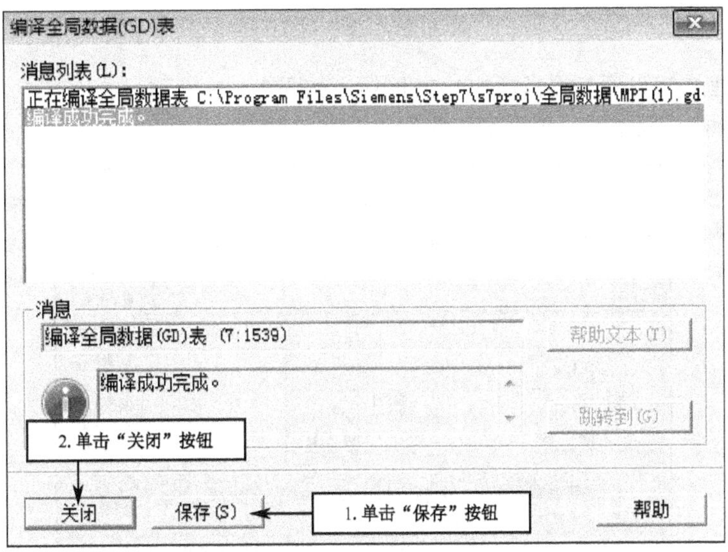

图 20-27　编译成功完成

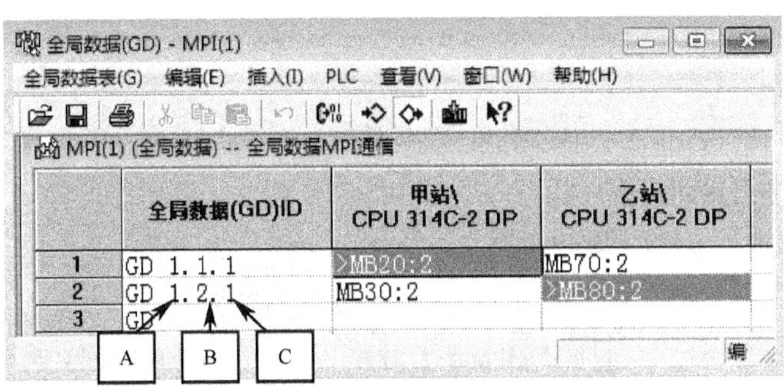

图 20-28　生成 ID 号

每行通信区的 ID 号的格式为：GD A.B.C。

A 是全局数据包的循环数。支持的循环数与 CPU 有关，S7-300CPU 最多支持 4 个循环数。

B 是在一个循环里有几个数据包数。

C 是在一个数据包里的数据区。

（21）当网络组态结束后，单击“保存并编译”，单击“编译并检查全部”，单击“确定”按钮。

如图 20-29 所示。

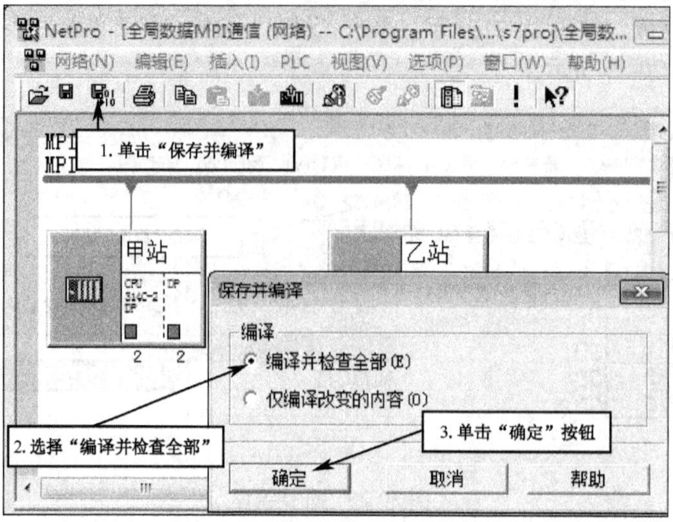

图 20-29　保存并编译

在 NetPro 界面中可以看到编译后的 MPI 网络，如图 20-30 所示。

将甲站和乙站组态及参数设置分别下载到各自 PLC 中。

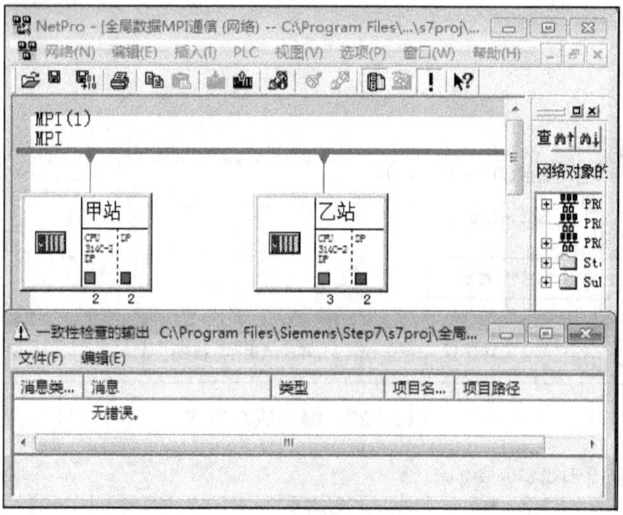

图 20-30　编译后的 MPI 网络

步骤 5．输入/输出地址分配

甲站输入和输出地址分配如表 20-1 所示。

表 20-1　输入/输出地址分配表

序号	输入信号器件名称	编程元件地址	序号	输出信号器件名称	编程元件地址
1	启动乙站水泵按钮 SB1（常开触点）	I0.0	1	甲站风机接触器 KM 线圈	Q4.0
2	停止乙站水泵按钮 SB2（常开触点）	I0.1	2	在甲站监视乙站水泵运行或停止状态指示灯 HL	Q4.1

乙站输入和输出地址分配如表 20-2 所示。

表 20-2 输入/输出地址分配表

序号	输入信号器件名称	编程元件地址	序号	输出信号器件名称	编程元件地址
1	启动甲站风机按钮 SB1（常开触点）	I0.0	1	乙站水泵接触器 KM 线圈	Q4.0
2	停止甲站风机按钮 SB2（常开触点）	I0.1	2	在乙站监视甲站风运行或停止状态指示灯 HL	Q4.1

步骤 6. 输入/输出接线图

甲站外设接线如图 20-31 所示。

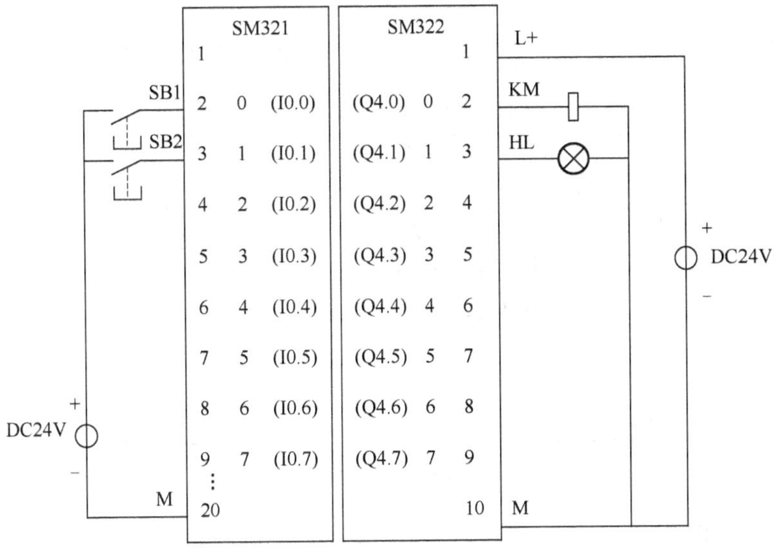

图 20-31 甲站外设接线图

乙站站外设备接线如图 20-32 所示。

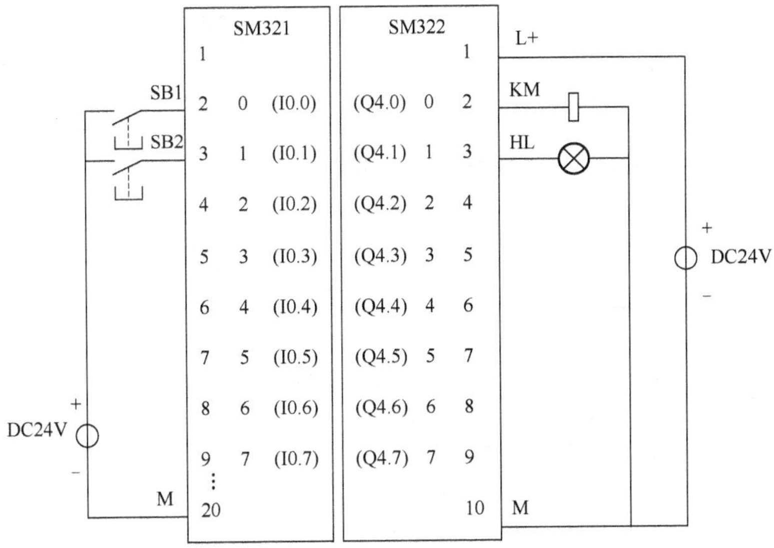

图 20-32 乙站外设接线图

步骤 7. 建立符号表

根据项目要求、通信设置及地址分配。建立甲站符号表如图 20-33 所示。

	状态	符号 /	地址		数据类型
1		发送到乙站启动水泵信号	M	20.0	BOOL
2		发送到乙站停止水泵信号	M	20.1	BOOL
3		发送甲站风机状态信号	M	20.2	BOOL
4		甲站风机	Q	4.0	BOOL
5		甲站指示灯HL	Q	4.1	BOOL
6		接收乙站启动风机信号	M	30.0	BOOL
7		接收乙站水泵状态信号	M	30.2	BOOL
8		接收乙站停止风机信号	M	30.1	BOOL
9		启动SB1	I	0.0	BOOL
10		停止SB2	I	0.1	BOOL

图 20-33　甲站符号表

根据项目要求、通信设置及地址分配。建立乙站符号表如图 20-34 所示。

	状态	符号 /	地址		数据类型
1		发送到甲站启动信号	M	80.0	BOOL
2		发送到甲站停止信号	M	80.1	BOOL
3		发送乙站水泵状态信号	M	80.2	BOOL
4		接收甲站风机状态信号	M	70.2	BOOL
5		接收甲站启动信号	M	70.0	BOOL
6		接收甲站停止信号	M	70.1	BOOL
7		启动SB1	I	0.0	BOOL
8		停止SB2	I	0.1	BOOL
9		乙站水泵	Q	4.0	BOOL
10		乙站指示灯HL	Q	4.1	BOOL

图 20-34　乙站符号表

步骤 8．编写程序

根据项目要求、通信设置及地址分配。在甲站 OB1 中编写网络通信程序如图 20-35 所示。

程序段1：甲站发送到乙站启动信号，启动乙站水泵

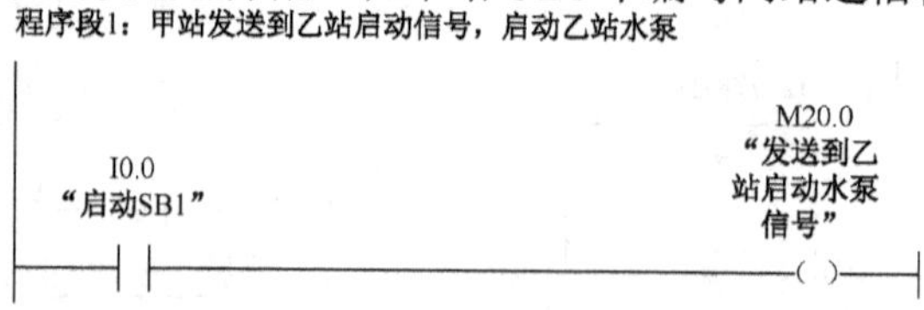

程序段2：甲站发送到乙站停止信号，停止乙站水泵

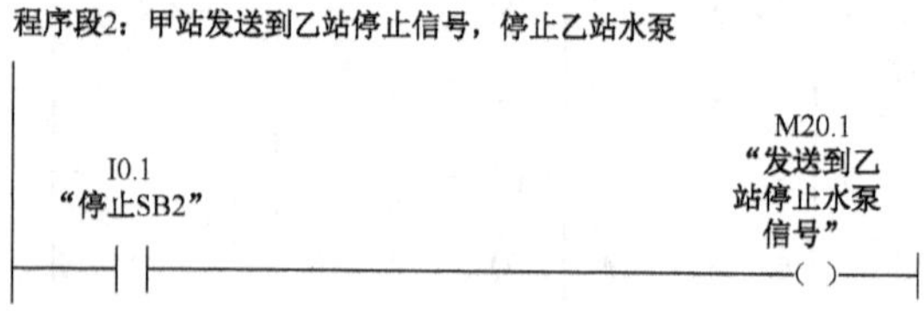

程序段3：接收来自乙站的启动或停止信号，启动或停止甲站风机

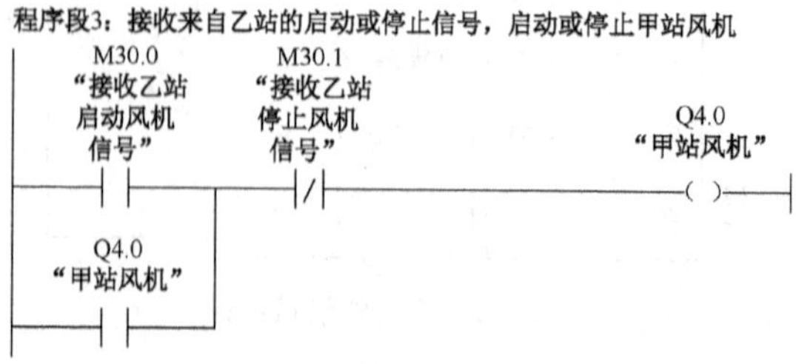

图 20-35　甲站 OB1 中编写的网络通信程序

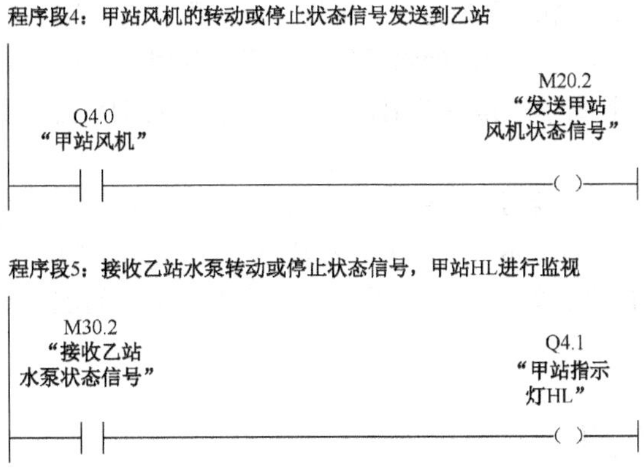

图 20-35　甲站 OB1 中编写的网络通信程序（续）

根据项目要求、通信设置及地址分配。在乙站 OB1 中编写的网络通信程序。如图 20-36 所示。

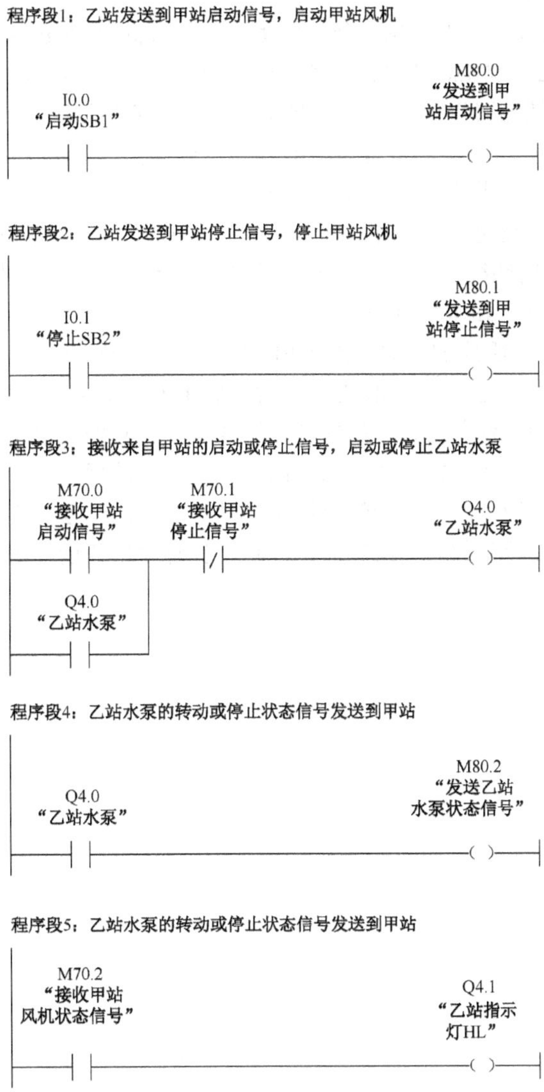

图 20-36　乙站 OB1 中编写的网络通信程序

步骤 9．联机调试

确保接线正确的情况下，在 SIMATIC Manager 界面中，单击站点名称（甲站或乙站），单击“下载”按钮，将甲站和乙站两个站的网络组态、参数设置、程序等分别下载到各自对应的PLC中。

在甲站按下启动按钮SB1，看到乙站水泵转动，看到甲站指示灯HL亮。在甲站按下停止按钮SB2，看到乙站水泵停止，看到甲站指示灯HL灭。甲站指示灯HL监视到了乙站水泵的转动与停止状态。

在乙站按下启动按钮SB1，看到甲站风机转动，看到乙站指示灯HL亮。在乙站按下停止按钮SB2，看到甲站风机停止，乙站指示灯HL灭。乙站指示灯HL监视到了甲站风机转动与停止状态。

满足上述情况，调试成功。如果不能满足，检查原因，纠正问题，重新调试，直到满足上述情况为止。

20.5 巩固练习

（1）由两台S7-300PLC组成的全局数据MPI网络通信中，有两个站，甲站MPI地址是2，乙站MPI地址是3，要求如下。

① 通信区设置为甲站从MB20开始2个字节为发送区，乙站从MB60开始2个字节中为接收区。

② 通信区设置为乙站从MB80开始2个字节为发送区，甲站从MB40开始的2个字节为接收区。

③ 在甲站按下启动按钮可以启动乙站水泵，按下停止按钮可以停止乙站水泵。甲站可以启动或者停止本站风机。甲站风机采用热继电器FR作为过载保护，当甲站风机过载时，停止甲站风机并且乙站指示灯HL亮，用来监视甲站电动机过载。

④ 在乙站按下启动按钮可以启动甲站风机，按下停止按钮，可以停止甲站风机。乙站可以启动本站水泵。乙站水泵采用热继电器FR作为过载保护，当乙站水泵过载时，停止乙站水泵并且甲站指示灯HL亮，用来监视乙站水泵过载。

（2）由3台S7-300PLC组成的全局数据MPI网络通信。控制要求为：

① 甲站MPI地址为2，乙站MPI地址为3，丙站MPI地址为4。

② 通过变量表监控的操作方式，甲站向乙站发送8字节数据，甲站向丙站发送8字节数据。

③ 通过变量表监控的操作方式，乙站向甲站发送5字节数据，丙站向甲站发送5字节数据。

④ 甲站能完成对乙站设备的启或者停止控制，且对乙站的运行停止状态进行监视。

⑤ 甲站能完成对丙站设备的启动或者停止控制，且对丙站的运行停止状态进行监视。

项目 21　两台 S7-300PLC 之间的无组态双边 MPI 通信

21.1　项目要求

由两台 S7-300PLC 组成无组态双边 MPI 通信中，其中 1 台 S7-300PLC 为甲站，MPI 地址为 2。另 1 台 S7-300PLC 为乙站，MPI 地址为 3。要求如下。

（1）在甲站按下启动按钮 SB1，乙站电动机转动，甲站指示灯 HL 亮。在甲站按下停止按钮 SB2，乙站电动机停止，甲站指示灯 HL 灭。甲站指示灯 HL 用来监视乙站电动机转动或停止状态。

（2）在乙站按下启动按钮 SB1，甲站电动机转动，乙站指示灯 HL 亮。在乙站按下停止按钮 SB2，甲站电动机停止，乙站指示灯 HL 灭。乙站指示灯 HL 用来监视甲站电动机转动或停止状态。

21.2　学习目标

（1）掌握 SFC65、SFC66 和 SFC69 指令应用。
（2）掌握两台 S7-300PLC 之间的无组态双边 MPI 通信的硬件与软件配置。
（3）掌握两台 S7-300PLC 之间的无组态双边 MPI 通信的硬件连接。
（4）掌握两台 S7-300PLC 之间的无组态双边 MPI 通信的硬件组态及参数设置。
（5）掌握两台 S7-300PLC 之间的无组态双边 MPI 通信的编程方法。

21.3　相关知识

21.3.1　SFC65（X_SEND）发送数据指令

1. SFC65（X_SEND）发送数据指令

在程序编辑器界面左侧浏览条中，单击“库+”，把库展开。单击“Standard Library +”，把它展开。在 System Function Blocks 中，双击“SFC65　X_SEND”，该指令出现在程序段中。SFC 65（X_SEND）指令如图 21-1 所示。SFC 65（X_SEND）指令的应用如表 21-1 所示。

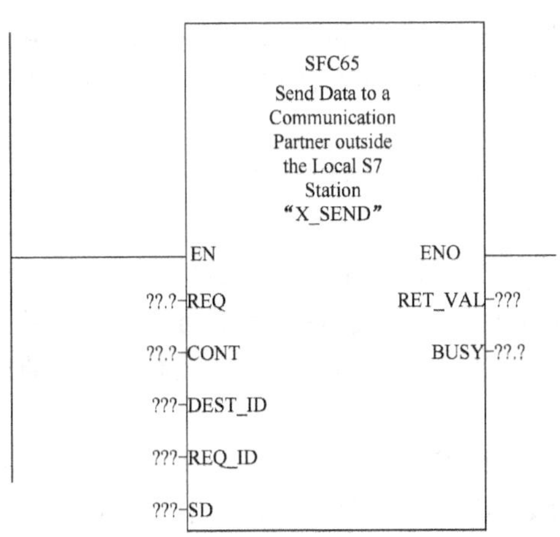

图 21-1　SFC 65（X_SEND）发送数据指令

表 21-1　SFC 65（X_SEND）发送数据指令应用说明

参数	输入/输出	数据类型	存储区	功能描述
EN	INPUT	BOOL	I、Q、M 等	使能，可以直接连左母线
REQ	INPUT	BOOL	I、Q、M、D、L、常数	发送请求激活，是电平触发（参见 21.3.1 中的“2．通信 SFC 公共参数”）
CONT	INPUT	BOOL	I、Q、M、D、L、常数	作业结束之后是否保持建立与通信伙伴的连接（参见 21.3.1 中的“2.通信 SFC 公共参数”）
DEST_ID	INPUT	WORD	I、Q、M、D、L、常数	通信伙伴的 MPI 地址。通过 STEP 7 组态此参数
REQ_ID	INPUT	DWORD	I、Q、M、D、L、常数	识别发送数据（参见 21.3.1 中的“2．通信 SFC 公共参数”）
SD	INPUT	ANY	I、Q、M、D	本站要发送的数据区，发送区的最大长度是 76 个字节
RET_VAL	OUTPUT	INT	I、Q、M、D、L	执行过程中出错，则返回值中可包含相应的错误代码
BUSY	OUTPUT	BOOL	I、Q、M、D、L	BUSY = 1：发送还没有结束。BUSY=0：发送已经结束或不存在发送

通过 SFC 65（X_SEND），发送数据到本地 S7 站以外的通信伙伴。在通信伙伴上使用 SFC 66（X_RCV）接收数据。在通过 REQ=1 调用 SFC65 之后再发送数据。必须要确保由参数 SD（在发送 CPU 上）定义的发送区小于或等于由参数 RD（在通信伙伴上）定义的接收区。若 SD 是 BOOL 数据类型，则 RD 必须也是 BOOL 数据类型。

2．通信 SFC 公共参数

输入参数 REQ：输入参数 REQ（请求激活）是电平触发控制参数。其用于触发作业（数据传送或连接中止）。

（1）如果为当前没有激活的作业调用 SFC，则通过 REQ=1 来触发该作业。如果当第一次调用通信 SFC 时，没有通信伙伴的连接，则在数据传送开始之前首先建立连接。

（2）如果触发一个作业，并且当为同样的作业重新调用 SFC 时该作业还没有结束，则 SFC 不能使用 REQ。

输入参数 REQ_ID （只适用于 SFC 65 和 SFC 66）：输入参数 REQ_ID 用于识别发送数据。该参数被发送 CPU 发送到通信伙伴的 CPU 的 SFC 66（X_RCV）中。对于下列两种情况，在接收端上需要 REQ_ID 参数。

（1）如果在一个发送 CPU 上通过不同参数 REQ_ID 调用几个 SFC 65（X_SEND），并将数据传送到一个通信伙伴。

（2）如果使用 SFC 65（X_SEND），从几个发送 CPU 发送数据到一个通信伙伴。

通过计算 REQ_ID，可以将接收到的数据保存到不同的存储区域中。

输入参数 CONT：输入参数 CONT（继续）是一个控制参数。通过此参数可以决定作业结束之后是否保持建立与通信伙伴的连接。

（1）如果在第一次调用时选择 CONT=0，则在数据传送结束之后将再次终止连接。然后，连接可重新用于与新通信伙伴进行数据交换。这种方法确保了只在实际使用时才占用连接资源。

（2）如果在第一次调用时选择 CONT=1，则在数据传送结束时保持建立连接。例如，在两个站之间周期性地交换数据。

注意通过 CONT=1 建立的连接可以明确地通过 SFC 69（X_ABORT）或 SFC 74（I_ABORT）来终止。

21.3.2 SFC66（X_RCV）接收数据指令

在程序编辑器界面左侧浏览条中，单击“库+”，把库展开。单击“Standard Library +”，把它展开。在 System Function Blocks 中，双击“SFC66（X_RCV）”，该指令出现在程序段中。SFC66（X_RCV）指令如图 21-2 所示。SFC66（X_RCV）指令的应用见表 21-2。

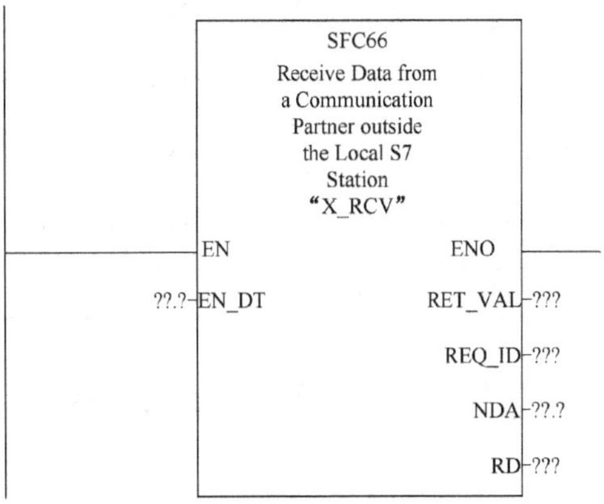

图 21-2 SFC66（X_RCV）接收数据指令

通过 SFC66（X_RCV），接收本地 S7 站以外的一个或多个通信伙伴通过 SFC 65（X_SEND）发送的数据。

通过 SFC 66 X_RCV，可以检查数据是已经发送还是正在等待复制。数据被操作系统输入到内部队列。还可以将队列中最早的数据块复制到所选择的接收区。

表 21-2 SFC66（X-RCV）接收数据指令应用说明

参数	输入/输出	数据类型	存储区	功能描述
EN	INPUT	BOOL	I、Q、M 等	使能，可以直接连左母线
EN_DT	INPUT	BOOL	I、Q、M、D、L、常数	控制参数“激活数据传送”。通过数值 0，可以检查是否至少有一个数据块正在等待被输入到接收区。通过数值 1，复制队列中最早的数据块到 RD 指定的工作存储区域
RET_VAL	OUTPUT	INT	I、Q、M、D、L	返回数值，例如错误值，如果执行功能时出错，返回值中包含相应错误代码
REQ_ID	OUTPUT	DWORD	I、Q、M、D、L	作业标识符，识别发送数据（参见 21.3.1 中的“2.通信 SFC 公共参数”）
NDA	OUTPUT	BOOL	I、Q、M、D、L	NDA=0 队列中没有数据块。NDA=1 队列至少包含了一个数据块
RD	OUTPUT	ANY	I、Q、M、D	接收数据区域。接收区的最大长度是 76 个字节

21.3.3 SFC69（X_ABORT）中止连接指令

在程序编辑器界面左侧浏览条中，单击“库+”，把库展开。单击“Standard Library +”，把它展开。在 System Function Blocks 中，双击“SFC 69（X_ABORT）”，该指令出现在程序段中。SFC 69（X_ABORT）指令如图 21-3 所示。SFC 69（X_ABORT）指令的应用如表 21-3 所示。

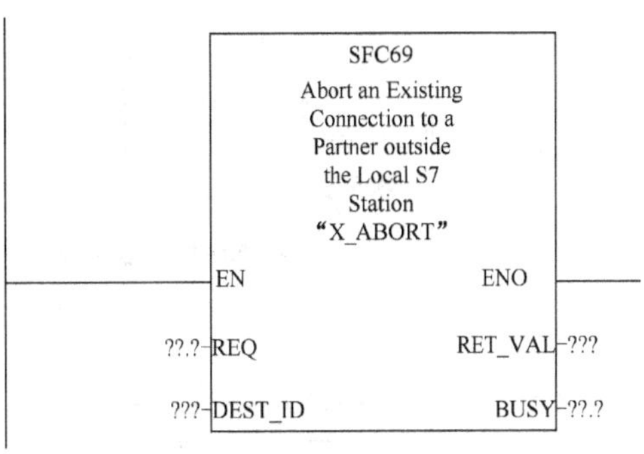

图 21-3 SFC 69（X_ABORT）中止连接指令

通过 SFC 69（X_ABORT），中止一个通过 SFC（X_SEND）或 X_GET 或 X_PUT 建立的不在同一个本地 S7 站的通信伙伴的连接。只能在有 SFC（X_SEND）或 X_PUT 或 X_GET 的通信端点上才可以调用 SFC 69 （X_ABORT）。通过 REQ=1 激活中止连接指令，中止与通信伙伴的连接。

表 21-3　SFC 69（X_ABORT）中止连接指令应用说明

参数	输入/输出	数据类型	存储区	功能描述
EN	INPUT	BOOL	I、Q、M 等	使能，可以直接连左母线
REQ	INPUT	BOOL	I、Q、M、D、L、常数	请求激活中止连接，是电平触发，“1”为激活（参见 21.3.1 中的“2.通信 SFC 公共参数”）
DEST_ID	INPUT	WORD	I、Q、M、D、L、常数	通信伙伴的 MPI 地址。通过 STEP 7 组态此参数
RET_VAL	OUTPUT	INT	I、Q、M、D、L	返回数值，例如错误值，如果执行功能时出错，返回值中包含相应错误代码
BUSY	OUTPUT	BOOL	I、Q、M、D、L	BUSY=0 未中止连接，BUSY=1 中止连接

21.4　项目解决步骤

步骤 1．通信的硬件与软件配置

硬件：

（1）电源模块（PS307 5A）2 个。

（2）紧凑型 S7-300CPU（CPU314C-2DP）2 个。

（3）MMC 卡 2 张。

（4）输入模块（DI16×DC24V）2 个。

（5）输出模块（DO16×DC24V/0.5A）2 个。

（6）DIN 导轨 2 根。

（7）PROFIBUS 电缆 1 根。

（8）DP 头 2 个。

（9）PC 适配器 USB 编程电缆（S7-200/300/400PLC 下载线）1 根。

（10）装有 STEP7 编程软件的计算机（也称编程器）1 台。

软件：STEP7 V5.4 及以上版本编程软件。

步骤 2．通信的硬件连接

确保断电接线，将 PROFIBUS 电缆与带编程口 DP 头连接，将 DP 头插到 2 个 CPU 模块的 MPI 口。因 DP 头处于网络终端位置，DP 头的开关设置为 ON，将 PC 适配器 USB 编程电缆的 RS-485 端口插甲站 MPI 口，也就是甲站带编程口的 DP 头上，另一端插在编程器的 USB 口上。MPI 通信的硬件连接如图 21-4 所示。

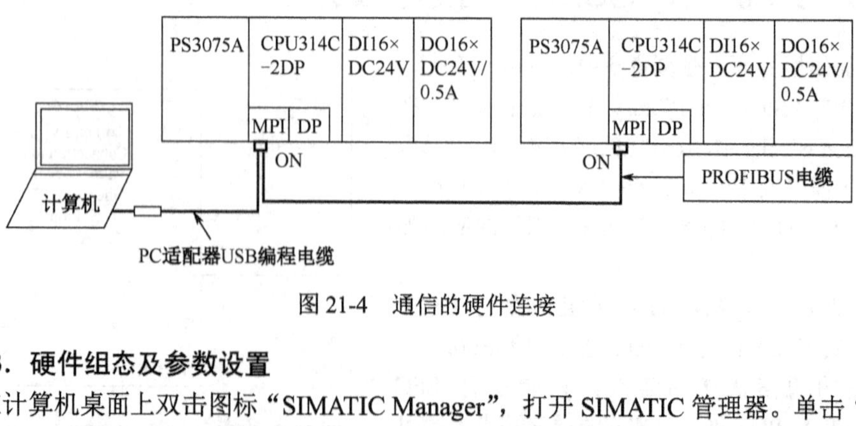

图 21-4　通信的硬件连接

步骤 3．硬件组态及参数设置

（1）在计算机桌面上双击图标“SIMATIC Manager”，打开 SIMATIC 管理器。单击“新建项目”图标，出现新建项目界面中，给新建项目命名，于是在名称（M）下输入：“无组态双边 MPI 通信”，单击“确定”按钮。右键单击“无组态双边 MPI 通信”，单击“插入新对象”，单击“SIMATIC 300 站点”。再次右键单击“无组态双边 MPI 通信”，单击“插入新对象”，单击“SIMATIC 300 站点”。将两个 SIMATIC 300 站点重新命名为“甲站-MPI=2”、“乙站-MPI=3”。如图 21-5 所示。

（2）对甲站进行硬件组态。单击“甲站-MPI=2”，双击“硬件”，首先插入导轨 Rail，双击“Rail”，然后依次在 1 号插槽处插入电源模块 PS 307 5A。2 号插槽处插入 CPU 模块 CPU314C-2DP 的 V2.6。4 号插槽处插入输入模块 SM321 DI16×DC24V。5 号插槽处插入输出模块 SM322 DO16×DC24V/0.5A。如图 21-6 所示。

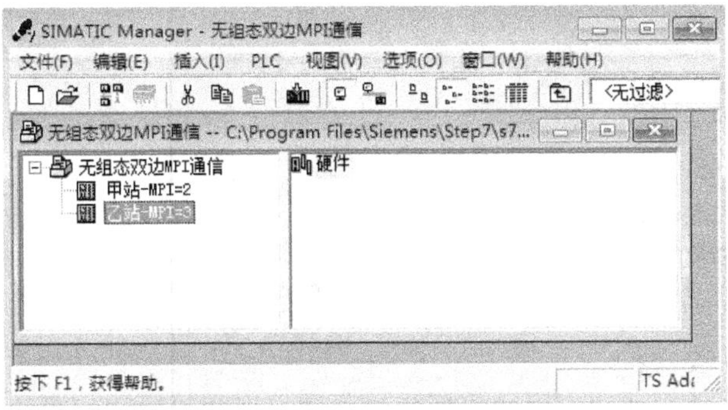

图 21-5　新建项目并重命名

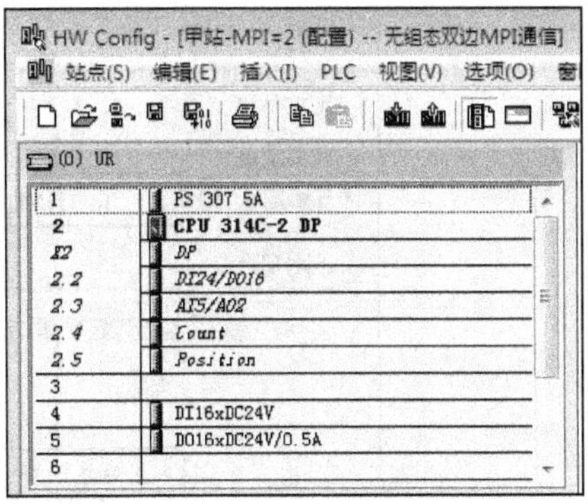

图 21-6　硬件组态

（3）双击图 21-6 的 2 号插槽处“CPU 314C-2 DP”。出现如图 21-7 所示 CPU 属性界面。单击“属性”按钮。

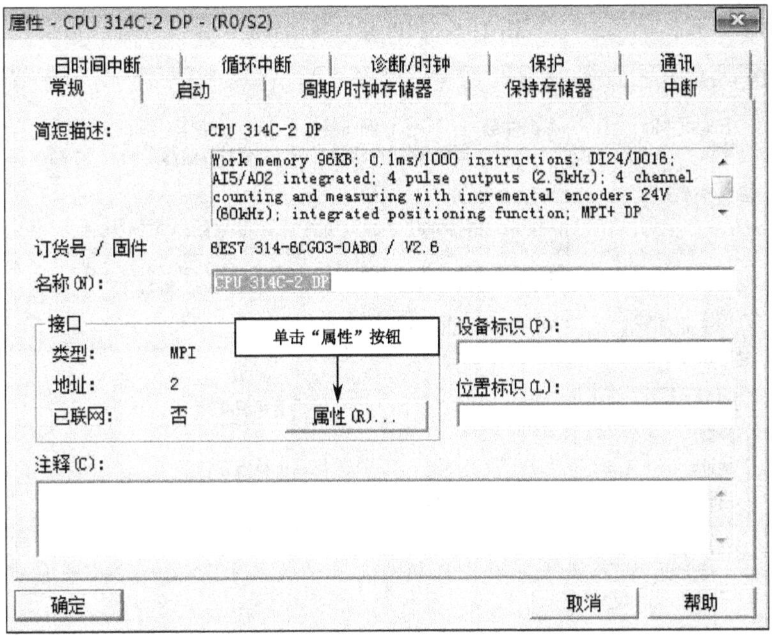

图 21-7　CPU 属性界面

（4）设置甲站 MPI 地址与速率。在 MPI 接口属性界面中，MPI 地址默认为 2，可以不用修改。单击默认 MPI 速率 187.5kbps，单击“确定”按钮。如图 21-8 所示。

出现 CPU 属性界面，见图 21-9。接口类型：MPI；地址：2；已联网：是；单击“确定”按钮，甲站连接到了 MPI 网络中。

回到 HW Config-甲站（配置）界面中，单击“保存和编译”按钮，对甲站的硬件配置进行保存和编译，然后回到 SIMATIC Manager。

（5）对乙站进行硬件组态。单击“乙站-MPI=3”，双击“硬件”，首先插入导轨 Rail，双击“Rail”，然后依次在 1 号插槽处插入电源模块 PS 307 5A。2 号插槽处插入 CPU 模块 CPU314C-2DP 的 V2.6。4 号插槽处插入输入模块 SM321 DI16×DC24V。5 号插槽处插入输出模块 SM322 DO16×DC24V/0.5A。如图 21-10 所示。

双击图 21-10 中 2 号插槽处“CPU 314C-2 DP”。出现如图 21-11 所示的 CPU 属性界面。单击“属性”按钮。

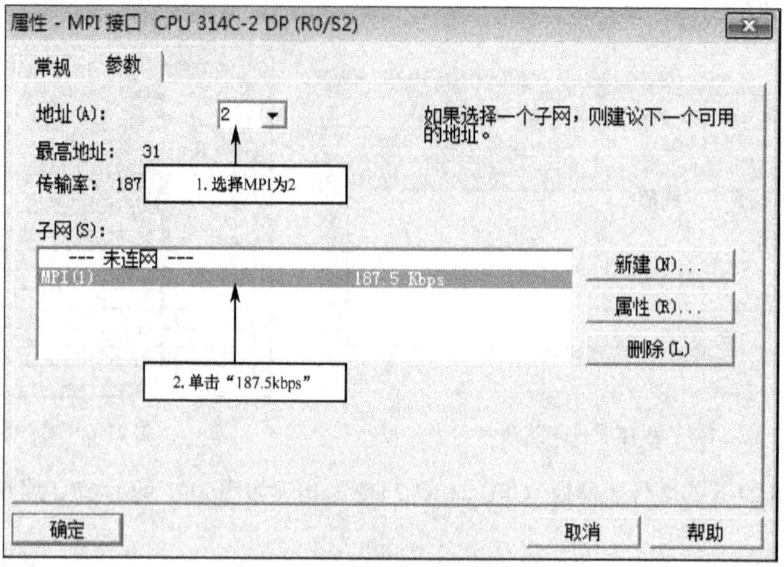

图 21-8 MPI 接口属性界面

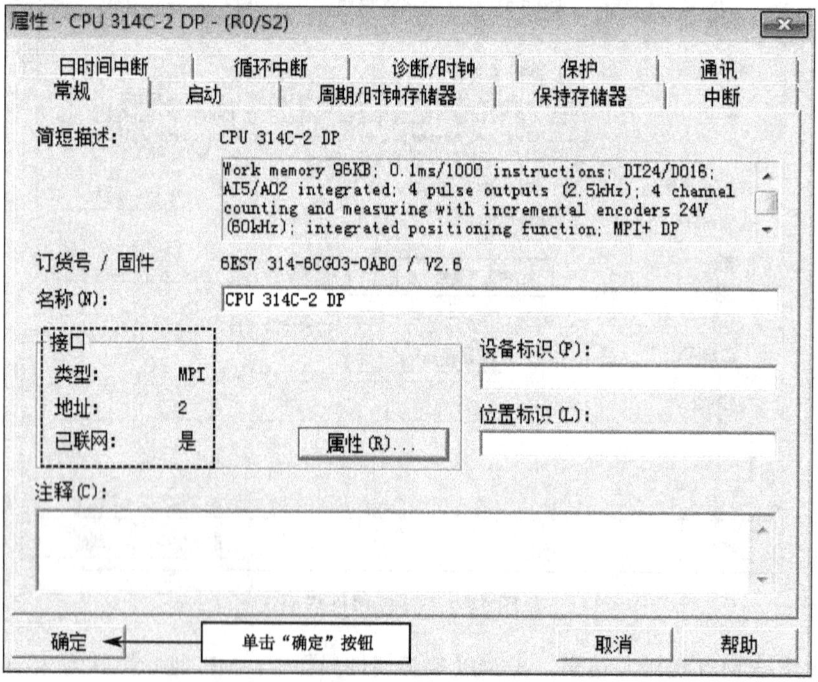

图 21-9 CPU 属性界面

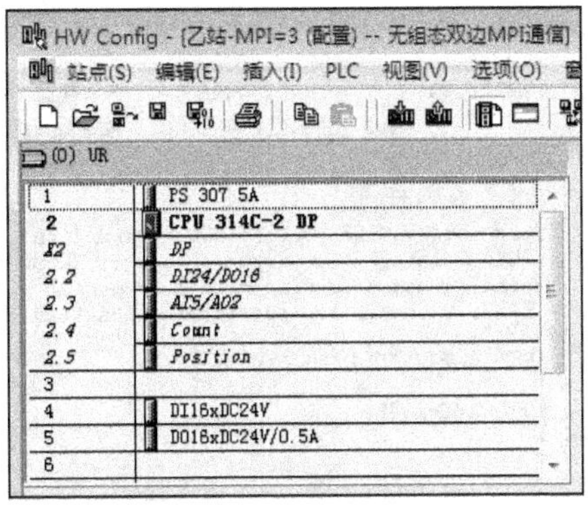

图 21-10 硬件组态

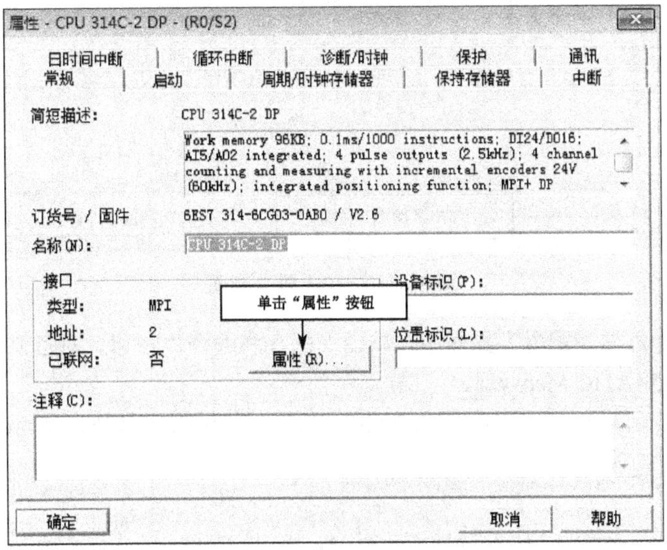

图 21-11 CPU 属性界面

（6）设置乙站 MPI 地址与速率。在 MPI 接口属性界面中，设置 MPI 地址为 3， MPI 速率设置为 187.5kbps，单击“确定”按钮。如图 21-12 所示。

出现 CPU 属性界面，见图 21-13。接口类型：MPI；地址：3；已联网：是；单击“确定”按钮，乙站连接到了 MPI 网络中。

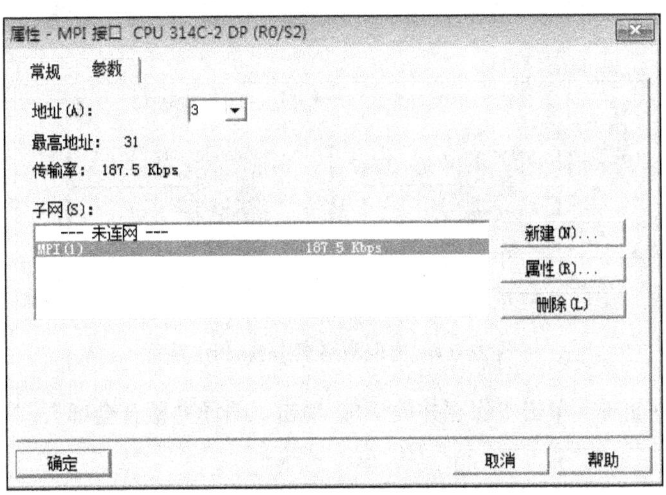

图 21-12 MPI 接口属性界面

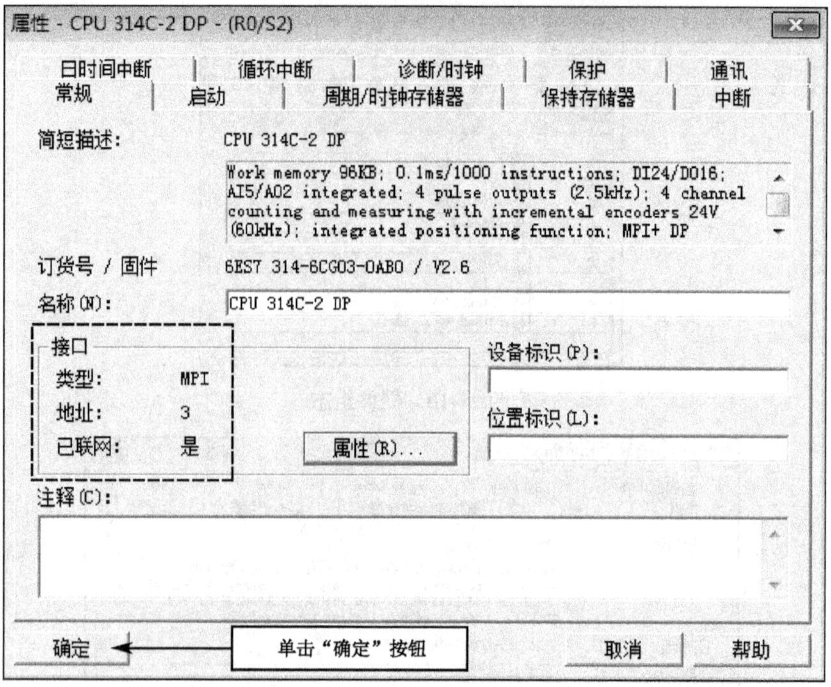

图 21-13　CPU 属性界面

回到 HW Config-乙站（配置）界面中，单击“保存和编译”按钮，对乙站的硬件配置进行保存和编译，然后回到 SIMATIC Manager。

（7）在 SIMATIC Manager 界面中，双击“MPI（1）”，出现网络组态 NetPro 界面，如图 21-14 所示。

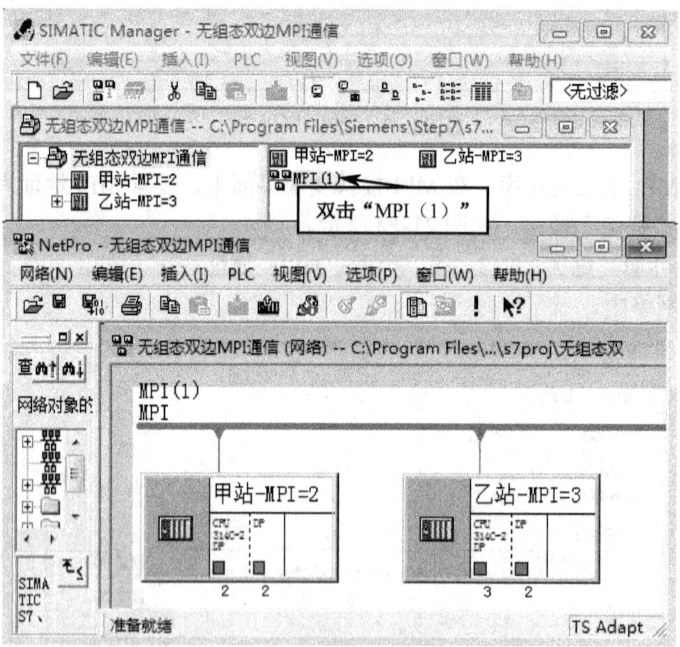

图 21-14　出现网络组态 NetPro 界面

（8）在 NetPro 界面中，单击“保存并编译”，单击“编译并检查全部”，单击“确定”按钮。如图 21-15 所示。

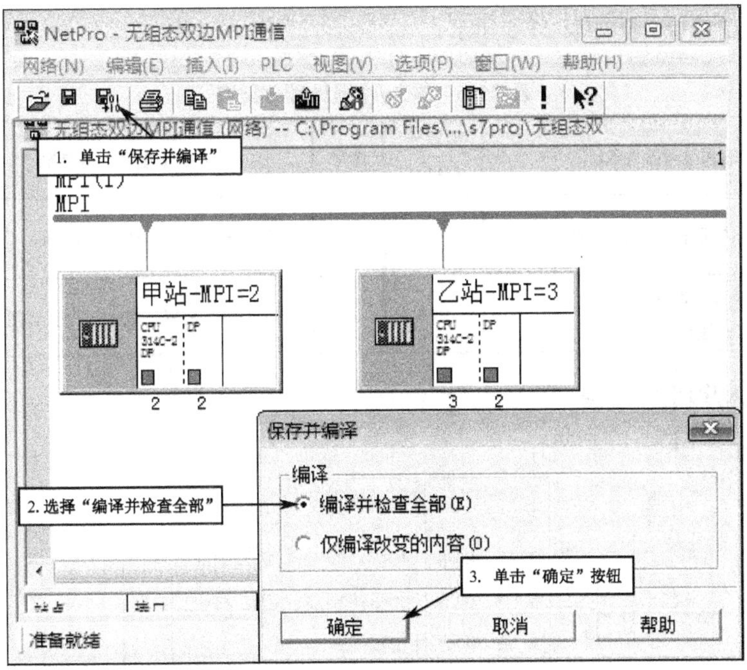

图 21-15　保存并编译

在 NetPro 界面中可以看到编译后的 MPI 网络，如图 21-16 所示。

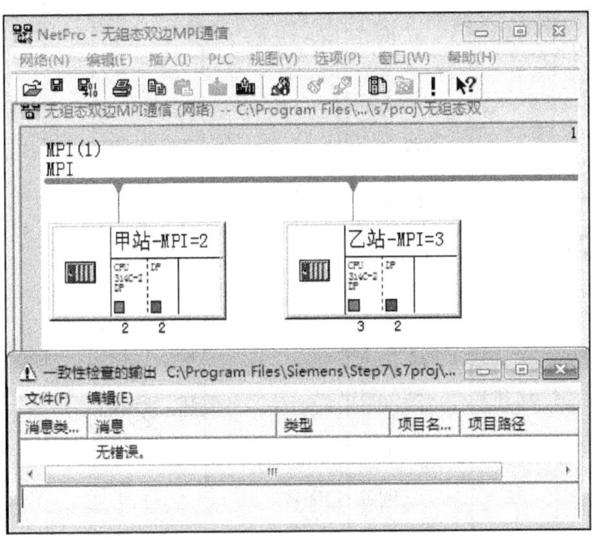

图 21-16　编译后的 MPI 网络

（9）将甲站和乙站硬件组态及参数设置等分别下载到各自 PLC 中。

步骤 4．输入/输出地址分配

甲站输入/输出地址分配如表 21-4 所示。

表 21-4　输入/输出地址分配表

序号	输入信号器件名称	编程元件地址	序号	输出信号器件名称	编程元件地址
1	启动乙站电动机按钮 SB1（常开触点）	I0.0	1	甲站电动机接触器 KM 线圈	Q4.0
2	停止乙站电动机按钮 SB2（常开触点）	I0.1	2	在甲站监视乙站电动机运行状态指示灯 HL	Q4.1

乙站输入/输出地址分配如表 21-5 所示。

表 21-5　输入/输出地址分配表

序号	输入信号器件名称	编程元件地址	序号	输出信号器件名称	编程元件地址
1	启动甲站电动机按钮 SB1（常开触点）	I0.0	1	乙站电动机接触器 KM 线圈	Q4.0
2	停止甲站电动机按钮 SB2（常开触点）	I0.1	2	在乙站监视甲站电动机行状态指示灯 HL	Q4.1

步骤 5．输入/输出接线图

甲站外设接线如图 21-17 所示。

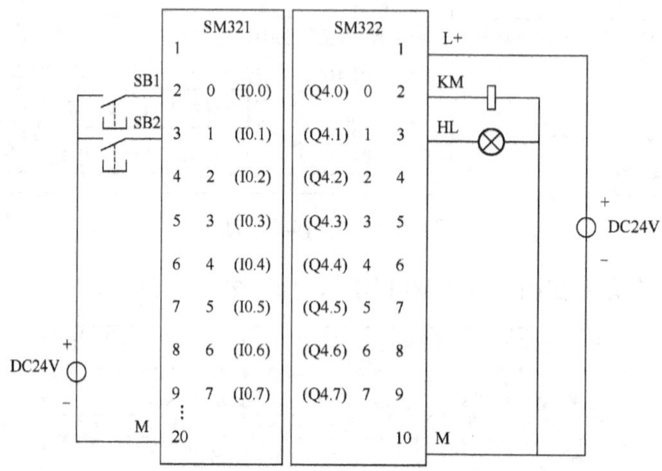

图 21-17　甲站外设接线图

乙站外设接线如图 21-18 所示。

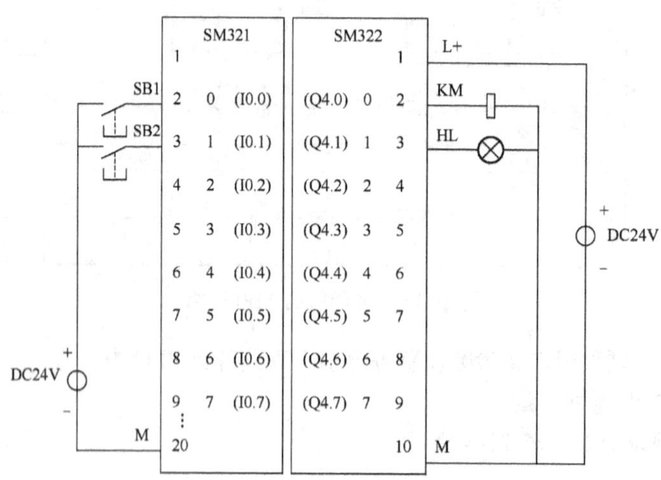

图 21-18　乙站外设接线图

步骤 6．建立符号表

根据项目要求及地址分配。建立甲站符号表如图 21-19 所示。

根据项目要求及地址分配。建立乙站符号表如图 21-20 所示。

	状态	符号	地址		数据类型	
1		X_ABORT	SFC	69	SFC	69
2		X_RCV	SFC	66	SFC	66
3		X_SEND	SFC	65	SFC	65
4		甲站电动机	Q	4.0	BOOL	
5		甲站指示灯HL	Q	4.1	BOOL	
6		启动SB1	I	0.0	BOOL	
7		停止SB2	I	0.1	BOOL	
8		开关SA	I	0.2	BOOL	

图 21-19　甲站符号表

	状态	符号	地址		数据类型	
1		X_ABORT	SFC	69	SFC	69
2		X_RCV	SFC	66	SFC	66
3		X_SEND	SFC	65	SFC	65
4		启动SB1	I	0.0	BOOL	
5		停止SB2	I	0.1	BOOL	
6		乙站电动机	Q	4.0	BOOL	
7		乙站指示灯HL	Q	4.1	BOOL	
8		开关SA	I	0.2	BOOL	

图 21-20　乙站符号表

步骤 7．编写程序

1．甲站程序

根据项目要求及地址分配。在甲站 OB1 中编写控制及通信程序如图 21-21 所示。

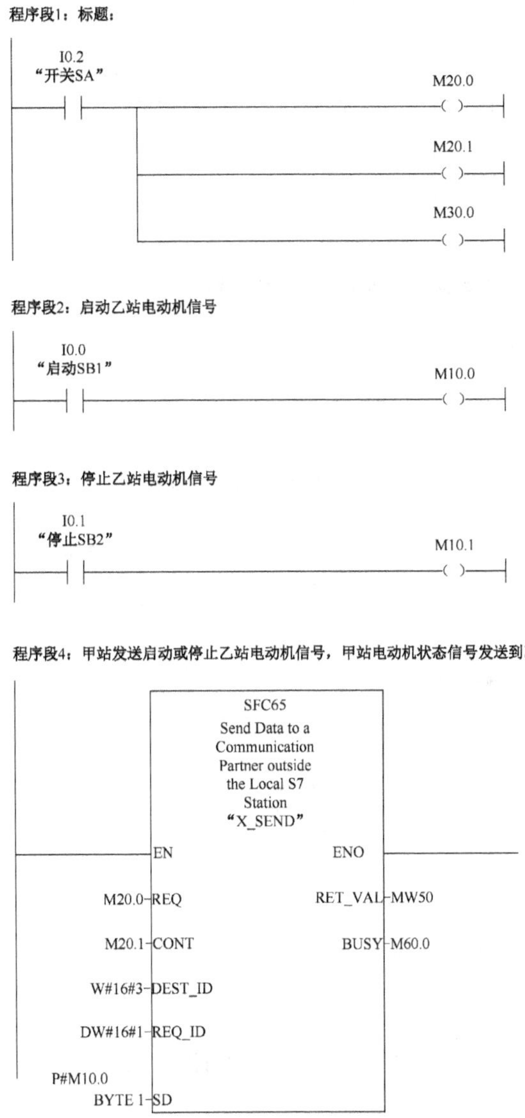

图 21-21　甲站控制及通信程序

程序段5：接收来自乙站的启动或停止甲站电动机信号，接收乙站电动机状态信号

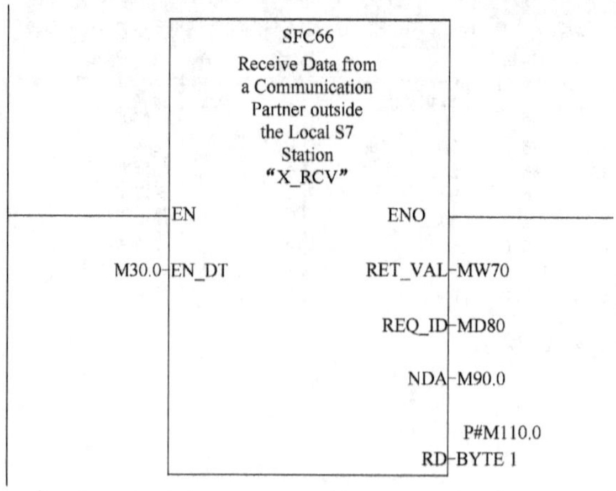

程序段6：接收乙站启动或停止甲站电动机信号

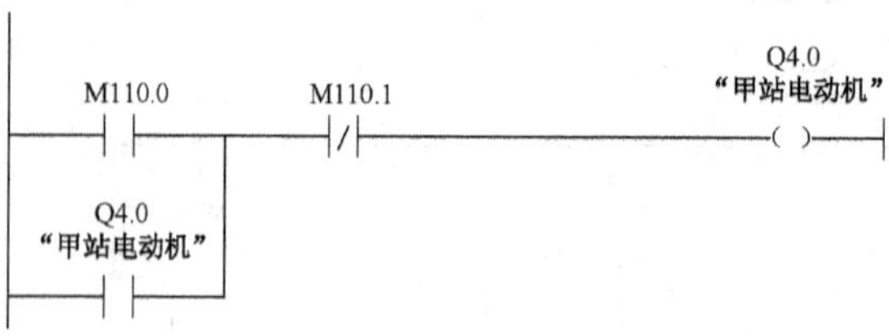

程序段7：甲站电动机转动或停止状态信号发送到乙站

程序段8：接收乙站电动机转动或停止状态信号，甲站指示灯HL进行监视

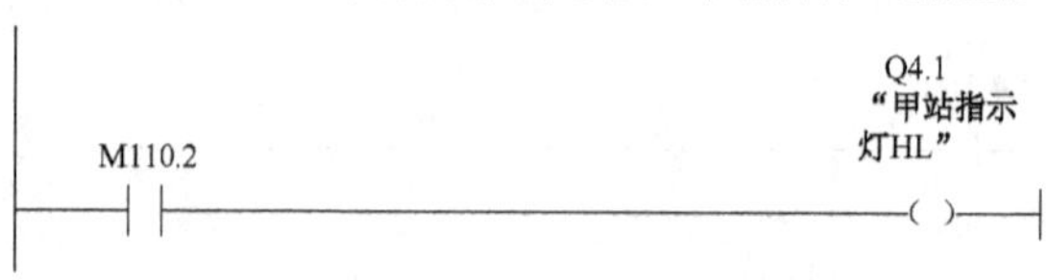

程序段9：断开动态连接

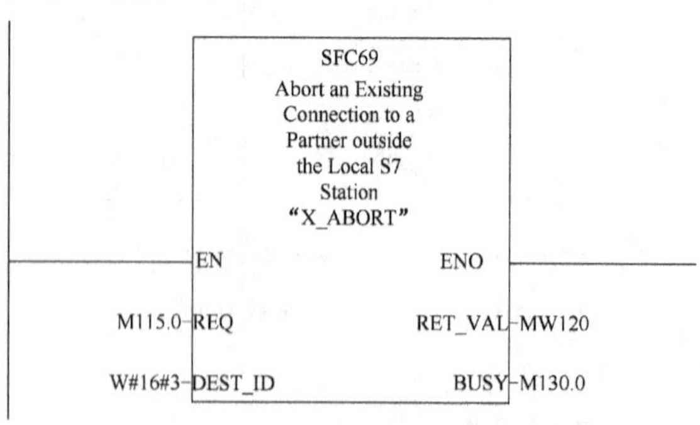

图 21-21　甲站控制及通信程序（续）

2．乙站程序

根据项目要求及地址分配。在乙站 OB1 中编写的控制及通信程序如图 21-22 所示。

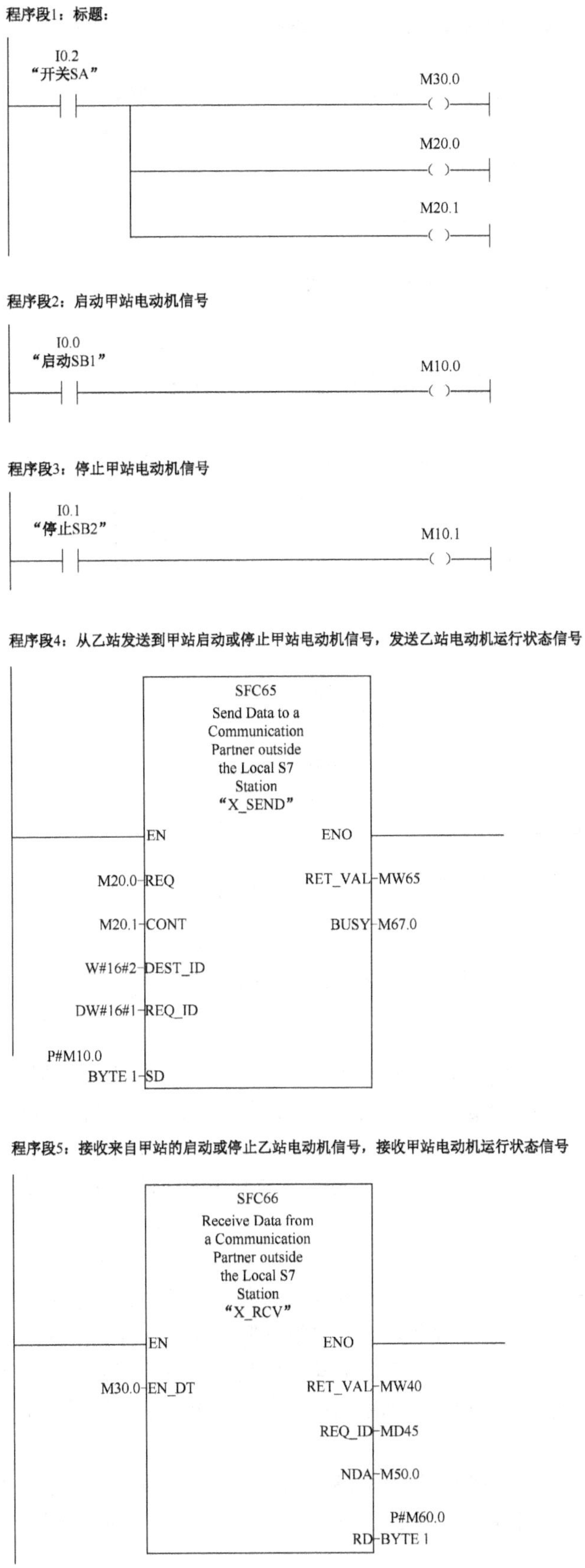

图 21-22　乙站控制及通信程序

程序段6：接收甲站启动或停止乙站电动机信号

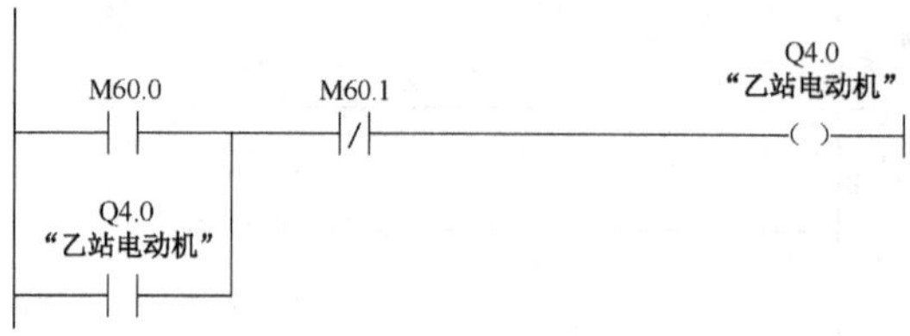

程序段7：乙站电动机转动或停止状态信号发送到甲站

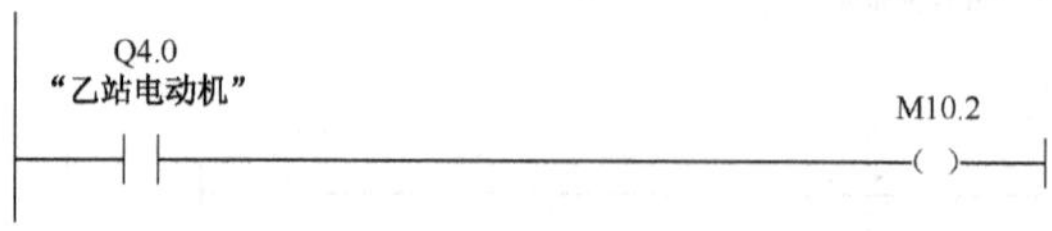

程序段8：接收甲站电动机转动或停止状态信号，乙站指示灯HL进行监视

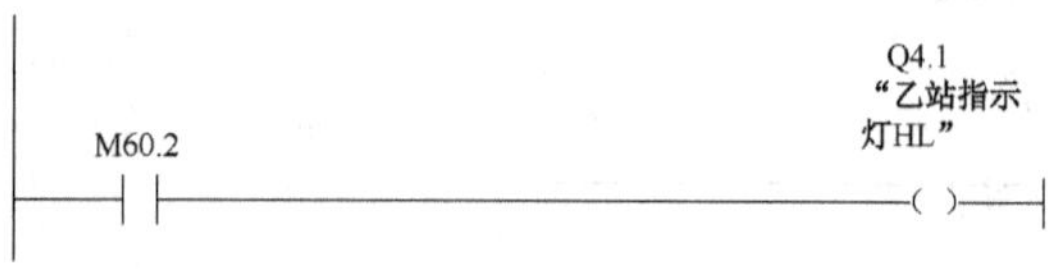

程序段9：断开动态连接

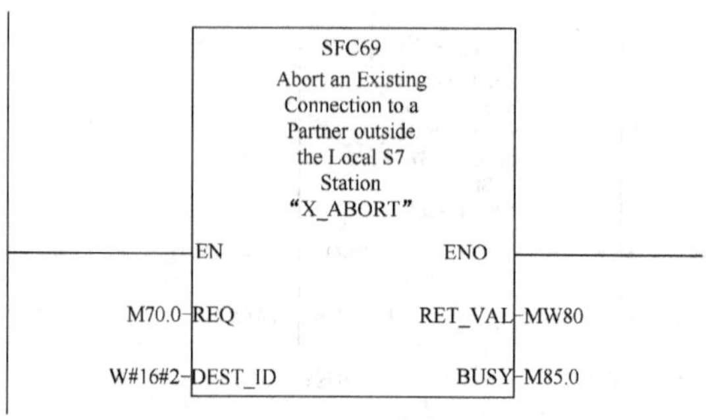

图 21-22　乙站控制及通信程序（续）

步骤 8. 中断处理

为防止某一个站掉电或者损坏，将产生不同的中断，并且调用相应的组织块，如果在程序中没有建立这些组织块，CPU 将停止运行，以保护人身和设备的安全，因此在 SIMATIC Manager 界面下，在甲站与乙站分别右键单击“OB1”插入空的组织块 OB82、OB86 和 OB122。以便进行相应的中断处理。如果忽略这些故障让 CPU 继续运行，可以对这几个组织块不编写任何程序，以甲站为例，如图 21-23 所示。

步骤 9. 联机调试

确保接线正确的情况下，在 SIMATIC Manager 界面中，单击站点名称（甲站或乙站），单击“下载”按钮。将甲站和乙站两个站的硬件组态、参数设置和程序等分别下载到各自对应的 PLC 中。

（1）在甲站按下启动按钮 SB1，看到乙站电动机转动，看到甲站指示灯 HL 亮。在甲站按下停止按钮 SB2，看到乙站电动机停止，看到甲站指示灯 HL 灭。甲站指示灯 HL 监视到了乙站电动机转动或停止状态。

（2）在乙站按下启动按钮 SB1，看到甲站电动机转动，看到乙站指示灯 HL 亮。在乙站按下停止按钮 SB2，看到甲站电动机停止，看到乙站指示灯 HL 灭。乙站指示灯 HL 监视到了甲站电动机转动或停止状态。

如果满足上述情况，调试成功。如果不能满足，检查原因，纠正问题，重新调试，直到满足上述情况为止。

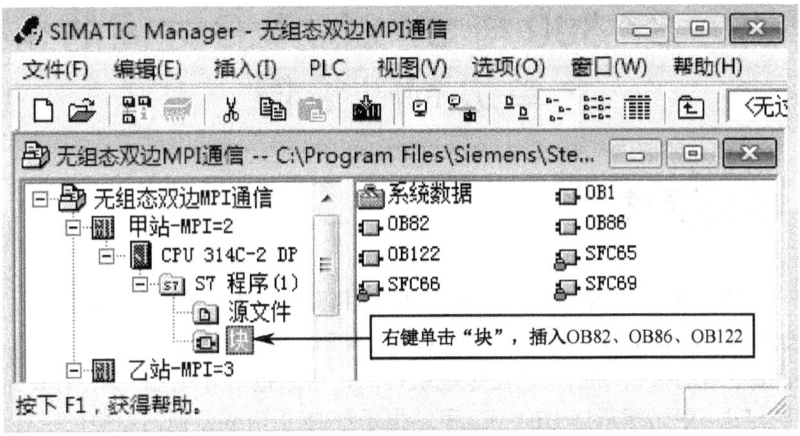

图 21-23 插入 OB82、OB86、OB122

21.5 巩固练习

（1）由两台 S7-300PLC 组成的无组态双边 MPI 通信中，其中 1 台 S7-300PLC 为甲站，MPI 地址为 2。另 1 台 S7-300PLC 为乙站，MPI 地址为 3。要求如下。

① 在甲站按下启动按钮 SB1 可以启动乙站电动机，在甲站按下停止按钮 SB2 可以停止乙站电动机。甲站指示灯 HL 可以监视乙站电动机的工作状态。乙站电动机采用热继电器 FR 作为过载保护，当乙站电动机过载时，停止乙站电动机，并且甲站指示灯 HL2 以 1Hz 闪烁报警，用来监视乙站电动机过载。

② 在乙站按下启动按钮 SB1 可以启动甲站电动机，在乙站按下停止按钮 SB2 可以停止甲站电动机。乙站指示灯 HL 可以监视甲站电动机的工作状态。甲站电动机采用热继电器 FR 作为过载保护，当甲站电动机过载时，停止甲站电动机，并且乙站指示灯 HL2 以 1Hz 闪烁报警，用来监视甲站电动机过载。

（2）由 3 台 S7-300PLC 组成的无组态双边 MPI 网络通信。控制要求如下。

① 甲站 MPI 地址为 2，乙站 MPI 地址为 3，丙站 MPI 地址为 4。

② 通过变量送入值和显示值的操作方式，甲站向乙站发送 20 字节数据，甲站向丙站发送 20 字节数据。

③ 通过变量表送入值和显示值的操作方式，乙站向甲站发送 15 字节数据，丙站向甲站发送 15 字节数据。

项目 22　S7-300 与 S7-200PLC 之间的无组态单边 MPI 通信

22.1　项目要求

由 1 台 S7-300PLC 与 1 台 S7-200PLC 组成的无组态单边 MPI 通信。有两个站，S7-300PLC 为甲站，MPI 地址为 2，S7-200PLC 为乙站，MPI 地址为 3。要求如下。

（1）在甲站按下启动按钮 SB1，乙站电动机转动，甲站指示灯 HL1 亮。在甲站按下停止按钮 SB2，乙站电动机停止，甲站指示灯 HL1 灭。甲站指示灯 HL1 用来监视乙站电动机转动或停止状态。

（2）甲站发送频率为 1Hz 的闪烁信号到乙站，使乙站指示灯 HL1 闪烁。甲站发送频率为 2Hz 的闪烁信号到乙站，使乙站指示灯 HL2 闪烁。

（3）甲站指示灯 HL2 可以监视乙站指示灯 HL1 闪烁状态。甲站指示灯 HL3 可以监视乙站指示灯 HL2 闪烁状态。

22.2　学习目标

（1）掌握 S7-300 与 S7-200 PLC 之间的无组态单边 MPI 通信硬件与软件配置。

（2）掌握 S7-300 与 S7-200 PLC 之间的无组态单边 MPI 通信硬件连接。

（3）掌握 S7-300 与 S7-200 PLC 之间的无组态单边 MPI 通信硬件组态及参数设置。

（4）掌握 SFC68 和 SFC67 指令应用。

（5）掌握 S7-300 与 S7-200 PLC 之间的无组态单边 MPI 通信的编程与调试。

22.3　相关知识

22.3.1　SFC 68（X_PUT）发送数据指令

在程序编辑器界面左侧浏览条中，单击“库”左边“+”，把库展开。单击“Standard Library”左边“+”，把它展开。单击“System Function Blocks”左边“+”，双击“SFC 68（X_PUT）”，该指令出现在程序段中。SFC 68（X_PUT）发送数据指令如图 22-1 所示。SFC 68（X_PUT）发送数据指令应用说明如表 22-1 所示。

通过 SFC 68（X_PUT），将数据写入不在同一个本地 S7 站中的通信伙伴。在通信伙伴上没有相应 SFC。

在通过 REQ=1 调用 SFC 之后，激活写作业。此后，可以继续调用 SFC，直到 BUSY=0 指示接收到确认为止。

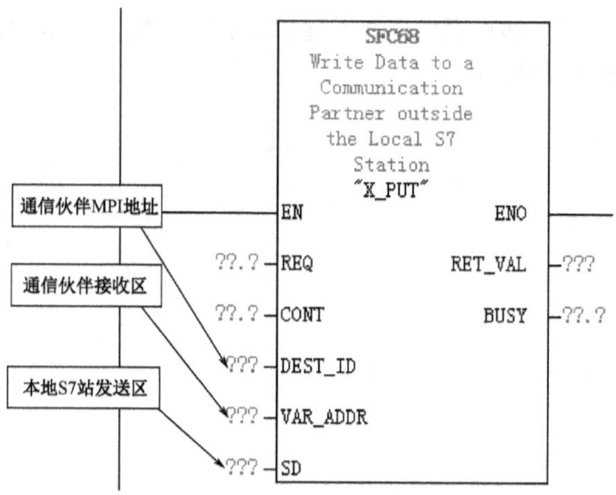

图 22-1　SFC 68（X_PUT）发送数据指令

必须要确保由 SD 参数（在本地 S7 站发送 CPU 上）定义的发送区和由 VAR_ADDR 参数（在通信伙伴上）定义的接收区长度相同。SD 的数据类型还必须和 VAR_ADDR 的数据类型相匹配。

表 22-1　SFC 68（X_PUT）发送数据指令应用说明

参数	输入/输出	数据类型	存储区	功能描述
EN	INPUT	BOOL	I、Q、M 等	使能，可以直接连左母线
REQ	INPUT	BOOL	I、Q、M、D、L、常数	发送请求激活，是电平触发（参见 21.3.1 中的 2．通信 SFC 公共参数）
CONT	INPUT	BOOL	I、Q、M、D、L、常数	作业结束之后是否保持建立与通信伙伴的连接（参见 21.3.1 中的 2．通信 SFC 公共参数）
DEST_ID	INPUT	WORD	I、Q、M、D、L、常数	通信伙伴的 MPI 地址
VAR_ADDR	INPUT	ANY	I、Q、M、D	通信伙伴 CPU 上要写入数据的区域。可以理解为接收区。必须选择通信伙伴支持的数据类型
SD	INPUT	ANY	I、Q、M、D	本地 S7 站 CPU 中包含要发送数据的区域。SD 必须与通信伙伴上的 VAR_ADDR 长度相同。SD 的数据类型还必须和 VAR_ADDR 的数据类型相匹配。发送区的最大长度是 76 个字节
RET_VAL	OUTPUT	INT	I、Q、M、D、L	如果执行功能时发生错误，返回值中将包含相应的错误代码
BUSY	OUTPUT	BOOL	I、Q、M、D、L	BUSY＝1 发送还没有结束。BUSY=0 发送已经结束或没有发送被激活

说明：① 切换到 STOP 模式。如果 CPU 切换到 STOP 模式，则将终止通过 SFC 68（X_PUT）建立的连接。不再继续发送数据。如果当 CPU 改变工作模式时发送数据已经复制到内部缓冲区，则缓冲区的内容将被丢弃。

② 通信伙伴切换到 STOP 模式。如果通信伙伴的 CPU 切换到 STOP 模式，不会影响通过 SFC 68（X_PUT）进行的数据传送。处于 STOP 模式的通信伙伴也可以写数据。

22.3.2　SFC 67（X_GET）读取数据指令

在程序编辑器界面左侧浏览条中，单击“库”左边“+”，把库展开。单击“Standard Library”左边“+”，把它展开。单击“System Function Blocks”左边“+”，双击“SFC 67（X_GET）”，该指令出现在程序段中。SFC 67（X_GET）读取数据指令如图 22-2 所示。SFC 67（X_GET）读取数据指令应用说明如表 22-2 所示。

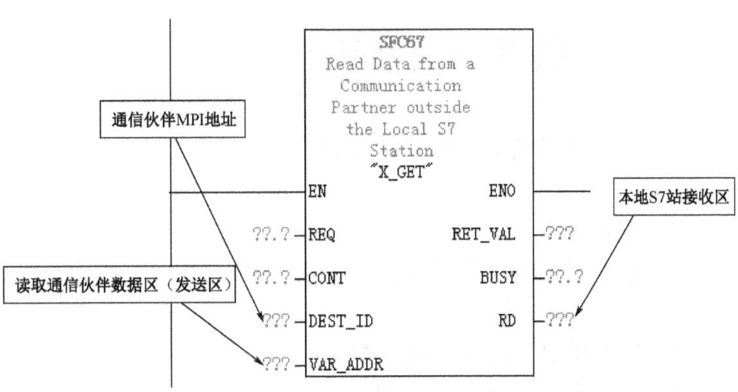

图 22-2　SFC 67（X_GET）读取数据指令

通过 SFC 67（X_GET），可以从本地 S7 站以外的通信伙伴中读取数据。在通信伙伴上没有相应 SFC。

在通过 REQ=1 调用 SFC 之后，激活读作业。此后，可以继续调用 SFC，直到 BUSY=0 指示数据接收为止。

必须要确保由 RD 参数定义的接收区（在本地 S7 站接收 CPU 上）至少和由 VAR_ADDR 参数定义的要读取的区域（在通信伙伴上）一样大。RD 的数据类型还必须和 VAR_ADDR 的数据类型相匹配。

表 22-2　SFC 67（X_GET）读取数据指令应用说明

参数	输入/输出	数据类型	存储区	功能描述
EN	INPUT	BOOL	I、Q、M 等	使能，可以直接连左母线
REQ	INPUT	BOOL	I、Q、M、D、L、常数	请求激活，电平触发（参见 SFC65 中的公共参数）
CONT	INPUT	BOOL	I、Q、M、D、L、常数	作业结束之后是否保持建立与通信伙伴的连接（参见 SFC65 中的公共参数）
DEST_ID	INPUT	WORD	I、Q、M、D、L、常数	通信伙伴的 MPI 地址（PLC 地址）
VAR_ADDR	INPUT	ANY	I、Q、M、D	通信伙伴 CPU 上要从中读取数据的区域。可以理解为接收区。必须选择通信伙伴支持的数据类型
RET_VAL	OUTPUT	INT	I、Q、M、D、L	如果执行功能时发生错误，返回值中将包含相应的错误代码。如果没有出错，RET_VAL 包含复制到接收区 RD 的数据块的长度，它是一个以字节为单位的正数
BUSY	OUTPUT	BOOL	I、Q、M、D、L	BUSY = 1 接收还没有结束。BUSY=0 就是已经结束或当前没有激活的接收作业
RD	OUTPUT	ANY	I、Q、M、D	本地 S7 站接收数据区。允许使用下列数据类型：接收区 RD 必须至少和通信伙伴上要读取的数据区域 VAR_ADDR 一样长。RD 的数据类型还必须和 VAR_ADDR 的数据类型相匹配。接收区的最大长度是 76 个字节

说明：① 切换到 STOP 模式。如果本地 S7 站 CPU 切换到 STOP 模式，则将终止通过 SFC 67（X_GET）建立的连接。位于操作系统缓冲区中的已接收到的数据是否会丢失，取决于所执行的重启动类型。在热启动之后（S7-300 和 S7-400H 系统不可以），数据被复制到由 RD 定义的区域中。在热启动或冷启动之后，数据被丢弃。

② 通信伙伴切换到 STOP 模式。如果通信伙伴的 CPU 切换到 STOP 模式，这不会影响通过 SFC 67（X_GET）进行的数据传送。处于 STOP 模式的通信伙伴也可以读取数据。

22.4　项目解决步骤

步骤 1．通信的硬件和软件配置

硬件：

（1）电源模块（PS307 5A）1 个。

（2）紧凑型 S7-300CPU（CPU314C-2DP）1 个。

（3）MMC 卡 1 张。

（4）输入模块（DI16×DC24V）1 个。

（5）输出模块（DO16×DC24V/0.5A）1 个。

（6）导轨 1 根。

（7）PROFIBUS 电缆 1 根。
（8）带编程口的 DP 头 2 个。
（9）PC 适配器 USB 编程电缆（S7-200/S7-300/S7-400 PLC 下载线）1 根。
（10）USB/PPI 编程电缆（S7-200 下载线）1 根。
（11）S7-200PLC 1 台。
（12）装有 STEP7-Micro/WIN V4.0 SP6 及以上版本编程软件的计算机 1 台。
（13）装有 STEP7 V5.4 及以上版本编程软件计算机 1 台。

软件：

STEP7 V5.4 及以上版本编程软件、STEP7-Micro/WIN V4.0 SP6 及以上版本编程软件。

步骤 2. 通信的硬件连接

通信的硬件连接如图 22-3 所示。

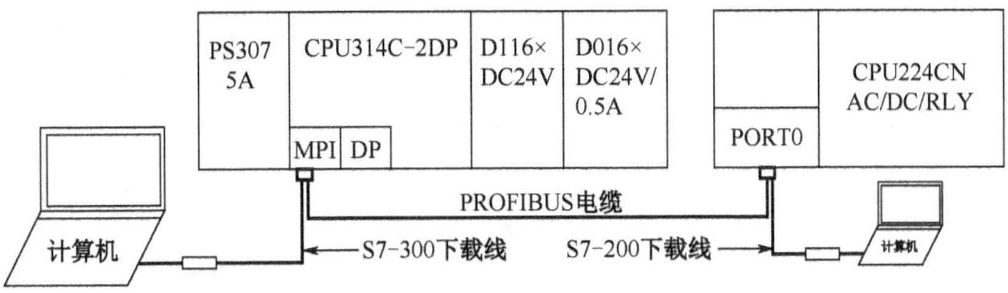

图 22-3　通信的硬件连接

步骤 3. 硬件组态及参数设置

（1）打开 SIMATIC 管理器。单击“新建项目”图标，出现新建项目界面中，给新建项目命名，于是在名称（M）下输入：“无组态单边 MPI 通信”，单击“确定”按钮。右键单击“无组态单边 MPI 通信”，单击“插入新对象”，单击“SIMATIC 300 站点”。SIMATIC 300 站点重新命名为“甲站”。

（2）对甲站（客户端）进行硬件组态。单击“甲站”，双击“硬件”，双击导轨“Rail”插入导轨，然后依次在 1 号插槽插入电源模块 PS 307 5A，2 号插槽插入 CPU 模块 CPU314C-2DP 的 V2.6，4 号插槽插入输入模块 SM321 DI16×DC24V。5 号插槽插入输出模块 SM322 DO16×DC24V/0.5A。如图 22-4 所示。双击“CPU314C-2DP”。

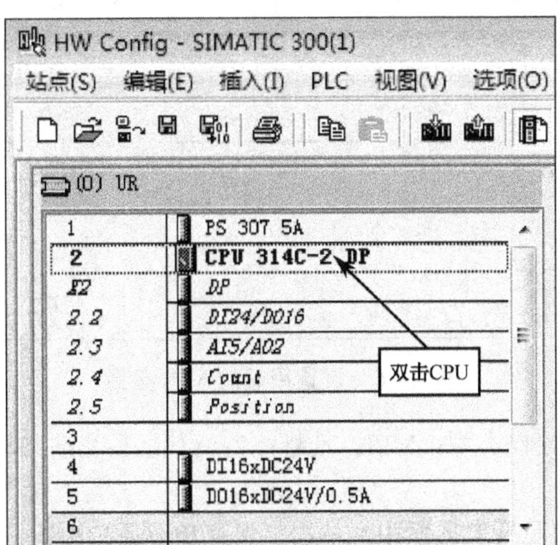

图 22-4　甲站硬件组态

打开 MPI 参数设置界面，单击“属性”按钮。如图 22-5 所示。

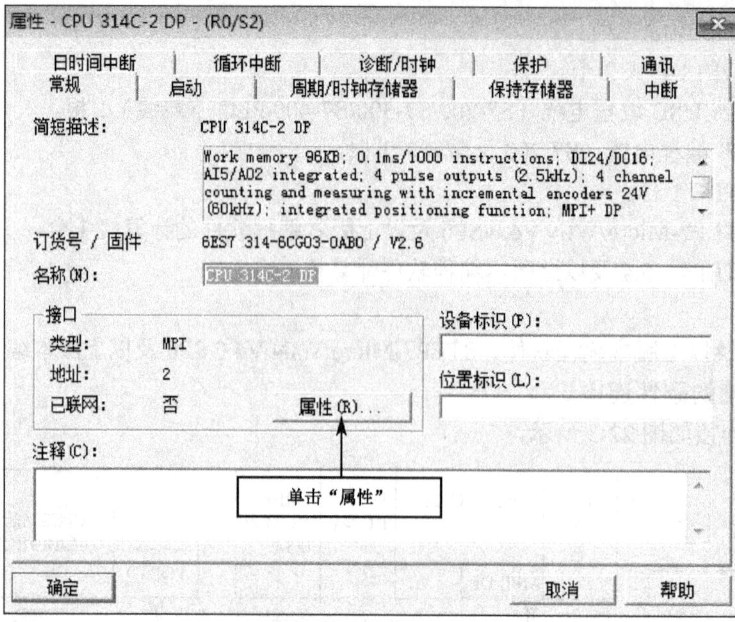

图 22-5　打开 MPI 参数设置界面

（3）设置甲站的 MPI 参数。出现的 MPI 属性接口界面中，选择 MPI 地址为 2，单击“187.5kbps”，设置 MPI 通信速率为 187.5kbps。单击“确定”按钮。如图 22-6 所示。

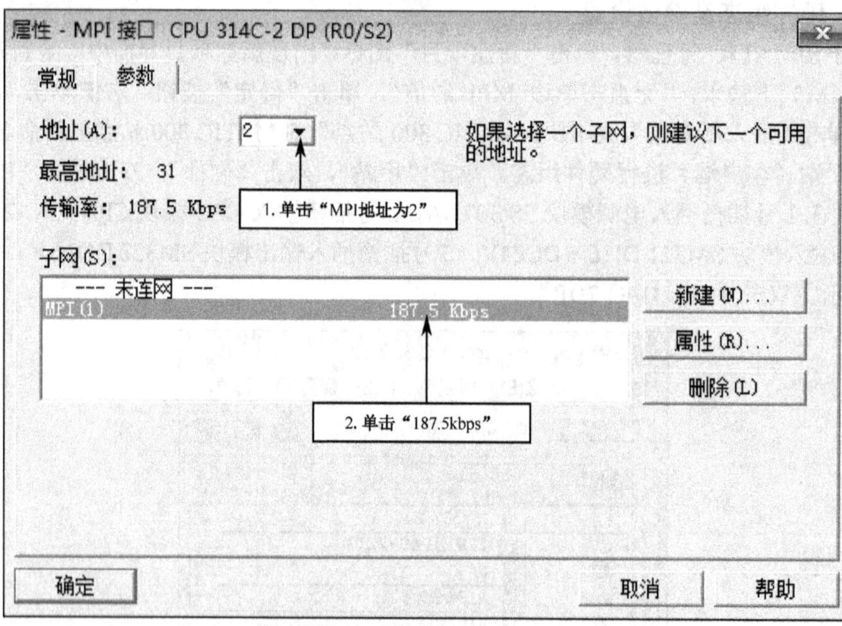

图 22-6　设置甲站的 MPI 参数

出现 CPU 属性界面。接口类型：MPI；地址：2；已联网：是；单击“确定”按钮，甲站连接到了 MPI 网络中。

回到 HW Config-甲站（配置）界面中，单击“保存和编译”按钮，对甲站的硬件配置进行保存和编译，然后回到 SIMATIC Manager。把甲站下载到 S7-300PLC 中。

（4）对乙站（服务器端）进行参数设置。乙站可以用 **S7-300/S7-200/S7-400PLC，本书选用 S7-200PLC。**打开编程软件 STEP7-Micro/WIN 后，单击左侧浏览条中的“系统块”，出现系统块（图 22-7）。因为带有两个 DP 头的 PROFIBUS 电缆一端插在 S7-200PLC 的 PORT0 口，所以通信端口选择端口 0。乙站 MPI

地址为 3，所以选择 PLC 地址为 3。速率设置为 187.5kbps，这个与 S7-300PLC 甲站 MPI 速率一定要相等。单击“确认”按钮。

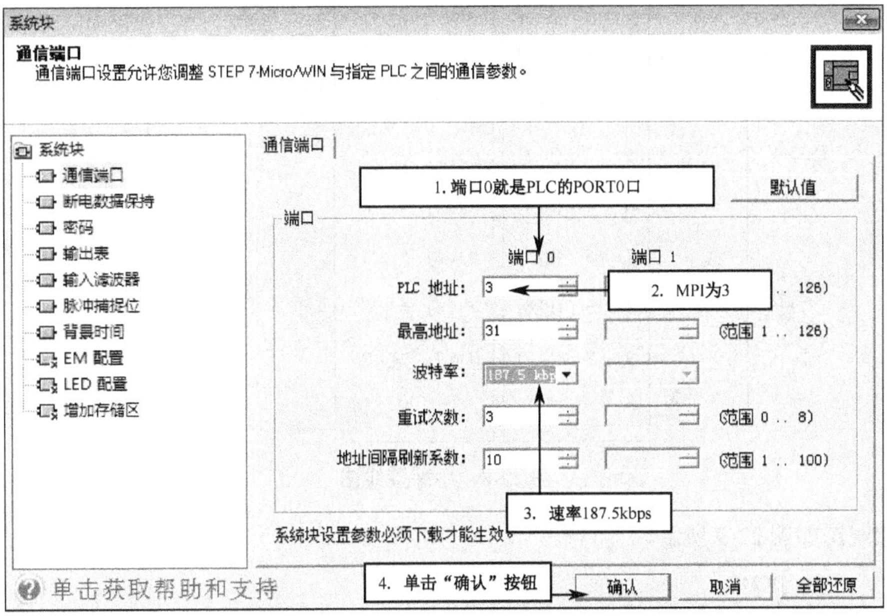

图 22-7　设置乙站（服务器端）MPI 参数

系统块设置完成后，进行保存，全部编译后再下载到 S7-200PLC 中。

步骤 4．输入/输出地址分配

甲站输入/输出地址分配如表 22-3 所示。

表 22-3　输入/输出地址分配表

序号	输入信号器件名称	编程元件地址	序号	输出信号器件名称	编程元件地址
1	启动乙站电动机按钮 SB1（常开触点）	I0.0	1	监视乙站电动机运行状态的甲站指示灯 HL1	Q4.0
2	停止乙站电动机按钮 SB2（常开触点）	I0.1	2	监视乙站 1Hz 指示灯的甲站指示灯 HL2	Q4.1
			3	监视乙站 2Hz 指示灯的甲站指示灯 HL3	Q4.2

乙站输出地址分配如表 22-4 所示。

表 22-4　输出地址分配表

序号	输出信号器件名称	编程元件地址
1	乙站电动机接触器 KM 线圈	Q0.0
2	乙站 1Hz 指示灯 HL1	Q0.1
3	乙站 2Hz 指示灯 HL2	Q0.2

步骤 5．输入/输出接线图

甲站接线图如图 22-8 所示。

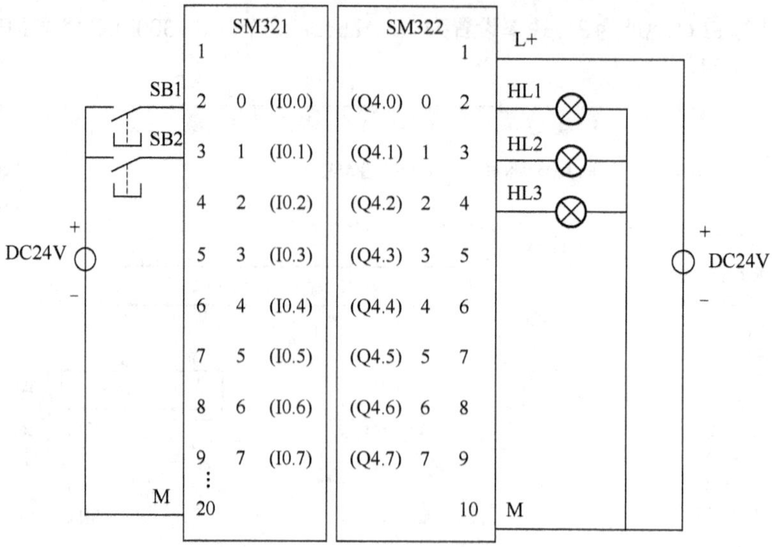

图 22-8　甲站接线图

乙站接线图如图 22-9 所示。

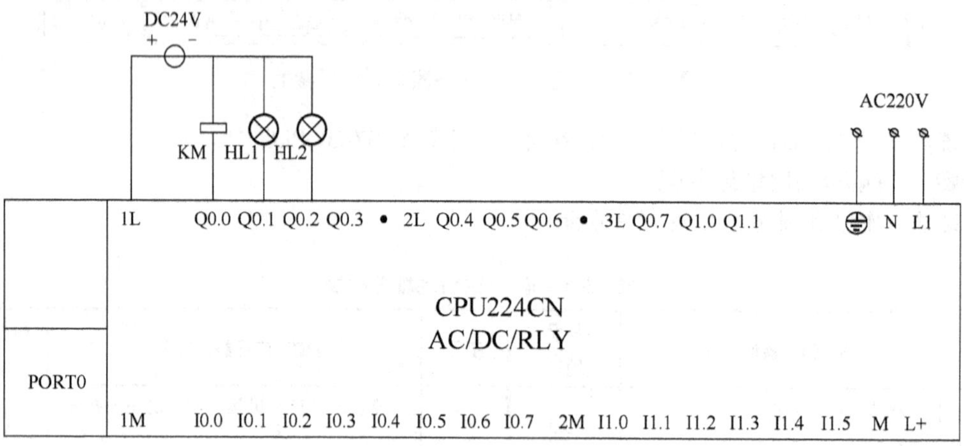

图 22-9　乙站接线图

步骤 6．建立符号表

甲站符号表如图 22-10 所示。

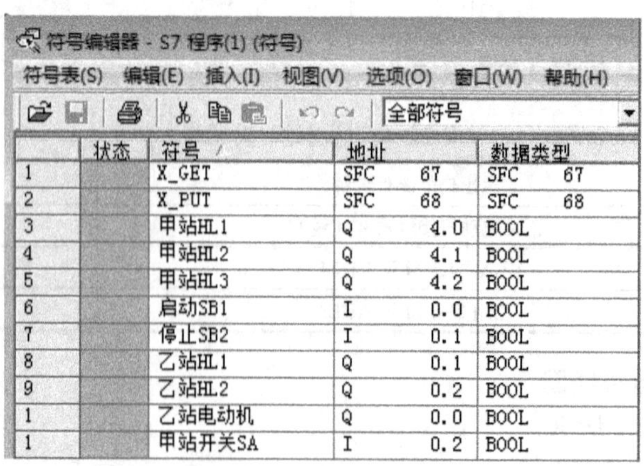

	状态	符号	地址		数据类型	
1		X_GET	SFC	67	SFC	67
2		X_PUT	SFC	68	SFC	68
3		甲站HL1	Q	4.0	BOOL	
4		甲站HL2	Q	4.1	BOOL	
5		甲站HL3	Q	4.2	BOOL	
6		启动SB1	I	0.0	BOOL	
7		停止SB2	I	0.1	BOOL	
8		乙站HL1	Q	0.1	BOOL	
9		乙站HL2	Q	0.2	BOOL	
1		乙站电动机	Q	0.0	BOOL	
1		甲站开关SA	I	0.2	BOOL	

图 22-10　甲站符号表

步骤 7. 编写程序

根据项目要求及地址分配。在甲站 OB1 中编写的控制及网络通信程序如图 22-11 所示。

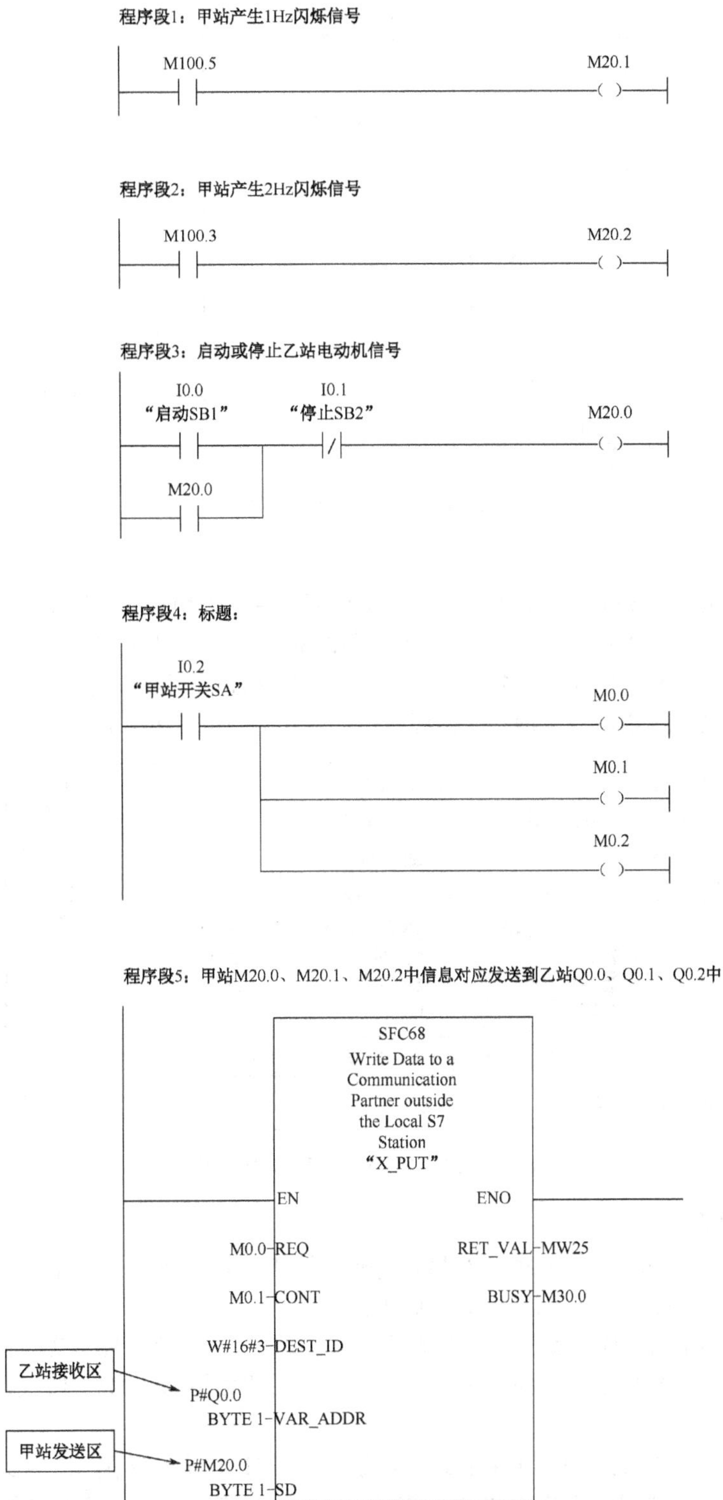

图 22-11　主站通信程序

程序段6：乙站Q0.0、Q0.1、Q0.2中信息被对应读取到甲站Q4.0、Q4.1、Q4.2中

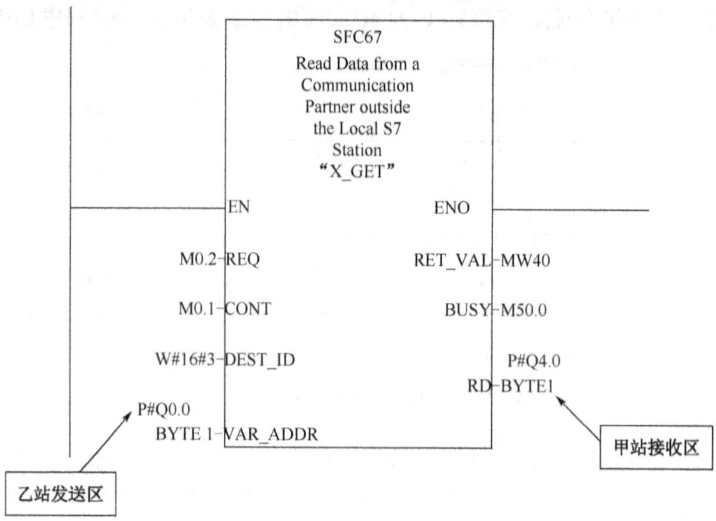

图 22-11　主站通信程序（续）

步骤 8．中断处理

为防止某一个站掉电或者损坏，将产生不同的中断，并且调用相应的组织块，如果在程序中没有建立这些组织块，CPU 将停止运行，以保护人身和设备的安全，因此在 SIMATIC Manager 界面下，在甲站插入 OB82、OB86 和 OB122 组织块，以便进行相应的中断处理。如果忽略这些故障让 CPU 继续运行，可以对这几个组织块不编写任何程序，只插入空的组织块。如图 22-12 所示。

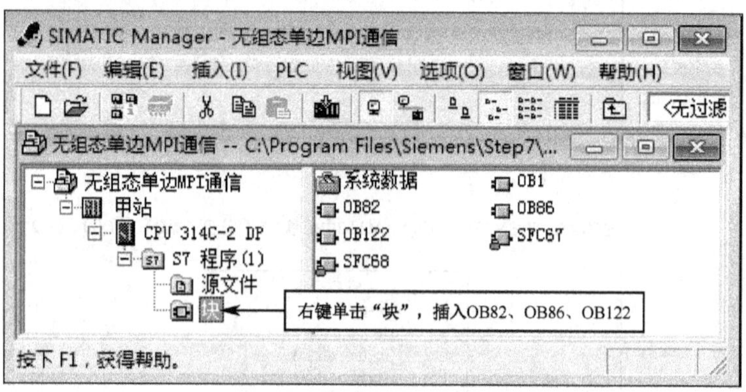

图 22-12　插入 OB82、OB86 和 OB122

步骤 9．联机调试

确保接线正确的情况下，在 SIMATIC Manager 界面中，将甲站硬件组态、参数设置及程序等下载到 S7-300PLC 中，将乙站下载到 S7-200PLC 中。

在甲站按下启动按钮 SB1，看到乙站电动机转动，看到甲站指示灯 HL1 亮。在甲站按下停止按钮 SB2，看到乙站电动机停止，看到甲站指示灯 HL1 灭。甲站指示灯 HL1 监视到了乙站电动机转动与停止状态。

甲站发送频率为 1Hz 的闪烁信号到乙站，乙站指示灯 HL1 以 1Hz 闪烁。甲站发送频率为 2Hz 的闪烁信号到乙站，乙站指示灯 HL2 以 2Hz 闪烁。并且甲站指示灯 HL2 可以监视乙站指示灯 HL1 闪烁状态。甲站指示灯 HL3 可以监视乙站指示灯 HL2 闪烁状态。

如果满足上述情况，调试成功。如果不能满足，检查原因，纠正问题，重新调试，直到满足上述情况为止。

22.5 项目解决方法拓展

从 22.4 项目解决步骤中知道，通过带有 DP 头 PROFIBUS 电缆一端连接在 S7-300PLC 的 MPI 口，另一端连接在 S7-200PLC 编程口（PORT0 口或 PORT1 口）来完成无组态单边 MPI 通信。如果 S7-200PLC 编程口不够用时，可以加一个 EM277 模块，将 PROFIBUS 电缆一端 DP 头插在 EM277 模块口中，EM277 与 S7-200PLC 相连。在 S7-200PLC 侧，用拨码开关设置 EM277 的地址作为 S7-200PLC 的 MPI 地址。须重新上电设置的地址才能生效。在 S7-300/S7-400 侧编程使用 SFC68、SFC67 指令时，要把 DEST_ID 端地址参数设置为 EM277 的地址。其他参考 22.4 项目解决步骤。

22.6 巩固练习

（1）由两台 PLC 组成的无组态单边 MPI 网络通信中，其中 1 台 S7-300PLC 为甲站，MPI 地址为 2。另 1 台 S7-200PLC 为乙站，MPI 地址为 3。要求如下。

① 在甲站按下启动按钮 SB1 可以启动甲站与乙站电动机，在甲站按下停止按钮 SB2 可以停止甲站与乙站电动机。甲站电动机采用热继电器 FR 作为过载保护，当甲站电动机过载时，停止甲站电动机并且乙站报警指示灯 HL 以 1Hz 频率闪烁。

② 乙站电动机采用热继电器 FR 作为过载保护，当乙站电动机过载时，停止乙站电动机并且甲站报警指示灯 HL 以 2Hz 频率闪烁。

（2）由两台 PLC 组成的无组态单边 MPI 网络通信中，其中 1 台 S7-300PLC 为甲站，MPI 地址为 2。另 1 台 S7-200PLC 为乙站，MPI 地址为 3。要求如下。

① 甲站 MPI 地址为 3，乙站 MPI 地址为 4。

② 通过变量表送入值和显示值的操作方式，甲站向乙站发送 20 字节数据，乙站向甲站发送 20 字节数据。

第五篇　PPI 通信

项目 23　两台 S7-200PLC 之间的 PPI 通信

23.1　项目要求

由两台 S7-200PLC 组成的 PPI 主从通信，主站地址为 1，从站地址为 2，要求如下。

（1）在主站按下点动按钮 SB，从站指示灯 HL 亮，松开点动按钮 SB，从站指示灯 HL 灭。

（2）在从站按下点动按钮 SB，主站指示灯 HL 亮，松开点动按钮 SB，主站指示灯 HL 灭。

23.2　学习目标

（1）了解通信类型与连接方式。

（2）熟悉 PPI 通信协议。

（3）熟悉通信端口应用。

（4）掌握两台 PLC 之间的 PPI 网络通信硬件与软件配置。

（5）掌握两台 PLC 之间的 PPI 网络通信硬件连接。

（6）掌握两台 PLC 之间的 PPI 通信区设置。

（7）掌握两台 PLC 之间用指令向导进行 PPI 网络通信参数设置。

（8）掌握两台 PLC 之间的 PPI 网络通信的编程及调试。

23.3　相关知识

23.3.1　通信类型与连接方式

S7-200 系列 PLC 与上位机的通信网络中，可以把上位机作为主站，或者把人机界面 HMI 作为主站，或者把 PLC 作为主站。主站可以对网络中的其他设备发出初始化请求，从站只是响应来自主站的初始化请求，不能对网络中的其他设备发出请求。

主站与从站之间有两种连接方式。

单主站：只有一个主站，连接一个或者多个从站。

多主站：有两个以上主站，连接多个从站。

23.3.2　PPI（Point to Point Interface）协议

为实现不同设备之间进行交换数据，PPI 是点对点的串行通信，串行通信是指每次只传送 1 位二进制数，因此传输速率较慢，但其接线少，可以长距离传输数据。 PPI 协议（点对点接口协议）是西门子公司专门为 S7-200 系列 PLC 开发的通信协议，是 S7-200PLC 最基本的通信方式，通过 PLC

自身的端口（PORT0 或 PORT1）就可以实现 PPI 通信，硬件接口为 RS-485 通信接口。

PPI 协议是主从通信协议，可以实现 S7-200PLC 与编程器及其他 S7-200PLC 之间的通信，是在工程中比较常用的通信方式。在 PPI 网络中，如果指定某个 S7-200PLC 为主站，主站与从站在一个令牌网中，主站发送要求到从站，从站响应；从站不发信息，只是等待主站的要求并对要求进行响应。例如，主站向从站写信息，主站读从站信息。

西门子 S7-200 系列 PLC 还支持 MPI 通信（从站）、Modbus 通信、USS 通信、自由口协议通信、PROFIBUS-DP 现场总线通信（从站）、AS-I 通信及以太网通信等。

23.3.3 通信端口

S7-200 系列 PLC 中，CPU221、CPU222 和 CPU224 有 1 个 RS-485 串行通信端口，为 PORT0；CPU224XP 和 CPU226 有 2 个 RS-485 串行通信端口，分别为 PORT0 和 PORT1。通信端口作为 PPI 接口，点对点通信。通信端口用于编程器 PG 功能、人机界面功能及 S7-200PLC 之间通信。

为区别每个站的 PLC，每个站的 PLC 都有一个站地址，通过系统块中端口 0（PORT0）或端口 1（PORT1）设置 PLC 站地址，站地址必须唯一。

23.4 项目解决步骤

步骤 1．通信的硬件与软件配置

硬件：

（1）S7-200PLC 两台。

（2）带有编程口 DP 头 2 个。

（3）PROFIBUS 电缆 1 根。

（4）安装 STEP7-Micro/WIN 软件的计算机 1 台（也称编程器）。

（5）S7-200PLC 下载线（USB/PPI 编程电缆）1 根。

软件：编程软件 STEP7-Micro/WIN V4.0 SP6 及以上版本 1 套。

步骤 2．通信的硬件连接

确保断电的情况下，将 PROFIBUS 电缆与带有编程口 DP 头连接。将 DP 头插入到两台 PLC 的 PORT0 口内，因为 DP 头在两个站网络终端位置，所以 DP 头的开关位置设置为 ON。主站 PORT0 上插有 DP 头，将下载线 RS-485 口插入到主站 DP 头中，另一端插入到编程器的 USB 口里。PPI 通信的硬件连接如图 23-1 所示。

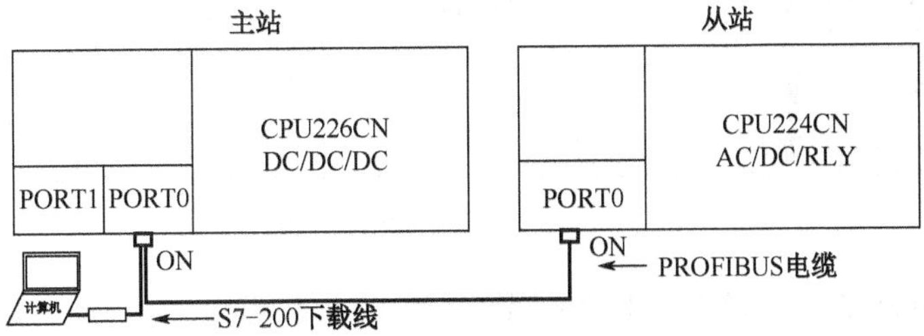

图 23-1 PPI 通信的硬件连接

步骤 3．通信区设置

通信区设置如图 23-2 所示。

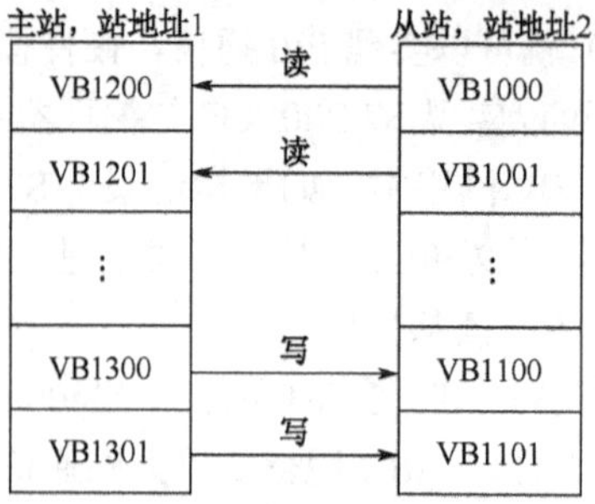

图 23-2　通信区设置

步骤 4. 用指令向导进行网络参数设置

1. 主站设置

（1）打开编程软件 STEP7-Micro/WIN 后，单击“工具（T）”按钮，在下拉菜单中单击“指令向导（I）”，如图 23-3 所示。

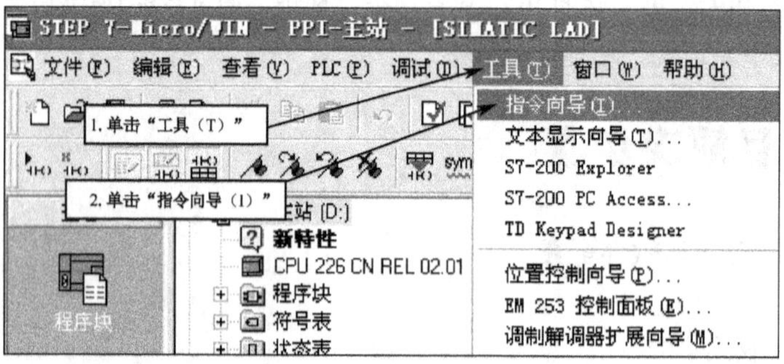

图 23-3　选择指令向导

（2）在如图 23-4 所示界面中单击选择“NETR/NETW”，单击“下一步”按钮。

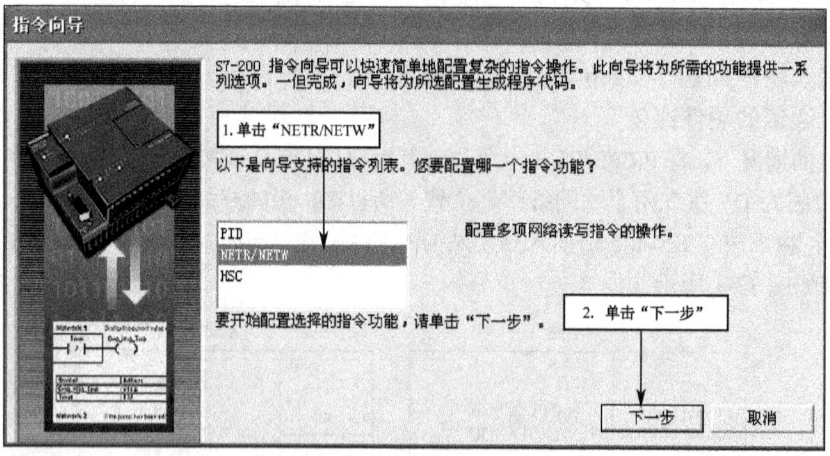

图 23-4　选择“NETR/NETW”

（3）配置多少项网络读/写操作？本项目配置本地 PLC 从远程 PLC 一个读和本地 PLC 向远程 PLC 一个写，因此配置 2 项网络读/写操作，单击“下一步”按钮。如图 23-5 所示。

（4）通过哪一个 PLC 端口通信，这里指 PLC 的 PORT0 或 PORT1 端口，选择“0”，即 PORT0。可执行子程序的命名采用默认的“NET_EXE”。单击“下一步”按钮。如图 23-6 所示。

（5）此项操作是 NETR，应从远程 PLC 读取 2 个字节的数据。**根据本项目解决步骤 3 的通信区设置，**从远程从站 PLC 的 VB1000～VB1001 处读取数据，数据存储在本地主站 PLC 的 VB1200～VB1201。如图 23-7 所示。单击“下一项操作”按钮。

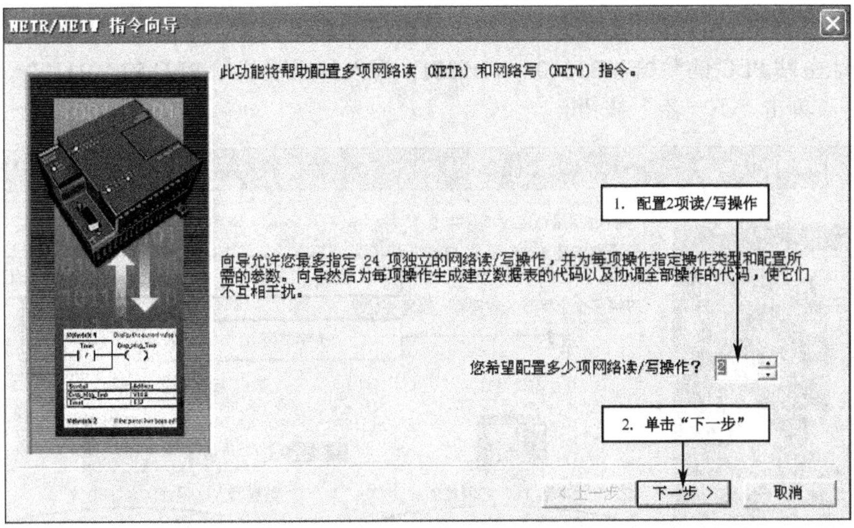

图 23-5　选择配置网络读/写操作数

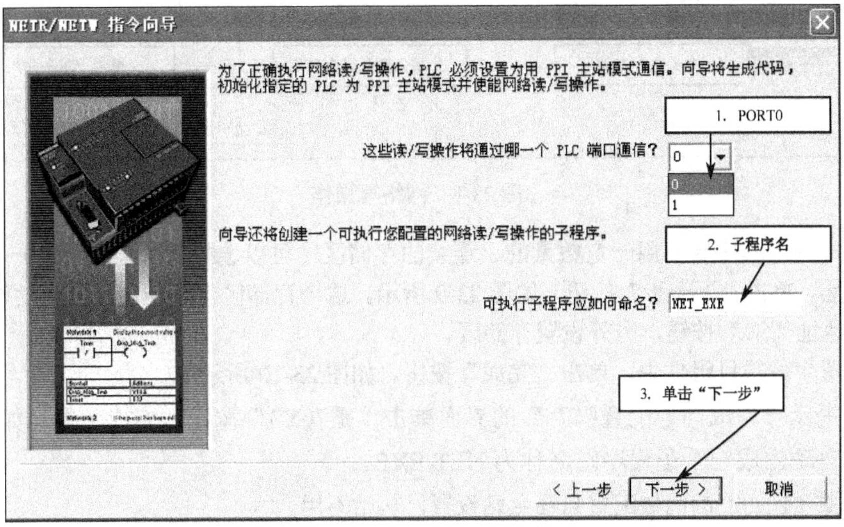

图 23-6　PLC 端口及子程序命名

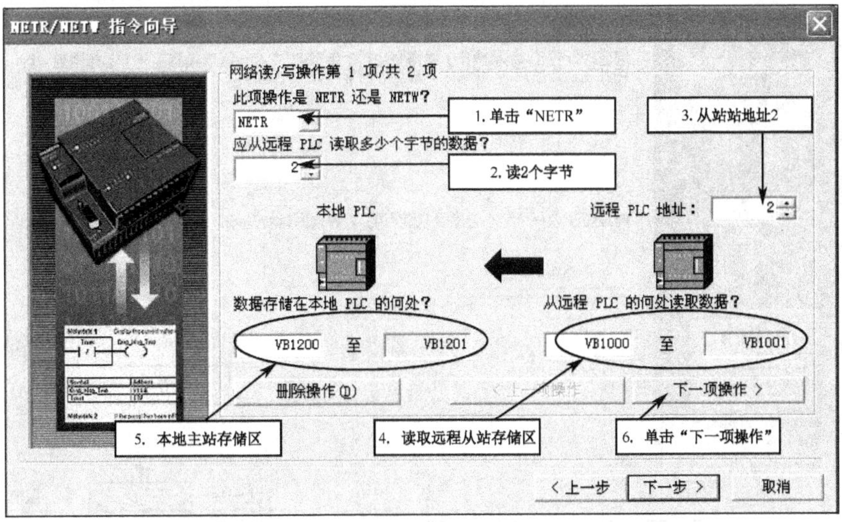

图 23-7　网络读操作

（6）此项操作是 NETW，应将 2 个字节的数据写入远程 PLC，**根据本项目解决步骤 3 的通信区设置**，本地主站 PLC 的数据 VB1300～VB1301，写入到远程从站 PLC 的 VB1100～VB1101。如图 23-8 所示，单击“下一步”按钮。

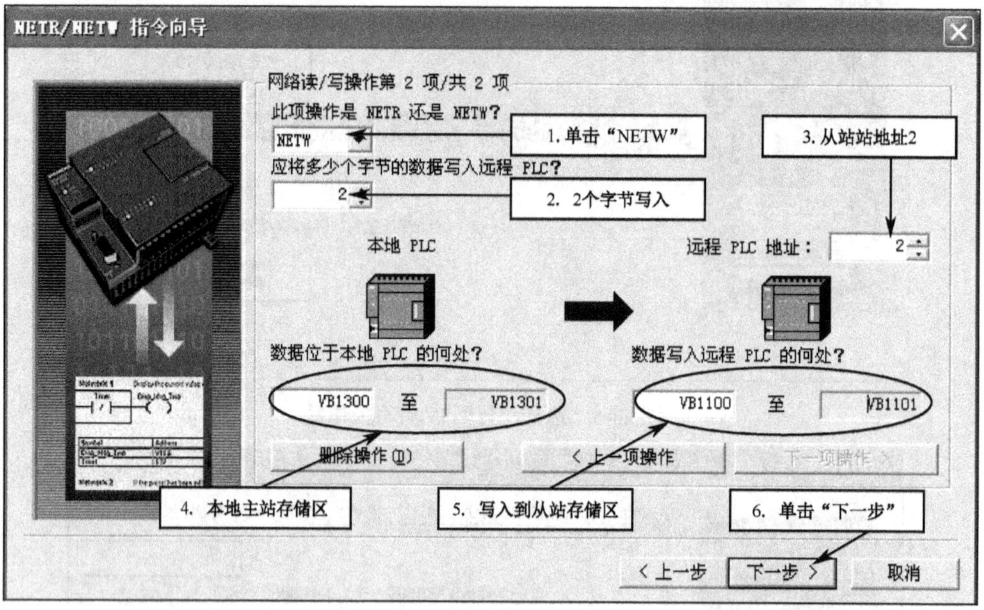

图 23-8　网络写操作

（7）生成的子程序要占用一定数量的、连续的存储区，可以选择默认地址 VB0～VB20，这里选择默认地址。单击“下一步”按钮。如图 23-9 所示。这个存储区就不能用于其他功能了。也可以单击“建议地址（S）”按钮，另外设置存储区。

（8）配置生成项目组件中，单击“完成”按钮。如图 23-10 所示。

（9）在提示“完成向导配置吗？”的界面单击“是（Y）”按钮，完成配置。如图 23-11 所示。此时会自动生成一个子程序，名称为 NET-EXE。

以上步骤（1～9）的向导配置只在主站设置，从站不用。

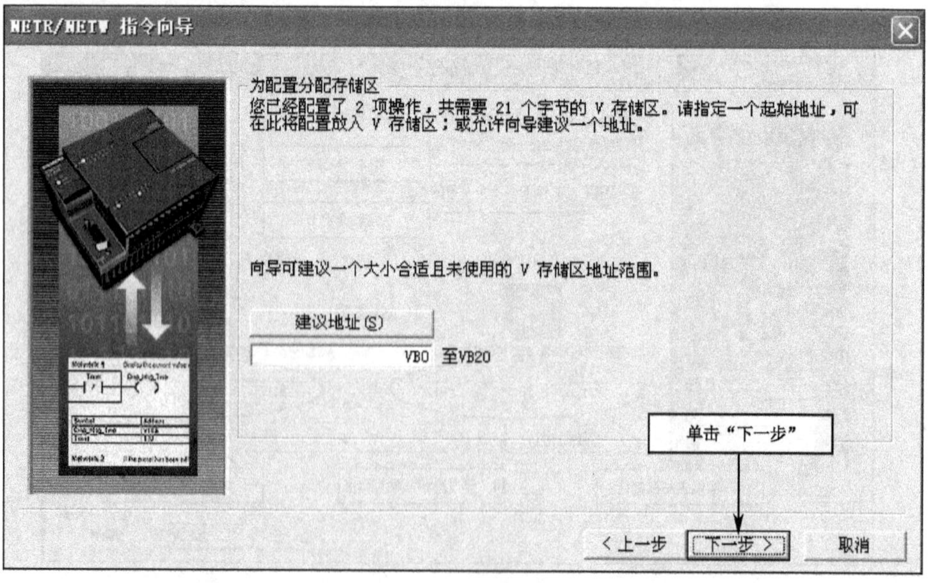

图 23-9　分配存储区

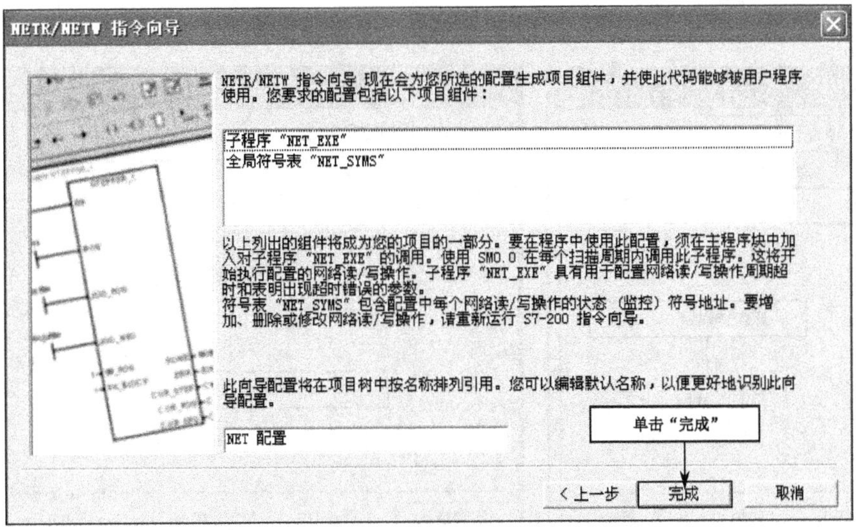

图 23-10　生成项目组件

图 23-11　完成向导配置

（10）关于下载，在左侧浏览条中，单击"设置 PG/PC 接口"，单击"PC/PPI cable（PPI）"，单击"属性"按钮。如图 23-12 所示。

（11）属性设置如图 23-13 所示，单击"PPI"，站参数地址（A）是编程器地址，默认为 0。设置传输率（R）：19.2kbps，其他为默认值。

（12）计算机侧端口设置。根据实际应用下载线的端口，设置连接到的端口。单击"本地连接"，笔者使用的下载线是 USB/PPI 编程电缆，下载线是 USB 口，所以单击 USB。如图 23-14 所示。单击"确定"按钮。

下载线如果是 RS-232/PPI 电缆，可以连计算机的 COM 口，在设置 PG/PC 接口中要设置 COM。

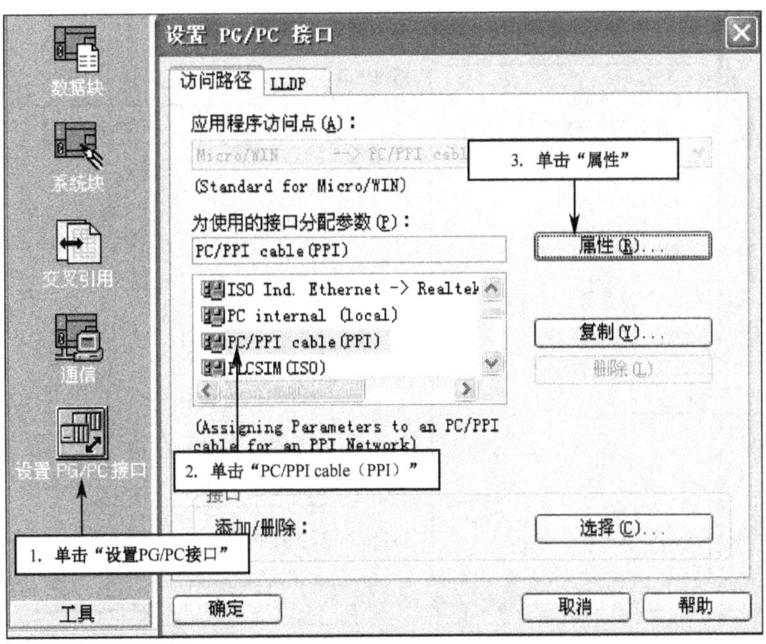

图 23-12　设置 PG/PC 接口

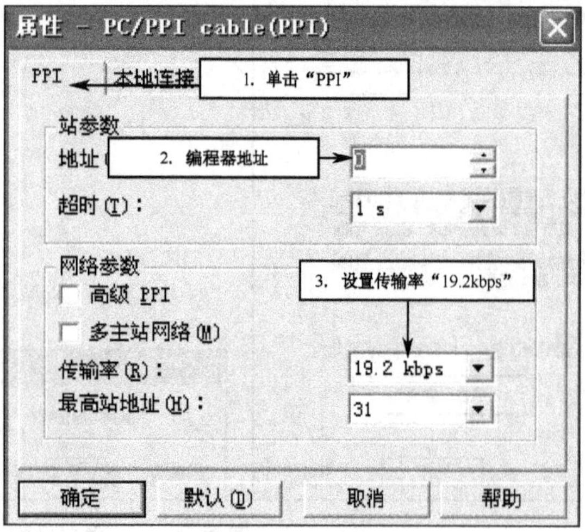

图 23-13　属性设置

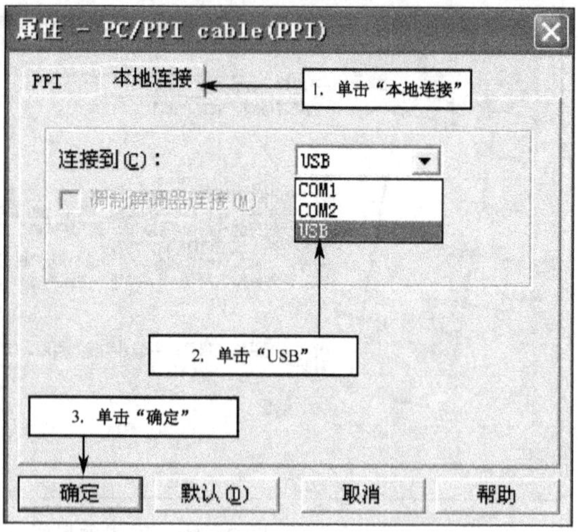

图 23-14　计算机侧下载线端口设置

（13）设置 PLC 站地址。如图 23-15 所示。单击“系统块”，因为主站站地址为 1，端口 0 设置 PLC 地址：1。波特率：19.2kbps。其他采用默认值，单击“确认”按钮。注意：站地址及通信参数只有在下载后才能生效。

（14）在程序编辑器界面中，单击“保存项目”按钮，在另存为界面中，将文件名（N），命名为主站，单击“保存”按钮。

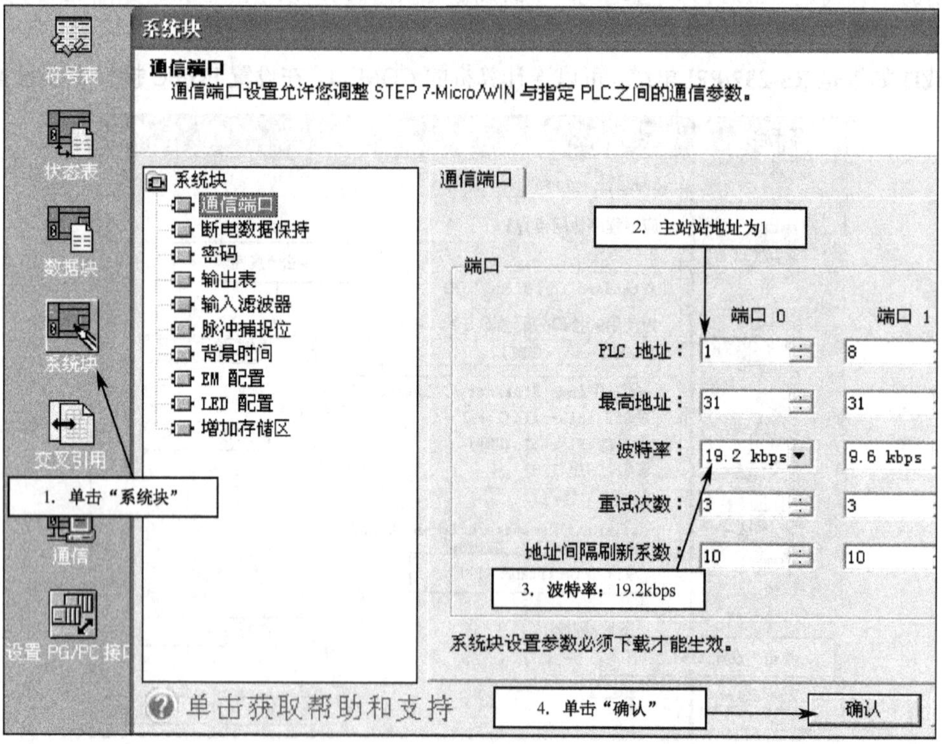

图 23-15　设置 PLC 地址及参数

2. 从站设置

（1）单击“新建项目”按钮，单击“设置 PG/PC 接口”，单击“PC/PPI cable（PPI）”，单击“属性”按钮。

（2）属性 PPI 界面中设置传送率（R）：19.2kbps，其他采用默认值。

（3）在属性本地连接界面中，笔者使用的下载线是 USB 口，所以单击 USB。

（4）设置 PLC 站地址。单击“系统块”，因为从站地址为 2，端口 0 设置 PLC 地址：2。波特率：19.2kbps。其他采用默认值，单击“确定”按钮。如图 23-16 所示。

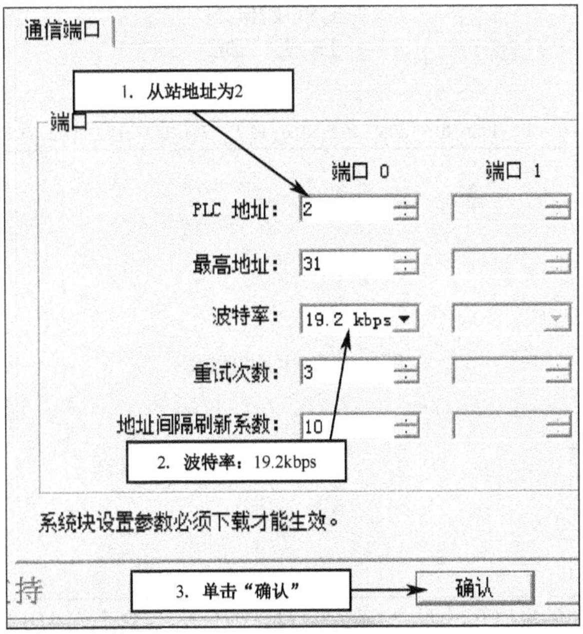

图 23-16 设置 PLC 站地址及参数

（5）单击“保存项目”按钮，在另存为界面中，将文件名（N）命名为从站，单击“保存”按钮。

步骤 5. 输入/输出信号器件地址分配

主站输入/输出信号器件地址分配如表 23-1 所示。

表 23-1 输入/输出信号器件地址分配表

序号	输入信号器件名称	编程元件地址	序号	输出信号器件名称	编程元件地址
1	点动按钮 SB（常开触点）	I0.0	1	指示灯 HL	Q0.0

从站输入/输出信号器件地址分配如表 23-2 所示。

表 23-2 输入/输出信号器件地址分配表

序号	输入信号器件名称	编程元件地址	序号	输出信号器件名称	编程元件地址
1	点动按钮 SB（常开触点）	I0.0	1	指示灯 HL	Q0.0

步骤 6. 输入/输出接线图

主站接线图如图 23-17 所示。

从站接线图如图 23-18 所示。

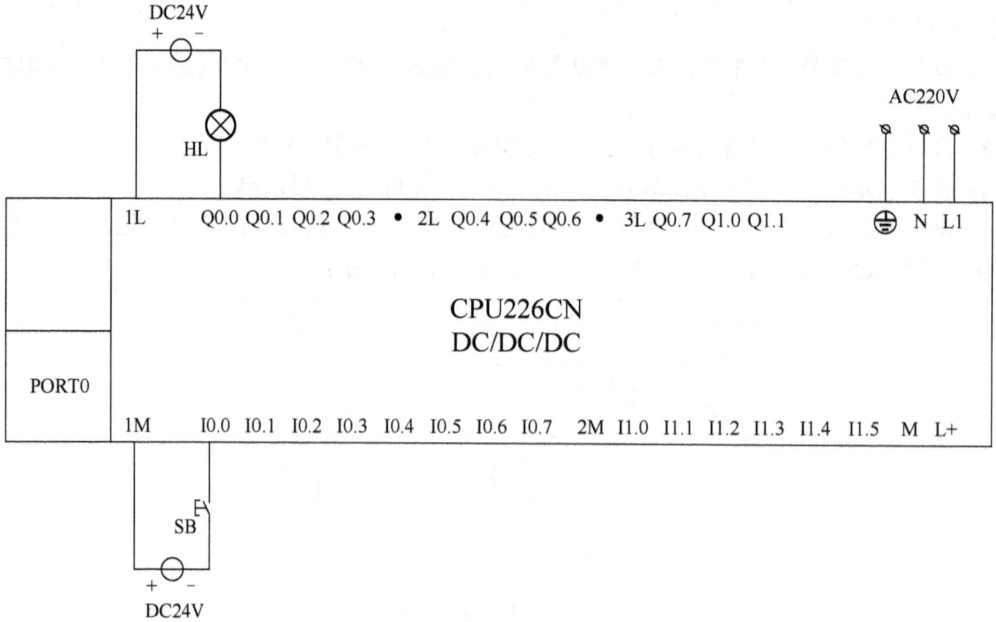

图 23-17　主站接线图

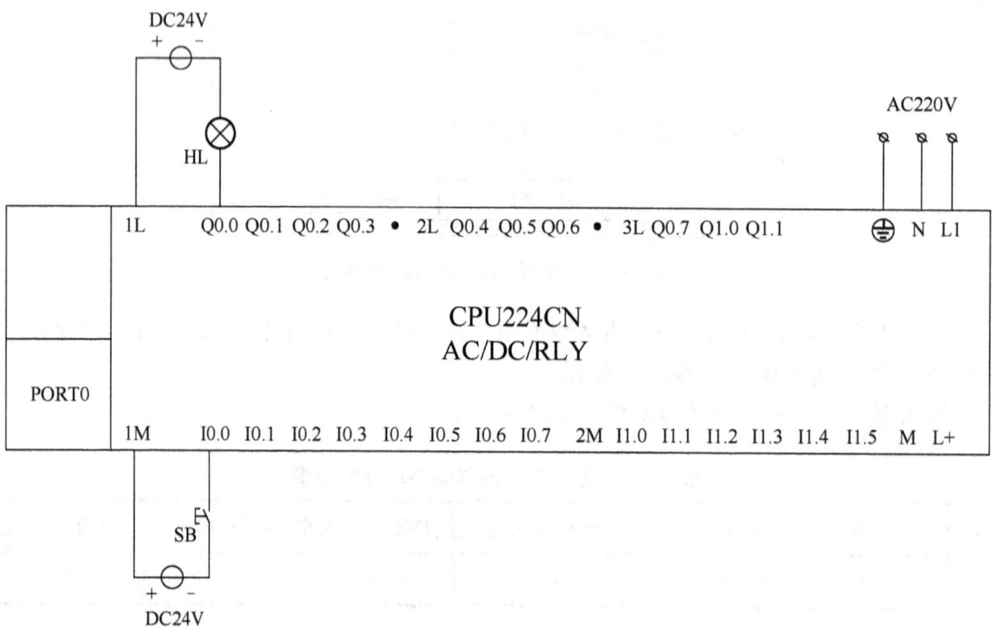

图 23-18　从站接线图

步骤 7．建立符号表

主站符号表如图 23-19 所示。

			符号	地址
1			点动按钮SB	I0.0
2			指示灯HL	Q0.0

图 23-19　主站符号表

从站符号表如图 23-20 所示。

			符号	地址
1			点动按钮SB	I0.0
2			指示灯HL	Q0.0
3				

图 23-20　从站符号表

步骤 8．编写控制程序

1．主站程序

程序编辑器窗口左侧“调用子程序”下面，双击“NET_EXE（SBR1）”子程序，子程序出现在程序编辑器中。如图 23-21 所示。

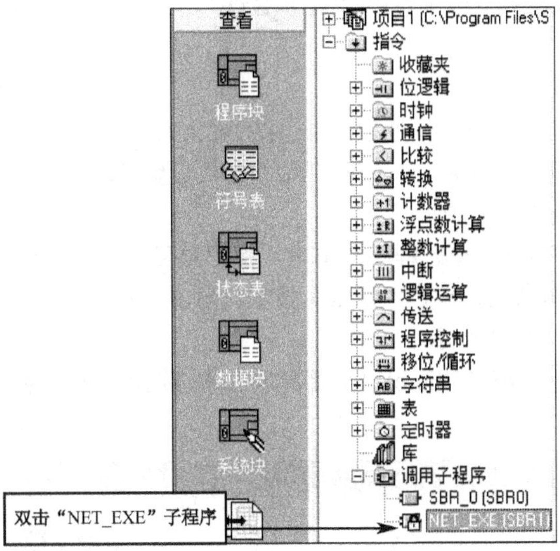

图 23-21　生成子程序

根据项目要求、地址分配及**步骤 3** 通信区设置编写网络程序，如图 23-22 所示。

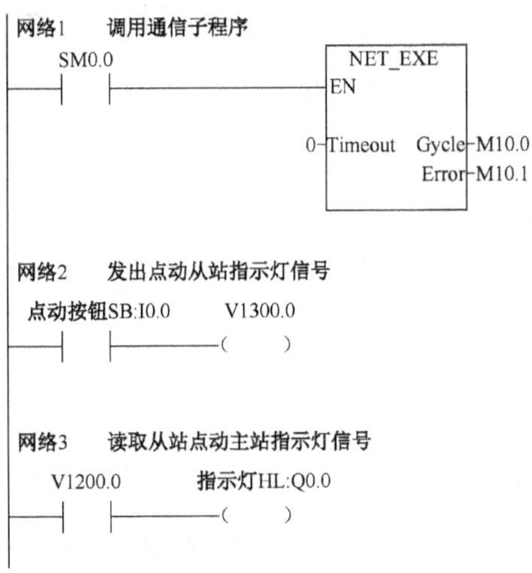

图 23-22　主站程序

要在程序中使用上面所完成的向导配置，须在主程序块中加入对子程序“NET_EXE”的调用。要使子程序 NET_EXE 运行，不断地读取与写入数据，必须在主程序中不停地调用它，用 SM0.0 在每个扫描周期内调用此子程序，这将开始执行配置的网络读/写操作。NET_EXE 有 Timeout、Cycle、Error 等几个参数，它们的含义如下。

Timeout：设定的通信超时时限，以秒为单位，1～32767 秒，若为 0，则不计时。

Cycle：输出开关量，所有网络读/写操作每完成一次，都会切换 Cycle 的 BOOL 变量状态。

Error：当通信时间超出设定时间时，或者通信出错时，此信号为“1”。

本项目中 Timeout 设定为 0。Cycle 输出到 M10.0。网络通信时，M10.0 闪烁。Error 输出到 M10.1，当发生错误时，M10.1 为“1”。

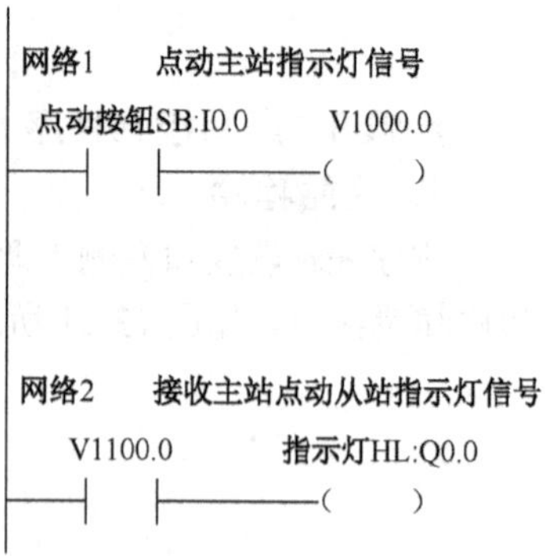

图 23-23　从站程序

2. 从站程序

根据项目要求、地址分配及步骤 3 通信区设置编写网络程序如图 23-23 所示。

注意：从站程序编辑器中不用子程序“NET_EXE”。

步骤 9. 联机调试

断电情况下接线。

确保接线正确的情况下，通电，通过安装 S7-200PLC 软件 STEP 7 MicroWIN 计算机，将主站、从站两个站的参数设置及程序等分别下载到各自对应的 PLC 中。

主站下载：打开主站项目，输入程序，单击“保存项目”按钮。单击“全部编译”按钮，总错误数必须为 0。在左侧浏览条上，单击“通信”按钮，单击“双击刷新”图标，单击要下载的 CPU，单击“确认”按钮。如图 23-24 所示。

本地地址是指安装有 STEP 7 MicroWIN 计算机的通信地址，默认为 0。远程地址是指 S7-200PLC 端口的 PLC 站地址。

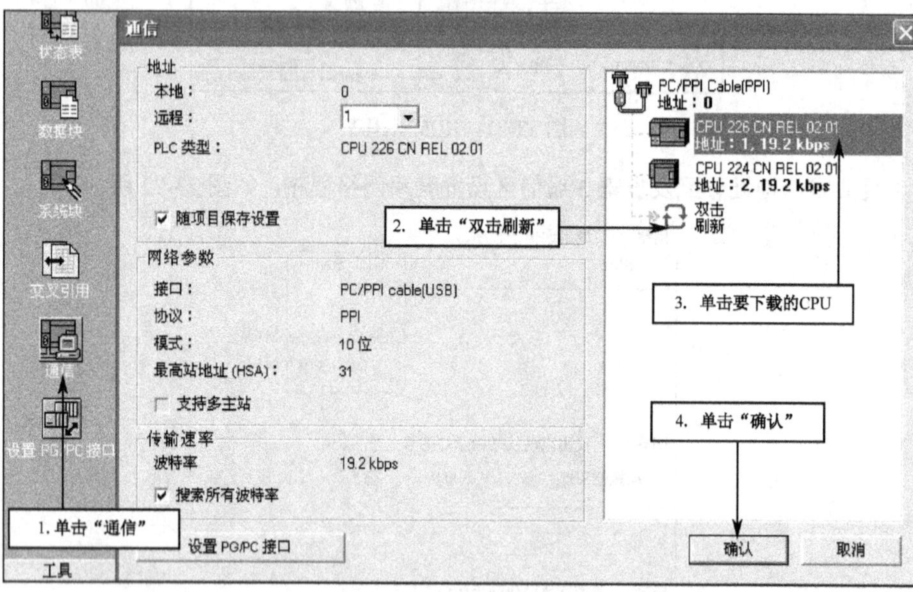

图 23-24　网络中 PLC 型号、站地址及速率

从站下载：打开从站项目，输入程序，单击“保存项目”按钮。单击“全部编译”按钮，总错误数必须为 0。单击“通信”按钮，单击“双击刷新”图标，单击要下载到的 CPU，单击“确认”按钮。

在主站按下按钮 SB，看到从站指示灯 HL 亮，松开按钮 SB，看到从站指示灯 HL 灭。在从站按下按钮 SB，看到主站指示灯 HL 亮，松开按钮 SB，看到主站指示灯 HL 灭。

如果满足上述情况，调试成功。如果不满足，检查原因，纠正问题，重新调试，直到满足上述情况为止。

23.5 巩固练习

（1）由两台 S7-200PLC 组成的 PPI 主从网络通信中，主站站地址为 1，从站站地址为 2。

① 在主站按下启动按钮 SB0，启动从站电动机，按下停止按钮 SB1，停止从站电动机。

② 在从站按下启动按钮 SB0，启动主站电动机，按下停止按钮 SB1，停止主站电动机。

（2）由两台 S7-200PLC 组成的 PPI 主从网络通信中，主站站地址为 2，从站站地址为 3。

① 主站对从站电动机进行启动或停止控制，主站指示灯 HL 能监视从站电动机的工作状态。

② 从站对主站电动机进行启动或停止控制，从站指示灯 HL 能监视主站电动机的工作状态。

（3）由 2 台 S7-200PLC 组成的 PPI 网络通信。控制要求为：

① 1 号站（主站）站地址为 1，2 号站（从站）站地址为 2。

② 在主站通过变量表写入一个字节数据，主站将其写入到从站，在从站通过变量可以看到该数据。

③ 在从站通过变量表写入一个字节数据，主站将其读取过来，在主站通过变量可以看到该数据。

项目 24　多台 S7-200PLC 之间的 PPI 通信

24.1　项目要求

由 3 台 S7-200PLC 组成的 PPI 主从通信，主站站地址为 1，从站 1 站地址为 2，从站 2 站地址为 3。要求如下：

（1）在主站按下启动按钮 SB1，从站 1 指示灯 HL 亮，从站 2 指示灯 HL 亮。在主站按下停止按钮 SB2，从站 1 指示灯 HL 灭，从站 2 指示灯 HL 灭。

（2）在从站 1 按下启动按钮 SB1， 主站指示灯 HL1 亮，在从站 1 按下停止按钮 SB2，主站指示灯 HL1 灭。

（3）在从站 2 按下启动按钮 SB1， 主站指示灯 HL2 亮，在从站 2 按下停止按钮 SB2，主站指示灯 HL2 灭。

24.2　学习目标

（1）掌握多台 PLC 之间的 PPI 通信硬件及软件配置。

（2）掌握多台 PLC 之间的 PPI 通信硬件连接。

（3）掌握多台 PLC 之间的 PPI 通信区设置。

（4）掌握多台 PLC 之间用指令向导进行 PPI 通信参数设置。

（5）掌握多台 PLC 之间的 PPI 通信编程及调试。

24.3　项目解决步骤

步骤 1．通信的硬件与软件配置

硬件：

（1）S7-200PLC 3 台。

（2）带有编程口 DP 头 3 个。

（3）PROFIBUS 电缆 2 根。

（4）安装 STEP7-Micro/WIN 软件的计算机 1 台（也称编程器）。

（5）S7-200PLC 下载线（USB/PPI 编程电缆）1 根。

软件：STEP7-Micro/WIN V4.0 SP6 及以上版本编程软件。

步骤 2．通信的硬件连接

确保断电情况下，将 PROFIBUS 电缆与 DP 头连接，将 DP 头插到 3 台 PLC 的 PORT0 口，DP 头在网络终端位置，DP 头的开关设置为 ON，DP 头在中间位置的，DP 头的开关设置为 OFF。主站 PORT0 上插有带编程口 DP 头，将下载线的 RS-485 口插在主站 PORT0 口上面的 DP 头上，而另一端插在编程器的 USB 口上。PPI 通信硬件连接如图 24-1 所示。

步骤 3．通信区设置

主站、从站 1、从站 2 的通信区设置如图 24-2 所示。

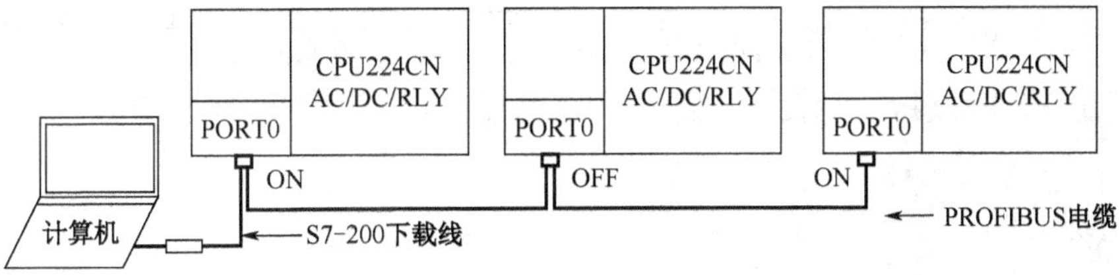

图 24-1　PPI 通信硬件连接

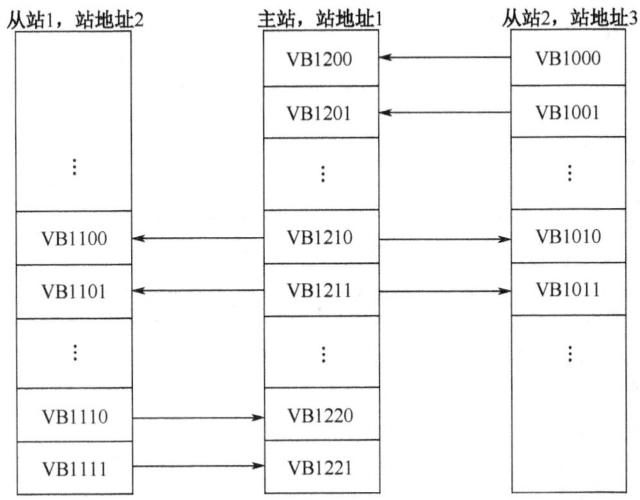

图 24-2　主站、从站 1、从站 2 的通信区设置

步骤 4．用指令向导进行网络参数设置

主站设置：

（1）打开编程软件 STEP7-Micro/WIN 后，单击“工具”按钮，在下拉菜单中，单击“指令向导”，如图 24-3 所示。

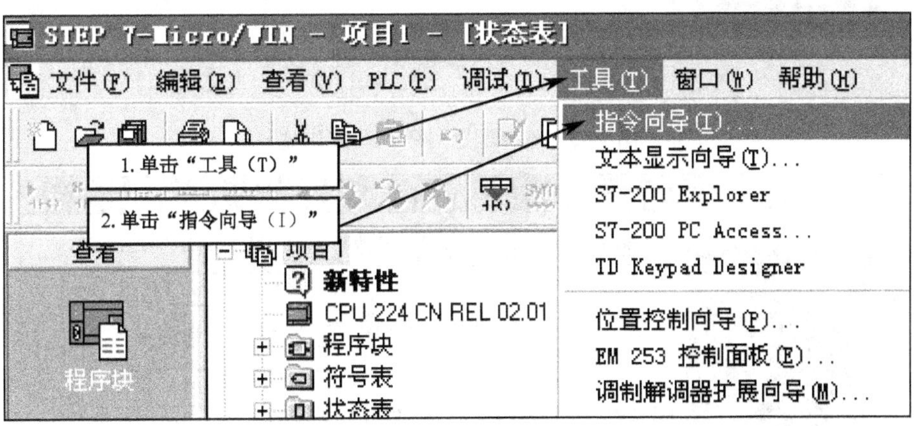

图 24-3　选择指令向导

（2）在指令向导界面中，单击“NETR/NETW”，如图 24-4 所示。

（3）**根据本项目解决步骤中的步骤 3 通信区设置，**可以配置 4 项网络读写操作。如图 24-5 所示。

（4）在如图 24-6 所示界面中的“这些读/写操作将通过哪一个 PLC 端口通信？”处选择“0”（即 PORT0）。“可执行子程序应如何命名？”处默认为“NET_EXE”。

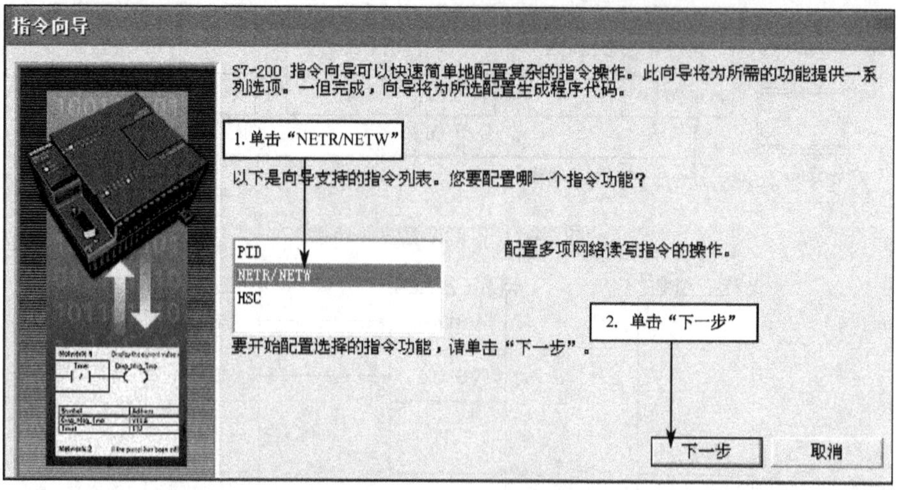

图 24-4　选择“NETR/NETW”

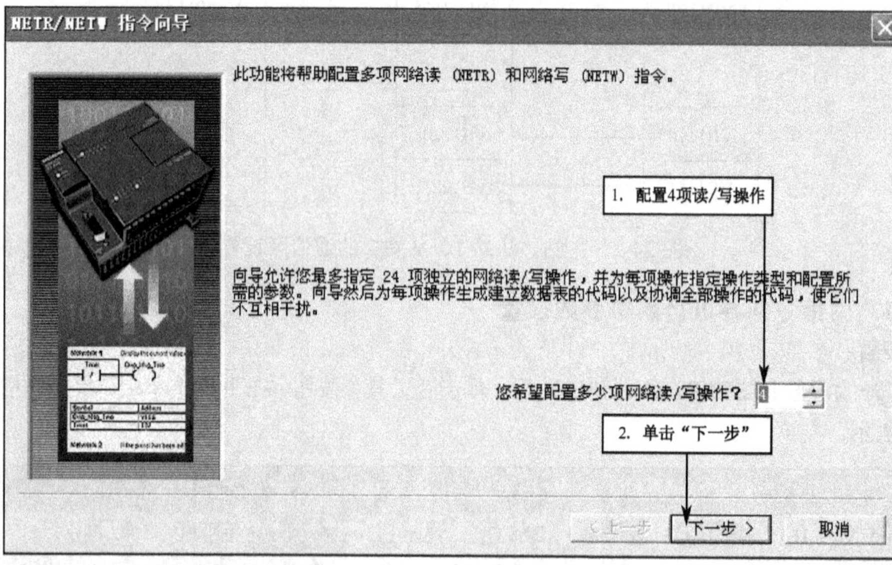

图 24-5　选择配置网络读/写操作数

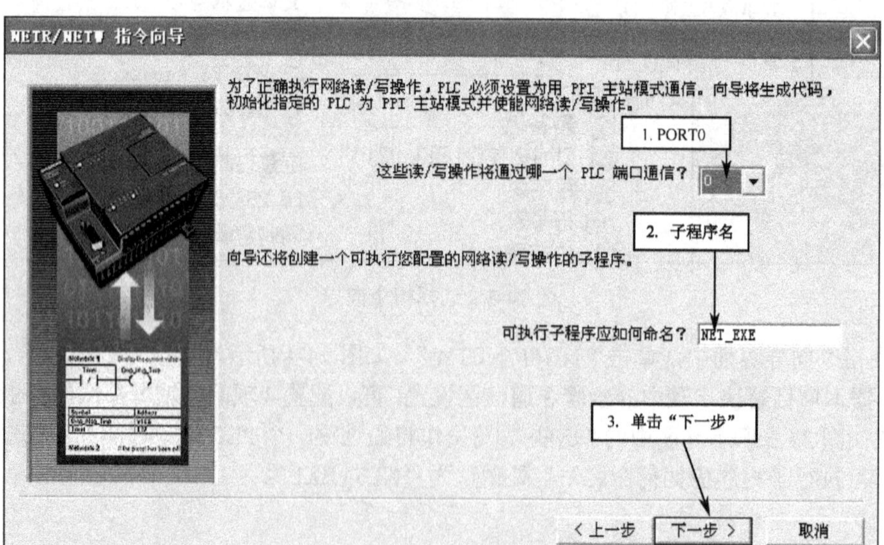

图 24-6　PLC 端口及子程序命名

（5）在如图 24-7 所示的界面中“此项操作是 NETR 还是 NETW？”处选择“NETR”。“应从远程 PLC 读取多少个字节的数据？”处选择“2”（即 2 个字节）。主站从远程从站 1 的 PLC 的 VB1110～VB1111 中读取数据到主站 PLC 的 VB1220～VB1221。

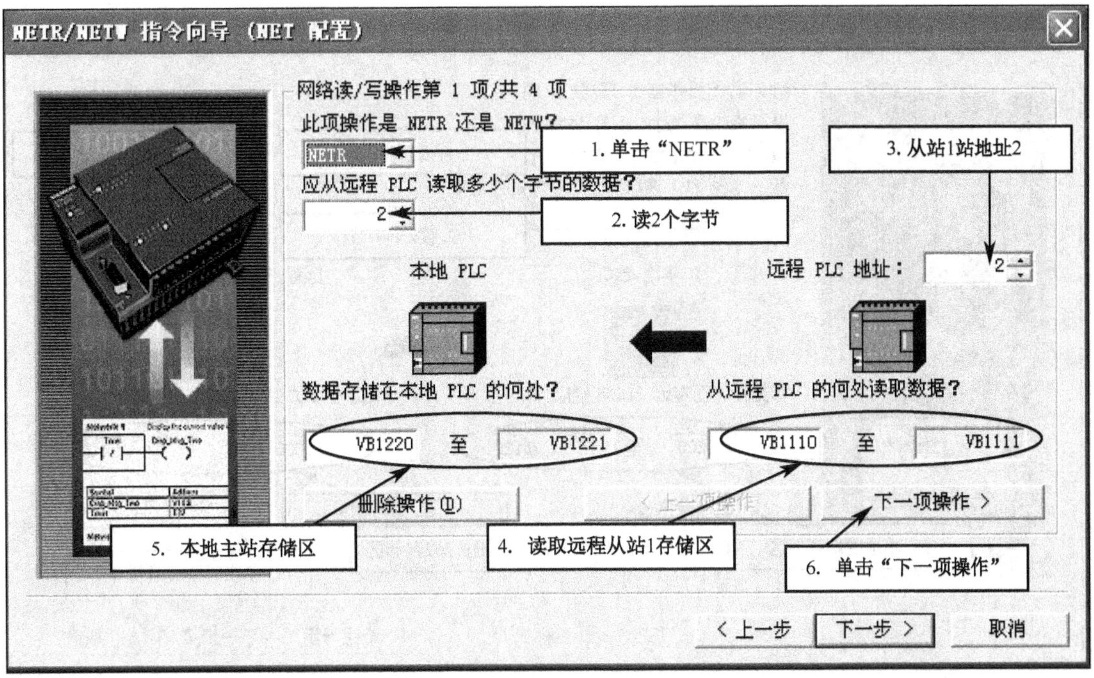

图 24-7 网络读操作

（6）在如图 24-8 所示界面中的“此项操作是 NETR 还是 NETW？”处选择“NETW”。在“应将多少个字节的数据写入远程 PLC？”处选择“2”（即 2 个字节）。将数据在主站 PLC 的 VB1210～VB1211 写入从站 1PLC 的 VB1100～VB1101。单击“下一项操作”按钮。

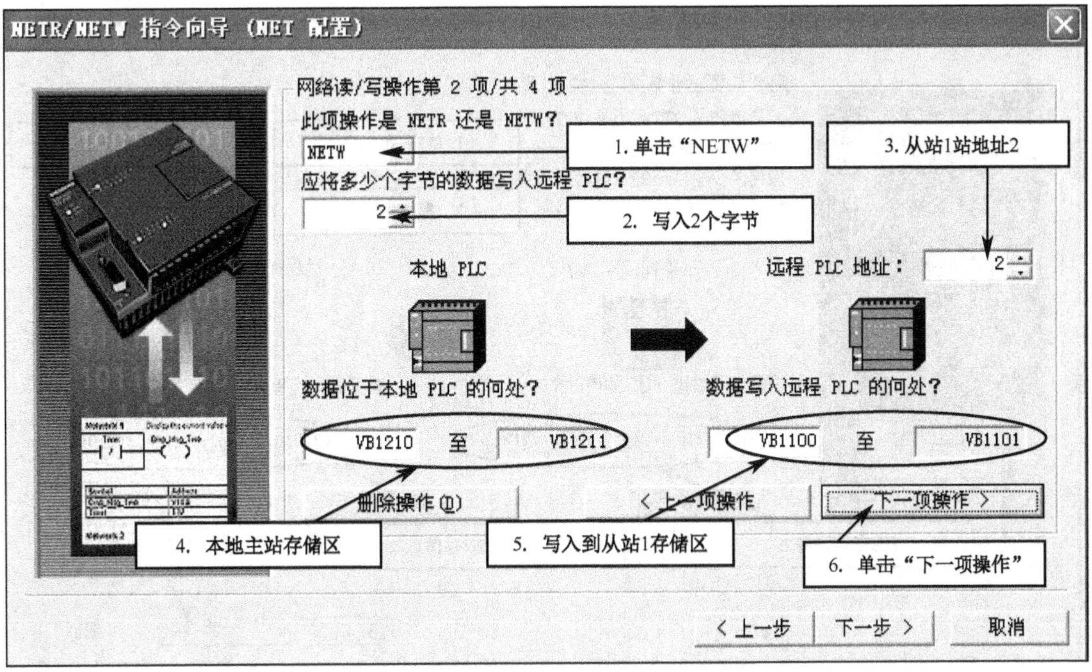

图 24-8 网络写操作

（7）在如图 24-9 所示界面的“此项操作是 NETR 还是 NETW？”处选择“NETR”。“应从远程 PLC 读取多少个字节的数据？”处选择“2”（即 2 个字节）。将数据在从站 2 PLC 的 VB1000～VB1001 读到主站 PLC 的 VB1200～VB1201。

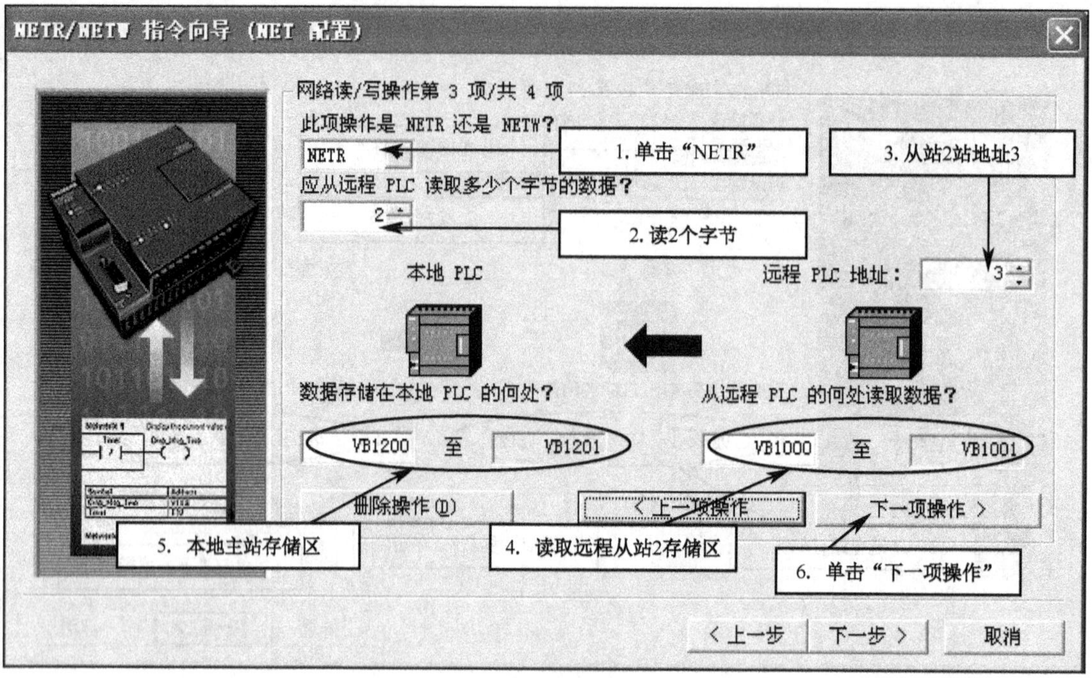

图 24-9　网络读操作

（8）在如图 24-10 所示界面中“此项操作是 NETR 还是 NETW？”处选择“NETW”。“应将多少个字节的数据写入远程 PLC？”处选择“2”。数据从主站 PLC 的 VB1210～VB1211 入写到从站 2PLC 的 VB1010～VB1011。

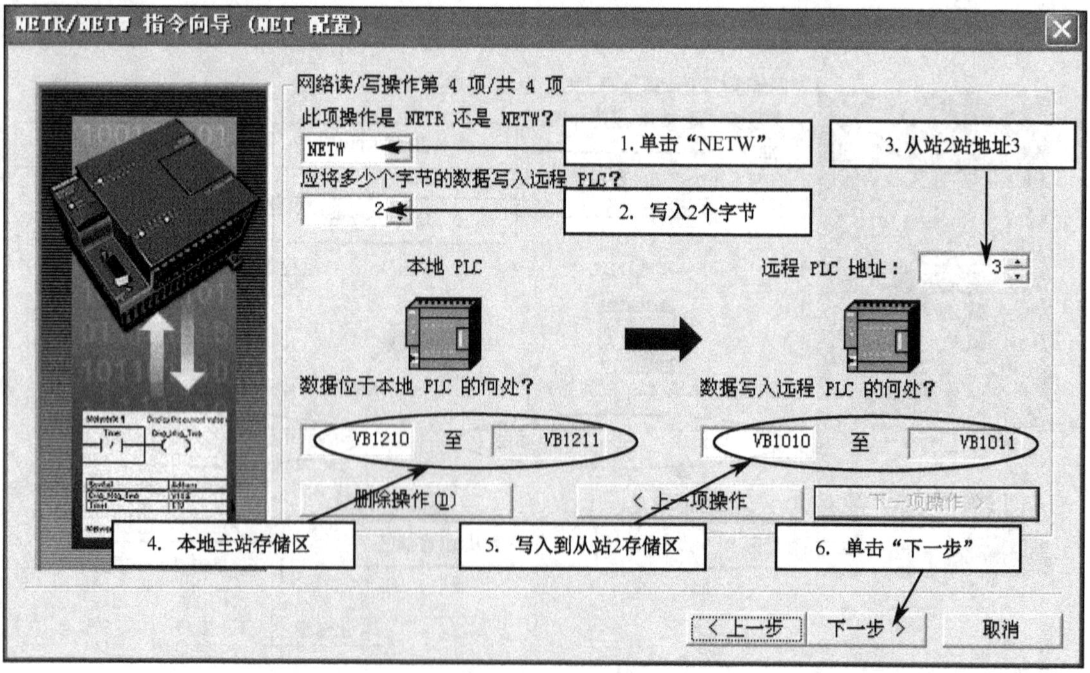

图 24-10　网络写操作

（9）为配置分配存储区，可以建议地址，也可以选择默认地址，选择默认地址 VB0～VB38，如图 24-11 所示。

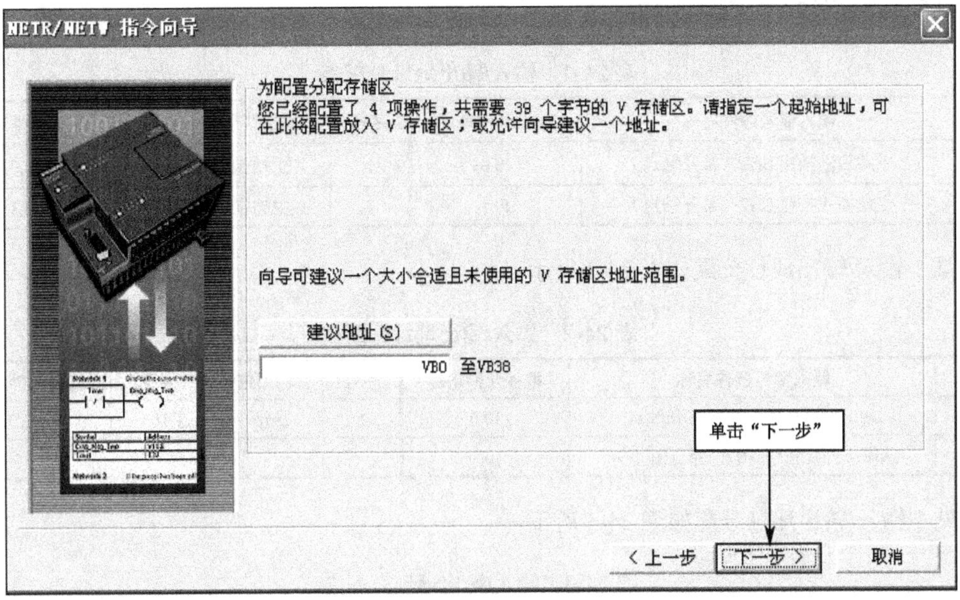

图 24-11　分配存储区

（10）单击“完成”按钮，如图 24-12 所示。

（11）在提示“完成向导配置吗？”的界面单击“是（Y)”按钮。如图 24-13 所示。

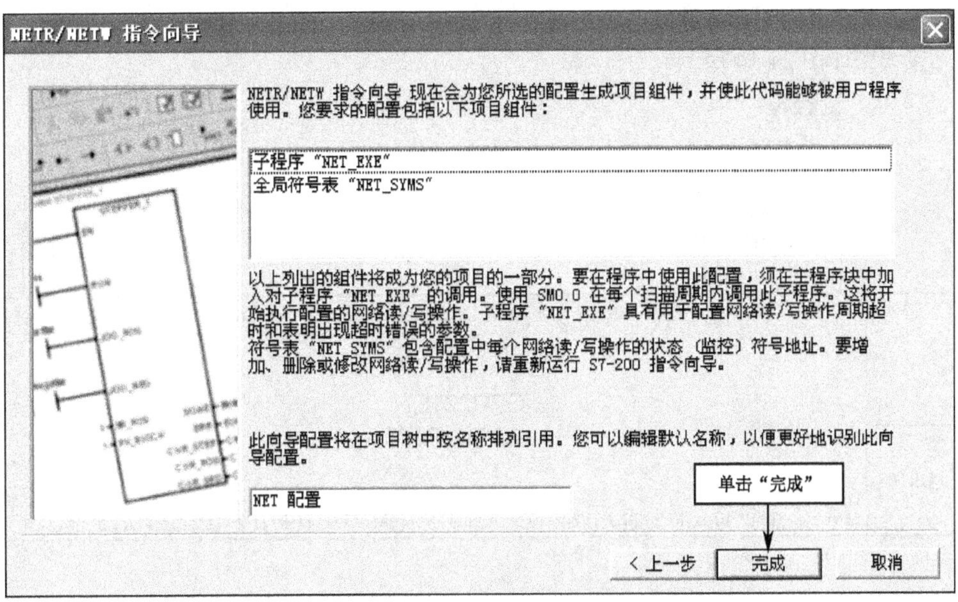

图 24-12　生成项目组件

图 24-13　完成向导配置

主站、从站 1 及从站 2 的设置 PG/PC 接口，设置系统块，参见项目 23 中设置。

步骤 5．输入/输出地址分配

主站输入/输出地址分配如表 24-1 所示。

表 24-1　输入/输出地址分配表

序号	输入信号器件名称	编程元件地址	序号	输出信号器件名称	编程元件地址
1	主站启动按钮 SB1（常开触点）	I0.0	1	主站指示灯 HL1	Q0.0
2	主站停止按钮 SB2（常开触点）	I0.1	2	主站指示灯 HL2	Q0.1

从站 1 输入/输出地址分配如表 24-2 所示。

表 24-2　输入/输出地址分配表

序号	输入信号器件名称	编程元件地址	序号	输出信号器件名称	编程元件地址
1	从站 1 启动按钮 SB1（常开触点）	I0.0	1	从站 1 指示灯 HL	Q0.0
2	从站 1 停止按钮 SB2（常开触点）	I0.1			

从站 2 输入/输出地址分配如表 24-3 所示。

表 24-3　输入/输出地址分配表

序号	输入信号器件名称	编程元件地址	序号	输出信号器件名称	编程元件地址
1	从站 2 启动按钮 SB1（常开触点）	I0.0	1	从站 2 指示灯 HL	Q0.0
2	从站 2 停止按钮 SB2（常开触点）	I0.1			

步骤 6．输入/输出接线图

主站接线图如图 24-14 所示。

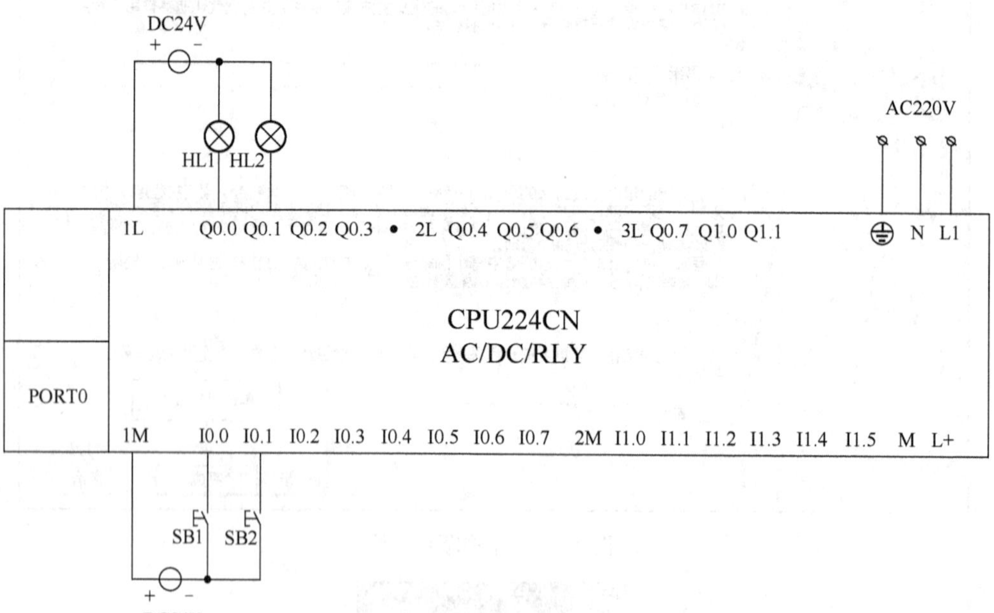

图 24-14　主站接线图

从站 1 接线图如图 24-15 所示。

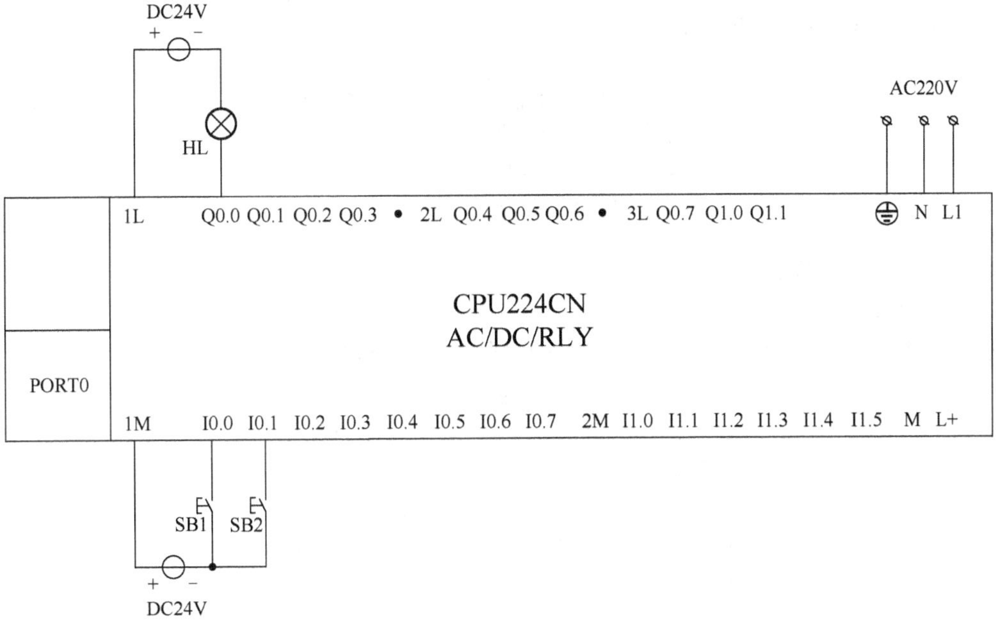

图 24-15　从站 1 接线图

从站 2 接线图如图 24-16 所示。

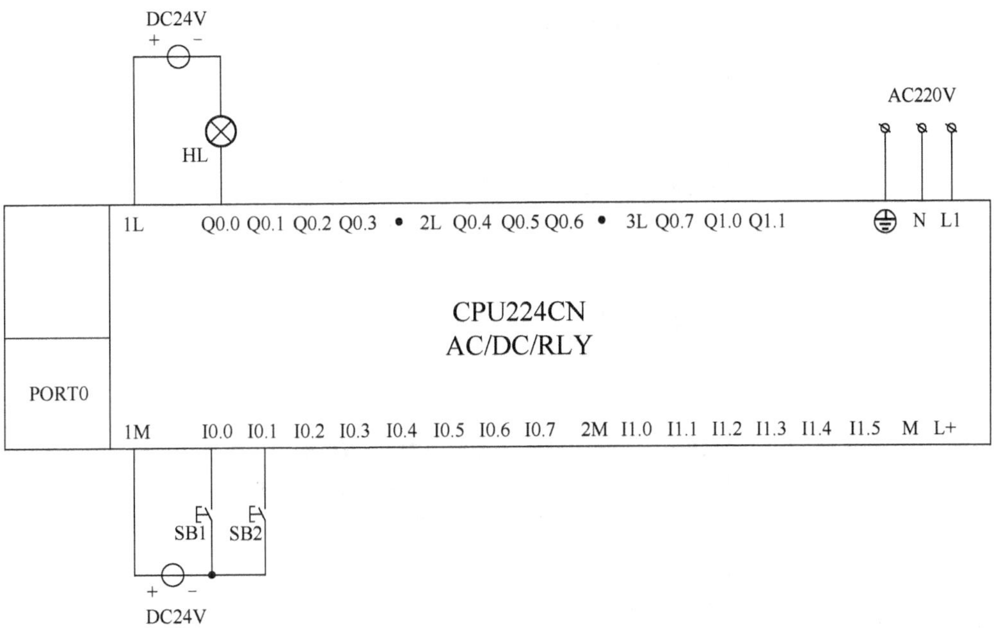

图 24-16　从站 2 接线图

步骤 7．建立符号表

主站符号表如图 24-17 所示。

从站 1 符号表如图 24-18 所示。

			符号	地址
1			启动按钮SB1	I0.0
2			停止按钮SB2	I0.1
3			指示灯HL1	Q0.0
4			指示灯HL2	Q0.1

图 24-17　主站符号表

			符号	地址
1			启动按钮SB1	I0.0
2			停止按钮SB2	I0.1
3			指示灯HL	Q0.0

图 24-18　从站 1 符号表

从站 2 符号表如图 24-19 所示。

			符号	地址
1			启动按钮SB1	I0.0
2			停止按钮SB2	I0.1
3			指示灯HL	Q0.0

图 24-19　从站 2 符号表

步骤 8．编写控制程序

1．主站程序

根据项目要求、地址分配及步骤 3 通信区设置编写通信程序如图 24-20 所示。

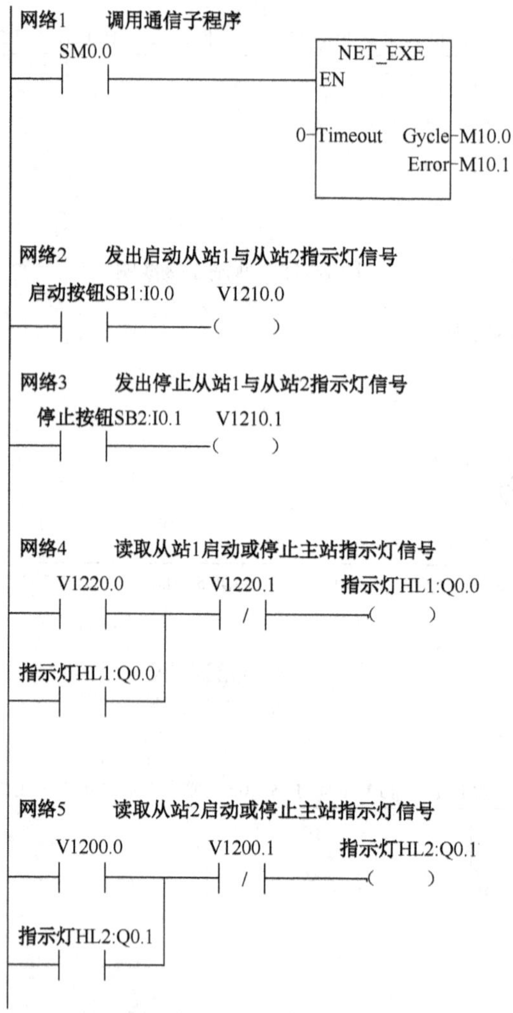

图 24-20　主站程序

2．从站 1 程序

根据项目要求、地址分配及步骤 3 通信区设置编写通信程序如图 24-21 所示。

3．从站 2 程序

根据项目要求、地址分配及步骤 3 通信区设置编写通信程序如图 24-22 所示。

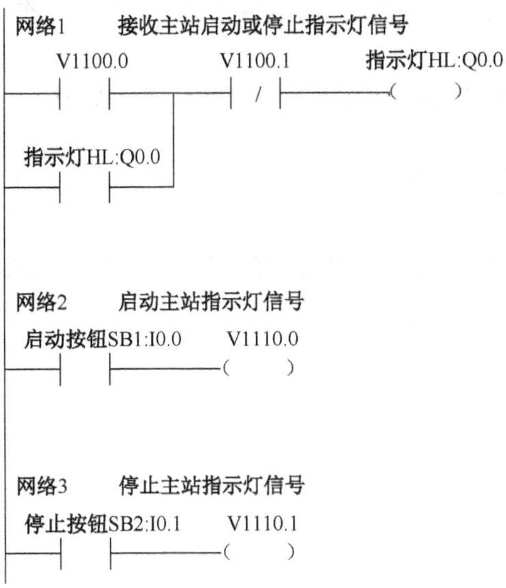

图 24-21　从站 1 程序

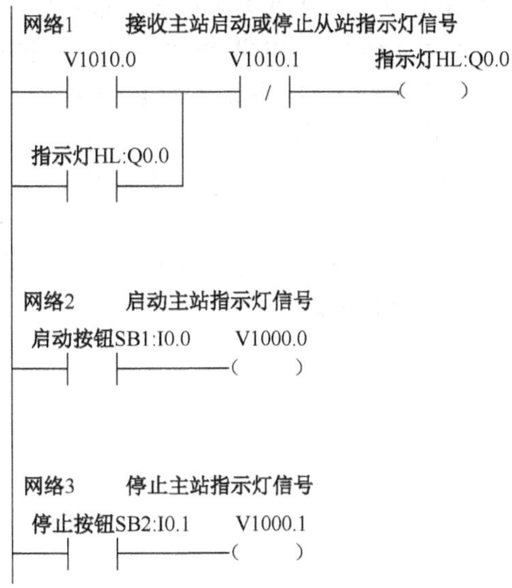

图 24-22　从站 2 程序

步骤 9．联机调试

在断电情况下接线。确保接线正确的情况下，通电，通过安装 S7-200PLC 软件 STEP 7 MicroWIN 计算机，将主站、从站 1、从站 2 的参数设置和程序等分别下载到各自对应的 PLC 中。参见项目 23 中的下载方法。

在主站按下启动按钮 SB1，看到从站 1 指示灯 HL 亮，看到从站 2 指示灯 HL 亮。在主站按下停止按钮 SB2，看到从站 1 指示灯 HL 灭，看到从站 2 指示灯 HL 灭。

在从站 1 按下启动按钮 SB1，看到主站指示灯 HL1 亮，在从站 1 按下停止按钮 SB2，看到主站指示灯 HL1 灭。

在从站 2 按下启动按钮 SB1，看到主站指示灯 HL2 亮，在从站 2 按下停止按钮 SB2，看到主站指示灯 HL2 灭。

满足上述情况，调试成功。如果不满足，检查原因，纠正问题，重新调试，直到满足上述情况为止。

24.4　巩固练习

（1）由 3 台 S7-200PLC 组成的 PPI 主从通信网络中，主站站地址为 3，从站 1 站地址为 4。从站 2 站地址为 5。

① 在主站按下启动按钮 SB1，启动从站 1 电动机和从站 2 电动机，在主站按下停止按钮 SB2，停止从站 1 电动机和从站 2 电动机。

② 在从站 1 按下启动按钮 SB1，启动主站水泵，在从站 1 按下停止按钮 SB2，停止主站水泵。

③ 在从站 2 按下启动按钮 SB1，启动主站风机，在从站 2 按下停止按钮 SB2，停止主站风机。

（2）由 3 台 S7-200PLC 组成的 PPI 主从通信网络中，主站地址为 1，从站 1 地址为 2。从站 2 地址为 3。

① 主站对从站 1 电动机进行启动或停止控制，主站指示灯 HL1 能监视从站 1 电动机的工作状态。

② 主站对从站 2 电动机进行启动或停止控制，主站指示灯 HL2 能监视从站 2 电动机的工作状态。

③ 从站 1 对主站电动机进行启动或停止控制，从站 1 指示灯 HL 能监视主站电动机的工作状态。

④ 从站2对主站电动机进行启动或停止控制，从站2指示灯HL能监视主站电动机的工作状态。

（3）由4台PLC 组成PPI网络通信。控制要求为：

① 1号站（主站）站地址为1，2号站（从站1）站地址为2，3号站（从站2）站地址为3，4号站（从站3）站地址为4。

② 通过变量写入2个字节数据到主站，主站将此数据写入到其他从站，在各个从站中通过变量表显示该数据。

③ 在每个从站通过变量写入2个字节数据，主站到每个从站读取这些数据，在主站通过变量表显示这些数据。

第六篇 USS 通信

项目 25 S7-200PLC 与变频器 MM420 之间的 USS 通信

25.1 项目要求

用 1 台 CPU224 XP CN 对变频器 MM420 进行 USS 通信，控制 1 台三相异步电动机。通过状态表写入数据可以设定变频器频率，通过按钮操作启动变频器或者停止变频器。可以改变电动机旋转方向。

电动机参数：额定电压 380V；额定电流 0.18A；额定功率 0.03kW；额定频率 50Hz；额定转速 1300r/min。

25.2 学习目标

（1）掌握初始化指令 USS-INIT 应用。
（2）掌握控制指令 USS-CTRL 应用。
（3）掌握 S7-200PLC 与变频器通信的硬件连接。
（4）掌握 S7-200PLC 与变频器 USS 通信的编程方法。

25.3 相关知识

S7-200PLC 与西门子 MicroMaster 系列变频器（如 MM440、MM420、MM430、MM3 系列）之间使用 USS 通信协议进行通信。STEP7-Micro/WIN 软件中必须安装指令库 Toolbox。

使用 USS 指令库必须满足以下需求：

（1）初始化 USS 协议将端口 0 指定用于 USS 通信。使用 USS-INIT 指令为端口 0 选择 USS 通信协议。选择 USS 协议与驱动器通信后，端口 0 将不能用于其他操作，包括与 STEP7- Micro/WIN 通信。

（2）应该使用带两个通信口的 S7-200CPU，如 CPU226、CPU224XP 等。一个口用 USS 协议，另一个口用 PPI 协议。

西门子自动化产品的小型变频器与 S7-200PLC 之间的通信只能采用 USS 方式。USS 协议为主从总线结构，S7-200PLC 可以作为主站，变频器作为从站，用户使用指令可以方便实现对变频器控制，包括变频器启动或停止、频率给定、参数读取和修改等。

使用 USS 协议，采用两线制 RS-485 接口，以 USS 协议作为现场监控和调试协议，每台通用变频器都有一个从站号，主站依靠它来识别每台变频器。

25.3.1 初始化指令 USS-INIT

在程序编辑器界面中，左侧目录树中双击 USS-INIT 指令，出现指令框（图 25-1）。指令应用如表 25-1 所示。

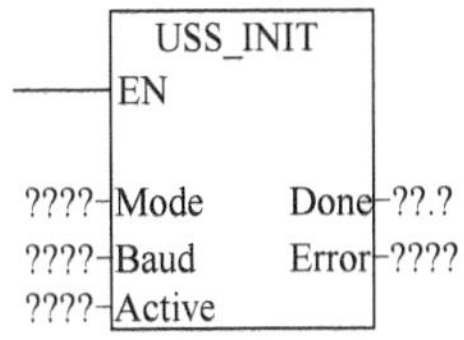

图 25-1 初始化指令

表 25-1　初始化指令应用

端子	数据类型	功能描述
EN	BOOL	只需要在程序中执行一个周期就能改变通信口的功能，以及进行其他一些必要的初始设置，因此可以使用 SM0.1 调用 USS-INIT 指令
Mode	BYTE	选择通信协议，设置 1 将 PORT 0 分配给 USS 协议，并启用该协议；设置 0 将 PORT 0 分配给 PPI，并禁止 USS 协议
Baud	DWORD	将波特率设置为 1200 或 2400 或 4800 或 9600 或 19200 或 38400 或 57600 或 115200
Active	DWORD	指出与之通信的变频器的站地址。该参数是一个双字
Done	BOOL	当 USS-INIT 指令完成时，Done 输出打开
Error	BYTE	错误代码

初始化指令用于启用或禁止变频器通信。在使用任何其他 USS 协议指令之前，必须执行 USS-INIT 指令，且没有错误。该指令完成，才能继续执行下一条指令。

说明： Active 参数的确定，通过表 25-2 计算。

表 25-2　Active 参数确定

D31	…	D13	D12	D11	D10	D9	D8	D7	D6	D5	D4	D3	D2	D1	D0
	…														

D0（0 号）～D31（31 号）代表 32 台变频器，要激活某 1 台变频器，就将该位设置为 1，如果将 0 号变频器（Drive=0）激活，其 16 进制表示为：16#1（Active=1）。如果将 1 号变频器（Drive=1）激活，其 16 进制表示为：16#2（Active=2）；如果将 2 号变频器（Drive=2）激活，其 16 进制表示为：16#4（Active=4）；如果将 3 号变频器（Drive=3）激活，其 16 进制表示为：16#8（Active=8）；如果将 0～3 号变频器（Drive=0，Drive=1，Drive=2，Drive=3）全部激活，其 16 进制表示为：16#F（Active=F）；其他类推。

25.3.2　控制指令 USS-CTRL

控制指令 USS-CTRL 用于控制变频器，在 USS-INIT 指令的 Active 参数中选择该变频器，仅限为每台变频器指定一条 USS-CTRL 指令，该指令的如图 25-2 所示。指令应用如表 25-3 所示。

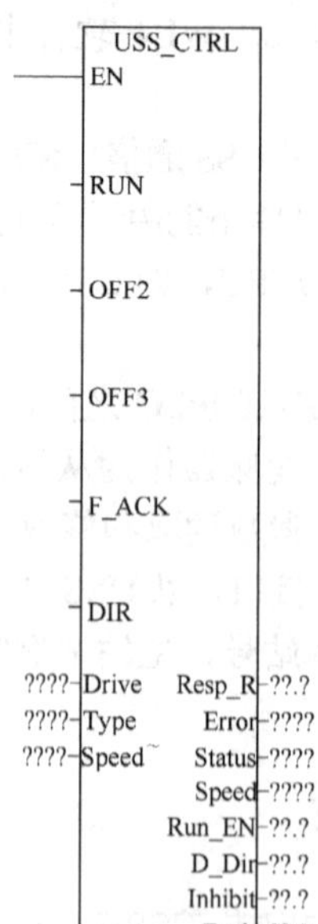

图 25-2　USS-CTRL 指令

表 25-3　USS-CTRL 控制指令应用

端子	数据类型	功能描述
EN	BOOL	使能，启用 USS-CTRL 指令。该指令应当始终启用
RUN	BOOL	运行，变频器打开（1），还是关闭（0）。当 RUN 运行时，变频器收到一条命令，按指定的速度和方向开始运行。为了使变频器运行，必须符合 3 个条件，分别是： ● Drive（变频器）在 USS-INIT 中必须被选为 Active 激活 ● OFF2、OFF3 必须被设为 0 ● Fault（故障）、Inhibit（禁止）必须为 0 当 RUN 关闭时，会向变频器发出一条命令，将速度降低，直至电动机停止
OFF2	BOOL	命令变频器迅速停止
OFF3	BOOL	允许变频器滑行至停止，也称惯性自由停止
F_ACK	BOOL	故障确认。驱动器发生故障，如果造成故障的原因排除，使用此输入端（从“0”转到“1”）清除驱动装置的报警状态
DIR	BOOL	运行方向位：DIR=1，顺时针旋转；DIR=0，逆时针旋转
Drive	BYTE	通信变频器的号，向该地址发送 USS-CTRL 命令，有效地址：D0（0 号）到 D31（31 号）变频器
Type	BYTE	变频器类型。3（或更早版本）：变频器类型为 0；4：变频器类型为 1
Speed_SP	REAL	速度设定值，作为全速百分比的变频器速度，负值会使驱动器反向旋转。范围-200.0%～200%
Resp_R	BOOL	确认变频器收到应答，对所有激活的变频器进行轮询，查找最新变频器状态信息
Error	BYTE	最新通信请求结果的错误字节
Status	WORD	变频器返回的状态字原始数值
Speed	REAL	全速百分比的驱动器速度。范围-200.0%～200%
Run_ EN		表示变频器是运行（1），还是停止（0）
D_Dir	BOOL	表示变频器的旋转方向
Inhibit	BOOL	表示变频器禁止位状态，0 是不禁止，1 是禁止。要清除禁止位，“故障”位必须关闭，RUN（运行）、OFF2、OFF3 也必须关闭
Fault	BOOL	故障位状态，“0”为无故障，“1”为有故障

25.4　项目解决步骤

步骤 1．硬件和软件配置

硬件：

（1）S7-200PLC（CPU224XP CN）1 台。

（2）MM420 变频器 1 台。

（3）带编程口的 DP 头 1 个。

（4）PROFIBUS-DP 电缆 1 根。

（5）USB/PPI 编程电缆（S7-200PLC 下载线）1 根。

（6）装有 STEP7-Micro/WIN 软件的计算机（也称编程器）1 台。

软件：STEP7-Micro/WIN V4.0 SP6 及以上版本编程软件（含指令库 Toolbox）。

步骤 2．通信的硬件连接

一根 PROFIBUS-DP 电缆与 DP 头相连，DP 头插入到 CPU224XP CN 的 PORT0 口，DP 头的第 3 针所连的线插入到变频器的 14 端子（P+），第 8 针所连的线插入到变频器的 15 端子（N－）。通信的硬件连接如图 25-3 所示。因为在 S7-200PLC 上的 DP 头处于 PROFIBUS-DP 电缆的终端位置，所以 DP 头的的开关拨向 ON。

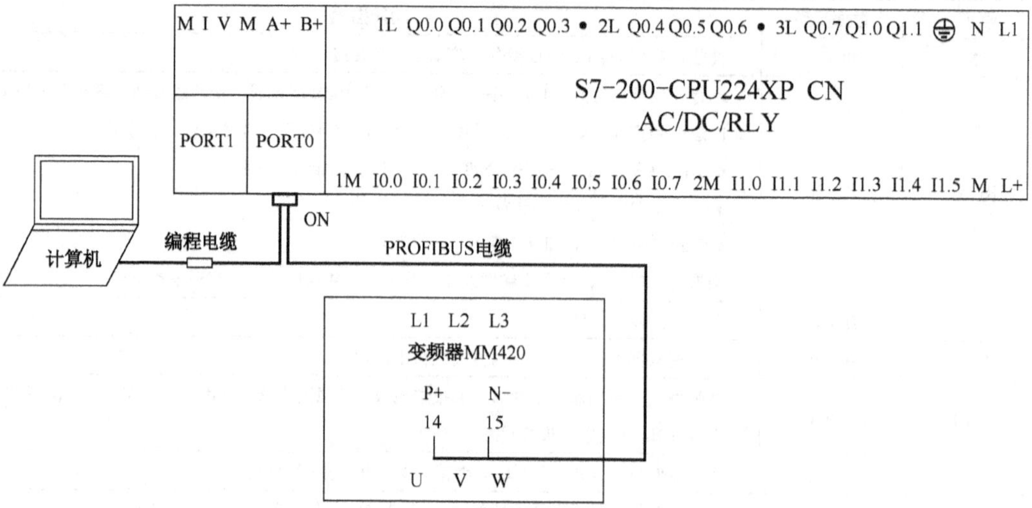

图 25-3　通信的硬件连接

步骤 3．变频器参数设置

在 MM420 变频器上进行参数设置，具体设置值如表 25-4 所示。

表 25-4　变频器参数设置值

序号	变频器参数	设置值	功能说明	序号	变频器参数	设置值	功能说明
1	P0010	30	恢复出厂设置	11	P0311	1300	电动机额定转速（r/min）
2	P0970	1		12	P0010	0	结束快速调试
3	P0004	0	参数过滤显示全部参数	13	P0700	5	选择命令源（COM 链路的 USS 设置）
4	P0003	3	用户访问级为专家级	14	P1000	5	频率源（COM 链路的 USS 设置）
5	P0010	1	启动快速调试	15	P2009	0	USS 通信规格化
6	P0100	0	欧洲地区，功率用 kW 表示，频率为 50 Hz	16	P2010	7	设置波特率为 19200
7	P0304	380	电动机额定电压（V）	17	P2011	0	设置变频器站地址，使用“D0”个变频器
8	P0305	0.18	电动机额定电流（A）	18	P2012	2	USS 协议 PZD 长度
9	P0307	0.03	电动机额定功率（kW）	19	P2013	127	USS 协议 PKW 长度
10	P0310	50	电动机额定频率（Hz）				

步骤 4．输入地址分配

输入地址分配如表 25-5 所示。

表 25-5　输入地址分配表

序号	输入信号器件名称	编程元件地址	序号	输入信号器件名称	编程元件地址
1	启动变频器按钮 SB1（常开触点）	I0.0	4	清除故障按钮 SB4（常开触点）	I0.3
2	快速停止按钮 SB2（常开触点）	I0.1	5	改变方向按钮 SB5（常开触点）	I0.4
3	惯性自由停止按钮 SB3（常开触点）	I0.2			

步骤 5．接线图

接线图见 25-4。

步骤 6．符号表

符号表如图 25-5 所示。

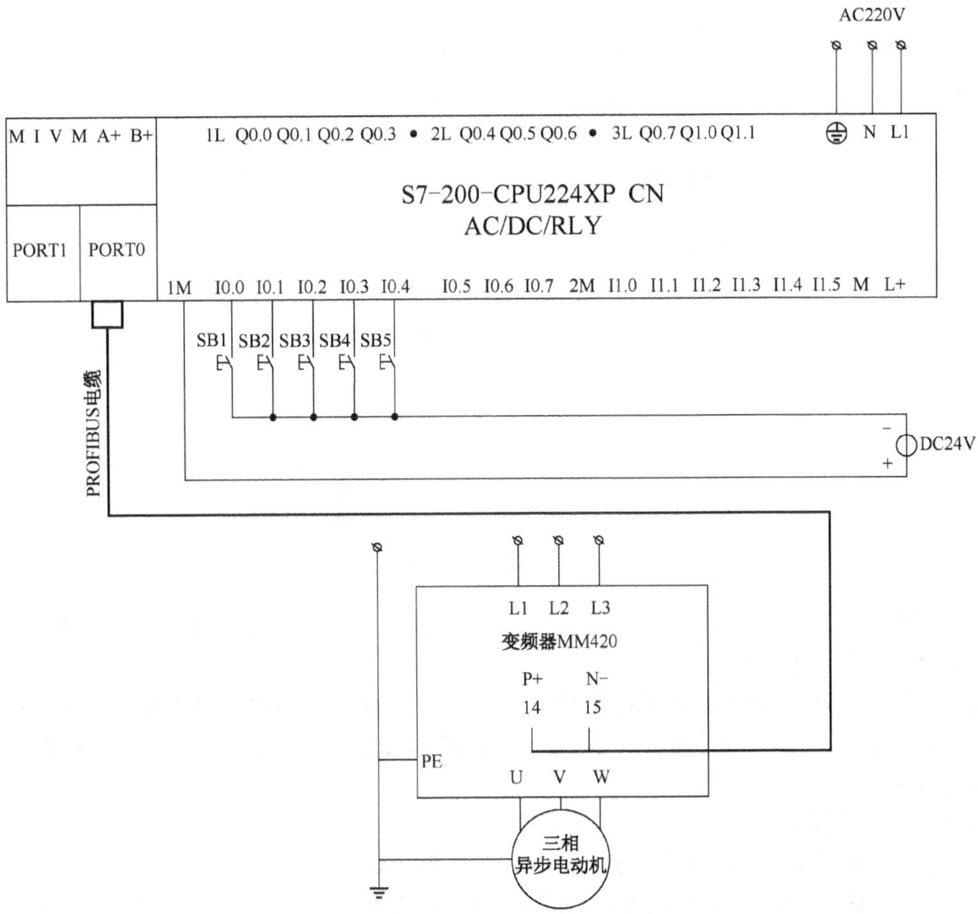

图 25-4　接线图

符号	地址
启动变频器	I0.0
快速停止	I0.1
惯性停止	I0.2
清除故障	I0.3
改变方向	I0.4

图 25-5　符号表

步骤 7．编写程序

控制程序如图 25-6 所示。

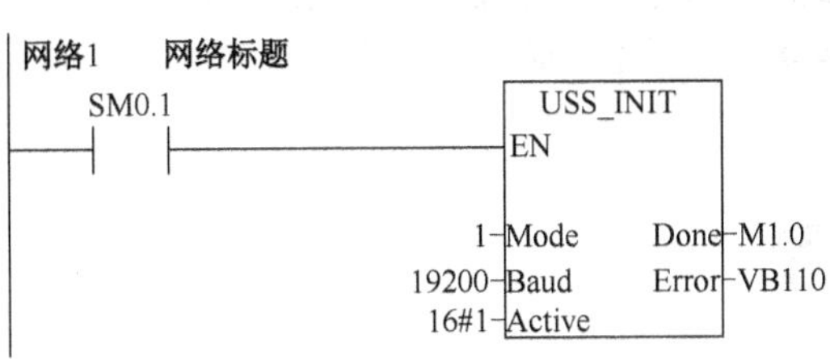

图 25-6　控制程序

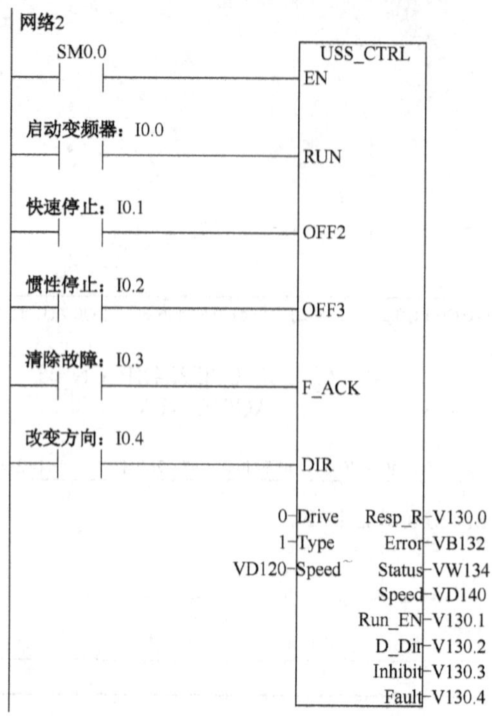

图 25-6　控制程序（续）

在编译程序前，右键单击“程序块”，单击“库存储区分配”，单击“建议地址”，单击“确定”按钮，为指令库分配存储区。

特别说明：如果 VD120 中设置的是 40.0，其含义是按变频器基准频率的 40%运行，若变频器的基准频率是 50Hz，那么变频器将以 50Hz×40%=20Hz 运行。VD120 是实数（浮点数），输入的数据要有小数点。

步骤 8．联机调试

确保接线正确的情况下，送电，保存，编译，下载程序。

通过状态表把频率值以浮点数格式写入到 VD120，如图 25-7 所示。然后通过 USS 通信改变频率值。

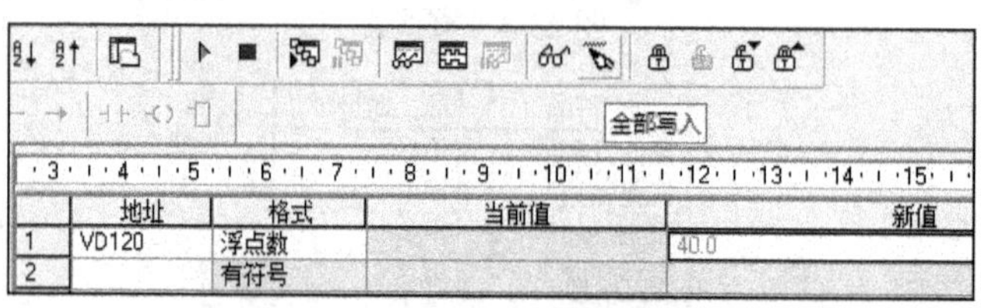

图 25-7　状态表

在不同频率下，按下启动变频器按钮，看到三相异步电动机启动。

按下惯性停止或者快速停止按钮，看到三相异步电动机停止。

按下改变方向按钮，看到三相异步电动机旋转方向改变。

满足上述情况，调试成功。如果不能满足，检查原因，纠正问题，重新调试，直到满足上述情况为止。

25.5　巩固练习

（1）用 1 台 CPU224 XP CN 对两台变频器 MM420 进行 USS 通信，控制两台三相异步电动机。

通过变量表写入频率值可以设定变频器频率，通过按钮操作启动或者停止两台电动机。可以改变电动机旋转方向。注意 Active 和 Drive 的设置。

电动机参数：额定电压 380V；额定电流 0.18A；额定功率 0.03kW；额定频率 50Hz；额定转速 1300r/min。

（2）用 1 台 CPU224 XP CN 对三台变频器 MM420 进行 USS 通信，控制三台三相异步电动机。通过变量表写入频率值可以设定变频器频率，通过按钮操作启动或者停止两台电动机。可以改变电动机旋转方向。注意 Active 和 Drive 的设置。

电动机参数：额定电压 380V；额定电流 0.18A；额定功率 0.03kW；额定频率 50Hz；额定转速 1300r/min。

参 考 文 献

[1] 郭琼．姚晓宁．现场总线技术及其应用 第 2 版．北京：机械工业出版社，2014.7
[2] 胡学林．可编程控制器原理及应用（第 2 版）．北京：电子工业出版社，2012.7
[3] 李正军．现场总线与工业以太网及其应用技术．北京：机械工业出版社，2011.9
[4] 周志敏．纪爱华. PLC 控制系统实用技术．北京：电子工业出版社，2014.9
[5] 吕景全．自动化生产线安装与调试（第二版）．北京：中国铁道出版社，2009.12
[6] 向晓汉．西门子 PLC 工业通信完全精通教程．北京：化学工业出版社，2013.2
[7] 胡学林．可编程控制器教程（基础篇）（第 2 版）．北京：电子工业出版社，2014.7
[8] 李方园．零起点学西门子 S7-300/400PLC．北京：机械工业出版社，2012.5
[9] 廖常初．PLC 编程及应用第四版．北京：机械工业出版社，2013.11
[10] 阳胜峰．视频学工控西门子 S7-300/S7-400PLC．中国电力出版社，2015.1
[11] 廖常初．S7-300/400PLC 应用技术第 3 版．北京：机械工业出版社，2011.12
[12] 崔坚．西门子工业网络通信指南（上册）．北京：机械工业出版社，2004.9
[13] 崔坚．西门子工业网络通信指南（下册）．北京：机械工业出版社，2005.5
[14] 邵奇峰．基于 SIEMENS EM277 的 PROFIBUS 通讯．中原工学院学报，2008，19（3）
[15] 廖常初．跟我动手学 S7-300/400PLC．北京：机械工业出版社，2010.9
[16] 彭旭．闫学文．基于 PROFIBUS-DP 的 PLC 控制系统．工业控制计算机，2015，28（2）
[17] 许洪华．现场总线与工业以太网技术（第 2 版）．北京：电子工业出版社，2015.4
[18] 吉顺平．孙承志．路明等．西门子 PLC 与工业网络技术．北京：机械工业出版社，2008.2
[19] 张益．现场总线技术与实训．北京：北京理工大学出版社，2008.6
[20] 孙书芳等．西门子 PLC 高级培训教程（第二版）．北京：人民邮电出版社，2011.11
[21] 廖常初．西门子工业通信网络组态编程与故障诊断．北京：机械工业出版社，2009.9
[22] 张志柏．秦益霖．PLC 应用技术．北京：高等教育出版社，2014.1
[23] 陈海霞等．西门子 S7-300/400PLC 编程技术及工程应用．北京：机械工业出版社，2011.12
[24] 郑长山．PLC 应用技术图解项目化教程（西门子 S7-300）．北京：电子工业出版社，2014.6
[25] 周志敏．纪爱华等．西门子 PLC 通信网络解决方案及工程应用实例．北京：机械工业出版社，2014.3